Adriano Oprandi
Differentialgleichungen in der Strömungslehre
De Gruyter Studium

Weitere empfehlenswerte Titel

Anwendungsorientierte Differentialgleichungen
Adriano Oprandi, 2024

Differentialgleichungen in der Theoretische Ökologie
Räuber-Beute-Modelle zur Dynamik von Populationen
ISBN 978-3-11-134482-9, e-ISBN (PDF) 978-3-11-134526-0

Differentialgleichungen in der Festigkeits- und Verformungslehre
Elastostatik, Balkentheorie, Impulsanregung, Pendel
ISBN 978-3-11-134483-6, e-ISBN (PDF) 978-3-11-134581-9

Differentialgleichungen in der Baudynamik
Modalanalyse, Schwingungstilger, Knickfälle
ISBN 978-3-11-134487-4, e-ISBN (PDF) 978-3-11-134585-7

Differentialgleichungen für Wärmeübertragung
Stationäre und Instationäre Wärmeleitung und Wärmestrahlung
ISBN 978-3-11-134492-8, e-ISBN (PDF) 978-3-11-134583-3

Differentialgleichungen in der Fluiddynamik
Grenzschichttheorie, Stabilitätstheorie, Turbulente Strömungen
ISBN 978-3-11-134505-5, e-ISBN (PDF) 978-3-11-134587-1

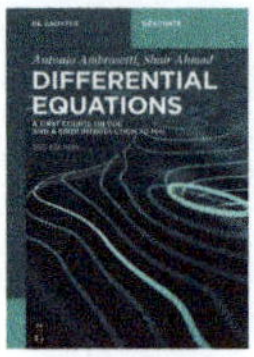

Differential Equations
A First Course on ODE and a Brief Introduction to PDE
Antonio Ambrosetti, Shair Ahmad, 2024
ISBN 978-3-11-118524-8, e-ISBN (PDF) 978-3-11-118567-5

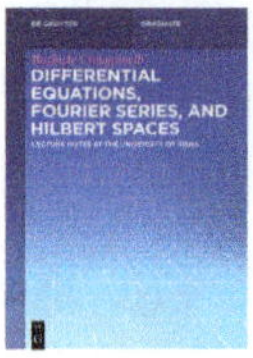

Differential Equations, Fourier Series, and Hilbert Spaces
Lecture Notes at the University of Siena
Raffaele Chiappinelli, 2023
ISBN 978-3-11-129485-8, e-ISBN (PDF) 978-3-11-130252-2

Adriano Oprandi

Differentialgleichungen in der Strömungslehre

Hydraulik, Stromfadentheorie, Wellentheorie, Gasdynamik

2. Auflage

DE GRUYTER
OLDENBOURG

Mathematics Subject Classification 2020
65L10

Autor
Adriano Oprandi
Bartenheimerstr. 10
4055 Basel
Schweiz
spideradri@bluewin.ch

ISBN 978-3-11-134494-2
e-ISBN (PDF) 978-3-11-134586-4
e-ISBN (EPUB) 978-3-11-134595-6

Library of Congress Control Number: 2024941702

Bibliografische Information der Deutschen Nationalbibliothek
Die Deutsche Nationalbibliothek verzeichnet diese Publikation in der Deutschen Nationalbibliografie; detaillierte bibliografische Daten sind im Internet über
http://dnb.dnb.de abrufbar.

© 2024 Walter de Gruyter GmbH, Berlin/Boston
Coverabbildung: artishokcs / iStock / Getty Images Plus
Satz: VTeX UAB, Lithuania

www.degruyter.com

Vorwort zur 2. Auflage

Die Differentialgleichung (DG) stellt ein unverzichtbares Werkzeug der mathematischen Modellierung in den Naturwissenschaften dar. Sie wird hinzugezogen, wenn man die Änderung physikalischer Größen in Relation zueinander oder zu anderen Größen setzen kann. Viele Naturgesetze werden über eine DG formuliert und führen erst über Rand- und Anfangsbedingungen zu speziellen Lösungen oder Formeln. Die Entscheidung darüber, ob man die Änderung einer Größe oder die Größe selbst betrachtet, wird über die Mess- oder Nichtmessbarkeit der Größe gefällt. Beispielsweise ist die Anzahl radioaktiver Kerne in einem Präparat schwer zu bestimmen, weshalb man die zeitliche Änderung der Aktivität misst, um auf diese Weise auf die Änderung der radioaktiven Kernanzahl zu schließen. Bei der Vermehrung von Bakterien hingegen wäre die Messung der Bakterienzahl direkt möglich, was aber nicht daran hindert, ihre Zu- oder Abnahme mithilfe einer DG zu beschreiben.

In den Naturwissenschaften ist man mit dem generell-didaktischen Problem konfrontiert, wie ein Sachverhalt zuerst in Worten der natürlichen Sprache formuliert und danach derart in die formale Sprache der Mathematik oder Informatik übersetzt werden soll, dass dieser Prozess nachvollziehbar und verständlich bleibt. Es gilt, eine Brücke zwischen diesen beiden Sprachen zu schlagen. Ein möglicher Ansatz besteht darin, eine zielführende Frage zu stellen. Beispielsweise werden Optimierungsfragen der Mathematik wegweisend mit der Frage, welche Größe extremal werden soll, beantwortet. In der Kombinatorik wiederum sind zwei Fragen entscheidend: Ist die Reihenfolge wesentlich bzw. sind Wiederholungen gestattet? Bei magnetischen Phänomenen drängt sich als Eingangsfrage womöglich die Suche nach den magnetischen Polen auf usw. Betrachtet man nun eine DG, so mag Einigen die Struktur derselben, bestehend aus infinitesimalen Größen, nur eine lästige Etappe auf dem Weg zum Ziel, nämlich der Lösung dieser DG, darstellen. Schließlich drückt die Lösung oder die Formel die Abhängigkeit, der in ihr enthaltenen Größen aus und ist, was die Anwendung betrifft, das Maßgebende. Meine Überzeugung ist es hingegen, dass eine solche, reduzierte Sichtweise das Hauptsächliche unterschlägt, nämlich die Frage, welche Annahmen dem ermittelten Gesetz überhaupt vorangingen und unter welchen Voraussetzungen es Gültigkeit besitzt. Unter diesem Blickwinkel wird man also, nicht nur aus praktischen Gründen, unweigerlich auf die zugehörige DG, insbesondere deren Ausgangspunkt, die Bilanzgleichung zurückgeworfen. Eine solche Bilanz kann beispielsweise eine Längen-, Massen-, Stoffmengen-, Impuls-, Kräfte-, Energie-, Drehmoment-, Leistungsbilanz usw. darstellen. Dabei kann die Bilanz selber an einem infinitesimal kleinen Element oder in einem gedachten Kontrollbereich stattfinden. In dieser Bilanz steckt aber genau das Wesentliche: Man erkennt das verwendete Modell (z. B. ideales oder reales Gas), das zugrunde liegende System (offen, geschlossen oder abgeschlossen), die Vernachlässigung einer Größe gegenüber einer anderen (z. B. Reibungskraft gegenüber Gewichtskraft), die Vereinfachung einer Größe (z. B. konstante Dichte) oder Ähnliches.

https://doi.org/10.1515/9783111345864-201

Eine DG ist eine Gleichung und somit eine Bilanz. Deshalb rücken wir die folgende Leitfrage in den Fokus: „Die Änderung welcher Größe soll mithilfe einer DG am infinitesimalen Element bilanziert werden?“ Auf diese Weise wird die Rolle der DG als Bilanz neu definiert: Sie bildet den Ausgangspunkt zur Erfassung des Sachverhalts, und sie hat zum Ziel, die Theorie und die Praxis als eine Einheit zu begreifen, um auf diese Weise ein tieferes Verständnis für das gestellte Problem zu erlangen. Nicht zuletzt sollte der wiederholte Umgang mit DGen dem Leser und der Leserin die zentrale, themenübergreifende Bedeutung dieser Gleichungen bei der Beschreibung von Naturvorgängen zuteilwerden lassen. Es ist deshalb zwingend, auf die Herleitungen besonderen Wert zu legen, weil diese mit den angesprochenen Bilanzen einhergehen. Leider wird vom Autor immer wieder beobachtet, dass Lehrmittel bei der Herleitung die Voraussetzungen und die getroffenen Vereinfachungen nicht klar und ersichtlich herausschälen, was es für die Studentin und den Studenten erschwert, das Ergebnis zu relativieren und dessen Anwendungsbereich klar abzustecken und einzugrenzen.

Aus diesem Grund verfolgt diese 2. Auflage ein klares Ziel und verfährt diesbezüglich nach einem einheitlichen und nachvollziehbaren Muster, indem konsequent jeder Herleitung zuerst allfällige Idealisierungen und Einschränkungen inklusive Begründung oder Zulässigkeit vorangestellt werden. Damit ist sich die Leserin und der Leser immer im Klaren darüber, unter welchen Voraussetzungen die Bilanz geführt wird.

Verglichen mit der 1. Auflage sind einerseits die bestehenden Kapitel durch weitere praktische Aspekte ergänzt worden. Insbesondere wird dem Kapitel über die instationären Gerinneströmungen etwas mehr Platz eingeräumt.

Sämtliche erst am Schluss der 1. Auflage aufgeführten Übungen habe ich zu den bestehenden in den Fließtext übernommen. Diese werden als Aufgabe mit konkreten Fragestellungen formuliert und jede Teilaufgabe wird in nachvollziehbaren Schritten vollständig durchgerechnet. Insgesamt enthält dieser Band 88 Beispiele und 79 Abbildungen.

Obwohl Anwendungspakete existieren, die das numerische Lösen von DGen als Werkzeug beinhalten, ist es der Anspruch dieser Bandreihe, sämtliche notwendigen Programme für eine Simulation mit einem TI-Nspire CX CAS niederzuschreiben. Dabei soll allein das Euler-Verfahren zum Einsatz kommen (Kap. 2), damit die Rekursionsvorschriften nachvollziehbar bleiben. Im Fall der kinematischen Welle musste das Verfahren auf zwei Dimensionen erweitert werden, nachdem der zugehörige Raum diskretisiert wurde.

Die Leserin und der Leser möge bei Interesse die Programme und deren Ergebnisse mit der eigenen Software vergleichen.

Beim Verlag Walter de Gruyter möchte ich mich herzlich für die bisherige Zusammenarbeit und die Möglichkeit einer Zweitauflage bedanken.

Basel, Juni 2024 — Adriano Oprandi

Inhalt

1 Einleitung

Didaktik

Besonderes Augenmerk soll in diesem Band auf den didaktischen Unterbau einschließlich der Lerninhalte, der Methodik und der angestrebten Lernziele gelegt werden. Es ist ein Anliegen des Autors, dass die Leserin und der Leser die immer wieder verwendeten Bausteine beim Erstellen einer DG kennt und lernt, sie zu gebrauchen. Auf die Herleitungen wird besonderen Wert gelegt. Sie enthalten die angesprochene Vielzahl an Bilanzen und bilden das Kernstück der Methodik.

A. Lerninhalte

Die in diesem Band behandelten Strömungen können in drei Kategorien unterteilt werden. Es sind Strömungen mit fester Umrandung (Rohrströmungen), Strömungen mit einem freien Rand (Gerinneströmungen) und die Umströmung von festen Körpern (Potentialströmungen).

Innerhalb dieser drei Kategorien muss zwischen laminarer und turbulenter Strömung unterschieden werden. Bei den Potentialströmungen handelt es sich um rein laminare, reibungsfreie und damit idealisierte Strömungen.

Von zentraler Bedeutung für die mathematische Beschreibung in der Hydrodynamik sind die Kontinuitätsgleichung, die Euler-Gleichung und die daraus abgeleitete Bernoulli-Gleichung. Das letzte Kapitel beschreibt Strömungen von Gasen und verlangt aufgrund der Kompressibilität des Fluids entsprechende Ergebnisse, die aber wiederum aus der Euler-Gleichung gewonnen werden.

Mathematisch gesehen werden sämtliche anstehenden Fragestellungen mithilfe partieller DGen beschrieben. Außer bei den Saint-Venant-Gleichungen wird es uns möglich sein, eine analytische Lösung anzugeben, sodass numerische Methoden in diesem Band nur vereinzelt erforderlich sind.

B. Lernziele

Unter anderem beinhaltet jedes Kapitel:

i. Die notwendigen Begriffe bereitstellen und erklären.
ii. Ein praktisches Problem formalisieren, d. h. die Bedürfnisse und Forderungen in eine DG übersetzen.
iii. Analytische und numerische Methoden zur Lösung einer DG verwenden.
iv. Berechnungen mithilfe von Formeln durchführen.
v. Programme zur numerischen Lösung von DGen verfassen.

C. Methoden

i. Problemstellung erfassen und Bedingungen diskutieren.

https://doi.org/10.1515/9783111345864-001

ii. Aufstellen der DG, welche das Problem beschreibt.
iii. Die Lösung der DG über einen vorher eingeübten Formalismus bestimmen.
iv. Ergebnis (Formel) diskutieren.
v. Die Ergebnisse in der Praxis anwenden.

Details zur Methode iii. Folgende Werkzeuge zur Lösung einfacher DGen werden vorausgesetzt: Diese sind die direkte Integration, die Variablentrennung, die Substitution und die Konstantenvariation. Diese Methoden werden wir bei der analytischen Lösung einer DG über den gesamten Band hinweg antreffen.

Die ersten beiden Methoden i. und ii. erfolgen mittels der nachstehenden Prinzipien:

I. Bilanzierung am infinitesimal kleinen Element.
II. Modellidealisierung und Vernachlässigung von Größen.
III. Lineare Approximation der Änderung einer Größe als Basis einer DG.

Details zu I.

Sämtliche Bilanzen müssen in diesem Band an einem das Fluid enthaltenden kleinen Strömungsabschnitt oder Kontrollbereich durchgeführt werden. Praktisch ausnahmslos entspricht die Bilanz der Impulserhaltung. Den Grundstein bildet dabei die Euler-Gleichung in differentieller Form.

Details zu II.

Als Idealisierung bezeichnen wir fortan sämtliche bewusst vernachlässigten Einflüsse eines Problems. Demgegenüber wollen wir die Spezialisierung eines allgemeinen Problems als Einschränkung unterscheiden. Betrachten wir beispielsweise die Bewegung eines Balkens. Vernachlässigen wir die Dämpfung, dann nennen wir dies eine Idealisierung, hingegen wollen wir die Betrachtung auf vertikale Bewegungen allein, als eine Einschränkung bezeichnen.

Details zu III. Wir erläutern dieses grundlegende Prinzip gerade anschließend.

Was ist eine Differentialgleichung?

Eine DG bezeichnet eine Gleichung für eine gesuchte Funktion y in einer oder in mehreren Variablen, die mindestens die erste Ableitung y' dieser Funktion enthält. Dabei beschreibt eine DG beispielsweise die Änderung einer Größe y bezüglich dem Ort x oder die Änderung einer Größe y im Vergleich zur Größe selber usw. Im Weiteren konzentrieren wir uns auf gewöhnliche DGen.

Einschränkung: Wir betrachten bis auf Weiteres DGen in einer Variablen (gewöhnliche DGen).

Beispiele sind $y'(x) = 3x^2 - 1$, $\dot{y}(t) = 2 \cdot \sin[y(t)] + t$ oder $y''(x) - 3 \cdot y'(x) \cdot y^2(x) = 0$. Dabei steht x meistens für den Ort und t für die Zeit. Für die Ableitung nach der Zeit wählt man einen Punkt anstelle des Strichs. Die drei genannten DGen sind allesamt von der Form

$$f(x, y(x), y'(x), y''(x), \ldots, y^{(n)}(x)) = 0.$$

Man nennt sie gewöhnlich, weil die Funktion y inklusive ihrer Ableitungen y', y'', nur von einer Variablen allein abhängig sind. Lässt man nur jeweils die 1. Potenz einer Ableitung zu und als Koeffizienten nur Funktionen in derselben Variablen, so erhält man die (gewöhnlichen) linearen DGen in der Form:

$$y^{(n)}(x) = a_{n-1}(x) \cdot y^{(n-1)}(x) + \cdots + a_1(x) \cdot y'(x) + a_0(x) \cdot y(x) + g(x).$$

Für $g(x) \equiv 0$ heißt die DG homogen, ansonsten inhomogen. Beispielsweise sind $y'(x) + x \cdot y(x) = e^x$ und $\ddot{y}(t) + t \cdot \dot{y}(t) + t^2 \cdot y(t) = 0$ linear, aber $y'(x) + y^2(x) = 0$ und $\ddot{y}(t) = t \cdot \ln[y(t)]$ nichtlinear.

Analytische und numerische Lösung

Das Grundproblem besteht natürlich darin, die DG zu lösen. Ist eine DG analytisch lösbar, dann geschieht dies immer mithilfe einer Art Umkehroperation, nämlich der Integration. Dabei kann sich die Lösung auch als unendliche Reihe schreiben. Auch in diesem Fall geht eine Integration voraus. Viele DGen lassen sich nur näherungsweise mittels numerischer Verfahren lösen. Um die Eindeutigkeit der Lösung einer DG zu gewährleisten, benötigt man sogenannte Anfangswerte, Randwerte oder beides. Ein immer wiederkehrendes Prinzip bei der Herleitung von DGen, besteht darin, Funktionen in eine Taylor-Reihe zu entwickeln, diese nach dem linearen Term abzubrechen und die Funktionswertänderung für einen kleinen Orts- oder Zeitschritt als Differential zu schreiben (daher auch der Name Differentialrechnung).

Herleitung von (1.1)–(1.7)

Nehmen wir an, $y(x)$ sei eine auf dem Intervall $I \subset \mathbb{R}$ $(n+1)$-mal stetig differenzierbare Funktion (eigentlich braucht $y^{(n+1)}(x)$ selber nicht mehr stetig zu sein). Weiter sei $x_0, x \in I$. Dann gibt es ein ξ zwischen x_0 und x so, dass sich $y(x)$ in eine Taylor-Reihe um x_0 entwickeln lässt. Es gilt:

$$y(x) = y(x_0) + y'(x_0) \cdot (x - x_0) + \frac{y''(x_0)}{2} \cdot (x - x_0)^2 + \cdots + \frac{y^{(n)}(x_0)}{n!} \cdot (x - x_0)^n + R_n(x)$$

mit der sogenannten Restfunktion

$$R_n(x) = \frac{y^{(n+1)}(\xi)}{(n+1)!} \cdot (x - x_0)^{n+1}. \tag{1.1}$$

Das Ergebnis (1.1) sagt noch nichts über die Konvergenz der Reihe für $n \to \infty$ aus. Dies liefert erst der nächste Satz. Diesmal ist $y(x)$ eine auf dem Intervall $I \subset \mathbb{R}$ unendlich oft stetig differenzierbare Funktion. Die Taylor-Reihe konvergiert genau dann gegen $y(x)$, wenn $\lim_{n\to\infty} R_n(x) = 0$. In diesem Fall hat man

$$y(x) = \sum_{n=0}^{\infty} \frac{y^{(n)}(x_0)}{n!} \cdot (x - x_0)^n. \tag{1.2}$$

Die Darstellungen (1.1) und (1.2) benutzt man, um den Funktionsverlauf in einer Umgebung von x_0 durch eine Polynomfunktion anzunähern. Dabei wird die Konvergenzumgebung der Gleichung (1.2) durch den Konvergenzradius bestimmt. Der hauptsächliche Verwendungszweck der Taylor-Reihe im Zusammenhang mit DGen ergibt sich, wenn man in (1.1) x durch $x + dx$ und x_0 durch x ersetzt, wobei $x, x + dx, \xi \in I$ sein muss.

Es folgt

$$y(x + dx) = y(x) + y'(x) \cdot dx + \frac{y''(x)}{2} \cdot dx^2 + \cdots + \frac{y^{(n)}(x)}{n!} \cdot dx^n + R_n(x)$$

mit der Restfunktion

$$R_n(x) = \frac{y^{(n+1)}(\xi)}{(n+1)!} \cdot dx^{n+1}. \tag{1.3}$$

Diese Darstellung ermöglicht es, bei Kenntnis der Werte $y(x), y'(x), y''(x), \dots, y^{(n)}(x)$ den Wert $y(x + dx)$ mit beliebiger Genauigkeit vorauszusagen. Für die exakte Differenz zwischen $y(x + dx)$ und $y(x)$ aus (1.3) schreiben wir

$$y(x + dx) - y(x) =: \Delta y. \tag{1.4}$$

Brechen wir hingegen (1.3) nach dem linearen Term ab, so ergibt sich:

$$y(x + dx) - y(x) \approx y'(x) \cdot dx =: dy. \tag{1.5}$$

Mit dy bezeichnen wir den linearen Anteil des Zuwachses der Größe y entlang der Strecke dx und nennen diesen Zuwachs „Differential von y“. Aus Abb. 1.1 wird der Unterschied zwischen dy und Δy sichtbar. Dabei nehmen wir der Einfachheit halber $\Delta x = dx$.

Gleichung (1.5) führt zu den bekannten Darstellungen

$$y'(x) \approx \frac{y(x + dx) - y(x)}{dx}, \tag{1.6}$$

$y'(x) = \frac{dy}{dx}$ oder die auf den ersten Blick etwas komisch anmutende Identität $dy = \frac{dy}{dx} \cdot dx$.

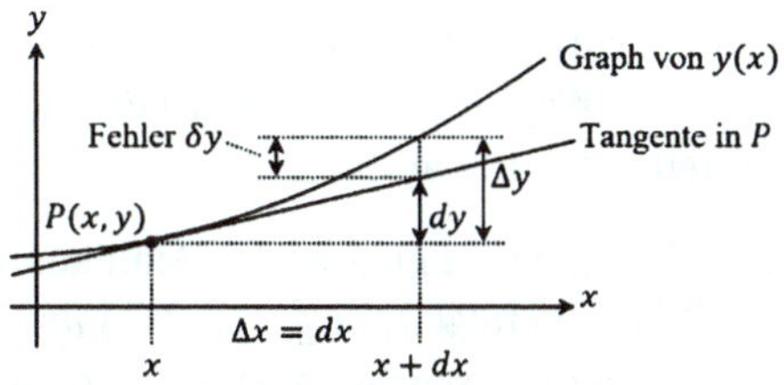

Abb. 1.1: Das Differential einer Größe y.

Auf dieselbe Weise folgen Ableitungen höherer Ordnung wie beispielsweise:

$$\frac{d^2y}{dx^2} = \frac{d}{dx}\left(\frac{dy}{dx}\right) = y''(x) \approx \frac{y'(x+dx) - y'(x)}{dx} = \frac{\frac{dy}{dx}(x+dx) - \frac{dy}{dx}(x)}{dx}. \tag{1.7}$$

Es stellt sich nun die Frage, wie gut die Approximationen (1.6) und (1.7) für die weitere Verrechnung sind. Die Frage ist leicht zu beantworten, falls die mithilfe dieser Näherungen aufgestellte DG exakt lösbar ist. Man bildet in diesem Fall den Grenzwert $dx \to 0$, für (1.6) und (1.7) gilt dann das Gleichheitszeichen, und schließlich führt eine Integration zur geschlossenen Lösung. Ungeachtet dessen, ob eine DG analytisch oder nur numerisch lösbar ist, soll Folgendes gelten:

III. Die Herleitung aller bevorstehenden DGen erfolgt grundsätzlich mithilfe der Ausdrücke (1.6) und (1.7) für y' bzw. y'' usw. Wir nennen dieses Prinzip die lineare Approximation oder 1. Näherung einer Größenänderung.

Lässt eine DG nur eine numerische Lösung zu, so wählt man eine Schrittweite $dx > 0$ und approximiert die Ableitungen durch die Terme (1.6) und (1.7). Je größer man dx wählt, umso ungenauer wird die Punktfolge gegenüber der exakten Lösungskurve und je kleiner dx gewählt wird, umso genauer wird die Lösungskurve. Gleichzeitig erhöht sich aber die Schrittzahl und der zusätzliche Rechenaufwand wächst enorm.

Ergebnis. Eine DG mit Anfangsbedingung entspricht somit nichts anderem als der rekursiven Darstellung einer Punktfolge mit Startwert. Die Rekursionsvorschrift ist dabei die DG bzw. die DFG (Differenzengleichung), selber. Die eindeutige Lösungskurve wird damit Punkt für Punkt konstruiert. Bei einer analytischen Lösung ist die Punktzahl unendlich, bei einer numerischen Lösung hingegen endlich.

Für die leistungsfähigen Rechner unserer Zeit stellt die numerische Berechnung mit großer Schrittzahl meistens kein Problem mehr dar und die Lösung kann bis zu einer gewünschten Genauigkeit erreicht werden. Noch vor wenigen Jahrzehnten konnte man nicht auf eine derart hohe Rechenkapazität zurückgreifen. Insbesondere musste der Wert $y(x + dx)$ aus der Kenntnis von $y(x)$ auf einem anderen Weg als über die Gleichung (1.5) erfolgen, um den Fehler zwischen dem exakten und dem numerisch bestimmten Wert $\delta y = |y_E(x) - y_N(x)|$ an einer Stelle x möglichst klein zu halten. Es wurden Verfahren entwickelt, die bei der Schrittweitenwahl dx den Fehler δy nicht nur um ein Vielfaches

($k \cdot dx, k \in \mathbb{R}^+$) sondern proportional zur Potenz der Schrittweite ($k \cdot dx^p, k \in \mathbb{R}^+, p > 1$, $p \in \mathbb{N}$) reduzieren, um so den Rechenaufwand auf dem Weg zu einer möglichst exakten Lösung zu verringern. Einige solcher Verfahren stellen wir in Kap. 2 vor.

Beispiel 1. Gegeben ist die DG $y'(x) = g(x)$ mit $y(0) = 0$, wobei $g(x) \neq y(x)$. Man kann die Gleichung durch eine Integration lösen. Aus $\frac{dy}{dx} = g(x)$ folgt $dy = g(x) \cdot dx$, $\int dy = \int g(x) \cdot dx$ und damit $y(x) = \int g(x) \cdot dx + C$. Nehmen wir speziell $g(x) = 2x$, dann erhalten wir $y(x) = x^2 + C$ und mit der Anfangsbedingung $y(0) = 0$ folgt $y(x) = x^2$.

Zum Vergleich nehmen wir an, dass die DG $y'(x) = 2x$ nur numerisch lösbar wäre.

Somit schreibt sich (1.6) in der Form $\frac{y(x+\Delta x)-y(x)}{\Delta x} \approx 2x$, woraus $y(x + \Delta x) \approx y(x) + 2x \cdot \Delta x$ mit $y(0) = 0$, eine sogenannte Differenzengleichung (DFG), entsteht. Für die numerische Berechnung ist es wichtig, y_i von $y(x_i)$ zu unterscheiden, auch wenn diese unter Umständen identisch sind. Daraus entsteht die Rekursionsvorschrift $y_{i+1} = y_i + 2x_i \cdot \Delta x$ und $y_0 = 0$ für $i \in \mathbb{N}_0$. Als Schrittlänge wählen wir $\Delta x = 0{,}5$, also recht grob, um einen klaren Unterschied zu den exakten Werten von $y(x) = x^2$ zu erhalten. Es folgt nacheinander:

$$
\begin{aligned}
y_1 &= y_0 + 2x_0 \cdot \Delta x = 0 + 2 \cdot 0 \cdot 0{,}5 = 0,\\
y_2 &= y_1 + 2x_1 \cdot \Delta x = 0 + 2 \cdot 0{,}5 \cdot 0{,}5 = 0{,}5,\\
y_3 &= y_2 + 2x_2 \cdot \Delta x = 0{,}5 + 2 \cdot 1 \cdot 0{,}5 = 1{,}5,\\
y_4 &= 3 \quad \text{und} \quad y_5 = 5.
\end{aligned}
$$

Allgemein ist $y_i = \frac{1}{4} i(i-1)$, $i \in \mathbb{N}_0$. Der Verlauf der exakten Lösung inklusive der Punktfolge bestehend aus den sechs numerisch bestimmten Werten entnimmt man Abb. 1.2 links.

Beispiel 2. Gegeben ist die DG $y'(x) = y(x)$ mit $y(0) = 1$. Aus $\frac{dy}{dx} = y(x)$ folgt durch Trennung der Variablen $\frac{dy}{y} = dx$, $\int \frac{dy}{y} = \int dx$ und damit $\ln|y| = x + C_1$. Aufgelöst ergibt sich $y(x) = e^{x+C_1} = e^{C_1} \cdot e^x = C \cdot e^x$. Mit $y(0) = 1$ folgt $C = 1$ und damit $y(x) = e^x$.

Zum Vergleich lösen wir die DG numerisch. Die Verwendung von (1.6) liefert $\frac{y(x+\Delta x)-y(x)}{\Delta x} \approx y(x)$, $y(x + \Delta x) \approx y(x) + y(x) \cdot \Delta x$ und $y(x + \Delta x) \approx (1 + \Delta x) \cdot y(x)$ mit $y(0) = 1$. Abermals sei die Schrittlänge $\Delta x = 0{,}5$ und man erhält die Rekursionsvorschrift $y_{i+1} = 1{,}5 \cdot y_i$ mit $y_0 = 1$ für $i \in \mathbb{N}_0$. Weiter ergibt sich nacheinander:

$$
\begin{aligned}
y_1 &= 1{,}5 \cdot y_0 = 1{,}5 \cdot 1 = 1{,}5,\\
y_2 &= 1{,}5 \cdot y_1 = 1{,}5 \cdot 1{,}5 = 2{,}25,\\
y_3 &= 1{,}5 \cdot y_2 = 3{,}38, \quad y_4 = 5{,}06 \quad \text{und} \quad y_5 = 7{,}59.
\end{aligned}
$$

Allgemein ist $y_i = 1{,}5^i$, $i \in \mathbb{N}_0$. Abb. 1.2 enthält den Verlauf der exakten Lösung sowie die numerisch bestimmten Werte der Punktfolge.

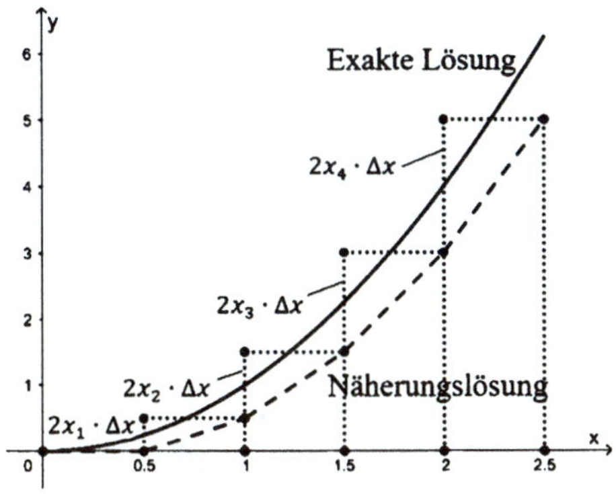

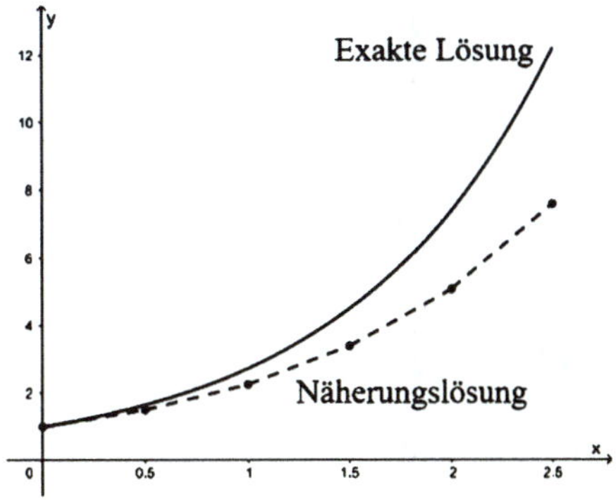

Abb. 1.2: Exakte und numerische Lösung der Beispiele 1 und 2.

2 Numerisches Lösen von Differentialgleichungen

Lassen sich somit DGen oder DG-Systeme nicht mehr analytisch lösen, dann benötigt man numerische Verfahren, um den Verlauf der Lösung zu bestimmen. Dazu wird die DG diskretisiert. Das wichtigste Verfahren stellen wir nun vor.

Das Euler-Verfahren

Ausgangspunkt ist die DG $y'(x) = f(x, y(x))$.

Herleitung von (2.1)
Die Lösung $y = y(x)$ soll durch einen Polygonzug der (äquidistanten) Schrittweite h angenähert werden. Je feiner h gewählt wird, umso besser entspricht der Polygonzug der Lösungskurve (Abb. 2.1). Im Folgenden bezeichnet $y(x_i)$ den exakten Funktionswert der Lösung und y_i den numerisch bestimmten Wert an der jeweiligen Stelle x_i. Sei x_0 der Startwert, dann gilt $y(x_0) = y_0$. Gehen wir zu einem Wert $x_1 = x_0 + h$ über, dann kann man $y(x_1)$ durch die Taylor-Reihe vom Grad 1 approximieren: $y(x_1) \approx y_0 + y'(x_0) \cdot h = y_0 + f(x_0, y_0) \cdot h := y_1$. Analog folgt $y(x_2) \approx y_1 + f(x_1, y_1) \cdot h := y_2$ usw. Daraus ergibt sich eine explizite Rekursionsformel für die Punkte des Polygonzugs (Euler-Verfahren):

$$\begin{aligned} x_{i+1} &= x_i + h, \\ y_{i+1} &= y_i + h \cdot f(x_i, y_i). \end{aligned} \tag{2.1}$$

Es gibt natürlich weitere verfeinerte numerische Verfahren. Mit der hohen zur Verfügung stehenden Rechenleistung genügt das Euler-Verfahren vollends, weil man für eine verbesserte Genauigkeit den Abstand h einfach verkleinern kann.

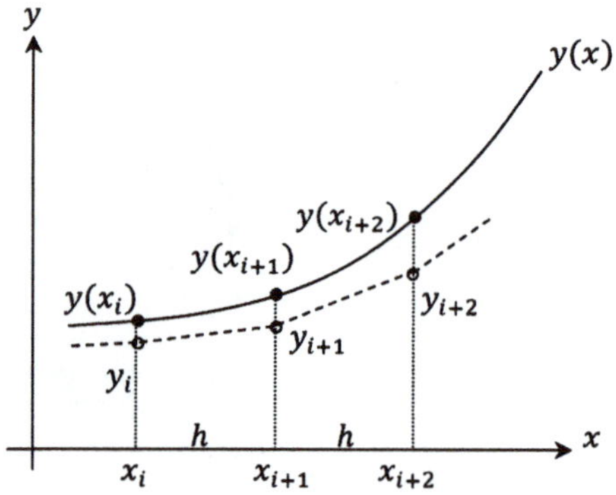

Abb. 2.1: Skizze zum Euler-Verfahren.

https://doi.org/10.1515/9783111345864-002

3 Strömungen

Große Siedlungen seit der Antike verlangten nach immer neueren Ideen und Fertigkeiten, um die Wasserversorgung der Bevölkerung zu gewährleisten. Ein beeindruckendes Beispiel hierfür ist das Wassersystem des Römischen Reichs.

Aus bis zu 100 km Entfernung wurde das Wasser in die Nähe der Stadt geleitet und dann, um das Wasser sauber und kühl zu halten, in unterirdischen Kanälen ins Innere der Stadt befördert. Über weitere Kanäle und Rohre aus Blei oder Ton wurde das Abwasser entsorgt. Musste man Täler oder Senken überwinden, dann konnte man die beiden höchsten Talpunkte durch eine leicht fallende Leitung über ein Aquädukt verbinden. Dabei durfte das Gefälle der Leitungen nicht zu klein sein, um ein Fließen zu gewährleisten, aber nicht zu groß, um Höhe (Potentielle Energie) zu verschenken. Das Gefälle schwankte etwa zwischen 0,1 % und 0,4 % (das niedrigst mögliche Gefälle liegt bei 0,07 %).

Oft führten die Leitungen steil einen Abhang hinab, um auf der anderen Seite des Tals wieder (fast gleich hoch) hinaufzusteigen. An den Knickstellen schoss das Wasser mit solch großer Geschwindigkeit heran, dass die Ingenieure die Leitung durch Becken erweiterten, um den Druck auf die Krümmungsstelle aufzufangen. Die Rohre besaßen kleine Löcher, Luft und Wasser konnten entweichen und so (durch eine Grenzschicht entstandene) Turbulenzen vermindern. Zudem war die Oberfläche des Rohrinnern nicht zu glatt, um beim Öffnen der Leitung keine (Schock-)Welle zu verursachen, aber auch nicht zu rau, um Reibungsverluste zu vermindern.

Vieles, was die damaligen Ingenieure aus Erfahrung erkannten und umsetzten, werden wir im Folgenden mit unseren heutigen Begriffen und Modellen beschreiben können.

3.1 Reibungsfreie Rohrströmungen

Normalerweise bestimmen vier Kriterien die Art einer Strömung.

1. *Dimension.* Im Allgemeinen verlaufen Strömungen dreidimensional. Bei leicht gekrümmten oder geradlinigen Rohren kann man zwei der drei Geschwindigkeitskomponenten gegenüber der Hauptstromrichtung vernachlässigen. Die Strömung ist dann eindimensional.
2. *Zeitabhängigkeit.* Bei Anlauf- und Anschaltvorgängen ist die Strömung zusätzlich instationär, also zeitabhängig. Eine stationäre Strömung liegt vor, wenn die charakteristischen Zustandsgrößen zeitunabhängig sind: $\frac{\partial v}{\partial t} = \frac{\partial p}{\partial t} = \frac{\partial T}{\partial t} = \frac{\partial \rho}{\partial t} = 0$ (und zusätzlich $\frac{\partial A}{\partial t} = 0$, falls es sich um eine Stromröhre handelt). Jedes Wassertröpfchen, das den Ort $P(x, y, z)$ passiert, wird in P zu jeder Zeit die gleichen Werte v_P, p_P, T_P und ρ_P aufweisen. Örtlich hingegen können die vier genannten Größen variieren.
3. *Dichte der Strömung.* Eine Strömung heißt inkompressibel, wenn die Dichte nicht vom Druck abhängt, was eine Idealisierung darstellt. In diesem Fall reduzieren sich

https://doi.org/10.1515/9783111345864-003

die Bedingungen für eine stationäre Strömung auf $\frac{\partial v}{\partial t} = \frac{\partial A}{\partial t} = 0$. Dabei können Geschwindigkeit und Querschnitt weiterhin örtlich schwanken. Inkompressibilität bedeutet, dass jedes Tröpfchen, das durch einen Ort $P(x, y, z)$ strömt, immer dieselbe Dichte aufweist. Daraus folgt aber nicht zwangsweise ρ = konst., denn die Dichte kann ortsabhängig bleiben, wie die aus Lagen verschiedener Dichten bestehende Meeresströmung (die dichteste befindet sich unten) zeigt. Ob die Kompressibilität berücksichtigt werden muss, hängt von der Mach-Zahl $\mathrm{Ma} = \frac{v}{c}$ mit der Strömungsgeschwindigkeit v und der Schallgeschwindigkeit c ab. Für $\mathrm{Ma} < 0{,}3$ kann man die Strömung als inkompressibel betrachten. Für Wasser ergäbe das $v = 1600\,\frac{\mathrm{km}}{\mathrm{h}}$ und für Luft $v = 360\,\frac{\mathrm{km}}{\mathrm{h}}$. Es gibt drei Erhaltungssätze, die eine reibungsfreie Strömung mit den obigen drei Kriterien berücksichtigen: die Kontinuitätsgleichung (Massenerhaltungssatz), die Euler-Gleichung (Impulserhaltungssatz) und die Bernoulli-Gleichung (Energieerhaltungssatz).

4. *Reibung.* Im Allgemeinen muss die Dickflüssigkeit des Fluids berücksichtigt werden. In der Nähe eines Hindernisses können die Reibungskräfte deshalb nicht vernachlässigt werden. Solche Strömungen nennt man viskos. Sie erzeugen zwangsweise Wirbel, die formal mit dem Begriff „Rotation“ beschrieben werden. Allgemein werden Strömungen mit Einbezug der Reibung mithilfe der Navier-Stokes-Gleichungen formuliert (siehe Band 6). Überwiegen Trägheitskraft, Druck- oder Gewichtskraft, so kann man näherungsweise von der Reibung absehen. Bis auf das Borda-Carnot-Rohr in Kap. 3.4, Bsp. 6 werden Reibungskräfte erst ab Kap. 9 wieder beachtet.

Einschränkung: Reibungskräfte werden bis und mit Kap. 8 vernachlässigt.

3.2 Die Kontinuitätsgleichung

Wir betrachten eine dreidimensionale, instationäre, kompressible Strömung. Das bedeutet, sowohl Geschwindigkeit als auch Dichte sind vom Ort und von der Zeit abhängig: $v(x, y, z, t), \rho(x, y, z, t)$. Dasselbe gilt folglich auch für die drei Raumkomponenten der Geschwindigkeit $v_x(x, y, z, t)$, $v_y(x, y, z, t)$ und $v_z(x, y, z, t)$. Wir greifen ein Volumenelement $dV = dxdydz$ zur Zeit t heraus (Abb. 3.1 links).

Herleitung von (3.2.1) und (3.2.2)

Es bezeichnen $m(t)$ die Masse zur Zeit t und $\dot{m} = \frac{dm}{dt}$ den Massenstrom, d. h. die pro Zeiteinheit durch einen Querschnitt A fliessende Masse.

Bilanz und lineare Approximation: Massenbilanz in einem Volumen dV.

Innerhalb des Zeitraums dt wächst die Masse des Volumens dV um den in dV eindringenden Teil m_{ein} und fällt um den austretenden Teil m_{aus} auf den Wert $m(t + dt)$. Insgesamt erhalten wir $m(t + \Delta t) = m(t) + m_{\mathrm{ein}} - m_{\mathrm{aus}}$. Im mehrdimensionalen Fall schreibt sich dies als $m(t + \Delta t) = m(t) + \sum m_{\mathrm{ein}} - \sum m_{\mathrm{aus}}$. Weiter gilt in erster Näherung $m(t+dt) \approx m(t) + \frac{\partial m}{\partial t}dt$ und somit im eindimensionalen Fall (beispielsweise in x-Richtung)

$$\frac{\partial m}{\partial t}dt = m_{\mathrm{ein},x} - m_{\mathrm{aus},x}, \quad dm = m_{\mathrm{ein},x} - m_{\mathrm{aus},x} \quad \text{oder} \quad d\dot{m} = \dot{m}_{\mathrm{ein},x} - \dot{m}_{\mathrm{aus},x}. \tag{3.2.1}$$

Für den gesamten Massenstrom im Volumen dV hat man wiederum in 1. Näherung:

$$d\dot{m} \approx \frac{[\rho(t) + \frac{\partial \rho}{\partial t}dt]dxdydz - \rho(t)dxdydz}{dt} = \frac{\partial \rho}{\partial t}dxdydz.$$

Anderseits gilt für den Massenstrom eines Volumenelements dV in x-Richtung $\dot{m}_{\mathrm{ein},x} = \frac{\rho dxdydz}{dt} = \rho v_x dydz$ und demnach erneut in 1. Näherung $\dot{m}_{\mathrm{aus},x} \approx [\rho v_x + \frac{\partial(\rho v_x)}{\partial x}dx]dydz$. Die Differenz führt zu $\dot{m}_{\mathrm{ein},x} - \dot{m}_{\mathrm{aus},x} = -\frac{\partial(\rho v_x)}{\partial x}dxdydz$ und Analoges ergibt sich für die beiden anderen Geschwindigkeitskomponenten. Zusammen erhalten wir die Kontinuitätsgleichung bei dreidimensionaler instationärer Strömung eines kompressiblen Fluids:

$$\frac{\partial \rho}{\partial t} + \frac{\partial(\rho v_x)}{\partial x} + \frac{\partial(\rho v_y)}{\partial y} + \frac{\partial(\rho v_z)}{\partial z} = 0. \tag{3.2.2}$$

Andere Schreibweisen von (3.2.2) sind $\frac{\partial \rho}{\partial t} + \mathrm{div}(\rho \boldsymbol{v}) = 0$ oder $\frac{\partial \rho}{\partial t} + \nabla(\rho \boldsymbol{v}) = 0$ mit dem Nablaoperator $\nabla = (\frac{\partial}{\partial x}, \frac{\partial}{\partial y}, \frac{\partial}{\partial z})$.

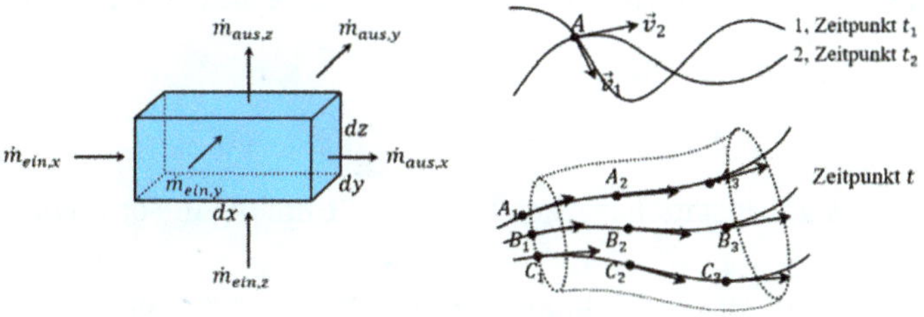

Abb. 3.1: Skizzen zum Volumenelement und zu den Strom- und Bahnlinien.

3.3 Die Euler-Gleichung und die Bernoulli-Gleichung

Vorweg gilt es, zwei Begriffe zu unterscheiden: Stromlinie und Bahnlinie. Bahnlinien beschreiben den zurückgelegten Weg eines Teilchens. Dargestellt sind die Bahnlinien zweier Geschwindigkeitsteilchen 1 und 2 zu unterschiedlichen Zeiten t_1 und t_2 (Abb. 3.1 rechts oben). Im Punkt A werden die Teilchen im Allgemeinen verschiedene Geschwindigkeiten aufweisen.

Stromlinien hingegen entstehen in einer Momentaufnahme zu einem bestimmten Zeitpunkt t (Abb. 3.1 rechts unten). Im Punkt A wird ein Teilchen zu diesem Zeitpunkt den Geschwindigkeitsvektor $\boldsymbol{v}_A$ besitzen. Im Punkt B wird der Geschwindigkeitsvektor des momentanen Strömungsfeldes in Richtung $\boldsymbol{v}_B$ zeigen usw., für jeden anderen Punkt. Stromlinien sind demnach Kurven, deren Tangentenrichtungen in jedem Punkt mit den Richtungen der Geschwindigkeitsvektoren des Strömungsfeldes übereinstimmen. Theoretisch sind bei einer instationären Strömung unendlich viele Geschwindigkeitsvektoren durch einen Punkt A denkbar und folglich auch unendlich viele Bahnen, die ein Teilchen innerhalb einer Strömung zurücklegen kann. Es muss nicht einmal durch einen bestimmten Punkt verlaufen. Im Mittel wird sich ein Teilchen entlang einer Stromlinie bewegen. Bei einer stationären Strömung fallen Stromlinie und Bahnlinie zusammen. Mehrere (auch unendlich viele) Stromlinien (die einander ja nicht schneiden) können gedanklich als eine Art Bündel zu einer Stromröhre zusammengefasst werden (Abb. 3.1 rechts unten). Eine solche Stromröhre verlangt zwangsweise einen Querschnitt. Die Geschwindigkeit muss dabei nicht über den gesamten Querschnitt konstant bleiben. Ist sie es über einen Teilquerschnitt, so fasst man alle enthaltenen Stromlinien zu einem sogenannten Stromfaden zusammen und jede Stromlinie stellt dann eine Repräsentantin des gesamten Stromfadens dar.

Ergebnis. Das Konzept des Stromfadens führt zu einer eindimensionalen Strömung.

In der Hydraulik hat man es mit Rohr- und Kanalströmungen zu tun, weshalb es sinnvoll ist, die Kontinuitätsgleichung (3.2.2) für einen solchen Stromfaden zu formulieren. Die Verwendung der Stromröhre verlangt ein krummliniges Koordinatensystem mit der Richtung der Tangente des Geschwindigkeitsvektors an einer beliebigen Stromlinie als s-Koordinate und der Normalen dazu. Man bezeichnet diese als natürliche Koordinaten.

Herleitung von (3.3.1)–(3.3.4)

Gegeben ist eine eindimensionale, instationäre, kompressible Strömung in Form eines Stromfadens.

Bilanz und lineare Approximation: Massenbilanz in einem Volumen dV bei instationärer Strömung (Abb. 3.2 links).

Die Masse kann nur durch die Ein- und Austrittsfläche A_1 und A_2 der Stromröhre fließen, nicht aber über den Mantel. In einem Rohr ist der Querschnitt zeitunabhängig, bei einem Fluss beispielsweise stimmt dies nicht zwangsweise. Nach (3.2.1) gilt für zwei Kontrollpunkte 1 und 2 in einem Abstand ds und den entsprechenden Dichten, Geschwindigkeiten und Querschnitten

$$\frac{\partial m(s,t)}{\partial t} = \dot{m}_{\text{ein}} - \dot{m}_{\text{aus}} = \rho(s_1,t)A(s_1)v(s_1,t) - \rho(s_2,t)A(s_2)v(s_2,t). \tag{3.3.1}$$

Weiter kann man schreiben

$$\frac{\partial(\rho A \cdot ds)}{\partial t} = -(\rho_2 v_2 A_2 - \rho_1 v_1 A_1) \quad \text{mit} \quad m = \rho A \cdot ds,$$

folglich

$$\frac{\partial(\rho A)}{\partial t} = -\frac{(\rho vA)_{s+ds} - (\rho vA)_s}{ds} = -\frac{(\rho vA)_s + \frac{\partial(\rho vA)}{\partial s}dx - (\rho vA)_s}{ds} = -\frac{\partial(\rho vA)}{\partial s}$$

und schließlich

$$\frac{\partial[\rho(s,t)A(s)]}{\partial t} = -\frac{\partial[\rho(s,t)A(s)v(s,t)]}{\partial s}. \tag{3.3.2}$$

Die Gleichung (3.3.2) stellt wie auch (3.3.1) die Massenbilanz eines eindimensionalen Stromfadens für ein kompressibles Fluid mit örtlich und zeitlich veränderlichen Größen dar. Drei Spezialfälle sind von Interesse:

1. Strömung instationär, Fluid inkompressibel. Man erhält

$$\rho(s,t)\frac{\partial A(s)}{\partial t} = -\rho(s,t)\frac{\partial[A(s)v(s,t)]}{\partial s}$$

   und daraus

$$0 = -\frac{\partial(Av)}{\partial s} \quad \text{oder} \quad A(s)v(s,t) = \text{konst.} \tag{3.3.3}$$

2. Strömung stationär, Fluid kompressibel. Dies ist häufig bei Gasen der Fall. Es folgt:

$$0 = -\frac{\partial(\rho Av)}{\partial s} \quad \text{und} \quad \rho(x)A(x)v(x) = \text{konst.}$$

3. Strömung stationär, Fluid inkompressibel. Bei Flüssigkeiten kann diese Vereinfachung benutzt werden. Man erhält

$$0 = -\frac{\partial(Av)}{\partial s} \quad \text{und} \quad \dot{Q} = A(x)v(x) = \text{konst.} \tag{3.3.4}$$

   Die Größe $\dot{Q}$ bezeichnet dann einen Volumenstrom mit der Einheit $\frac{\mathrm{m}^3}{\mathrm{s}}$.

Herleitung von (3.3.5)–(3.3.12)

Für die Herleitung der Euler-Gleichung ist die Unterscheidung zwischen Stromlinie und Bahnlinie unerheblich.

Bilanz und lineare Approximation: Kraft- oder Impulsänderungsbilanz im Volumen dV eines Stromfadens (Abb. 3.2 rechts).

Mit $\boldsymbol{F}_a$ bezeichnen wir die Richtung der beschleunigenden Kraft. Dabei ist $\boldsymbol{F}_{Gv}$ derjenige Anteil der Gewichtskraft $\boldsymbol{F}_G$, der die Bewegung begünstigt. Zusätzlich wirken die Druckkräfte $\boldsymbol{F}_p$ und $\boldsymbol{F}_{p+dp}$ auf die Stirnflächen A und $A + dA$, einmal in Bewegungsrichtung und einmal entgegengesetzt. Wir sehen von der Änderung der Stirnfläche entlang der Strecke ds ab.

Idealisierung: Für die Querschnittsänderung gilt $dA \approx 0$.

Kräftebilanz: Sie lautet

$$F_a = F_{Gv} + F_p - F_{p+dp}. \tag{3.3.5}$$

In der 1. Näherung gilt $F_{p+dp} \approx F_p + \frac{\partial F_p}{\partial s} ds = pA + \frac{\partial p \cdot A}{\partial s} ds$.

Gleichung (3.3.5) schreibt sich dann als $dm \cdot a = dm \cdot g \cdot \sin\alpha + pA - (p + \frac{\partial p}{\partial s} ds)A$ und $dm \cdot a = -dm \cdot g \cdot \frac{dh}{ds} - \frac{\partial p}{\partial s} \cdot \frac{dm}{\rho}$, woraus

$$a + g \cdot \frac{dh}{ds} + \frac{\partial p}{\rho \cdot \partial s} = 0 \tag{3.3.6}$$

entsteht.

Bei der Beschleunigung $a = \frac{dv}{dt}$ gilt es zu beachten, dass $v = v(s, t)$ vom Ort und von der Zeit abhängt. In der Festkörperphysik muss zur Impulsänderung eine Geschwindigkeitsänderung erfolgen. Hingegen ist bei einer Strömung im stationären Zustand lediglich $\frac{\partial v}{\partial t}$, d. h. die Geschwindigkeit bleibt an einem bestimmten Ort unveränderlich, hingegen kann sie sich von Ort zu Ort ändern. Die allgemeine Kettenregel liefert $a = \frac{dv(s,t)}{dt} = \frac{\partial v}{\partial t} \cdot \frac{dt}{dt} + \frac{\partial v}{\partial s} \cdot \frac{ds}{dt} = \frac{\partial v}{\partial t} + \frac{\partial v}{\partial s} \cdot v$. Die gesamte Beschleunigung setzt sich also aus einem lokalen (für ein bestimmtes s), zeitabhängigen und einem örtlich abhängigen, konvektiven, in s-Richtung verlaufenden Teil zusammen (sofern man als Bezugspunkt einen aussenstehenden Beobachter wählt). Man bezeichnet dies auch als substantielle Ableitung und schreibt kurz $a := \frac{Dv}{Dt} = \frac{\partial v}{\partial s} \cdot v + \frac{\partial v}{\partial t}$. Setzt man den Ausdruck in (3.3.6) ein, so folgt die eindimensionale Euler-Gleichung:

$$\frac{\partial v}{\partial t} + \frac{\partial v}{\partial s} \cdot v + g \cdot \frac{dh}{ds} + \frac{\partial p}{\rho \cdot \partial s} = 0, \quad v = v(s,t), \quad \rho = \rho(p,s,t), \quad p = p(s,t). \tag{3.3.7}$$

Die Euler-Gleichung entspricht der Impulserhaltung in differentieller Form. Dabei werden Beschleunigungen miteinander verglichen.

Ergebnis. Eine stationäre Strömung besitzt keine lokale dafür aber eine konvektive Beschleunigung.

Nun multiplizieren wir (3.3.7) mit ds und integrieren bestimmt. Man erhält

$$\int_{s_1}^{s_2} \frac{\partial v}{\partial t} ds + \int_{v_1}^{v_2} v dv + \int_{p_1}^{p_2} \frac{dp}{\rho} + g \int_{h_1}^{h_2} dh = 0$$

und damit Daniel Bernoullis Gleichung, welche die Energieerhaltung beschreibt:

$$\int_{s_1}^{s_2} \frac{\partial v}{\partial t} ds + \frac{1}{2}\left(v_2^2 - v_1^2\right) + \int_{p_1}^{p_2} \frac{dp}{\rho} + g(h_2 - h_1) = 0. \tag{3.3.8}$$

Es ergeben sich drei Spezialfälle:

1. Strömung stationär, Fluid kompressibel. In diesem Fall ist $\frac{\partial v}{\partial t} = 0$, $\rho = \rho(p, s)$ und es gilt

$$\frac{1}{2}(v_2^2 - v_1^2) + \int_{p_1}^{p_2} \frac{dp}{\rho(p)} + g(h_2 - h_1) = 0.$$

2. Strömung instationär, Fluid inkompressibel. Folglich ist $\rho = \rho(s)$ und man erhält

$$\int_{s_1}^{s_2} \frac{\partial v}{\partial t} ds + \frac{1}{2}(v_2^2 - v_1^2) + \frac{p_2 - p_1}{\rho} + g(h_2 - h_1) = 0. \tag{3.3.9}$$

3. Strömung stationär, Fluid inkompressibel. Es gilt $\frac{\partial v}{\partial t} = 0$, $\rho = \rho(s)$ und folglich

$$\frac{1}{2}(v_2^2 - v_1^2) + \frac{p_2 - p_1}{\rho} + g(h_2 - h_1) = 0. \tag{3.3.10}$$

Betrachtet man die Strömung von einem Punkt 1 bis zu einem Punkt 2, so wählt man für den Stoffwert $\rho(s)$ den Mittelwert $\rho = \frac{\rho_1 + \rho_2}{2}$. Die Gleichung (3.3.10) schreibt man meistens in der Form

$$\frac{1}{2}\rho v^2 + \rho g h + p = \text{konst.} \tag{3.3.11}$$

Die Multiplikation mit der Masse liefert

$$\frac{1}{2}mv^2 + mgh + pV = \text{konst.} \tag{3.3.12}$$

Man erkennt die einzelnen Energieanteile: $E_{\text{Kin}} + E_{\text{Pot}} + E_{\text{Druck}} = \text{konst.}$ In der Darstellung (3.3.11) besitzt die Konstante die Einheit eines Drucks und sie setzt sich zusammen aus dem Staudruck $\frac{1}{2}\rho v^2$ (Erhöhung des Drucks gegenüber dem statischen Druck auf Grund der kinetischen Energie), dem hydrostatischen Druckanteil $\rho g h$ (hervorgerufen durch die potentielle Energie) und dem Betriebsdruck p (als Form der inneren Energie). Dieser letzte Druck bezeichnet denjenigen Anteil des statischen Drucks, der nicht aus dem Eigengewicht des Fluids resultiert.

Beispiel 1. Ein Gefäß mit dem Durchmesser 40 cm ist bis zu einer Höhe $H = 1\,\text{m}$ mit Wasser gefüllt (Abb. 3.3 links). Es wird am Boden über ein Rohr mit dem Durchmesser 10 cm entleert.

a) Damit der Ausfluss als stationär angesehen werden kann, wird der Behälter stets bis zur ursprünglichen Höhe H aufgefüllt. Ermitteln Sie die Ausfließgeschwindigkeit v_2 des Wassers beim Öffnen des Ventils. Welches Ergebnis erhält man für $A_1 \gg A_2$? Setzen Sie dabei die Höhe der ausströmenden Röhre null.

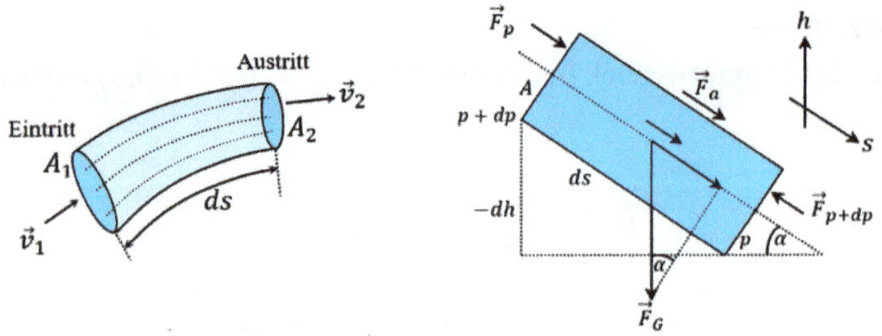

Abb. 3.2: Skizzen zum Stromfaden und den Kräften am Stromfaden.

b) Berechnen Sie die Ausflusszeit, falls der Behälter nicht mehr aufgefüllt wird. Gehen Sie dabei von einer quasistationären Strömung aus, d. h. nehmen Sie an, dass sich die Torricelli-Geschwindigkeit unmittelbar mit fallender Höhe einstellt und vernachlässigen Sie dafür den 1. Term in Gleichung (3.3.8).

Lösung.

a) Aufgrund des stetigen Auffüllens bleiben die Ab- und Ausflussgeschwindigkeiten v_1 und v_2 unabhängig vom Füllstand. Nach einer Anlaufzeit stellt sich ein stationärer Zustand ein. Auf beide Querschnitte wirkt derselbe Aussendruck p_0. Damit lautet (3.3.10) $\frac{1}{2}\rho(v_2^2 - v_1^2) + p_0 - p_0 + \rho g(0 - H) = 0$ oder $\frac{1}{2}(v_2^2 - v_1^2) - gH = 0$.
Mithilfe der Kontinuitätsgleichung (3.3.4) gilt $A_1 v_1 = A_2 v_2$. Es entsteht $v_2^2 - \frac{A_2^2}{A_1^2} v_2^2 = 2gH$ und daraus

$$v_2 = \sqrt{2gH}\frac{A_1}{\sqrt{A_1^2 - A_2^2}}. \tag{3.3.13}$$

Die Werte liefern

$$v_2 = \sqrt{2g \cdot 1}\frac{\pi \cdot 0{,}2^2}{\sqrt{(\pi \cdot 0{,}2^2)^2 - (\pi \cdot 0{,}05^2)^2}} = 4{,}44\,\frac{\mathrm{m}}{\mathrm{s}}.$$

Ist $A_1 \gg A_2$, dann erhält man $v_2 \approx \sqrt{2gH}$. Torricelli behauptete nun, dass diese Formel für jeden Füllstand $h(t)$, ohne Auffüllen und unabhängig vom Verhältnis zwischen Ab- und Ausflussquerschnitt gilt:

$$v_2(h) \approx \sqrt{2gh} \quad \left(\frac{A_1}{A_2}\ \text{beliebig}\right). \tag{3.3.14}$$

Mit Annahme einer stationären Strömung besagt (3.3.14), dass das Wasser sich so bewegt, als würden alle Tröpfchen aus der Höhe H im freien Fall absinken.

b) Sinkt der Füllstand, dann werden sowohl die Ab- als auch die Ausflussgeschwindigkeit v_1 und v_2 mit der Zeit variieren. Die Idee besteht nun darin, diese Zeitabhängig-

keit (teilweise) zu erfassen, indem man in Gleichung (3.3.13) die Starthöhe H durch den aktuellen Füllstand $h(t)$ ersetzt.
Idealisierungen:
- v_1 und v_2 stellen sich gemäß (3.3.13) für jeden Füllstand $h(t)$ unmittelbar ein.
- Im Gegenzug bleibt der zeitabhängige 1. Term von (3.3.8) unbeachtet.

Damit schreibt sich (3.3.13) als

$$v_2(t) = \sqrt{2g \cdot h(t)}\frac{A_1}{\sqrt{A_1^2 - A_2^2}}. \tag{3.3.15}$$

Für die Absinkgeschwindigkeit ihrerseits gilt $v_1(t) = -\frac{dh}{dt} > 0$. Aus (3.3.4) entnehmen wir $v_1 = \frac{A_2}{A_1}v_2$. Eingesetzt erhält man

$$dh = -\sqrt{2gh}\frac{A_2}{\sqrt{A_1^2 - A_2^2}}dt$$

und nach Variablen getrennt

$$\frac{dh}{\sqrt{h}} = -\sqrt{2g}\frac{A_2}{\sqrt{A_1^2 - A_2^2}}dt.$$

Die Integration führt zu

$$2\sqrt{h(t)} = -\sqrt{2g}\frac{A_2}{\sqrt{A_1^2 - A_2^2}}t + C$$

und mit der Anfangsbedingung $h(0) = H$ folgt $C = 2\sqrt{H}$. Schließlich erhält man

$$\sqrt{h(t)} = -\sqrt{\frac{g}{2}}\frac{A_2}{\sqrt{A_1^2 - A_2^2}}t + \sqrt{H}$$

und damit

$$h(t) = \left(\sqrt{H} - \sqrt{\frac{g}{2}}\frac{A_2}{\sqrt{A_1^2 - A_2^2}}t\right)^2. \tag{3.3.16}$$

Der Behälter entleert sich in der Zeit

$$t = \sqrt{\frac{2H}{g}} \cdot \frac{\sqrt{A_1^2 - A_2^2}}{A_2} = \sqrt{\frac{2 \cdot 1}{9{,}81}} \cdot \frac{\sqrt{(\pi \cdot 0{,}2^2)^2 - (\pi \cdot 0{,}05^2)^2}}{\pi \cdot 0{,}05^2} = 7{,}21\,\text{s}.$$

Beispiel 2. Zugrunde liegt dasselbe Gefäß wie in Beispiel 1 mit dem Unterschied, dass sich das Wasser unter einer Glocke mit einem Überdruck Δp befindet (Abb. 3.3 mitte).

Bestimmen Sie die Entleerungszeit bei Annahme einer stationären Strömung und $A_1 \gg A_2$.

Lösung. Die Gleichung (3.3.10) besitzt die Form $\frac{1}{2}\rho(v_2^2 - v_1^2) + (p_0 + \Delta p) - p_0 - \rho g H = 0$, die in $\frac{1}{2}(v_2^2 - v_1^2) + \frac{\Delta p}{\rho} - gH = 0$ übergeht. Mit $A_1 \gg A_2$ ist $v_1 \approx 0$ und man erhält $\frac{1}{2}v_2^2 + \frac{\Delta p}{\rho} - gH = 0$, woraus $v_2 \approx \sqrt{2gH - \frac{2\Delta p}{\rho}}$ folgt.

Beispiel 3. Das Pitotrohr dient der Geschwindigkeitsmessung von Fluiden (Abb. 3.3 rechts). Über eine Bohrung wird im Punkt A der statische Druckanteil $p_{S,A}$ gemessen und am Ende des Eintrittsrohrs im Punkt B der (statische) Staudruck $p_{S,B}$. Bestimmen Sie eine Formel zur Berechnung der Geschwindigkeit v.

Lösung. Der Gesamtdruck p_G setzt sich aus dem statischen Druck p_S, dem dynamischen Druck $p_d = \frac{1}{2}\rho v^2$ und dem hydrostatischen Teil p_H zusammen. Der Druckvergleich in den Punkten A und B liefert nach (3.3.11) $p_{S,A} + p_{d,A} + p_H = p_{S,B} + p_{d,B} + p_H$ Im Punkt B ist $p_{d,B} = 0$, da $v_B = 0$. Es gilt $p_{S,B} > p_{S,A}$, da bei Reduktion der Geschwindigkeit der Druck steigt. Insgesamt bleibt $p_{S,A} + \frac{1}{2}\rho v^2 = p_{S,B}$ bestehen und man erhält $v = \sqrt{\frac{2(p_{S,B} - p_{S,A})}{\rho}}$.

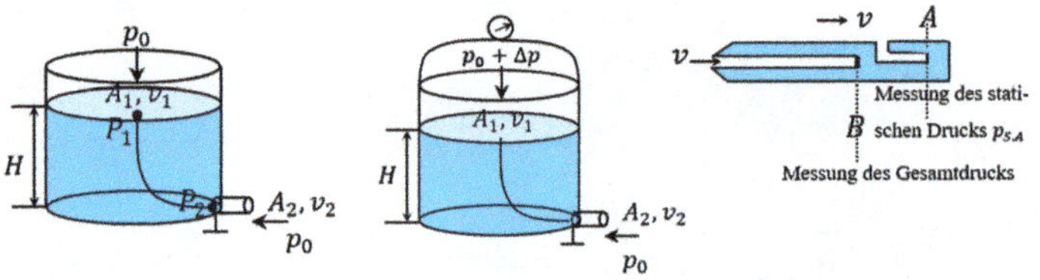

Abb. 3.3: Skizzen zu den Beispielen 1–3.

Beispiel 4. In einem Spritzrohr befindet sich Benzin (Dichte $\rho = 780\,\frac{\text{kg}}{\text{m}^3}$) und darunter ein Gas unter einem Überdruck von $\Delta p = 4\,\text{bar}$ (Abb. 3.4 links). Die Höhe der Flüssigkeitssäule beträgt $H = 0{,}2\,\text{m}$. Der Durchmesser am Ende des Rohrs ist $d_2 = 1\,\text{cm}$. Der Durchmesser in der Grenzschicht zwischen Gas und Benzin beträgt $d_1 = 10\,\text{cm}$. Leiten Sie zuerst einen Ausdruck für die Geschwindigkeit v_2 her und berechnen Sie dann den Wert von v_2.

Lösung. Aus (3.3.10) ergibt sich

$$\frac{1}{2}\rho v_2^2 + p + \rho g \cdot 0 = \frac{1}{2}\rho v_2^2 + p + \Delta p + \rho g \cdot H \quad \text{oder} \quad \frac{1}{2}(v_2^2 - v_1^2) = \frac{\Delta p}{\rho} + gH. \qquad (3.3.17)$$

Aus der Kontinuitätsgleichung (3.3.4) folgt $v_1 = \frac{A_2}{A_1} \cdot v_2$, womit sich (3.3.17) als

$$\frac{1}{2}v_2^2\left(1 - \frac{A_2^2}{A_1^2}\right) = \frac{\Delta p}{\rho} + gH$$

schreibt. Aufgelöst erhält man

$$v_2 = \sqrt{\frac{2(\frac{\Delta p}{\rho} + gH)}{1 - (\frac{d_2}{d_1})^4}} = \sqrt{\frac{2(\frac{4 \cdot 10^5}{780} + 9{,}81 \cdot 0{,}2)}{1 - (\frac{0{,}01}{0{,}1})^4}} = 32{,}09 \, \frac{\text{m}}{\text{s}}.$$

Beispiel 5. Am 20.9.1911 kollidierte der Kreuzer RMS Hawke mit dem transatlantischen Ozeanriesen RMS Olympic in einem Seitenarm des Ärmelkanals, als die Schiffe in derselben Richtung fahrend, lediglich einen Abstand von 100 m zueinander besaßen (Abb. 3.4 rechts). Der Kreuzer muss in den Sog des größeren Schiffs geraten sein, als jener eine Wendung nach Steuerbord vollzog. Zeigen Sie, dass der Bernoulli-Effekt eine mögliche Erklärung für das Unglück liefert. Dabei sind $v_{a,1}$ und $v_{a,2}$ die Geschwindigkeiten der obersten Wasserschicht an der jeweils abgewandten Schiffseite und v_i ist die Geschwindigkeit der obersten Wasserschicht zwischen den beiden Schiffen. Unter der Annahme, dass $v_i > v_{a,1}, v_{a,2}$ gilt, zeigen Sie, dass daraus $p_{a,1} > p_{i,1}$ bzw. $p_{a,2} > p_{i,2}$ folgt und damit die Schiffe sich zwangsweise „anziehen“ mussten.

Lösung. Aufgrund der Annahme ist $v_i > v_{a,1}$ und $v_i > v_{a,2}$.

Mithilfe der Bernoulli-Gleichung (3.3.10) vergleichen wir einerseits die Größen v_i, $v_{a,1}, p_{i,1}, p_{a,1}$ und die Größen $v_i, v_{a,2}, p_{i,2}, p_{a,2}$ miteinander und erhalten

$$p_{a,1} - p_{i,1} = \frac{1}{2}\rho(v_i^2 - v_{a,1}^2) \quad \text{bzw.} \quad p_{a,2} - p_{i,2} = \frac{1}{2}\rho(v_i^2 - v_{a,2}^2).$$

Die Annahme führt zu $p_{a,1} > p_{i,1}$ und $p_{a,2} > p_{i,2}$.

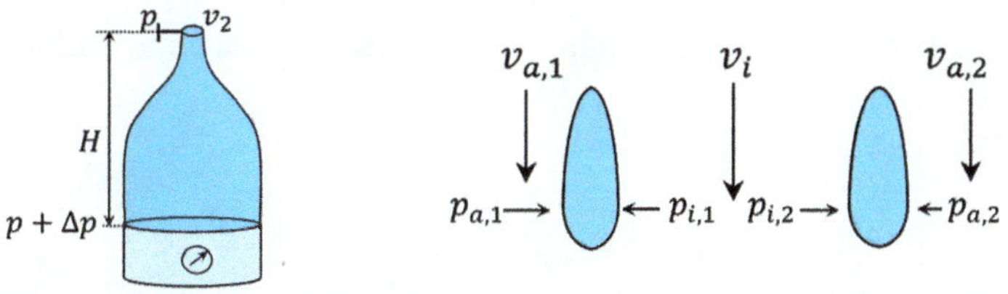

Abb. 3.4: Skizzen zu den Beispielen 4 und 5.

Beispiel 6. Das Venturi-Rohr dient der Messung von Volumenströmen von Flüssigkeiten und Gasen. Dabei wird eine Verengung eingebaut und die Druckdifferenz gegenüber dem unverengten Rohr gemessen (Abb. 3.5 links). Nehmen wir einen Wasserstrom mit $\rho = 1000 \, \frac{\text{kg}}{\text{m}^3}$. Die Rohrdurchmesser betragen $d_1 = 8$ cm und $d_2 = 6$ cm an den Stellen 1 und 2 respektive. An einem Quecksilbermanometer wird ein Druckunterschied von 500 Torr gemessen. Bestimmen Sie den Volumenstrom $\dot{V}$.

Lösung. Man bezeichnet 1 Torr als den statischen Druck, den eine 1 mm hohe Quecksilbersäule erzeugt. Dabei entsprechen 760 mm dem Normaldruck. Es gilt somit 1 Torr = $\frac{101325}{760}$ Pa und somit $\Delta p = 500$ Torr $= 500 \cdot \frac{101325}{760} = 66661$ Pa.

Der Kontinuitätsgleichung (3.3.4) entnimmt man $v_2 = \frac{A_1}{A_2} \cdot v_1$ und die Bernoulli-Gleichung (3.3.10) liefert $p_1 + \frac{1}{2}\rho v_1^2 = p_2 + \frac{1}{2}\rho v_2^2$, woraus

$$\Delta p = p_1 - p_2 = \frac{1}{2}\rho(v_2^2 - v_1^2) = \frac{1}{2}\rho v_1^2\left(\frac{A_1^2}{A_2^2} - 1\right)$$

folgt. Aufgelöst nach v_1, ergibt sich

$$v_1 = \sqrt{\frac{2\Delta p}{\rho[(\frac{d_1}{d_2})^4 - 1]}} = \sqrt{\frac{2 \cdot 66661}{1000[(\frac{0{,}08}{0{,}06})^4 - 1]}} = 7{,}86\,\frac{\text{m}}{\text{s}}.$$

Daraus folgt der Volumenstrom zu

$$\dot{V} = A_1 v_1 = \pi \cdot \frac{d_1^2}{4} \cdot v_1 = \pi \cdot \frac{0{,}08^2}{4} \cdot 7{,}86 = 0{,}0395\,\frac{\text{m}^3}{\text{s}} = 39{,}49\,\frac{\text{l}}{\text{s}}.$$

Beispiel 7. Ein Gefäß mit dem Durchmesser 40 cm ist bis zu einer Höhe $H = 1$ m mit Wasser gefüllt. Es wird am Boden über ein Rohr mit dem Durchmesser 10 cm entleert (Abb. 3.5 rechts). Gleichzeitig werden dem Tank 6 l/s zugeführt.

a) Wie lautet die Gleichung für die Füllstandshöhe $h(t)$?
b) Wann und bei welcher Höhe $h(t)$ wird der Tiefststand erreicht?
c) Wann entspricht der Füllstand abermals der ursprünglichen Höhe?
d) Wieviel l/s dürfte man höchstens einfüllen, damit der Tank sich bis zu einer Füllhöhe von 1 cm entleert?

Lösung.

a) Es gilt $6\,\text{l} = 0{,}006\,\text{m}^3 = \pi \cdot \frac{0{,}4^2}{4} \cdot h$, woraus $h = \frac{3}{20\pi}$ m entsteht.
Die Füllstandshöhe (3.3.16) erhält dann die Form

$$h(t) = \left(\sqrt{H} - \sqrt{\frac{g}{2}}\frac{d_2^2}{\sqrt{d_1^4 - d_2^4}}t\right)^2 + \frac{3}{20\pi} \cdot t = \left(1 - \sqrt{\frac{9{,}81}{2}}\frac{0{,}1^2}{\sqrt{0{,}4^4 - 0{,}1^4}}t\right)^2 + \frac{3}{20\pi} \cdot t$$
$$\approx 0{,}019t^2 - 0{,}230 \cdot t + 1.$$

b) Mit $\frac{dh}{dt} = 0$ ergibt sich $t = 5{,}97$ s und daraus $h(5{,}97) = 0{,}32$ m.
c) Aus $0{,}019t^2 - 0{,}230 \cdot t + 1 = 1$ folgt $t = 11{,}94$ s.
d) Die Füllstandshöhe lautet

$$h(t) = \left(1 - \sqrt{\frac{9{,}81}{2}}\frac{0{,}1^2}{\sqrt{0{,}4^4 - 0{,}1^4}}t\right)^2 + \mu \cdot t. \tag{3.3.18}$$

Aus $\frac{dh}{dt} = 0$ erhält man $0{,}038t + \mu - 0{,}277 = 0$ und daraus $t_* = 25{,}994(0{,}277 - \mu)$. Diesen Ausdruck fügt man in die Gleichung (3.3.18) ein und verwendet die Bedingung $h(t_*) = 0{,}01$. Die Lösung der entstehenden Gleichung ergibt $\mu = 0{,}139$ cm und umgerechnet

$$V = \pi \cdot \frac{0{,}4^2}{4} \cdot 1{,}39 \cdot 10^{-3} = 1{,}75 \cdot 10^{-4}\,\mathrm{m}^3 = 0{,}175\,\frac{\mathrm{l}}{\mathrm{s}}.$$

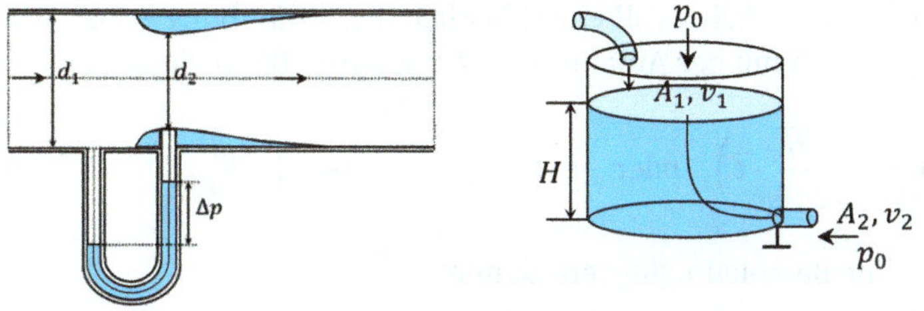

Abb. 3.5: Skizzen zu den Beispielen 6 und 7.

Beispiel 8. Zugrunde liegt dasselbe Gefäß wie in Beispiel 1 mit dem Unterschied, dass das Wasser über eine schon mit Wasser gefüllte Röhre der Länge l entleert wird (Abb. 3.6 links). Je länger das Rohr wird, umso mehr muss die Beschleunigung des Fluids in der Röhre nach Öffnen des Ventils berücksichtigt werden. Nun nehmen wir an, dass die Rohrlänge (entgegen der Skizze) viel länger als die Gefäßhöhe ist, sodass es praktisch nur das Wasser im Rohr zu beschleunigen gilt.

Einschränkung: $l \gg H$.

Idealisierung: Nur die Wassermasse im Rohr wird beschleunigt.

a) Formulieren Sie die Gleichung (3.3.10) für die beiden Punkte 1 und 2 und danach für die Punkte 2 und 3.

b) Leiten Sie eine DG für die Ausflussgeschwindigkeit $v_2(t)$ im Rohr her und lösen Sie die DG.

Lösung.

a) Für die Punkte 1 und 2 gilt (stationäre Strömung)

$$\frac{1}{2}\rho(v_2^2 - 0) + p_2 - p_0 + \rho g(0 - H) = 0 \quad \text{oder} \quad p_2 = p_0 + \rho g H - \frac{1}{2}\rho v_2^2. \tag{3.3.19}$$

Hingegen folgt für die Punkte 2 und 3 (unter der Annahme, dass $p_3 = p_0$ ist)

$$\int_{s_1}^{s_2} \frac{\partial v}{\partial t}\,ds + \frac{1}{2}(v_3^2 - v_2^2) + \frac{p_0 - p_2}{\rho} + g(0 - 0) = 0.$$

b) Eine konstante Beschleunigung vorausgesetzt, führt zu $v_2 = v_3$ (unabhängig von s) und weiter

$$\int_{s_1}^{s_2} \frac{dv}{dt} ds = (s_2 - s_1)\frac{dv}{dt} = l\frac{dv}{dt}.$$

Insgesamt lautet die Bilanz $l\frac{dv}{dt} = \frac{p_0 - p_2}{\rho}$. Ersetzt man noch p_2 mittels (3.3.19), so entsteht $l\frac{dv}{dt} = -gH + \frac{1}{2}v_2^2$ oder $\dot{v}_2 + \frac{1}{2l}v_2^2 - \frac{gH}{l} = 0$. Diese DG wurde schon in Band 2 im Zusammenhang mit dem freien Fall einschließlich der Luftreibung gelöst. Der Vergleich liefert zusammen mit der Anfangsbedingung $v_2(t = 0) = 0$ die Lösung

$$v_2(t) = \sqrt{2gH}\tanh\left(\frac{\sqrt{gH}}{\sqrt{2}\cdot l}\cdot t\right) \quad \text{oder} \quad v_*(t) := \frac{v_2(t)}{v_{\text{To}}} = \tanh\left(\frac{v_{\text{To}}}{2\cdot l}\cdot t\right) \tag{3.3.20}$$

mit $v_{\text{To}} = \sqrt{2gH}$. Für die Beschleunigung erhält man

$$\dot{v}_2(t) = a_2(t) = \frac{gH}{l}\left[1 - \tan^2 h\left(\frac{\sqrt{gH}}{\sqrt{2}\cdot l}\cdot t\right)\right]. \tag{3.3.21}$$

Schließlich ergibt sich der Druck am Anfang des Rohrs zu

$$p_*(t) = \frac{p_2(t) - p_0}{\rho g H} = 1 - \tan^2 h\left(\frac{v_{\text{To}}}{2\cdot l}\cdot t\right). \tag{3.3.22}$$

Zum Zeitpunkt $t = 0$ gilt $v_2(0) = 0$ und $a_2(0) = \frac{gH}{l}$, hingegen ergibt sich im stationären Zustand ($t \to \infty$) $v_2(\infty) = \sqrt{2gH}$, $a_2(\infty) = 0$ und $p_2 = p_0$. Die Graphen von (3.3.20) und (3.3.22) sind in Abb. 3.4 rechts dargestellt. Wird die Reibung noch mitberücksichtigt, dann erhält man eine gegenüber $v_*(t)$ flacher verlaufende Kurve.

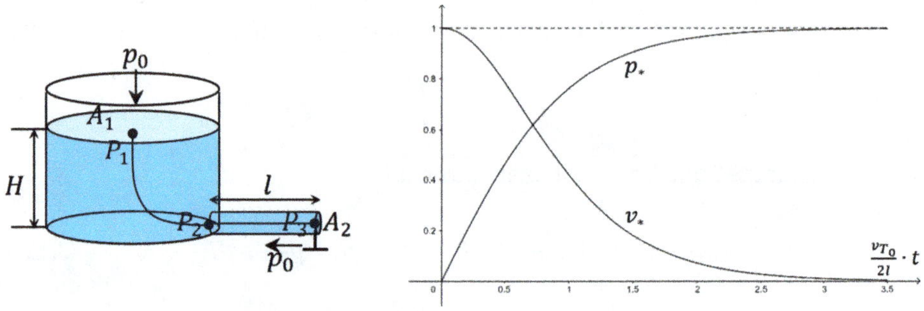

Abb. 3.6: Skizzen zum Beispiel 8.

Beispiel 9. Ein Gefäß soll über eine sogenannte Heberleitung entleert werden (Abb. 3.7 links). Als Bezugslinie wählen wir das Ende des Rohrs. Die Höhe H des Wasserspiegels halten wir durch stetes auffüllen wieder konstant. Zudem ist die Röhre wie in Beispiel 4 schon vollständig mit Wasser gefüllt. Zudem gelten dieselben Annahmen wie in Beispiel 4:

Einschränkung: $l \gg H$.

Idealisierung: Nur die Wassermasse im Rohr wird beschleunigt.

a) Leiten Sie eine DG für die Ausflussgeschwindigkeit $v_C(t)$ im Rohr her.

b) Formulieren Sie die Gleichung (3.3.10) für die beiden Punkte C und D und leiten Sie daraus einen Ausdruck für den Druck $p_D(t)$ her. Ermitteln Sie zudem $p_D(t=0)$ und $p_D(t=\infty)$.

Lösung.

a) Der Weg des (mittleren) Stromfadens wird in drei Teilwege zerlegt:

$$\int_A^C \frac{\partial v}{\partial t} ds = \int_A^{B_1} \frac{\partial v}{\partial t} ds + \int_{B_1}^{B_2} \frac{\partial v}{\partial t} ds + \int_{B_2}^{C} \frac{\partial v}{\partial t} ds.$$

Das erste Integral der rechten Seite ist null, weil $v = v_A = 0$ für diesen Teilabschnitt gilt. Das zweite Integral verschwindet ebenfalls, weil $ds \approx 0$. Übrig bleibt $\int_A^C \frac{\partial v}{\partial t} ds = \int_{B_2}^C \frac{\partial v}{\partial t} ds$. Die Beschleunigung der Wassermasse im Rohr sei konstant, weshalb $\int_{B_2}^C \frac{\partial v}{\partial t} ds = l \cdot \frac{dv}{dt}$ gilt. Für die beiden Punkte A und C lautet (3.3.10) demnach

$$\int_{B_2}^{C} \frac{\partial v}{\partial t} ds + \frac{1}{2}(v_C^2 - v_A^2) + \frac{p_C - p_A}{\rho} + g(h_C - h_A) = 0.$$

Mit $v_A = 0$, $h_C - h_A = H$ und $p_C = p_A = p_0$ folgt $l \cdot \frac{dv_C}{dt} + \frac{1}{2}v_C^2 - gH = 0$ und daraus wie in Beispiel 4 unabhängig von der Rohrform

$$\dot{v}_C + \frac{1}{2l}v_C^2 - \frac{gH}{l} = 0. \tag{3.3.23}$$

b) Im Unterschied zu Beispiel 4 verläuft die Röhre teilweise über dem Wasserspiegel des Behälters. Man muss also gewährleisten, dass der (minimale) Druck in der Höhe H_R genügend groß ist, damit die Strömung nicht abreißt. Dazu formulieren wir (3.3.10) für die Punkte C und D:

$$\int_D^C \frac{dv}{dt} ds + \frac{1}{2}(v_C^2 - v_D^2) + \frac{p_C - p_D}{\rho} + g(h_C - h_D) = 0.$$

Mit $\frac{dv}{dt} = a(t) = \text{konst.}$, $v_C = v_D$ im Abschnitt CD und $p_C = p_0$ folgt $p_D(t) = p_0 - \rho g H_R + \rho \cdot a(t) \cdot H_R$. Den Verlauf von $a(t)$ gewinnt man mithilfe von (3.3.21). Insgesamt erhält man

$$p_D(t) = p_0 - \rho g H_R \left\{ 1 - \frac{H}{l} \left[1 - \tan^2 h\left(\frac{\sqrt{gH}}{\sqrt{2} \cdot l} \cdot t \right) \right] \right\}.$$

Damit beträgt der Druck zum Startpunkt $p_D(0) = p_0 - \rho g H_R (1 - \frac{H}{l})$ und im stationären Fall erhält man $p_D(\infty) = p_0 - \rho g H_R$ (Luftdruck minus hydrostatischer Druck).

Beispiel 10. In einem gekrümmten Rohr mit durchgehend gleichem Querschnitt befindet sich eine inkompressible Flüssigkeit der Länge l (Abb. 3.7 rechts). Der Außendruck ist an beiden offenen Enden gleich groß. In der Ruhelage steht die Flüssigkeit links und rechts gleich hoch.

a) Stellen Sie mithilfe der Bernoulli-Gleichung die Schwingungsgleichung für die Flüssigkeit auf.
b) Wie lautet das Ergebnis von a) für ein U-Rohr?

Lösung.

a) Aufgrund des gleichbleibenden Querschnitts entspricht eine Auslenkung x auf der linken Seite derselben Auslenkung im rechten Rohrstück. Zudem sind die Geschwindigkeiten v_1 und v_2 an den beiden Rohrenden zu jeder Zeit gleich groß: $v_1 = v_2 = v$. Für die Höhen h_1 und h_2, die zur potentiellen Energie gehören, gilt $h_1 = -x \cdot \sin\alpha$ und $h_2 = x \cdot \sin\beta$.
Schließlich setzen wir wie schon in den Beispielen 8 und 9 die Beschleunigung $\frac{\partial v}{\partial t}$ der Wassersäule auf der gesamten Länge l als konstant voraus. Somit lautet die Bernoulli-Gleichung (3.3.10):

$$l \cdot \ddot{x} + \frac{1}{2}(v^2 - v^2) + \frac{p_0 - p_0}{\rho} + g(x \cdot \sin\beta + x \cdot \sin\alpha) = 0.$$

Die Schwingungsgleichung für dieses Rohr erhält damit die Gestalt

$$\ddot{x} + \frac{g}{l}(\sin\beta + \sin\alpha)x = 0. \tag{3.3.24}$$

Als Frequenz ergibt sich zudem $\omega = \sqrt{\frac{g}{l}(\sin\beta + \sin\alpha)}$.

b) Wählt man speziell ein U-Rohr, dann ist $\alpha = \beta = 90^\circ$ und (3.3.24) reduziert sich zu $\ddot{x} + \frac{2g}{l}x = 0$ mit $\omega = \sqrt{\frac{2g}{l}}$ (vgl. Band 2).

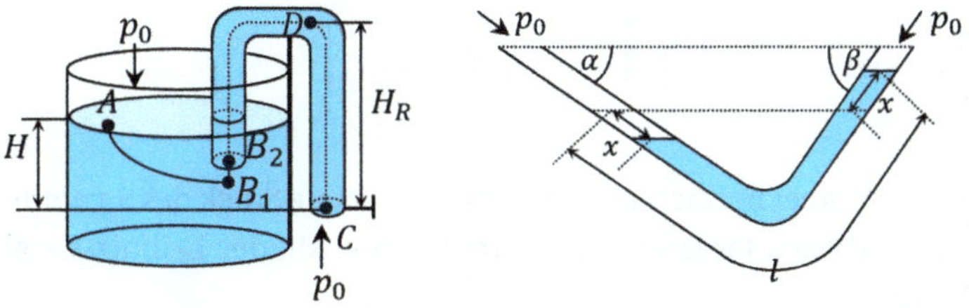

Abb. 3.7: Skizzen zu den Beispielen 9 und 10.

3.4 Die Impulsbilanz am Stromfaden

Analog zur Massenbilanz ist es für einen Stromfaden sinnvoll, die Impulserhaltung umzuformulieren. Bei der Anwendung des Impulssatzes ist es wichtig, dass alle äußeren Kräfte berücksichtigt werden, die auf die Strömung wirken. Dazu gehören sowohl die Kräfte, welche die Wand auf die Strömung ausübt als auch die Druckkräfte an den Endquerschnitten und die Schwerkraft als normalerweise einzige Massenkraft.

Idealisierung: Die Dichte des Fluids bleibt konstant.

Herleitung von (3.4.1)–(3.4.6)

Bilanz: Kraft- oder Impulsänderungsbilanz im Volumen dV (Abb. 3.8, 1. Skizze).

In Band 2 hatten wir die Impulserhaltung für einen Festkörper formuliert:

$$\boldsymbol{F}(t) = \frac{d\boldsymbol{p}(t)}{dt} = \frac{d[m(t)\boldsymbol{v}(t)]}{dt} = \frac{dm(t)}{dt} \cdot \boldsymbol{v}(t) + m(t) \cdot \frac{d\boldsymbol{v}(t)}{dt}.$$

Diese lässt sich nicht ohne Weiteres auf ein Fluid übertragen, weil sich, wie wir wissen, die Geschwindigkeit und somit der Impuls auch im stationären Zustand ändern können. Zudem kann jeder Tropfen auch sein Volumen ändern, wohingegen seine Masse konstant bleibt. Im Weiteren verwenden wir für den Impuls den Buchstaben I, um eine Verwechslung mit dem Druck zu vermeiden. Aus diesem Grund entspricht der Impuls $\boldsymbol{I} = m\boldsymbol{v}$ eines Festkörpers dem Gesamtimpuls

$$\int_V \rho dV \cdot \boldsymbol{v} = \int_{s_1(t)}^{s_2(t)} \rho A(s,t) ds \cdot \boldsymbol{v}(s,t)$$

eines Fluids und an Stelle der substantiellen Änderung des Impulses

$$\frac{D\boldsymbol{I}}{Dt} = \frac{D(m\boldsymbol{v})}{Dt} = \frac{\partial m}{\partial t}\boldsymbol{v} + m\frac{\partial \boldsymbol{v}}{\partial t} + m\frac{\partial \boldsymbol{v}}{\partial s}v$$

eines Festkörpers muss die substantielle Änderung des Impulses

$$\frac{D}{Dt}\left(\int\limits_V \rho dV \cdot \mathbf{v}\right) = \frac{D}{Dt}\left[\int\limits_{s_1(t)}^{s_2(t)} \rho A(s,t)ds \cdot \mathbf{v}(s,t)\right]$$

des Fluids betrachtet werden. Dabei bezeichnet ds das infinitesimale Stück des Stromfadens und $\mathbf{v}(s,t)$ die Geschwindigkeit tangential zum Stromfaden. Mit der Leibniz-Regel für Parameterintegrale folgt

$$\begin{aligned}
&\frac{D}{Dt}\left[\int\limits_{s_1(t)}^{s_2(t)} \rho A(s,t)\mathbf{v}(s,t)ds\right] \\
&= \int\limits_{s_1(t)}^{s_2(t)} \frac{\partial}{\partial t}[\rho A(t)\mathbf{v}(t)]ds + \rho A[s_2(t)]\mathbf{v}[s_2(t)]\frac{\partial s_2(t)}{\partial t} - \rho A[s_1(t)]\mathbf{v}[s_1(t)]\frac{\partial s_1(t)}{\partial t} \\
&= \rho A[s_2(t)]\mathbf{v}[s_2(t)]v[s_2(t)] - \rho A[s_1(t)]\mathbf{v}[s_1(t)]v[s_1(t)] \\
&= \rho\dot{Q}\mathbf{v}[s_2(t)] - \rho\dot{Q}\mathbf{v}[s_1(t)] = \rho\dot{Q}(\mathbf{v}_2 - \mathbf{v}_1).
\end{aligned}$$

Dies entspricht dem konvektiven Teil der Impulsänderung, welche durch das „Mittragen" von Impuls entsteht. Man bezeichnet $\dot{\mathbf{I}}_1 := \rho\dot{Q}\mathbf{v}_1$ und $\dot{\mathbf{I}}_2 := \rho\dot{Q}\mathbf{v}_2$ als Impulsflüsse mit der Einheit einer Kraft. Im Integrand von $\int_{s_1(t)}^{s_2(t)} \frac{\partial}{\partial t}[\rho A(t)\mathbf{v}(t)]ds$ verbleiben Größen, die nur noch von der Zeit abhängen. Dieses Integral entspricht der lokalen, rein zeitlichen Impulsänderung, also dem Teil $\frac{d\mathbf{I}}{dt} = \frac{\partial m}{\partial t}\mathbf{v} + m\frac{\partial \mathbf{v}}{\partial t}$. Bis hierhin hat die Bilanz folgendes zu Tage gefördert:

$$\frac{D\mathbf{I}}{Dt} = \frac{d\mathbf{I}}{dt} + \rho\dot{Q}(\mathbf{v}_2 - \mathbf{v}_1). \tag{3.4.1}$$

Ergebnis. Im Unterschied zum Festkörper müssen bei einem Fluid die Impulsflüsse in die Impulsbilanz mit einbezogen werden.

Gleichung (3.4.1) entspricht dem im Zusammenhang mit (3.3.7) formulierten Ergebnis, dass eine stationäre Strömung immer noch einen konvektiven Beschleunigungsanteil besitzt, der sich in der eben ermittelten Impulsflussdifferenz äußert (siehe auch nachfolgender Stützkraftsatz).

Nun gilt es, die Summe aller Kräfte zu ermitteln (die linke Seite von (3.4.1)), die für die Impulsänderung (die rechte Seite von (3.4.1)) verantwortlich sind. Auf das Fluid wirken folgende Kräfte:

1. Die Gewichtskraft $\mathbf{G}$ der Fluidmasse des Rohrabschnitts.

2. Sämtliche Druckkräfte auf den Rand: Druckkraft $\mathbf{F}_{p1} = \mathbf{p}_1 \cdot A_1$ auf dem offenen Rand A_1 und Druckkraft $-\mathbf{F}_{p2} = \mathbf{p}_2 \cdot A_2$ auf dem offenen Rand A_2. Dabei ist $\mathbf{F}_{p2}$ eine Antwortkraft des Fluids auf die Druckkraft $\mathbf{F}_{p1}$, also diejenige Kraft, die dem Fluid in Strömungsrichtung entgegen wirkt, deswegen also $-\mathbf{F}_{p2}$. Zusätzlich wirkt die Kraft $\mathbf{K}$ der Rohrwand auf das Fluid infolge der Krümmung (Mantelkraft). Dies ist keine Reibungskraft, sondern eine Reaktionskraft der Wand auf die Richtungsänderung. Die Kenntnis

dieser Kraft ist deshalb wichtig, um bei gekrümmten Rohren diese an entsprechender Stelle stärker zu stützen oder zu verankern. Zusammen haben wir

$$\frac{D\boldsymbol{I}}{Dt} = \boldsymbol{F}_{p1} - \boldsymbol{F}_{p2} + \boldsymbol{K} + \boldsymbol{G}. \tag{3.4.2}$$

Aus (3.4.1) und (3.4.2) erhält man schließlich

$$\frac{d\boldsymbol{I}}{dt} = \rho\dot{Q}(\boldsymbol{v}_1 - \boldsymbol{v}_2) + \boldsymbol{F}_{p1} - \boldsymbol{F}_{p2} + \boldsymbol{K} + \boldsymbol{G}. \tag{3.4.3}$$

Noch stellt diese Gleichung nicht unser Schlussergebnis dar. Es bedarf noch einer Anpassung durch den sogenannten Impulsbeiwert.

Der Impulsbeiwert

Man nennt diesen auch einen Geschwindigkeitsausgleichswert.

Herleitung von (3.4.4)–(3.4.11)

Wenn wir in unseren bisherigen Formeln von einer konstanten Geschwindigkeit v sprachen, meinten wir immer den über den gesamten durchströmten Querschnitt A gemittelten Wert $\overline{v}$. Falls die Strömung über den gesamten Querschnitt konstant ist, dann ist $\overline{v} = v$.

Für den Fluss schrieben wir $\dot{Q} = A\overline{v}$ und wir folgerten, dass demnach der Impulsfluss den Betrag $\dot{I} = \rho\dot{Q}\overline{v} = \rho A\overline{v}^2$ besitzt. Die Frage, die sich nun stellt ist, ob das Quadrat $\overline{v}^2$ der gemittelten Geschwindigkeiten korrekt ist. Dazu betrachten wir ein infinitesimales Stück dA des Querschnitts. Der Fluss durch dA beträgt $d\dot{Q} = v \cdot dA$, wobei beispielsweise $v = v(x,y)$ mit $dA = dxdy$ (Rechteck) für eine Kanalströmung oder $v = v(r)$ mit $dA = 2\pi r \cdot dr$ (Kreisring) für eine Rohrströmung wäre. Der Impulsfluss schreibt sich demnach zu $d\dot{I} \cdot \rho v = \rho v^2 \cdot dA$. Beides integriert, ergibt $\dot{Q} = \int_A v \cdot dA$ bzw. $\dot{I} = \rho \int_A v^2 \cdot dA$. Mithilfe des Flusses ist $\overline{v} = \frac{\dot{Q}}{A}$, woraus die Definition der mittleren Geschwindigkeit $\overline{v} = \frac{1}{A}\int_A v \cdot dA$ folgt. Wenn nun die Schreibweise $\dot{I} = \rho A\overline{v}^2$ zulässig wäre, dann sollte demnach $\rho \int_A v^2 \cdot dA = \rho A(\frac{1}{A}\int_A v \cdot dA)^2$ gelten oder die Gleichung $\int_A v^2 \cdot dA = \beta\frac{1}{A}(\int_A v \cdot dA)^2$ müsste einen Wert von $\beta = 1$ liefern.

Definition. Man nennt

$$\beta = \frac{A\int_A v^2 \cdot dA}{(\int_A v \cdot dA)^2} \quad \text{den Impulsbeiwert.} \tag{3.4.4}$$

Im Folgenden stehen Rohrströmungen im Vordergrund, weshalb wir den Wert β für ein Kreisrohr und eine laminare bzw. turbulente Strömung bestimmen. Dazu müssen wir etwas vorgreifen. Ob eine Strömung laminar oder turbulent ist, entscheidet die Reynolds-Zahl Re (Kap. 9.2 und 9.3). Die zugehörigen Geschwindigkeitsprofile folgen ebenfalls in den erwähnten Kapiteln.

I. Laminare Strömung. Nach (9.2.4) gilt $v(r) = v_{\max}[1 - (\frac{r}{R})^2]$ mit dem Rohrradius R. Wir berechnen

$$\int_A v \cdot dA = 2\pi v_{\max} \int_0^R \left[1 - \left(\frac{r}{R}\right)^2\right] \cdot r \cdot dr = 2\pi v_{\max} \frac{R^2}{4}$$

und

$$\int_A v^2 \cdot dA = 2\pi v_{\max}^2 \int_0^R \left[1 - \left(\frac{r}{R}\right)^2\right]^2 \cdot r \cdot dr = 2\pi v_{\max}^2 \frac{R^2}{6}.$$

Die Gleichung (3.4.4) ergibt

$$\beta = \frac{\pi R^2 \cdot 2\pi v_{\max}^2 \frac{R^2}{6}}{(2\pi v_{\max} \frac{R^2}{4})^2} = \frac{\pi^2 \cdot v_{\max}^2 \frac{R^4}{3}}{\pi^2 v_{\max}^2 \frac{R^4}{4}} = \frac{4}{3} = 1{,}33. \tag{3.4.5}$$

II. Turbulente Strömung. Die Gleichung (9.3.1) liefert $v(r) = v_{\max}(1 - \frac{r}{R})^{\frac{1}{7}}$. In diesem Fall ist

$$\int_A v \cdot dA = 2\pi v_{\max} \int_0^R \left(1 - \frac{r}{R}\right)^{\frac{1}{7}} \cdot r \cdot dr = 2\pi v_{\max} \frac{49R^2}{120}$$

und

$$\int_A v^2 \cdot dA = 2\pi v_{\max}^2 \int_0^R \left(1 - \frac{r}{R}\right)^{\frac{2}{7}} \cdot r \cdot dr = 2\pi v_{\max}^2 \frac{49R^2}{144}.$$

Mit (3.4.4) folgt

$$\beta = \frac{\pi R^2 \cdot \pi v_{\max}^2 \frac{49R^2}{72}}{(2\pi v_{\max} \frac{49R^2}{120})^2} = \frac{\pi^2 \cdot v_{\max}^2 \frac{49R^4}{72}}{\pi^2 v_{\max}^2 \frac{49^2 R^4}{60^2}} = \frac{49}{72} \cdot \frac{60^2}{49^2} = \frac{50}{49} = 1{,}02 \approx 1. \tag{3.4.6}$$

Weil das turbulente Profil gegenüber dem laminaren stark abgeflacht ist, gilt $\overline{v} \approx v$, woraus man die Bestätigung

$$\beta \approx \frac{A \int_A \overline{v}^2 \cdot dA}{(\int_A \overline{v} \cdot dA)^2} = \frac{A\overline{v}^2 \int_A dA}{\overline{v}^2 (\int_A dA)^2} = \frac{A\overline{v}^2 A}{\overline{v}^2 A^2} = 1$$

erhält.

Ergebnis. Ein allfälliger Einbezug des Impulsbeiwertes muss immer dann in Betracht gezogen werden, wenn sich das Geschwindigkeitsprofil entlang des durchflossenen Querschnitts ändert. Bei einer laminaren Rohrströmung (Re < 2300) sollte der Impulswert β in die Impulsbilanz einbezogen werden.

Hingegen kann man im Fall einer turbulenten Rohrströmung (Re > 2300) den Impulsbeiwert

$$\beta = 1 \tag{3.4.7}$$

setzen.

Damit wird die Impulserhaltung (3.4.3) ergänzt zu:

$$\frac{d\boldsymbol{I}}{dt} = \beta\rho\dot{Q}(\boldsymbol{v}_1 - \boldsymbol{v}_2) + \boldsymbol{F}_{p1} - \boldsymbol{F}_{p2} + \boldsymbol{K} + \boldsymbol{G}.$$

Die Impulsbeiwerte sind

$$\beta_{\text{lam}} = 1{,}33 \quad \text{und} \quad \beta_{\text{tur}} = 1. \tag{3.4.8}$$

In dieser Schreibweise ist es sinnvoll, sich den Impulssatz auch sprachlich einzuprägen: „Die zeitliche Änderung des Impulses ist gleich der Summe aus dem in das Kontrollvolumen eintretenden und aus dem Kontrollvolumen austretenden Impuls(flusses) plus der Summe aller am Kontrollvolumen angreifenden Kräfte". Insbesondere reduziert sich für eine stationäre Strömung durch Umstellen der Gleichung (3.4.3) die Impulsbilanz zum sogenannten Stützkraftsatz:

$$\beta\rho\dot{Q}(\boldsymbol{v}_2 - \boldsymbol{v}_1) = \boldsymbol{F}_{p1} - \boldsymbol{F}_{p2} + \boldsymbol{K} + \boldsymbol{G}. \tag{3.4.9}$$

Der Name leitet sich folgendermaßen ab:

$$\boldsymbol{S}_1 := \boldsymbol{F}_{p1} + \beta\rho\dot{Q}\boldsymbol{v}_1 \quad \text{und} \quad \boldsymbol{S}_2 := \boldsymbol{F}_{p2} + \beta\rho\dot{Q}\boldsymbol{v}_2 \quad \text{heißen Stützkräfte.} \tag{3.4.10}$$

In kurzer Form lautet (3.4.9) damit

$$\boldsymbol{K} + \boldsymbol{G} + (-\boldsymbol{S}_2) + \boldsymbol{S}_1 = 0. \tag{3.4.11}$$

Bemerkung. Mit Berücksichtigung der Wandreibung müsste man (3.4.3) auf der rechten Seite durch einen Term der Form $\boldsymbol{F}_R = -\lambda\frac{l}{\overline{d}}\rho\frac{|\overline{u}|\cdot\overline{u}}{2} \cdot \overline{A}$ mit $\overline{d} = \frac{d_1+d_2}{2}$, $\overline{u} = \frac{v_1+v_2}{2}$, $\overline{A} = \frac{A_1+A_2}{2}$ ergänzen (vgl. (9.1.1)).

Beispiel 1. Wir betrachten einen Springbrunnen, dessen Wasserstrahl eine Düse mit dem Querschnitt A_1 im Punkt 1 verlässt (Abb. 3.8, zweite Skizze). Außerhalb der Düse herrscht nur noch der Luftdruck $p_{0,1} = p_{0,2} = p_0$. Die Strömung ist turbulent.

a) Führen Sie eine Bilanz mithilfe des Stützkraftsatzes und eine mithilfe der Bernoulli-Gleichung für das Kontrollvolumen in den Punkten 1 und 2 durch.
b) Bestimmen Sie einen Ausdruck für das ausgeworfene Wasservolumen V der Höhe h und für das maximale Wasservolumen der Höhe $h < H = h_{max}$ in Abhängigkeit von A_1 und v_1.

Lösung.
a) Mit der Turbulenz ist auch $\beta = 1$. Ausserhalb der Röhre gilt $p_1 = p_2 = 0$. Der Fluss beträgt $\dot{Q} = A_1 v_1$ (für die Wassermenge außerhalb des Rohrs ist die Kontinuitätsgleichung ungültig). Die Stützkräfte lauten gemäß (3.4.10) dann $S_1 = p_1 A_1 + \rho v_1 \dot{Q} = \rho A_1 v_1^2$ und $S_2 = p_2 A_2 + \rho v_2 \dot{Q} = \rho A_1 v_1 v_2$. Folglich ist $S_1 = \rho A_1 v_1^2$, $S_2 = \rho A_1 v_1 v_2$.
Der Stützkraftsatz lautet mit (3.4.11) für diesen Fall $\boldsymbol{G} + (-\boldsymbol{S}_2) + \boldsymbol{S}_1 = 0$ oder $|\boldsymbol{G}| + |-\boldsymbol{S}_2| = |-\boldsymbol{S}_1|$, da die Strömung keine Kraft auf das Rohr ausübt (Abb. 3.8, 3. Skizze). Damit folgt

$$\rho g V(h) + \rho A_1 v_1 v_2 = \rho A_1 v_1^2. \tag{3.4.12}$$

Auf die Wassersäule wirkt nur der atmosphärische Druck $p_0 = p_{0,1} = p_{0,2}$.
Die Bernoulli-Gleichung (3.3.10) erhält die Form

$$\frac{1}{2}\rho(v_2^2 - v_1^2) + p_{0,2} - p_{0,1} + \rho g(h - 0) = 0 \quad \text{oder} \quad \frac{1}{2}\rho(v_2^2 - v_1^2) + \rho g h = 0. \tag{3.4.13}$$

b) Die Gleichung (3.4.13) liefert $v_2 = \sqrt{v_1^2 - 2gh}$ für die Geschwindigkeit des Wassers in der Höhe h. Weiter wird (3.4.12) nach $V(h)$ aufgelöst und das Ergebnis für v_2 eingefügt. Man erhält

$$V(h) = \frac{A_1 v_1}{g}(v_1 - v_2) = \frac{A_1 v_1}{g}\left(v_1 - \sqrt{v_1^2 - 2gh}\right).$$

Das maximale Volumen wird für $v_2 = 0$ erreicht und beträgt $V = \frac{A_1 v_1^2}{g}$. Es entspricht einer kompakten Säule mit der Grundfläche A_1 und der Höhe $\frac{v_1^2}{g}$. Die Höhe ist dabei gerade halb so groß wie die maximal mögliche Höhe eines Tröpfchens, wie man aus dem Energiesatz entnimmt: aus $\frac{1}{2} m_T v_T^2 = m_T g H$ folgt $H = \frac{v_T^2}{2g}$.

Beispiel 2. Nun betrachten wir den Unterbau des Springbrunnens, also die Pumpe. Diese wird in einer Tiefe h^* zum Austritt der Düse installiert (Abb. 3.8, 4. Skizze). Die Düse selbst besitzt die Form eines Kegelstumpfs. Der zu erzeugende Überdruck sei Δp. Wir wählen ihn gleich so groß wie der atmosphärische: $p_0 = \Delta p = 10^5\,\text{Pa}$. Weiter gilt $A_0 = 0{,}12\,\text{m}^2$, $A_1 = 0{,}03\,\text{m}^2$, $h^* = 5\,\text{m}$ und $\rho = 10^3\,\frac{\text{kg}}{\text{m}^3}$.
a) Mit welcher Geschwindigkeit v_1 tritt der Wasserstrahl aus der Düse?
b) Bestimmen Sie die Gewichtskraft G des im eingezeichneten Behälter befindlichen Wassers und daraus die Mantelkraft K.

Lösung.

a) Wieder können wir von einem Impulsbeiwert $\beta = 1$ ausgehen. Die Gleichung (3.3.4) liefert $\dot{Q} = A_0 v_0 = A_1 v_1$ und mit (3.3.10) gilt $\frac{1}{2}\rho(v_1^2 - v_0^2) + p_0 - (p_0 + \Delta p) + \rho g(h^* - 0) = 0$. Dann ist

$$\left(v_1^2 - \frac{A_1^2}{A_0^2} v_1^2\right) = \frac{2\Delta p}{\rho} - 2gh^*$$

und

$$v_1 = \sqrt{\frac{2(\Delta p - \rho g h^*)}{\rho(1 - \frac{A_1^2}{A_0^2})}} = \sqrt{\frac{2 \cdot (10^5 - 10^3 \cdot 9{,}81 \cdot 5)}{10^3(1 - \frac{0{,}03^2}{0{,}12^2})}} = 10{,}43\,\frac{\mathrm{m}}{\mathrm{s}}.$$

b) Man erhält

$$\begin{aligned} G = \rho g V &= \rho g \frac{h^*}{3}(A_0 + \sqrt{A_0 A_1} + A_1) \\ &= 10^3 \cdot 9{,}81 \cdot \frac{1}{3}(0{,}12 + \sqrt{0{,}12 \cdot 0{,}03} + 0{,}03) = 3434\,\mathrm{N}. \end{aligned}$$

Der Stützkraftsatz (3.4.9) ergibt $\rho\dot{Q}(v_1 - v_0) = (p_0 + \Delta p)A_0 - p_0 A_1 - K - G$ (Abb. 3.8, 5. Skizze). Damit folgt zusammen mit (3.3.4)

$$\begin{aligned} K &= (p_0 + \Delta p)A_0 - p_0 A_1 - G - \rho A_1 v_1^2\left(1 - \frac{A_1}{A_0}\right) \\ &= 2 \cdot 10^5 \cdot 0{,}12 - 10^5 \cdot 0{,}03 - 686{,}7 - 10^3 \cdot 0{,}03 \cdot 13{,}87^2\left(1 - \frac{0{,}03}{0{,}12}\right) = 15119\,\mathrm{N}. \end{aligned}$$

Diese Mantelkraft kann noch in eine Komponente senkrecht und in eine parallel zur Wand zerlegt werden (siehe Beispiel 3).

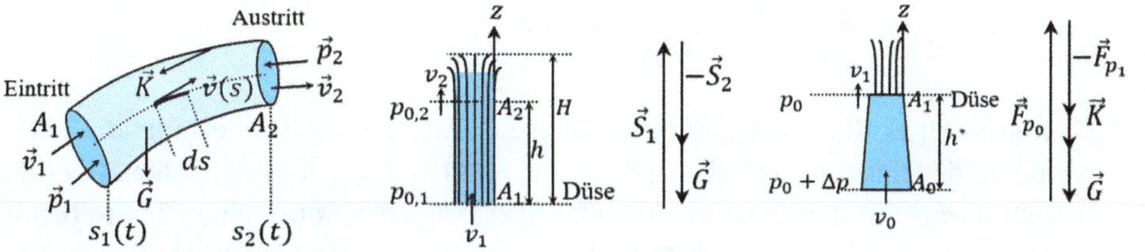

Abb. 3.8: Skizzen zum Stützkraftsatz und zu den Beispielen 1 und 2.

Beispiel 3. Wir betrachten ein kurzes Teilstück eines horizontalen geraden Rohrs der Länge $l = 1\,\mathrm{m}$ (Abb. 3.9 links). Das betrachtete Rohrstück sei vollständig mit Wasser durchflossen und weiter gilt $A_1 = 0{,}12\,\mathrm{m}^2$, $A_2 = 0{,}03\,\mathrm{m}^2$, $\rho = 10^3\,\frac{\mathrm{kg}}{\mathrm{m}^3}$, $p_2 = 50\,\mathrm{kPa}$, $\dot{Q} = 120\,\frac{\mathrm{l}}{\mathrm{s}} = 0{,}12\,\frac{\mathrm{m}^3}{\mathrm{s}}$. Die Strömung ist turbulent.

a) Bestimmen Sie aus den Angaben den Druck p_1 am Rohreingang.
b) Ermitteln Sie die Mantelkraft K in horizontaler Richtung.
c) Zerlegen Sie $\boldsymbol{K}$ in einen Druckkraftanteil $\boldsymbol{K}_N$ normal zur Wand und einen Zugkraftanteil $\boldsymbol{K}_W$ parallel zur Wand.
d) Wie groß ist die eigentliche Mantelkraft L bei Berücksichtigung der Gewichtskraft?

Lösung.
a) Wir können $\beta = 1$ setzen. Die Gleichung (3.3.3) liefert $\dot{Q} = A_1 v_1 = A_2 v_2$ und daraus $v_1 = \frac{\dot{Q}}{A_1} = 1\,\frac{\text{m}}{\text{s}}$, $v_2 = \frac{\dot{Q}}{A_2} = 4\,\frac{\text{m}}{\text{s}}$. Mit (3.3.10) folgt $\frac{1}{2}\rho(v_2^2 - v_2^2) + p_2 - p_2 = 0$ und damit

$$p_1 = p_2 + \frac{1}{2}\rho(v_2^2 - v_1^2) = 5 \cdot 10^4 + \frac{1}{2} \cdot 10^3(4^2 - 1^2) = 57{,}5\,\text{kPa}.$$

b) Die Gleichung (3.4.11) schreibt sich als $\boldsymbol{K} + (-\boldsymbol{S}_2) + \boldsymbol{S}_1 = 0$. Die Gewichtskraft $\boldsymbol{G}$ wirkt senkrecht zu den drei Vektorgrößen und entfällt in dieser Bilanz (Abb. 3.9 mitte oben). Dabei sind $S_1 = p_1 A_1 + \rho v_1 \dot{Q} = 5{,}75 \cdot 10^4 \cdot 0{,}12 + 10^3 \cdot 1 \cdot 0{,}12 = 7020\,\text{N}$ und $S_2 = 5 \cdot 10^4 \cdot 0{,}03 + 10^3 \cdot 4 \cdot 0{,}12 = 1980\,\text{N}$. Zusammen ergibt sich $K = S_1 - S_2 = 7020\,\text{N} - 1980\,\text{N} = 5040\,\text{N}$.
c) Diese Mantelkraft wirkt in horizontaler Richtung. Sie kann zerlegt werden in einen Druckkraftanteil normal zur Wand und einen Zugkraftanteil parallel zur Wand (Abb. 3.9 rechts unten). Für ein kreisrundes Rohr wäre $\Delta l = r_1 - r_2 = \sqrt{\frac{A_1}{\pi}} - \sqrt{\frac{A_2}{\pi}} = 0{,}0977\,\text{m}$ und $\alpha = \tan^{-1}(\frac{\Delta l}{l}) = 5{,}58°$. Weiter ist $K_W = K \cdot \cos\alpha$, $K_N = K \cdot \sin\alpha$. Es folgt

$$K_W = K \cdot \cos\left[\tan^{-1}\left(\frac{\sqrt{A_1} - \sqrt{A_2}}{l\sqrt{\pi}}\right)\right] = 5016{,}11\,\text{N}, \quad K_N = \sqrt{K^2 - K_W^2} = 490{,}18\,\text{N}$$

und damit

$$\boldsymbol{K} = \begin{pmatrix} -K \\ 0 \end{pmatrix} = \begin{pmatrix} -5040\,\text{N} \\ 0 \end{pmatrix}, \quad \boldsymbol{K}_W = \begin{pmatrix} -K \cdot \cos^2\alpha \\ K \cdot \sin\alpha \cdot \cos\alpha \end{pmatrix} = \begin{pmatrix} -4992{,}33\,\text{N} \\ 487{,}85\,\text{N} \end{pmatrix},$$
$$\boldsymbol{K}_N = \begin{pmatrix} -K \cdot \sin^2\alpha \\ K \cdot \sin\alpha \cdot \cos\alpha \end{pmatrix} = \begin{pmatrix} -47{,}67\,\text{N} \\ -487{,}85\,\text{N} \end{pmatrix}.$$

d) Den größten Einfluss der gesamten Gewichtskraft des Wassers erfährt die Rohrwand an der tiefsten Stelle. Es ist $G = \rho g V = \frac{\rho g}{3}(A_1 + \sqrt{A_1 A_2} + A_2) = 686{,}70\,\text{N}$ (vgl. Bsp. 2). Aufgrund dieser Gewichtskraft wirkt längs des Rohrs eine rücktreibende Kraft von $L = \sqrt{G^2 + K^2} = 5086{,}57\,\text{N}$, die um $\beta = 7{,}76°$ geneigt, leicht abwärtsgerichtet ist (Abb. 3.9 rechts oben). Quer zur Fließrichtung erfährt das Rohr aufgrund der Gewichtskraft ebenfalls eine kleine Belastung $B(h)$. Diese ist am tiefsten Punkt der Röhre am größten und sinkt bis zur Höhe des halben Durchmessers auf Null ab.

Bemerkung. Die Strömung erfährt auch eine Druckänderung in radialer Richtung (siehe Kap. 6.7).

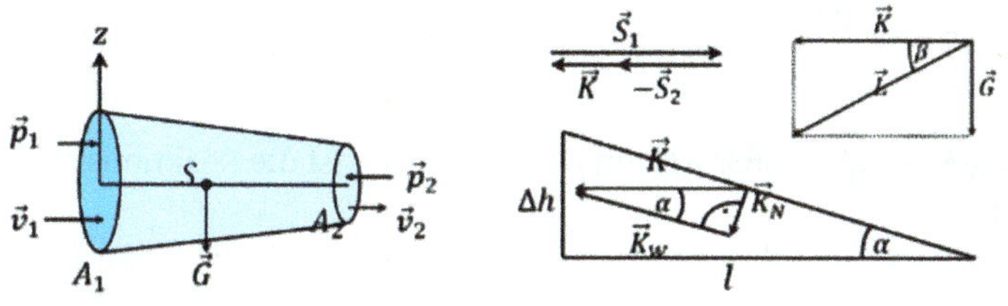

Abb. 3.9: Skizzen zum Beispiel 3.

Beispiel 4. Wir betrachten einen Rohrkrümmer (Abb. 3.10 links, Blick von der Seite) mit $A_1 = 0{,}12\,\mathrm{m}^2$, $A_2 = 0{,}03\,\mathrm{m}^2$, $\rho = 10^3\,\frac{\mathrm{kg}}{\mathrm{m}^3}$, $p_2 = 50\,\mathrm{kPa}$, $\dot{Q} = 0{,}12\,\frac{\mathrm{m}^3}{\mathrm{s}}$, $l = 1\,\mathrm{m}$, $\alpha = 60°$, $\beta = 1$.

a) Formulieren Sie den Stützkraftsatz (3.4.9) für das farbig markierte Kontrollvolumen.

b) Bestimmen Sie den Druck p_1 am Rohreingang.

c) Ermitteln Sie die Komponenten K_x und K_y der Mantelkraft und daraus den Wert von K.

Lösung.

a) Der Stützkraftsatz als Vektorgleichung muss in Komponenten zerlegt werden. Es gilt $\boldsymbol{v}_1 = \binom{v_1}{0}$, $\boldsymbol{v}_2 = \binom{v_2\cos\alpha}{-v_2\sin\alpha}$, $\boldsymbol{G} = \binom{0}{-G}$ und $\boldsymbol{K} = \binom{K_x}{K_z}$. Zudem ist $\boldsymbol{F}_{p1} = \boldsymbol{p}_1 A_1 = \binom{p_1 A_1}{0}$ und $-\boldsymbol{F}_{p2} = \boldsymbol{p}_2 A_2 = \binom{-p_2 A_2\cos\alpha}{p_2 A_2 \sin\alpha}$. Die Gleichung (3.4.9) schreibt sich dann zu

$$\rho\dot{Q}\begin{pmatrix} v_2\cos\alpha - v_1 \\ -v_2\sin\alpha - 0\end{pmatrix} = \begin{pmatrix} p_1 A_1 \\ 0\end{pmatrix} + \begin{pmatrix} -p_2 A_2\cos\alpha \\ p_2 A_2 \sin\alpha\end{pmatrix} + \begin{pmatrix} K_x \\ K_z\end{pmatrix} + \begin{pmatrix} 0 \\ -G\end{pmatrix}$$

und zerlegt als $K_x = \rho\dot{Q}(v_2\cos\alpha - v_1) - p_1 A_1 + p_2 A_2 \cos\alpha$ und $K_z = -\rho\dot{Q}v_2\sin\alpha - p_2 A_2 \sin\alpha + G$.

b) Zuerst bestimmt man

$$\Delta h = \frac{3}{\pi} - \frac{3}{\pi}\cos 60° = \frac{3}{\pi} - \frac{3}{\pi}\cdot\frac{1}{2} = \frac{3}{2\pi}$$

(Abb. 3.10 rechts oben). Die Gleichung (3.3.10) liefert $\frac{1}{2}\rho(v_2^2 - v_2^2) + p_2 - p_1 - \rho g\Delta h = 0$ und daraus

$$p_1 = p_2 + \frac{1}{2}\rho(v_2^2 - v_1^2) - \rho g\Delta h = 5\cdot 10^4 + \frac{1}{2}\cdot 10^3(4^2 - 1^2) - 10^3\cdot 9{,}81\cdot\frac{3}{2\pi} = 52816\,\mathrm{Pa}.$$

Damit folgt (Abb. 3.11 rechts unten)

$$K_x = 10^3\cdot 0{,}12\cdot 1(4\cdot\frac{1}{2} - 1) - 52816{,}07\cdot 0{,}12 + 5\cdot 10^4\cdot 0{,}03\cdot\frac{1}{2} = -5467{,}93\,\mathrm{N}.$$

Mit der Gewichtskraft des Wassers $G = 686{,}70\,\mathrm{N}$ (vgl. Bsp. 3) folgt

$$K_z = 10^3 \cdot 0{,}12 \cdot 4 \cdot \frac{\sqrt{3}}{2} - 5 \cdot 10^4 \cdot 0{,}03 \cdot \frac{\sqrt{3}}{2} + 686{,}70 = -1028{,}03\,\text{N}$$

und schließlich $K = \sqrt{K_x^2 + K_z^2} = 5563{,}73\,\text{N}$ mit $\beta = 10{,}65°$. Dies ist die Reaktionskraft der Wand auf das Fluid.

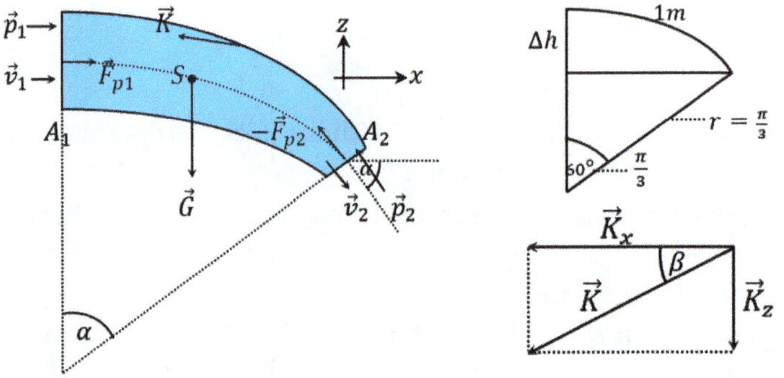

Abb. 3.10: Skizzen zum Beispiel 4.

Beispiel 5. Gegeben ist derselbe Rohrkrümmer wie in Beispiel 4 mit denselben Werten, aber das Rohr liegt nun horizontal (Abb. 3.11 links, Blick von oben). Die Gewichtskraft wirkt in die Blattebene hinein. Beantworten Sie dieselben Teilfragen von Beispiel 4 für diesen horizontalen Rohrkrümmer.

Lösung.

a) Man erhält $K_x = \rho\dot{Q}(v_2 \cos\alpha - v_1) - p_1A_1 + p_2A_2\cos\alpha$, $K_y = -\rho\dot{Q}v_2 \sin\alpha - p_2A_2 \sin\alpha$ und $K_z = G$.

b) Es gilt zu beachten, dass $\Delta h = 0$, sodass sich $p_1 = p_2 + \frac{1}{2}\rho(v_2^2 - v_1^2) = 57{,}5\,\text{kPa}$ ergibt.

c) Schließlich folgt $K_x = -6030\,\text{N}$, $K_y = -1714{,}73\,\text{N}$, $K_z = 686{,}70\,\text{N}$. Zusammen erhält man $K = \sqrt{K_x^2 + K_y^2 + K_z^2} = 6306{,}56\,\text{N}$ als Reaktionskraft der Wand auf das Fluid.

Beispiel 6. Wir betrachten die Strömung in einem Rohr mit dem Querschnitt A_1, das sich plötzlich zu einem Querschnitt A_2 weitet (Borda-Carnot-Rohr, Abb. 3.11 rechts oben). Für eine Bilanz verwenden wir ein Kontrollvolumen, das von einem Ort 1 unmittelbar nach der Weitung des Querschnitts bis zu einem Ort 2 etwas weiter rechts davon reicht.

a) Formulieren Sie die Kontinuitätsgleichung (3.3.4) und den Stützkraftsatz (3.4.9) für die beiden Orte 1 und 2 und ermitteln Sie einen Ausdruck für p_2.

b) Wie lautet der Ausdruck für p_2 unter Verwendung der Bernoulli-Gleichung (3.3.10)? Vergleichen Sie mit dem Ergebnis aus a) und ermitteln Sie den sich daraus ergebenden Druckverlust Δp_V.

Lösung.

a) Die Gleichung (3.3.4) besagt, dass $\dot{Q} = A_1 v_1 = A_2 v_2$. Weiter gilt in Strömungsrichtung $\boldsymbol{K} = 0$ und $\boldsymbol{G} = 0$. Damit reduziert sich (3.4.9) zu $\rho \dot{Q}(v_2 - v_1) = F_{p1} - F_{p2}$. Wir setzen hier $\beta = 1$ und versehen das Endergebnis mit einem Faktor ξ. Für den Druck an der Stelle 1 können wir annehmen, dass der Druck noch p_1 beträgt, obwohl die Querschnittsfläche schon auf A_2 angewachsen ist. Somit ist $\rho A_2 v_2(v_2 - v_1) = p_1 A_2 - p_2 A_2$, woraus $p_2 = p_1 + \rho v_2(v_1 - v_2)$ folgt. Mit $A_2 > A_1$ ist auch $v_1 > v_2$ und somit $p_2 > p_1$. Durch den Stoß schneller Teilchen mit langsameren entsteht ein Druckanstieg. Dieser kann aber aufgrund der Turbulenzen nicht genutzt werden, sondern wird als Wärme dissipiert.

b) Die Gleichung (3.3.10) liefert $\frac{1}{2}\rho(v_2^2 - v_1^2) + p_2 - p_1 = 0$ und somit $p_2 = p_1 + \frac{1}{2}\rho(v_1^2 - v_2^2)$.

Offensichtlich weicht dies von der Impulserhaltung ab. Deswegen bilden wir

$$\begin{aligned}\Delta p = p_{2,\text{Bernoullli}} - p_{2,\text{Impuls}} &= \frac{1}{2}\rho(v_1^2 - v_2^2) - \rho v_2(v_1 - v_2) \\ &= \rho\left(\frac{1}{2}v_1^2 - \frac{1}{2}v_2^2 - v_1 v_2 + v_2^2\right) = \frac{1}{2}\rho(v_1 - v_2)^2 = \frac{1}{2}\rho v_1^2\left(1 - \frac{A_1}{A_2}\right)^2 \geq 0.\end{aligned}$$

Da es sich um eine Abschätzung für den Verlust handelt, wird dem Ausdruck noch eine Verlustziffer ξ beigefügt, sodass wir

$$\Delta p_V = \frac{1}{2}\xi \rho v_1^2\left(1 - \frac{A_1}{A_2}\right)^2 \tag{3.4.14}$$

schreiben können. Demnach ist $p_{2,\text{Bernoullli}} = p_{2,\text{Impuls}} + \Delta p_V$. Die Bernoulli-Gleichung gilt in diesem Fall also nicht. Sie muss um einen Druckverlustterm Δp_V erweitert werden ($1{,}0 \leq \xi \leq 1{,}2$). Umgerechnet auf den Höhenverlust ergibt dies mithilfe von $\Delta p_V = \rho g \Delta h_V$ den Ausdruck $h_V = \xi \frac{v_1^2}{2g}(1 - \frac{A_1}{A_2})^2$.

Ergebnis. Entgegen der immer geltenden Impulserhaltung ist die Bernoulli-Gleichung bei einer plötzlichen Rohrerweiterung oder Rohrverengung verletzt, weil der Rohrverlauf nicht mehr differenzierbar ist.

In Abb. 3.11 links sind die Terme der Bernoulli-Gleichung als Höhenanteile miteinander verglichen. Bei der Rohrerweiterung handelt es sich um einen lokalen Druckverlust. In Kap. 9 werden wir zusätzlich kontinuierliche Druckverluste aufgrund der Reibung formulieren.

Beispiel 7. Ein Fluid der Dichte ρ fließt mit der Geschwindigkeit von v_1 durch ein Rohr.

a) Welchem Druckverlust Δp_V entspricht eine plötzliche Erweiterung des Durchmessers um die Hälfte ausgedrückt mit ρ und v_1 (Verlustziffer $\xi = 1$)?

b) Wie groß ist die zugehörige Druckänderung $\Delta p = p_2 - p_1$ ausgedrückt mit ρ und v_1?

Lösung.

a) Mit $\frac{d_1}{d_2} = \frac{2}{3}$ ist $\frac{A_1}{A_2} = \frac{4}{9}$. Aus (3.4.14) folgt

$$\Delta p_V = \frac{1}{2}\rho v_1^2\left(1 - \frac{4}{9}\right)^2 = \frac{25}{162}\rho v_1^2 \approx 0{,}15\rho v_1^2.$$

b) Die Gleichung (3.3.10) liefert $\frac{1}{2}\rho v_1^2 + p_1 = \frac{1}{2}\rho v_2^2 + p_2 + \Delta p_V$, woraus man

$$\Delta p = p_2 - p_1 = \frac{1}{2}\rho v_1^2 - \frac{1}{2}\rho\frac{A_1^2}{A_2^2}v_1^2 - \frac{25}{162}\rho v_1^2$$

$$= \rho v_1^2\left(\frac{1}{2} - \frac{1}{2}\cdot\frac{16}{81} - \frac{25}{162}\right) = \frac{20}{81}\rho v_1^2 \approx 0{,}25\rho v_1^2$$

erhält.

Beispiel 8. Ein Fluid erfährt an einer Stelle eine plötzliche Verengung (Abb. 3.11 rechts unten). Die Stromfäden ziehen sich bis zu einem kleinsten Querschnitt A_3 zusammen, um sich dann in einiger Entfernung wieder an die Rohrwand anzulegen. Der Druckverlust bei der Einschnürung ist gering. Erheblicher ist der Verlust bei erneuter Erweiterung.

a) Drücken Sie Δp_V mit ρ, A_1, A_2 und v_1 aus unter Verwendung der Näherungsformel von Weisbach:

$$\frac{A_3}{A_2} = 0{,}63 + 0{,}37\left(\frac{A_2}{A_1}\right)^3$$

(Verlustziffer $\xi = 1$).

b) Nehmen Sie wie in der vorhergehenden Aufgabe $\frac{d_1}{d_2} = 1{,}5$ und drücken Sie Δp_V mit ρ und v_1 aus. Vergleichen Sie das Ergebnis mit Aufgabe 7.

Lösung.

a) Der Erweiterungsvorgang lässt sich mit der Gleichung (3.4.14) erfassen zu:

$$\Delta p_V = \frac{1}{2}\rho(v_3 - v_2)^2 = \frac{1}{2}\rho(v_2 - v_3)^2 = \frac{1}{2}\rho v_3^2\left(\frac{A_3}{A_2} - 1\right)^2.$$

Weiter folgt:

$$\Delta p_V = \frac{1}{2}\rho\frac{A_2^2}{A_3^2}\cdot\frac{A_1^2}{A_2^2}v_1^2\left[0{,}37\left(\frac{A_2}{A_1}\right)^3 - 0{,}37\right]^2 = \frac{1}{2}\rho v_1^2\frac{A_1^2}{A_2^2}\cdot\frac{[0{,}37 - 0{,}37(\frac{A_2}{A_1})^3]^2}{[0{,}63 + 0{,}37(\frac{A_2}{A_1})^3]^2}$$

$$= \frac{1}{2}\rho v_1^2\frac{A_1^2}{A_2^2}\cdot\left[\frac{0{,}37 - 0{,}37\cdot(\frac{A_2}{A_1})^3}{0{,}63 + 0{,}37\cdot(\frac{A_2}{A_1})^3}\right]^2.$$

b) Man erhält

$$\Delta p_V = \frac{1}{2}\rho v_1^2\left(\frac{9}{4}\right)^2\left[\frac{0{,}37 - 0{,}37\cdot(\frac{4}{9})^3}{0{,}63 + 0{,}37\cdot(\frac{4}{9})^3}\right]^2 \approx 0{,}66\rho v_1^2,$$

was verglichen mit der Erweiterung bei gleichen Verhältnissen, $0{,}15\rho v_1^2$, mehr als viermal so hoch ist.

Ergebnis. Eventuelle Rohrquerschnittsänderungen sollten stetig verlaufen und nicht plötzlich auftreten.

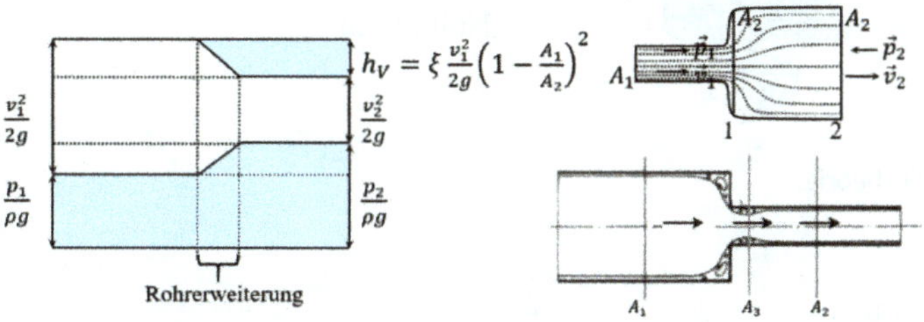

Abb. 3.11: Skizzen zu den Beispielen 6–8.

3.5 Ausfluss- und Entleerungszeiten

Wir wollen dazu drei verschiedene Theorien einander gegenüberstellen.

I. Torricelli (1644)

Torricellis Ausflussformel für eine stationäre Strömung wurde schon mit der Gleichung (3.3.16) hergeleitet. Sie lautet

$$h(t) = \left(\sqrt{H} - \sqrt{\frac{g}{2}}\frac{A_a}{\sqrt{A_0^2 - A_a^2}}t\right)^2.$$

Bezeichnet A_0 den Behälterquerschnitt, A_a den Ausflussquerschnitt und wählen wir für eine Darstellung $H = 10$, $A_0 = 4A_a$, so erhalten wir

$$h(t) = \left(\sqrt{10} - \sqrt{\frac{9{,}81}{2}}\frac{1}{\sqrt{15}}t\right)^2 \approx (3{,}16 - 0{,}57t)^2$$

mit einer Entleerungszeit von $t_{\text{leer}} \cong 5{,}53\,\text{s}$ (Abb. 3.14 rechts). Diese Zeit ist viel zu tief. Die Messung zeigt den wirklichen Verlauf (Abb. 3.14 rechts).

II. Bernoulli (1738)

Daniel Bernoulli unternimmt einen Versuch, die Messungsergebnisse mit den theoretischen Ergebnissen besser in Einklang zu bringen. Er führt eine Energiebilanz an der gesamten Flüssigkeit zu zwei verschiedenen Zeiten durch (Abb. 3.12).

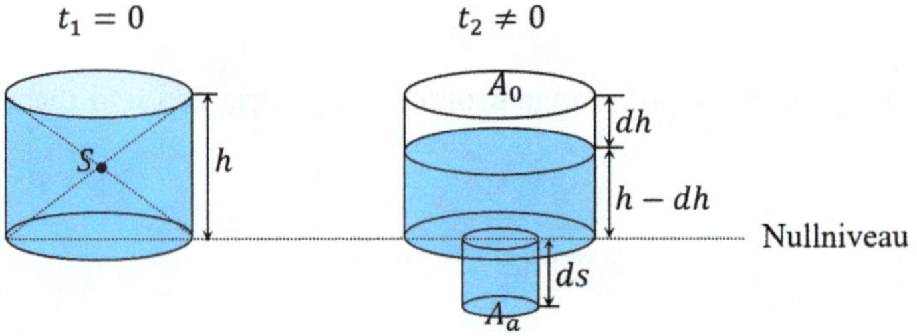

Abb. 3.12: Skizzen zur Bernoulli-Theorie.

Herleitung von (3.5.1)–(3.5.16)

Bernoulli betrachtet einen mit Wasser gefüllten zylindrischen Behälter, aus dem aus einer kleinen, ebenfalls zylindrischen Öffnung das Wasser abfließen kann. Das Nullniveau wird auf die Höhe des Ausflusses gelegt. Der Ausflussprozess sei schon voll im Gange. Der erste Zeitpunkt t_1 wird beliebig gewählt, sofern noch Wasser im Behälter ist und der zweite Zeitpunkt $t_2 = t_1 + \Delta t$ meint den Zeitpunkt, nachdem eine zusätzliche, infinitesimale Menge Wasser den Behälter verlassen hat.

I. Bilanz für die potentielle Energie: Als Erstes wird die potentielle Energie zur Zeit t_1 betrachtet. Der Schwerpunkt der Wassersäule befindet sich auf einer Höhe von $h_S = \frac{h}{2}$ (Abb. 3.12 links). In diesem Fall gilt dann

$$E_{\text{pot1}} = mgh_S = \rho Vgh_S = \rho A_0 hg\frac{h}{2} = \frac{1}{2}\rho gA_0 h^2. \tag{3.5.1}$$

Zum Zeitpunkt t_2 hat ein weiteres bisschen Wasser den Behälter verlassen und wir bestimmen abermals die zugehörige potentielle Energie (Abb. 3.12 rechts). Die obere Wassersäule besitzt ihren Schwerpunkt auf der Höhe $h_{S1} = \frac{h-dh}{2}$ und die kleinere Wassersäule auf der Höhe $h_{S2} = -\frac{ds}{2}$. Somit folgt die erste potentielle Teilenergie zu

$$E_{\text{pot2}a} = \rho Vgh_S = \rho A_0(h - dh)g\frac{h - dh}{2} = \frac{1}{2}\rho gA_0(h - dh)^2. \tag{3.5.2}$$

Mit einem Volumenvergleich gilt $A_0 dh = A_a ds$ und damit $ds = \frac{A_0}{A_a}dh$, womit sich die zweite potentielle Teilenergie als

$$E_{\text{pot2}b} = -mg\frac{h_S}{2} = -\frac{1}{2}\rho Vgds = -\frac{1}{2}\rho gA_a ds^2 = -\frac{1}{2}\rho gA_a\frac{A_0^2}{A_a^2}dh^2$$

und somit

$$E_{\text{pot}2b} = -\frac{1}{2}\rho g \frac{A_0^2}{A_a} dh^2 \tag{3.5.3}$$

schreibt.

Für die Änderung der potentiellen Energie ΔE_{pot} erhält man mit (3.5.1)–(3.5.3):

$$\begin{aligned}\Delta E_{\text{pot}} = E_{\text{pot}2a} + E_{\text{pot}2b} - E_{\text{pot}1} &= \frac{1}{2}\rho g A_0 (h-dh)^2 - \frac{1}{2}\rho g \frac{A_0^2}{A_a} dh^2 - \frac{1}{2}\rho g A_0 h^2 \\ &= \frac{1}{2}\rho g A_0 (h^2 - 2hdh + dh^2) - \frac{1}{2}\rho g A_0 h^2 \\ &\approx \frac{1}{2}\rho g A_0 (h^2 - 2hdh) - \frac{1}{2}\rho g A_0 h^2 = -\rho g A_0 h dh\end{aligned}$$

und letztlich

$$\Delta E_{\text{pot}} = -\rho g A_0 h dh. \tag{3.5.4}$$

Dabei wurde das Quadrat dh^2 gegenüber dh vernachlässigt.

II. Bilanz für die kinetische Energie:

Es bezeichnet v die Absenkgeschwindigkeit. Für die Zeit t_1 (Abb. 3.12 links) erhält man

$$E_{\text{kin}1} = \frac{1}{2}mv^2 = \frac{1}{2}\rho V v^2 = \frac{1}{2}\rho A_0 h v^2. \tag{3.5.5}$$

Zum Zeitpunktpunkt t_2 (Abb. 3.12 rechts) besteht die kinetische Energie aus zwei Teilen. Die obere Wassersäule liefert den Anteil

$$E_{\text{kin}2a} = \frac{1}{2}\rho A_0 (h-dh)(v-dv)^2 \tag{3.5.6}$$

und die kleinere Wassersäule den Anteil

$$E_{\text{kin}2b} = \frac{1}{2}\rho A_a ds v_a^2. \tag{3.5.7}$$

Dabei meint v_a die Austrittgeschwindigkeit. Mithilfe der Kontinuitätsgleichung (3.3.4) gilt $A_0 v = A_a v_a$, woraus sich (3.5.7) umformen lässt zu

$$E_{\text{kin}2b} = \frac{1}{2}\rho A_a \frac{A_0}{A_a} dh \frac{A_0^2}{A_a^2} v^2 = \frac{1}{2}\rho \frac{A_0^3}{A_a^2} dh \cdot v^2. \tag{3.5.8}$$

Für die Änderung der kinetischen Energie folgt mit (3.5.5), (3.5.6) und (3.5.8):

$$\Delta E_{\text{kin}} = E_{\text{kin}2a} + E_{\text{kin}2b} - E_{\text{kin}1} = \frac{1}{2}\rho A_0 (h-dh)(v-dv)^2 + \frac{1}{2}\rho \frac{A_0^3}{A_a^2} dh \cdot v^2 - \frac{1}{2}\rho A_0 h v^2$$

$$= \frac{1}{2}\rho A_0\left(\frac{A_0^2}{A_a^2}dh \cdot v^2 + (h - dh)(v - dv)^2 - hv^2\right)$$

$$= \frac{1}{2}\rho A_0\left(\frac{A_0^2}{A_a^2}dh \cdot v^2 + hv^2 - 2hvdv + hdv^2 - dh \cdot v^2 + 2vdhdv - dhdv^2 - hv^2\right)$$

$$\approx \frac{1}{2}\rho A_0\left(\frac{A_0^2}{A_a^2}dh \cdot v^2 - 2hvdv - dh \cdot v^2\right). \qquad (3.5.9)$$

Abermals wurde dv^2, $dhdv$, $dhdv^2$ gegenüber dh und dv vernachlässigt.

Bernoulli argumentiert weiter mit der Erhaltung der Energie: $\Delta E_{\text{pot}} + \Delta E_{\text{kin}} = 0$. Folglich muss mit (3.5.4) und (3.5.9) gelten:

$$-\rho g A_0 h dh + \frac{1}{2}\rho A_0\left(\frac{A_0^2}{A_a^2}dh \cdot v^2 - 2hvdv - dh \cdot v^2\right) = 0.$$

Daraus erhält man nacheinander:

$$-gh + \frac{1}{2}\left(\frac{A_0^2}{A_a^2}v^2 - 2hv\frac{dv}{dh} - v^2\right) = 0,$$

$$\frac{A_0^2}{A_a^2}v^2 - 2hv\frac{dv}{dh} - v^2 = 2gh \quad \text{und}$$

$$-2v(h)\frac{dv}{dh} = 2g + \frac{v^2}{h}\left(1 - \frac{A_0^2}{A_a^2}\right). \qquad (3.5.10)$$

Mithilfe der Kettenregel folgt aus (3.5.10):

$$-\frac{dv^2}{dh} = 2g + \gamma\frac{v^2}{h}, \qquad (3.5.11)$$

wobei $\gamma = 1 - \frac{A_0^2}{A_a^2}$ gesetzt wurde.

Die Substitution $\frac{v^2}{h} = u$ ergibt $v^2 = hu$ und folglich

$$2vv' = u + hu'. \qquad (3.5.12)$$

Das Ergebnis (3.5.12) setzt man in (3.5.11) ein und erhält $-(u + hu') = 2g + \gamma u$ oder $-\frac{du}{dh} \cdot h = 2g + (\gamma + 1)u$.

Separiert nach Variablen ergibt sich nacheinander:

$$\int \frac{du}{2g + (\gamma + 1)u} = -\int \frac{dh}{h},$$

$$\frac{1}{\gamma + 1}\ln|2g + (\gamma + 1)u| = -\ln h + C_1,$$

$$\ln|2g + (\gamma + 1)u| = \ln h^{-(\gamma+1)} + C_2,$$

$$\left|2g + (\gamma + 1)u\right| = C \cdot h^{-(\gamma+1)} \quad \text{und}$$

$$\left|2g + (\gamma + 1)\frac{v^2}{h}\right| = C \cdot h^{-(\gamma+1)}. \tag{3.5.13}$$

Die Anfangsbedingung $v^2(H) = 0$ verrechnet sich mit (3.5.13) zu $2g = C \cdot H^{-(\gamma+1)}$ und demnach $C = 2gH^{\gamma+1}$. Damit schreibt sich (3.5.13) als

$$\left|2g + (\gamma + 1)\frac{v^2}{h}\right| = 2gH^{\gamma+1} \cdot h^{-(\gamma+1)}.$$

Die Betragsstriche entfallen:

$$2g + (\gamma + 1)\frac{v^2}{h} = 2gH^{\gamma+1} \cdot h^{-(\gamma+1)}.$$

Weiter aufgelöst ist

$$v^2 = \frac{2gh}{\gamma + 1}\left[\left(\frac{h}{H}\right)^{-(\gamma+1)} - 1\right] = \frac{2gH}{\gamma + 1}\left[\frac{h}{H}\left(\frac{h}{H}\right)^{-(\gamma+1)} - \frac{h}{H}\right] = \frac{2gH}{\gamma + 1}\left[\left(\frac{h}{H}\right)^{-\gamma} - \frac{h}{H}\right]$$

und schließlich

$$v^2 = -\frac{2gH}{\gamma + 1}\left[\frac{h}{H} - \left(\frac{h}{H}\right)^{-\gamma}\right].$$

Die Absenkgeschwindigkeit beträgt somit

$$v(h) = \sqrt{2g \cdot \frac{A_a^2 H}{A_0^2 - 2A_a^2}\left[\frac{h}{H} - \left(\frac{h}{H}\right)^{\frac{A_0^2}{A_a^2} - 1}\right]}. \tag{3.5.14}$$

Mithilfe der Kontinuitätsgleichung $A_0 v = A_a v_a$ erhält man die Ausflussgeschwindigkeit zu

$$v_a(h) = \sqrt{2g \cdot \frac{A_0^2 H}{A_0^2 - 2A_a^2}\left[\frac{h}{H} - \left(\frac{h}{H}\right)^{\frac{A_0^2}{A_a^2} - 1}\right]}. \tag{3.5.15}$$

Speziell für $A_a = A_0$ ergibt sich aus (3.5.16)

$$v_a(h) = \sqrt{2g \cdot \frac{A_0^2 H}{A_0^2 - 2A_0^2}\left[\frac{h}{H} - \left(\frac{h}{H}\right)^{\frac{A_0^2}{A_0^2} - 1}\right]} = \sqrt{-2g \cdot H\left(\frac{h}{H} - 1\right)}$$

und somit

$$v_a(h) = \sqrt{2g \cdot (H - h)}, \tag{3.5.16}$$

also ein dem Ausdruck von Torricelli entgegengesetztes Ergebnis.

Die Auswertung der Bernoulli-Theorie lässt erkennen, dass die Flüssigkeit eine gewisse Zeit benötigt, bis sich die zur Füllhöhe h gehörige Geschwindigkeit $v_a(h)$ einstellt. Im Spezialfall $A_0 : A_a = 1$ zeigen Theorie und Praxis, dass das Fluid träge ist und beim Öffnen erst eine Bewegung aufgebaut werden muss. Dies wird durch die Gleichung (3.5.16) bestätigt.

Beispiel 1. Stellen Sie für die folgenden Querschnittsverhältnisse die Geschwindigkeitsverläufe $v_a(h)$ mit $H = 10$ cm unter Verwendung von (3.5.15) dar.
i) $\frac{A_0}{A_a} = 6 : 1$, ii) $\frac{A_0}{A_a} = 3 : 1$, iii) $\frac{A_0}{A_a} = 1{,}5 : 1$, iv) $\frac{A_0}{A_a} = 1{,}1 : 1$, v) $\frac{A_0}{A_a} = 1 : 1$.

Lösung. Die Graphen entnimmt man Abb. 3.13.

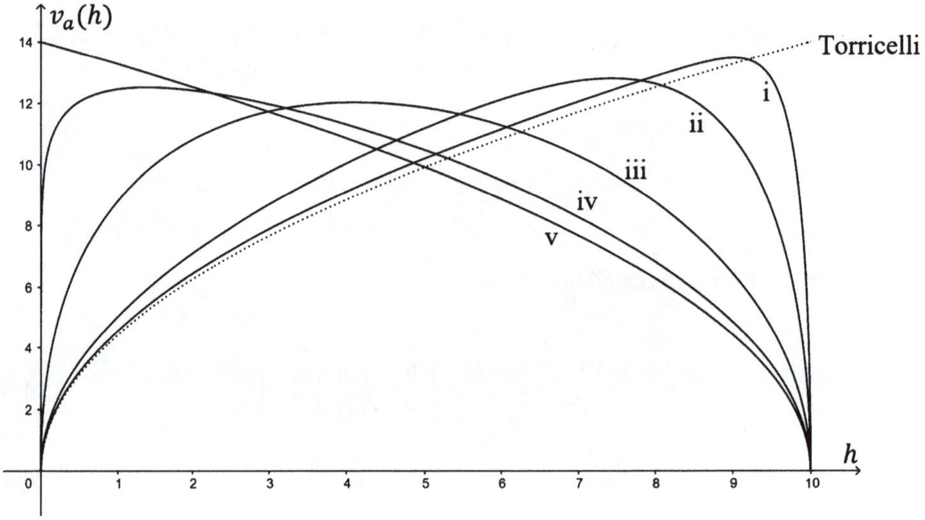

Abb. 3.13: Graphen zu Beispiel 1.

Nun gilt es noch, die zur Bernoulli-Theorie gehörende Entleerungszeit zu begutachten. Dazu betrachten wir die Absenkgeschwindigkeit v gemäß (3.5.14) und separieren

$$\frac{dh}{dt} = -v(h) = -\sqrt{2g \cdot \frac{A_a^2 H}{A_0^2 - 2A_a^2}\left[\frac{h}{H} - \left(\frac{h}{H}\right)^{\frac{A_0^2}{A_a^2}-1}\right]}.$$

Wir wählen $H = 10$, $A_0 = 4A_a$.

Dann folgt

$$dh = -\sqrt{\frac{10}{7}g\left[\frac{h}{10} - \left(\frac{h}{10}\right)^{15}\right]}dt := -\sqrt{f(h)}dt.$$

Diskretisiert geht diese DG über in $y_{i+1} - y_i = -\sqrt{f(h)}dt$ oder für den TI-Nspire $y_i := y_i - \sqrt{f(h)}dt$. Wir wählen die Schrittweite $dt = 0{,}01$ und $n = 559$ Zeitschritte (für $n = 560$ ist $f(h) < 0$). Dann lautet die Vorschrift $y_i := y_i - 0{,}01\sqrt{f(h)}$.

Das zugehörige Programm sieht so aus:

```
Define Bernoulli(n)
Prgm
xa:= {xi}
ya:= {yi}
xi:= 0
yi:= 9.9999 (Anfangsbedingung y(0) = 9.9999)
For i,1,n
xi:= xi + 0.01
yi:= yi − 0.01 √( (10·9,81)/7 ( yi/10 − (yi/10)^15 ) )
xa:= augment(xa,{xi})
ya:= augment(ya,{yi})
End For
Disp xa, ya
End Prgm
```

Bernoullis Theorie liefert $t_{\text{leer}} \cong 5{,}60\,s$ (Abb. 3.14 rechts). Mit Torricelli erhält man, wie schon oben erwähnt, $t_{\text{leer}} \cong 5{,}53$ s. Man erkennt, dass das Ergebnis von Bernoulli keine wesentliche Verbesserung zur Torricelli-Formel darstellt. Verglichen mit dem Messergebnis sind beide weit vom wirklichen Verlauf entfernt. Bernoullis Ausflussformel (3.5.16) stellt aber diejenige Torricellis völlig auf den Kopf, wenn man im Spezialfall $A_a = A_0$ betrachtet. Torricelli behauptete, dass (3.3.14) für ein beliebiges Querschnittverhältnis gilt. Bernoulli folgert aus der ungenügenden Übereinstimmung seiner Theorie mit der Messung, dass die Energieerhaltung offenbar verletzt ist. Ähnlich wie schon beim Borda-Carnot-Druckstoß muss, falls der Energiesatz allein betrachtet wird, ein Korrekturterm für den Reibungsverlust hinzugefügt werden. Auf der Suche nach einer plausiblen Erklärung für die Abweichung zur Messung und einer zwangsweisen Anpassung seiner Theorie, formuliert Bernoulli das Prinzip der „vena contracta“ (der zusammengezogene Stromfaden, Abb. 3.14 mitte). Da auf dem Weg zur Öffnung die Stromlinien zusammengepresst werden, muss man, so Bernoulli, einen kleineren Ausströmungsquerschnitt A_{vc} verwenden. Nach einigen Messungen gibt er den Querschnitt zu $A_{\text{vc}} = \frac{1}{\sqrt{2}}A_a$ an. Es gibt weitere Verbesserungen für diesen Ausflussbeiwert, beispielsweise 0,6272 usw. Ersetzt man also A_a durch $A_{\text{vc}} = \frac{1}{\sqrt{2}}A_a$, dann zeigt sich eine ausgesprochen gute Übereinstimmung mit der Messung. Über die Jahrhunderte hinweg hat man die Notwendigkeit der vena contracta nicht infrage gestellt. Vor einigen Jahren unternahm Malcherek einen neuen Anlauf, über die Impulserhaltung zu einem befriedigenderen Ergebnis zu gelangen.

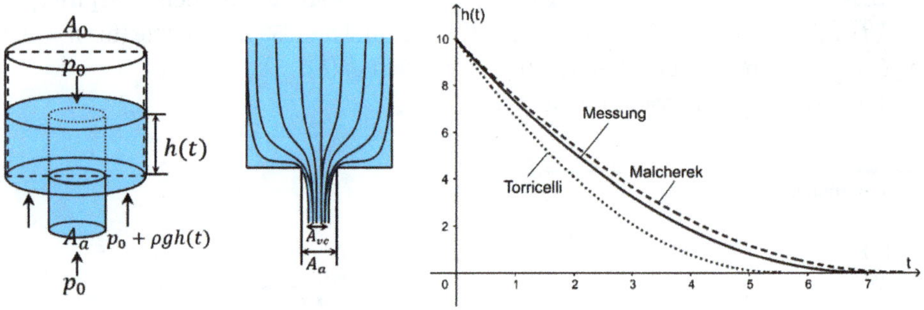

Abb. 3.14: Skizzen zur vena contracta, zur Malcherek-Theorie und Simulation von (3.5.14).

III. Malcherek (2015)

Herleitung von (3.5.17)–(3.5.23)

Als Kontrollvolumen nehmen wir den gesamten Behälter (in Abb. 3.14 links gestrichelt markiert). Es bezeichnen v_a, v_0 die Ausfluss- bzw. Absenkgeschwindigkeit, und A_a, A_0 die entsprechenden Querschnitte. Da es sich um eine instationäre Strömung mit angenommenem inkompressiblen Fluid handelt, gilt die Kontinuitätsgleichung in der Form (3.3.3), also

$$\dot{Q} = A_0 v_0(t) = A_a v_a(t). \tag{3.5.17}$$

Impulsbilanz: Nach (3.4.8) ergibt sich

$$\frac{dI}{dt} = -\rho \dot{Q}(v_a - 0) + F_{p1} - F_{p2} + G. \tag{3.5.18}$$

Dabei entfällt der Impulsfluss in das Kontrollvolumen und die Mantelkraft. Auf die Fläche A_0 wirkt von oben der Umgebungsdruck oder einfach der Luftdruck p_0. Von unter her erfährt die Austrittsfläche A_a ebenfalls den Luftdruck p_0. Es fehlt noch der Druck von unten auf die Restfläche $A_0 - A_a$. Im Innern des Gefäßes herrscht kurz vor dem Austritt nach Bernoulli der Gesamtdruck $p = \frac{1}{2}\rho v_0(t)^2 + p_0 + \rho g h(t)$. Verglichen mit den beiden anderen Termen ist der dynamische Anteil am Gesamtdruck vergleichsweise klein gegenüber dem Luftdruck und dem hydrostatischen Druck.

Idealisierung: Der Druck am Boden des Gefäßes beträgt $p \approx p_0 + \rho g h(t)$.

Dieser Druck herrscht von innen und von außen auf die Außenwand, ansonsten würde die Masse beschleunigt. Die Gewichtskraft des beschleunigten Wassers ist $G = \rho g A_0 h(t)$. Somit schreibt sich (3.5.18) zu

$$\frac{dI}{dt} = -\rho A_a v_a^2 + A_0 p_0 - A_a p_0 - (A_0 - A_a)[p_0 + \rho g h(t)] + \rho g A_0 h(t) \quad \text{und}$$
$$\frac{dI}{dt} = -\rho A_a v_a^2 + \rho g A_a h(t). \tag{3.5.19}$$

Für die linke Seite von (3.5.19) ergibt sich $\frac{dI}{dt} = \frac{d(mv_0)}{dt} = m \cdot \frac{dv_0}{dt} + v_0 \cdot \frac{dm}{dt}$.
Nach der Massenerhaltung in der Form (3.3.1) gilt $\frac{dm}{dt} = -\rho A_a v_a$ und man erhält

$$\frac{dI}{dt} = \rho A_0 h(t) \cdot \frac{dv_0}{dt} - v_0 \cdot \rho v_a A_a. \tag{3.5.20}$$

Damit folgt aus (3.5.19) und (3.5.20) $\rho A_0 h(t) \cdot \frac{dv_0}{dt} - \rho v_0 v_a A_a = -\rho A_a v_a^2 + \rho g A_a h(t)$ und weiter

$$\frac{dv_0}{dt} = v_0 v_a \frac{A_a}{A_0 h} - \frac{A_a}{A_0 h} v_a^2 + g\frac{A_a}{A_0} \quad \text{oder} \quad \frac{dv_0}{dt} = \frac{v_a}{h}\frac{A_a}{A_0}(v_0 - v_a) + g\frac{A_a}{A_0}.$$

Abermals mit (3.5.17) ergibt sich $\frac{dv_a}{dt} = \frac{v_a}{h}(v_0 - v_a) + g$ und schließlich

$$\frac{dv_a}{dt} = g - \frac{v_a^2}{h}\left(1 - \frac{A_a}{A_0}\right). \tag{3.5.21}$$

Die DG ist instationär, denn es ist $v_a = v_a[h(t)]$ und $\frac{dv_a}{dt} = \frac{dv_a[h(t)]}{dh} \cdot \frac{dh(t)}{dt}$. Die Lösung lässt sich nicht nach Variablen separieren.

Einschränkung: Wir interessieren uns nur für den stationären Zustand.

In diesem Fall gilt $\frac{dv_a}{dt} = 0$ und (3.5.21) reduziert sich zu $gh(t) = v_a^2[h(t)](1 - \frac{A_a}{A_0})$ oder zu

$$v_a(h) = \sqrt{\frac{gh}{1 - \frac{A_a}{A_0}}}. \tag{3.5.22}$$

Weiter gilt es, die Entleerungszeit zu berechnen. Für die Absenkgeschwindigkeit v_0 ist $\frac{dh}{dt} = -v_0$ mit $v_0 > 0$ oder unter Verwendung von (3.5.17) $dh = -v_a \frac{A_a}{A_0} dt$.

Fügt man den Ausdruck (3.5.22) ein, so entsteht

$$dh = -\sqrt{\frac{gh}{1 - \frac{A_a}{A_0}}} \cdot \frac{A_a}{A_0} dt = \sqrt{\frac{gh}{\frac{A_0}{A_a}(\frac{A_0}{A_a} - 1)}} dt$$

und nach Variablen getrennt

$$\frac{dh}{\sqrt{h}} = \sqrt{\frac{g}{\frac{A_0}{A_a}(\frac{A_0}{A_a} - 1)}}dt.$$

Die Integration liefert

$$2\sqrt{h(t)} = \sqrt{\frac{g}{\frac{A_0}{A_a}(\frac{A_0}{A_a} - 1)}}t + C.$$

Mit $h(0) = H$ folgt $C = 2\sqrt{H}$ und schließlich

$$h(t) = \left[\sqrt{H} - \frac{\sqrt{g}}{2\sqrt{\frac{A_0}{A_a}(\frac{A_0}{A_a} - 1)}}t\right]^2. \tag{3.5.23}$$

Für $H = 10, A_0 = 4A_a$ erhält man $t_{\text{leer}} \cong 6{,}99$ s (Abb. 3.14 rechts). Den Grund für die kleine Abweichung zum Messergebnis muss man darin suchen, dass die Stromlinien auf ihrem Weg zur Öffnung auch eine horizontale Strecke zurücklegen und damit der Rohrboden mit einer rücktreibenden Kraft $\boldsymbol{K}$ antwortet (vgl. Stützkraftsatz). Speziell für $A_a = A_0$ reduziert sich die DG (3.5.21) zu $\frac{dv_a}{dt} = g$. Mit $\frac{dv_a}{dt} = \frac{dv_a}{dt} \cdot \frac{dh}{dt} = g$ wird daraus $dv_a \cdot \frac{dh}{dt} = g \cdot dh$ oder $dv_a \cdot (-v_a) = g \cdot dh$. Die Integration

$$\int_{v_1}^{v_2} v_a \cdot dv_a = -\int_{h_1}^{h_2} g \cdot dh$$

führt zu

$$\left[\frac{v_a^2}{2}\right]_{v_1}^{v_2} = -g[h]_{h_1}^{h_2}.$$

Damit gilt $\frac{v_a^2(h)}{2} - 0 = -g(h - H)$ und schließlich $v_a(h) = \sqrt{2g(H-h)}$ im Einklang mit dem Ergebnis Bernoullis (3.5.16), aber im direkten Widerspruch zu Torricelli (3.3.14).

Beispiel.

a) Überprüfen Sie die Entleerungszeiten mit der Torricelli-Formel (3.3.14) und anderseits mithilfe der Gleichung (3.5.23).
b) Vergleichen Sie die Ausflussgeschwindigkeiten (3.3.15) und (3.5.22) von Torricelli und Malcherek respektive für $A_0 \gg A_a$ miteinander.

Lösung.

a) Die Graphen entnimmt man Abb. 3.14 rechts. Die Entleerungszeit liegt immer noch etwas unter dem Messergebnis, was darauf zurückzuführen ist, dass in der Impulsbilanz (3.5.19) ein Reibungsterm der Form $F_R = -\lambda \frac{l}{d} \rho \frac{|\overline{u}|^2}{2} A_0$ zu ergänzen wäre (vgl. (9.1.1)).

b) Man erhält $v_{a,\mathrm{Torr}}(h) = \sqrt{2gh}$ für (3.3.15) und $v_{a,\mathrm{Malch}}(h) = \sqrt{gh}$ aus (3.5.22). Es gilt $\frac{v_{a,\mathrm{Torr}}}{v_{a,\mathrm{Malch}}} = \frac{1}{\sqrt{2}}$, was genau dem Korrekturwert für die vena contracta entspricht, mit der Gleichung (3.5.22) aber nichtig wird.

4 Wirbelströmungen

Um Verwechslungen vorzubeugen, unterscheiden wir drei Begriffe.

Definition 1. Verwirbelung. Damit bezeichnet man das Strömungsmuster.

Der Begriff trennt somit lediglich eine laminare von einer turbulenten Strömung. Bei einer laminaren Strömung bilden sich demnach keine Verwirbelungen aus, hingegen bewegt sich eine turbulente Strömung mit vielen Verwirbelungen (vgl. Farbfadenversuch von Reynolds).

Definition 2. Wirbelströmung. Man nennt eine solche Strömung auch kurz „Wirbel".

Der Begriff sagt etwas über die Bewegung der Fluidteilchen aus: In dieser Strömung können sie sich bezüglich ihrer Strömungsrichtung drehen oder scheren.

Definition 3. Wirbelstärke oder Rotation. Dies ist ein Maß für die Drehung und Scherung eines Teilchens innerhalb einer Wirbelströmung. Die Wirbelstärke kann auch null sein (Potentialwirbel).

Wirbel(strömungen) entstehen, wenn ein Fluid an einem Hindernis vorbeiströmen muss oder zu einer Richtungsänderung gezwungen wird, wie beispielsweise bei Brückenpfeilern oder stark gekrümmten Rohren. Im Fall von Luft sind es die Enden von Tragflächen oder die seitlich angeströmten Brücken (Kàrmànsche Wirbelstraße), die zur Wirbelbildung beitragen. Aber auch bei einer geradlinigen Strömung, wie die laminare Strömung, entsteht aufgrund der Rauheit von Rohren und Kanälen und/oder der Viskosität des Fluids eine Wirbelströmung und die Rotation ist in diesem Fall nicht null. Wirbel und Turbulenz dürfen also nicht gleichgesetzt werden. Wirbel treten ebenfalls dann auf, wenn Hindernisse plötzlich wegfallen und sich beispielsweise ein Loch bildet (Badewannenstrudel).

Im Weitern betrachten wir nur ebene Wirbel, die sich um ein Zentrum drehen. In diesem Zusammenhang ist es angebracht, dass das Geschwindigkeitsfeld auch in Polarform (=Zylinderkoordinaten mit $z = 0$) vorliegt.

Herleitung von (4.1)

Es gilt $x = r\cos\theta, y = r\sin\theta, r = \sqrt{x^2+y^2}$ und $\theta = \arctan(\frac{y}{x})$. Bezeichnet $\boldsymbol{v}_k = \binom{v_x}{v_y}$ den Geschwindigkeitsvektor bezüglich eines kartesischen Koordinatensystems, dann lautet der entsprechende Vektor in Polarform $\boldsymbol{v}_p = \binom{v_r}{v_\theta}$, wobei v_r die radiale Komponente und v_θ die tangentiale Komponente meint.

Für die zugehörigen Einheitsvektoren gilt $\boldsymbol{e}_r = \cos\theta \cdot \boldsymbol{e}_x + \sin\theta \cdot \boldsymbol{e}_y$, $\boldsymbol{e}_\theta = -\sin\theta \cdot \boldsymbol{e}_x + \cos\theta \cdot \boldsymbol{e}_y$ und damit $\boldsymbol{e}_x = \cos\theta \cdot \boldsymbol{e}_r - \sin\theta \cdot \boldsymbol{e}_\theta$, $\boldsymbol{e}_y = \sin\theta \cdot \boldsymbol{e}_r + \cos\theta \cdot \boldsymbol{e}_\theta$. Daraus erhält man

$$\boldsymbol{v}_k = v_x \cdot \boldsymbol{e}_x + v_y \cdot \boldsymbol{e}_y = v_x(\cos\theta\boldsymbol{e}_r - \sin\theta\boldsymbol{e}_\theta) + v_y(\sin\theta\boldsymbol{e}_r + \cos\theta\boldsymbol{e}_\theta)$$

https://doi.org/10.1515/9783111345864-004

$$= (v_x \cos\theta + v_y \sin\theta)\boldsymbol{e}_r + (-v_x \sin\theta + v_y \cos\theta)\boldsymbol{e}_\theta = v_r\boldsymbol{e}_r + v_\theta\boldsymbol{e}_\theta$$

und schließlich

$$\begin{aligned} v_r &= v_x \cos\theta + v_y \sin\theta, \quad v_x = v_r \cos\theta - v_\theta \sin\theta \quad \text{bzw.} \\ v_\theta &= -v_x \sin\theta + v_y \cos\theta, \quad v_y = v_r \sin\theta + v_\theta \cos\theta. \end{aligned} \tag{4.1}$$

1. *Starrer Wirbel.* Die Bezeichnung leitet sich aus der Tatsache ab, dass die Fluidteilchen wie entlang einer Stange gereiht immer zum Zentrum zeigen (Abb. 4.1 links). Ein solcher Wirbel ergibt sich auch, wenn man ein mit Wasser gefülltes zylindrisches Gefäß auf einen sich drehenden Teller stellt. Nach einer gewissen Zeit entsteht eine (für einen mitdrehenden Beobachter) ruhende Flüssigkeitssäule in Form eines Paraboloids. Weiter außen liegende Teilchen besitzen eine größere Geschwindigkeit als weiter innen liegende. Die Zunahme ist linear $v_\theta(r) = \omega r$. Die Richtung von v_θ steht tangential zum Radius.

2. *Potentialwirbel.* Dieser Wirbel, auch Badewannenwirbel genannt, unterscheidet sich vom vorhergehenden dadurch, dass Teilchen, die näher am Zentrum liegen, auch schneller rotieren (Abb. 4.1 mitte). Das Zentrum wirkt für das Fluid wie ein Beschleunigungsmotor. Die Teilchen selber behalten aber ihre räumliche Richtung bei. Man erhält ein völlig anderes Geschwindigkeitsprofil als beim starren Wirbel. Es gilt näherungsweise $v_\theta(r) = \frac{c}{r}$ mit c in $\frac{\mathrm{m}^2}{\mathrm{s}}$. Die Richtung von v_θ steht tangential zum Radius.

3. *Rankine-Wirbel.* Einen Tornado kann man sich als eine Kombination von Potentialwirbel für $r \geq r_0$ und starren Wirbel für $r \leq r_0$ vorstellen (Abb. 4.1 rechts). Die wachsenden Scherkräfte hin zum Zentrum verhindern irgendwann, dass die Teilchen sich verformen können, sie „erstarren". Die Geschwindigkeitsverteilung besitzt die dargestellte Form. In Wirklichkeit verläuft der Übergang zwischen den beiden Wirbeln langsamer (lang gestrichelte Linie). Die Druckverteilung wird in Kapitel 6.7 ermittelt.

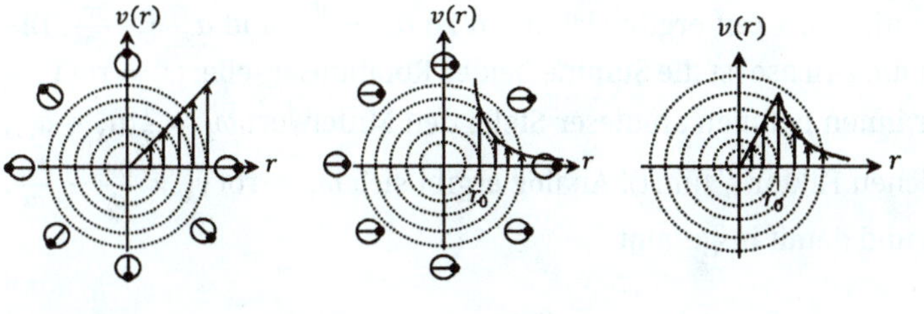

Abb. 4.1: Skizzen zu den Wirbeln.

4.1 Rotation und Zirkulation einer Strömung

Im Allgemeinen erfährt ein Fluidteilchen innerhalb einer Strömung drei Veränderungen.

1. Translation. Das Teilchen ändert bezüglich eines außenstehenden Beobachters den Ort.
2. Drehung um die Bezugsachsen. Das Teilchen vollführt (ohne Verformung) eine Drehung um eine oder mehrere Bezugsachsen.
3. Eigenrotation. Aufgrund der Drehung um seinen eigenen Schwerpunkt verformt sich das Teilchen, es schert. Eine solche Strömung nennt man auch Scherströmung.

Herleitung von (4.1.1)–(4.1.3)

1. Translation. Wir wählen ein Bezugsystem, das sich mit dem Fluidteilchen bewegt. Damit können wir den Bezugsort O des Koordinatensystems (bis auf die Translation) am selben Ort belassen. Zur Veranschaulichung stellen wir uns ein quaderförmiges Fluidteilchen mit den Kantenlängen dx, dy und dz vor. Der Geschwindigkeitsvektor sei $\boldsymbol{v} = (v_x, v_y, v_z)$. Vorerst blicken wir senkrecht auf die z-Achse und berechnen die Rotation ω_z um diese Achse.

2. Drehung um die Bezugsachse. Da die Bezugsachsen mitströmen, kann man bei dieser Drehung einen Eckpunkt, z. B. A als Fixpunkt auffassen (Abb. 4.2 links). Durch die Drehung erfahren die Punkte B und C in der Zeit Δt eine Ortsänderung um $\Delta dy = dv_y \cdot \Delta t$ für B und um $\Delta dx = -dv_x \cdot \Delta t$ für C.

Lineare Approximation: In der 1. Näherung gilt $v_x(x + dx, y) = v_x(x, y) + \frac{\partial v_x}{\partial x} dx$ bzw. $v_y(x, y+dy) = v_y(x, y) + \frac{\partial v_y}{\partial y} dy$, woraus $v_x(x+dx, y) - v_x(x, y) = dv_x = \frac{\partial v_x}{\partial y} dy$ bzw. $dv_y = \frac{\partial v_y}{\partial y} dy$ und weiter $\Delta dx = -\frac{\partial v_x}{\partial y} dy \cdot \Delta t$ bzw. $\Delta dy = \frac{\partial v_y}{\partial x} dx \cdot \Delta t$ entsteht.

3. Eigenrotation, Scherung.

Zusätzliche Idealisierung: Die Verdrehungen Δdx und Δdy sind klein gegenüber den Seitenlängen dx und dy.

Die Winkeländerungen betragen dann $\tan \alpha_x \approx \alpha_x \approx \frac{\Delta dy}{dx}$, $\tan \alpha_y \approx \alpha_y \approx \frac{\Delta dx}{dy}$ (Abb. 4.2 mitte) und folglich ist $\alpha_x = \frac{\partial v_y}{\partial x} \cdot \Delta t$, $\alpha_y = -\frac{\partial v_x}{\partial y} \cdot \Delta t$.

Die Winkeldeformation pro Zeit ergibt sich dann zu $\dot{\alpha}_x = \frac{\partial v_y}{\partial x}$ und $\dot{\alpha}_y = -\frac{\partial v_x}{\partial y}$. Die Nettorotationsrate um die z-Achse ist die Summe beider Rotationsanteile: $\omega_z = \operatorname{rot} v_z = \frac{\partial v_y}{\partial x} - \frac{\partial v_x}{\partial y}$ (einige Autor:innen nehmen an dieser Stelle den Mittelwert $\omega_z = \frac{1}{2}(\dot{\alpha}_x + \dot{\alpha}_y)$, was zu einem zusätzlichen Faktor $\frac{1}{2}$ führt). Analog ergibt sich $\omega_x = \operatorname{rot} v_x = \frac{\partial v_z}{\partial y} - \frac{\partial v_y}{\partial z}$, $\omega_y = \operatorname{rot} v_y = \frac{\partial v_x}{\partial z} - \frac{\partial v_z}{\partial x}$ und damit insgesamt

$$\boldsymbol{\omega} = \operatorname{rot} \boldsymbol{v} = \left(\frac{\partial v_z}{\partial y} - \frac{\partial v_y}{\partial z}, \frac{\partial v_x}{\partial z} - \frac{\partial v_z}{\partial x}, \frac{\partial v_y}{\partial x} - \frac{\partial v_x}{\partial y} \right) =: (\omega_x, \omega_y, \omega_z). \tag{4.1.1}$$

Im Fall eines ebenen Geschwindigkeitsfeldes $\boldsymbol{v}_k = (v_x, v_y)$ reduziert sich die Rotation auf eine einzige Komponente

$$\boldsymbol{\omega} = \operatorname{rot} \boldsymbol{v} = (0, 0, \omega_z). \tag{4.1.2}$$

Man bezeichnet $\operatorname{rot} \boldsymbol{v}$ als Wirbelstärke. Insgesamt ist sie ein Maß für die Eigendrehungs- und Scherrate einer Strömung. Eine Nullrotation kann auf zwei Arten zustande kommen: Entweder beschreibt die Strömung eine geradlinige, reibungsfreie Bewegung oder die Fluidteilchen können die Drehung durch Scherung wieder aufheben. Wir berechnen noch die Rotation in Polarkoordinaten für ein Geschwindigkeitsfeld $\boldsymbol{v}_p = (v_r, v_\theta)$. Dazu benötigen wir $\frac{\partial r}{\partial x} = \cos\theta$, $\frac{\partial r}{\partial y} = \sin\theta$, $\frac{\partial \theta}{\partial x} = -\frac{\sin\theta}{r}$ und $\frac{\partial \theta}{\partial y} = \frac{\cos\theta}{r}$.

Mithilfe der Kettenregel und (4.1) gilt

$$\begin{aligned}
\frac{\partial v_y}{\partial x} &= \frac{\partial v_y}{\partial r} \cdot \frac{\partial r}{\partial x} + \frac{\partial v_y}{\partial \theta} \cdot \frac{\partial \theta}{\partial x} \\
&= \frac{\partial}{\partial r}(v_r \sin\theta + v_\theta \cos\theta) \cdot \frac{\partial r}{\partial x} + \frac{\partial}{\partial \theta}(v_r \sin\theta + v_\theta \cos\theta) \cdot \frac{\partial \theta}{\partial x} \\
&= \frac{\partial v_r}{\partial r} \sin\theta\cos\theta + \frac{\partial v_\theta}{\partial r}\cos^2\theta - \frac{\partial v_r}{\partial \theta} \cdot \frac{\sin^2\theta}{r} - v_r \frac{\sin\theta\cos\theta}{r} \\
&\quad - \frac{\partial v_\theta}{\partial \theta} \cdot \frac{\sin\theta\cos\theta}{r} + v_\theta \frac{\sin^2\theta}{r} \qquad \text{und} \\
\frac{\partial v_x}{\partial y} &= \frac{\partial v_x}{\partial r} \cdot \frac{\partial r}{\partial y} + \frac{\partial v_x}{\partial \theta} \cdot \frac{\partial \theta}{\partial y} \\
&= \frac{\partial}{\partial r}(v_r \cos\theta - v_\theta \sin\theta) \cdot \frac{\partial r}{\partial y} + \frac{\partial}{\partial \theta}(v_r \cos\theta - v_\theta \sin\theta) \cdot \frac{\partial \theta}{\partial y} \\
&= \frac{\partial v_r}{\partial r} \sin\theta\cos\theta - \frac{\partial v_\theta}{\partial r}\sin^2\theta + \frac{\partial v_r}{\partial \theta} \cdot \frac{\cos^2\theta}{r} - v_r \frac{\sin\theta\cos\theta}{r} \\
&\quad - \frac{\partial v_\theta}{\partial \theta} \cdot \frac{\sin\theta\cos\theta}{r} - v_\theta \frac{\cos^2\theta}{r}.
\end{aligned}$$

Die Differenz liefert

$$\omega_z = \frac{\partial v_y}{\partial x} - \frac{\partial v_x}{\partial y} = \frac{\partial v_\theta}{\partial r} - \frac{\partial v_r}{\partial \theta} \cdot \frac{1}{r} + \frac{v_\theta}{r} = \frac{1}{r} \cdot \frac{\partial}{\partial r}(r v_\theta) - \frac{1}{r} \cdot \frac{\partial v_r}{\partial \theta}. \tag{4.1.3}$$

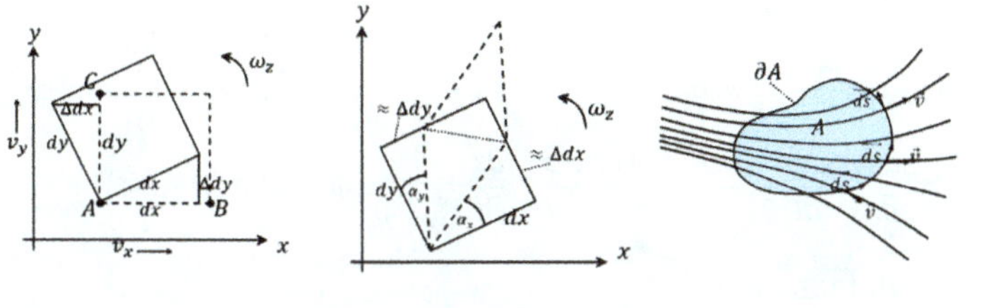

Abb. 4.2: Skizzen zur Rotation und Zirkulation.

Mit der Rotation liegt ein Vektor als Maß für die Drehung und Scherung eines Geschwindigkeitsfeldes vor. Gerne hätte man aber einen Wert als Maß für die Rotation. Dies leistet die Zirkulation Z (Abb. 4.2 rechts). Man wählt ein beliebiges Flächenstück A aus und bildet für jeden Punkt P des Randes ∂A das Skalarprodukt (SP) aus dem

Geschwindigkeitsvektor $\boldsymbol{v}$ im Punkt P und dem Tangentialvektor $\boldsymbol{ds}$ des Randes. Dies summiert man über den gesamten Rand auf.

Definition. Für die Zirkulation gilt

$$Z = \int_{\partial A} \boldsymbol{v} \circ \boldsymbol{ds}. \tag{4.1.4}$$

Ist mit A eine Oberfläche gemeint (beispielsweise diejenige einer Halbkugel), dann entspräche ∂A dem Rand der Projektion der Oberfläche (in unserem Fall dem Grundkreis). Die Zirkulation ist im Allgemeinen wegabhängig, also örtlich verschieden (siehe Beispiel 1). Mithilfe des SP soll die Orientierung des Geschwindigkeitsfeldes in jedem Punkt des Wegs bestimmt werden. Einzig im Fall $\boldsymbol{v} \perp \boldsymbol{ds}$ liefert das SP keinen Beitrag. In Beispiel 3 zeigen wir, dass die Zirkulation im Allgemeinen wegabhängig ist. Es gibt aber eine Ausnahme, und zwar dann, wenn sich das Geschwindigkeitsfeld als Gradient einer skalaren Funktion ϕ darstellen lässt: $\boldsymbol{v} = \operatorname{grad} \phi$ mit $\phi(x(t), y(t), z(t))$ als Potential. In diesem Fall hängt die Zirkulation lediglich von Anfangs- und Endpunkt ab:

Satz. Ist $\vec{v} = \operatorname{grad} \phi$, d. h.

$$\begin{pmatrix} v_x \\ v_y \\ v_z \end{pmatrix} = \operatorname{grad} \phi(x, y, z, t) = \begin{pmatrix} \frac{\partial \phi(x,y,z,t)}{\partial x} \\ \frac{\partial \phi(x,y,z,t)}{\partial y} \\ \frac{\partial \phi(x,y,z,t)}{\partial z} \end{pmatrix},$$

dann ist die Zirkulation wegunabhängig und folglich konstant.

Beweis. Es sei $x = x(t), y = y(t), z = z(t)$ eine Parametrisierung (t meint nicht die Zeit). Dann ist

$$\boldsymbol{v} = \begin{pmatrix} v_x(x, y, z) \\ v_y(x, y, z) \\ v_z(x, y, z) \end{pmatrix} = \boldsymbol{v}(x(t), y(t), z(t)) =: \boldsymbol{v}(s(t)).$$

Weiter gilt

$$\frac{d}{dt}\phi(x(t), y(t), z(t)) = \frac{\partial \phi}{\partial x} \cdot \frac{\partial x}{\partial t} + \frac{\partial \phi}{\partial y} \cdot \frac{\partial y}{\partial t} + \frac{\partial \phi}{\partial z} \cdot \frac{\partial z}{\partial t} = \operatorname{grad} \phi = \boldsymbol{v}(s(t)) \circ \dot{s}(t).$$

Für die Zirkulation erhält man dann

$$\begin{aligned} Z &= \int_{\partial A} \boldsymbol{v} \circ \boldsymbol{ds} = \int_{t_1,\ \text{Weganfang}}^{t_2,\ \text{Wegende}} \boldsymbol{v}(s(t)) \circ \dot{s}(t) dt \\ &= \int_{t_1}^{t_2} \frac{d}{dt}\phi(s(t)) dt = \phi(s(t_2)) - \phi(s(t_1)) = \phi(x_2, y_2, z_2) - \phi(x_1, y_1, z_1). \end{aligned}$$

Somit hängt die Zirkulation lediglich vom Anfangs- und Endpunkt ab. q. e. d.

Ein weiterer Zusammenhang erschließt sich mit dem

Satz von Stokes. Für ein einfach zusammenhängendes Gebiet (ohne Löcher) gilt

$$Z = \int_{\partial A} \boldsymbol{v} \circ \boldsymbol{ds} = \int_{A} \operatorname{rot} \boldsymbol{v} \circ \boldsymbol{dA} = \int_{A} \operatorname{rot} \boldsymbol{v} \circ \boldsymbol{n} \cdot dA. \tag{4.1.5}$$

Beweis. Die ausgewählte Fläche A wird im Gegenuhrzeigersinn durchlaufen. Wir greifen ein kleines Flächenstück dA in Form eines Rechtecks mit den Seitenlängen dx und dy heraus (Abb. 4.3). Im Eckpunkt P seien die Geschwindigkeitskomponenten v_x und v_y. Es gilt:

$$\begin{aligned} dZ_z &= v_x \cdot dx + v_y(x+dx) \cdot dy - v_x(y+dy) \cdot dx - v_y \cdot dy \\ &= v_x \cdot dx + \left(v_y + \frac{\partial v_y}{\partial x} dx + \cdots \right) \cdot dy - \left(v_x + \frac{\partial v_x}{\partial y} dy + \cdots \right) \cdot dx - v_y \cdot dy. \end{aligned} \tag{4.1.6}$$

Die Größen $v_x(y+dy)$ und $v_y(x+dx)$ werden linear approximiert. Damit folgt aus (4.1.6):

$$dZ_z \approx \frac{\partial v_y}{\partial x} dxdy - \frac{\partial v_x}{\partial y} dxdy = \left(\frac{\partial v_y}{\partial x} - \frac{\partial v_x}{\partial y} \right) dxdy = \omega_z \cdot dxdy. \tag{4.1.7}$$

Analog zu (4.1.7) folgen die anderen Komponenten. Zusammen ergibt sich dann

$$\begin{aligned} dZ &= \omega_z dxdy + \omega_y dxdz + \omega_x dydz \quad \text{oder} \\ dZ &= \begin{pmatrix} \omega_z \\ \omega_y \\ \omega_x \end{pmatrix} \circ \begin{pmatrix} dxdy \\ dxdz \\ dydz \end{pmatrix} = \operatorname{rot} \boldsymbol{v} \circ \boldsymbol{dA}. \end{aligned} \tag{4.1.8}$$

Für die orientierte Fläche gilt

$$\boldsymbol{dA} = dA \cdot \boldsymbol{n}. \tag{4.1.9}$$

Wird die Fläche dA mit der Geschwindigkeit $\boldsymbol{u}$ durchflossen, dann beträgt der Fluss $\boldsymbol{u} \circ \boldsymbol{dA} = \boldsymbol{u} \circ \boldsymbol{n} \cdot dA$. Als einfaches Beispiel kann man sich eine Rechteckfläche parallel zur Grundebene denken. Dann wäre

$$\boldsymbol{dA} = \begin{pmatrix} 0 \\ 0 \\ dxdy \end{pmatrix} \quad \text{und} \quad \boldsymbol{n} = \begin{pmatrix} 0 \\ 0 \\ 1 \end{pmatrix}.$$

Schließlich erhält man mit (4.1.8) und (4.1.9): $dZ = \int_A \operatorname{rot} \boldsymbol{v} \circ \boldsymbol{n} \cdot dA$ und somit $Z = \int_A \operatorname{rot} \boldsymbol{v} \circ \boldsymbol{n} \cdot dA$. q. e. d.

Ergebnis. Sowohl rot $\boldsymbol{v}$ als Maß für die Wirbelstärke als auch die Zirkulation Z leisten dasselbe.

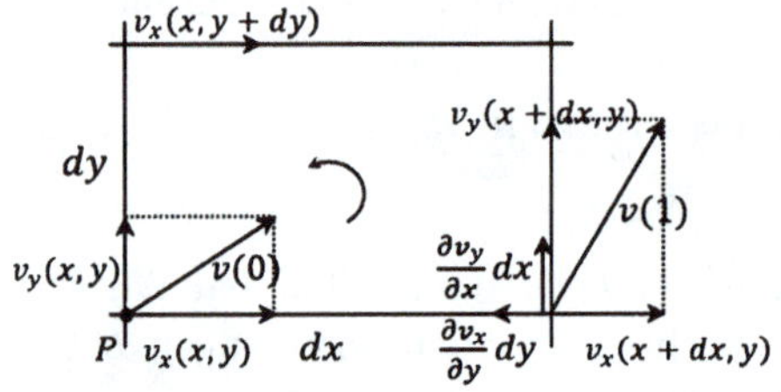

Abb. 4.3: Skizze zum Satz von Stokes.

Beispiel 1. Gegeben ist ein starrer Wirbel mit dem Geschwindigkeitsfeld $\boldsymbol{v}_p = \binom{0}{\omega r}$.

a) Ermitteln Sie $\boldsymbol{v}_k$.

b) Bestimmen Sie die Zirkulation mithilfe von (4.1.4) für eine Kreisfläche A mit Zentrum im Ursprung und Radius R.

c) Bestätigen Sie das Ergebnis aus b) unter Verwendung von (4.1.5).

Lösung.

a) Mit (4.1) folgt $v_x = 0 \cdot \cos\theta - \omega r \sin\theta = -\omega y$, $v_y = 0 \cdot \sin\theta + \omega r \cos\theta = \omega x$ und daraus $\boldsymbol{v}_k = \binom{-\omega y}{\omega x}$.

b) Es ist günstiger, das Polarsystem zu verwenden, womit $\boldsymbol{ds} = \binom{0}{Rd\theta}$ für ein infinitesimal kleines Stück Umfang des Kreises gilt. Daraus folgt mit (4.1.4)

$$Z = \int_{\partial A} \boldsymbol{v} \circ \boldsymbol{ds} = \int_{\partial A} \begin{pmatrix} 0 \\ \omega R \end{pmatrix} \circ \begin{pmatrix} 0 \\ Rd\theta \end{pmatrix} = \int_{\partial A} \omega R^2 d\theta,$$

da durchwegs $\boldsymbol{v} \perp \boldsymbol{ds}$. Schließlich ist $Z = \int_0^{2\pi} \omega R^2 d\theta = 2\pi R^2 \omega$. Die Zirkulation ist abhängig vom Radius und somit wegabhängig. Folglich kann es für dieses Geschwindigkeitsfeld kein Potential ($\boldsymbol{v} = \operatorname{grad}\phi$) geben. Dies leuchtet auch ein: Damit ein Potential existiert, muss die Verschiebungsarbeit zwischen zwei beliebigen Punkten wegunabhängig sein. Dies ist bei geschlossenen Stromlinien unmöglich, denn sonst könnte man sich einfach in Stromrichtung auf einem Kreis bewegen und hätte, ohne Arbeit zu verrichten (Reibung vernachlässigt), Energie gewonnen.

c) Die Kreisfläche ist ein einfach zusammenhängendes Gebiet. Gleichung (4.1.3) liefert dann $\omega_z = \frac{1}{r} \cdot \frac{\partial}{\partial r}(\omega r^2) - 0 = 2\omega \neq 0$. Die Rotation ist ungleich dem Nullvektor und entspricht der Drehachse: rot $\boldsymbol{v}_p = (0, 0, 2\omega)$. Die Fluidteilchen sind immer zum Zentrum hin orientiert und vollführen bei einer Umdrehung ebenfalls eine Drehung um 360°. Für eine beliebige Fläche in der Grundebene ist immer $\boldsymbol{n} = (0, 0, 1)$, sei das Koordinatensystem nun kartesisch oder zylindrisch. Ein infinitesimales Flächenstück dA in Polarform schreibt sich als $dA = dr \cdot rd\theta$. Somit wäre $\boldsymbol{dA} = (0, 0, dr \cdot rd\theta)$. Für unser Beispiel liefert (4.1.5)

$$Z = \int_A (0, 0, 2\omega) \circ (0, 0, 1) \cdot dA$$

$$= \int_A 2\omega \cdot dA = \int_0^{2\pi}\int_0^R 2\omega r \cdot dr d\theta = 2\omega\frac{R^2}{2}2\pi = 2\pi R^2\omega$$

und damit die Bestätigung von b).

Beispiel 2. Bestimmen Sie die Größen $\boldsymbol{v}_k$ und rot $\boldsymbol{v}$, falls:
a) sich ein reales Fluid, d. h. ein viskoses, auf das Hindernis in Abb. 4.4, 1. Skizze zubewegt.
b) das Fluid an das Hindernis heranfließt.

Lösung.
a) Es gilt $\boldsymbol{v}_k = (v_x, 0, 0)$, $v_x = v(y) = \text{konst.}$ und daraus folgt rot $\boldsymbol{v} = 0$.
b) In diesem Fall hat man $\boldsymbol{v}_k = (v_x, 0, 0)$, $v_x = v(y) \neq \text{konst.}$ aufgrund der Scherung und $\omega_z = -\frac{\partial v_x}{\partial y}$. Die viskose Reibung erzeugt somit einen Wirbel. Eine wichtige Folgerung ist:

Ergebnis. Eine laminare Strömung ist nicht wirbelfrei.

Beispiel 3. Gegeben ist der ebene Potentialwirbel $\boldsymbol{v}_p = (0, \frac{c}{r})$, $c = \text{konst.}$
a) Ermitteln Sie ω_z.
b) Bestimmen Sie die Zirkulation für die drei Flächen in Abb. 4.4, 1., 2. und 3. Skizze.

Lösung.
a) Gleichung (4.1.3) führt zu $\omega_z = \frac{1}{r} \cdot \frac{\partial}{\partial r}(r \cdot \frac{c}{r}) - 0 = 0$ für $r \neq 0$. Dabei ist ω_z für $r = 0$ unbestimmt. Der Potentialwirbel ist damit außer im Zentrum überall rotationsfrei.
b) 1. Weg.

$$Z = \int_1^2 \begin{pmatrix} 0 \\ \frac{c}{r} \end{pmatrix} \circ \begin{pmatrix} 0 \\ rd\theta \end{pmatrix} + \int_2^3 \begin{pmatrix} 0 \\ \frac{c}{r} \end{pmatrix} \circ \begin{pmatrix} dr \\ 0 \end{pmatrix} + \int_3^4 \begin{pmatrix} 0 \\ \frac{c}{r_0} \end{pmatrix} \circ \begin{pmatrix} 0 \\ r_0 d\theta \end{pmatrix} + \int_4^1 \begin{pmatrix} 0 \\ \frac{c}{r} \end{pmatrix} \circ \begin{pmatrix} dr \\ 0 \end{pmatrix}$$

$$= \int_0^{\pi} c d\theta + 0 + \int_{\pi}^{0} c d\theta + 0 = \pi c - \pi c = 0.$$

Da das Gebiet einfach zusammenhängend ist, liefert der Satz von Stokes dasselbe Ergebnis.

2. Weg.

$$Z = \int_0^{2\pi} \begin{pmatrix} 0 \\ \frac{c}{r} \end{pmatrix} \circ \begin{pmatrix} 0 \\ r d\theta \end{pmatrix} = \int_0^{2\pi} c d\theta = 2\pi c \neq 0.$$

Das Ergebnis steht nicht im Widerspurch zu demjenigen von a), weil nun das Gebiet ein Loch im Zentrum besitzt. Die Zirkulation ist in diesem Fall von null verschieden und der Satz von Stokes gilt nicht.

3. Weg.

$$Z = \int_0^{\pi} c d\theta + 0 + \int_{\pi}^{2\pi} c d\theta + 0 = \pi c + 2\pi c - \pi c = 2\pi c.$$

Es ergibt sich derselbe Wert wie beim 2. Weg oder einem beliebigen anderen Weg, der das Zentrum nicht miteinschließt. Unter dieser Voraussetzung ist die Zirkulation wegunabhängig und die Voraussetzung für ein Potential gegeben.

Ergebnis. Für das Geschwindigkeitsfeld des Potentialwirbels existiert bis auf das Zentrum ein Potential.

Dies leuchtet auch ein, ansonsten könnte man sich radial ins Zentrum begeben, Geschwindigkeit aufnehmen und daraufhin wieder radial hinausbewegen und man hätte auf diese Weise Energie gewonnen. Der Potentialwirbel ist, wie der Name schon sagt, ein wichtiger Vertreter der in Kap. 5 folgenden Potentialströmungen. Die Konstante c ist noch beliebig wählbar. Man setzt $c := \frac{\Gamma}{2\pi}$, sodass die Zirkulation $Z = \Gamma$ entspricht. Die neue Konstante Γ nennt man auch die Stärke des Wirbels. Damit lautet das Geschwindigkeitsfeld des Potentialwirbels:

$$\boldsymbol{v}_p = \begin{pmatrix} v_r \\ v_\theta \end{pmatrix} \quad \text{mit} \quad v_r = 0, \quad v_\theta = \frac{\Gamma}{2\pi r}. \tag{4.1.10}$$

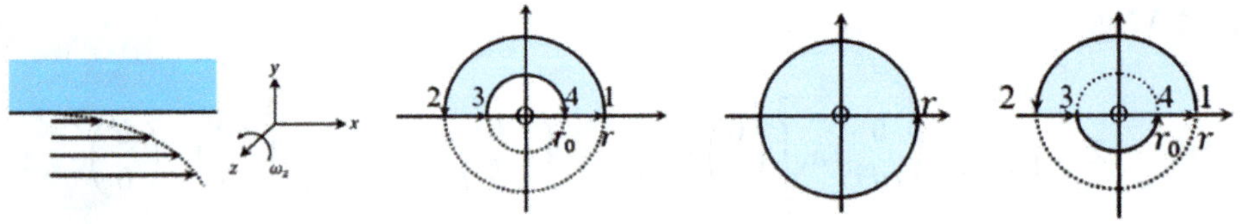

Abb. 4.4: Skizzen zu den Beispielen 2 und 3.

5 Potentialströmungen

In Kapitel 3.3 hatten wir die Euler-Gleichung für eine eindimensionale Strömung innerhalb eines Stromfadens hergeleitet. Die Euler-Gleichung soll für den Fall einer inkompressiblen und instationären Strömung auf drei Dimensionen erweitert werden.

Herleitung von (5.1)–(5.5)
Kräftebilanz: Betrachten wir dazu nochmals Abb. 3.2 rechts. In der Bilanz (3.3.5) wird die s-Koordinate tangential zu jeder Stromlinie innerhalb des Stromfadens nacheinander durch x, y und z ersetzt. Das führt auf die drei Einzelbilanzen:

$$\begin{aligned} dF_{a_x} &= dF_{Gv_x} + dF_{p_x} - dF_{(p+dp)_x}, \\ dF_{a_y} &= dF_{Gv_y} + dF_{p_y} - dF_{(p+dp)_y}, \\ dF_{a_z} &= dF_{Gv_z} + dF_{p_z} - dF_{(p+dp)_z} \end{aligned}$$

oder

$$\begin{aligned} dm \cdot a_x &= dm \cdot g_x - dp_x \cdot dA_x, \\ dm \cdot a_y &= dm \cdot g_y - dp_y \cdot dA_y, \\ dm \cdot a_z &= dm \cdot g_z - dp_z \cdot dA_z, \end{aligned}$$

mit

$$\begin{aligned} a_x &= g_x - \frac{dp_x}{\rho \cdot dx}, \\ a_y &= g_y - \frac{dp_y}{\rho \cdot dy}, \\ a_z &= g_z - \frac{dp_z}{\rho \cdot dz} \end{aligned}$$

und schließlich

$$\rho \begin{pmatrix} \frac{\partial v_x}{\partial t} + v_x \cdot \frac{\partial v_x}{\partial x} + v_y \cdot \frac{\partial v_x}{\partial y} + v_z \cdot \frac{\partial v_x}{\partial z} \\ \frac{\partial v_y}{\partial t} + v_x \cdot \frac{\partial v_y}{\partial x} + v_y \cdot \frac{\partial v_y}{\partial y} + v_z \cdot \frac{\partial v_y}{\partial z} \\ \frac{\partial v_z}{\partial t} + v_x \cdot \frac{\partial v_z}{\partial x} + v_y \cdot \frac{\partial v_z}{\partial y} + v_z \cdot \frac{\partial v_z}{\partial z} \end{pmatrix} + \begin{pmatrix} \frac{\partial p}{\partial x} \\ \frac{\partial p}{\partial y} \\ \frac{\partial p}{\partial z} \end{pmatrix} - \rho \begin{pmatrix} g_x \\ g_y \\ g_z \end{pmatrix} = 0.$$

Kurz schreibt man

$$\rho \left[\frac{d\boldsymbol{v}}{dt} + (\boldsymbol{v} \cdot \nabla)\boldsymbol{v} \right] + \operatorname{grad} p - \rho \boldsymbol{g} = 0 \tag{5.1}$$

oder

https://doi.org/10.1515/9783111345864-005

$$\frac{D\boldsymbol{v}}{Dt} + \frac{\operatorname{grad} p}{\rho} - \boldsymbol{g} = 0$$

mit der substantiellen Beschleunigung

$$\frac{D\boldsymbol{v}}{Dt} := \frac{d\boldsymbol{v}}{dt} + (\boldsymbol{v} \cdot \nabla)\boldsymbol{v}.$$

Die Gleichung (5.1) wollen wir etwas umschreiben. Dazu zeigen wir folgende Identität:

$$(\boldsymbol{v} \cdot \nabla)\boldsymbol{v} = \frac{1}{2}\nabla\|\boldsymbol{v}\|^2 - \boldsymbol{v} \times (\nabla \times \boldsymbol{v}). \tag{5.2}$$

Beweis. Definitionsgemäß gilt zudem $\nabla \times \boldsymbol{v} = \operatorname{rot} \boldsymbol{v}$. Die einzelnen Seiten unserer Gleichungen lauten dann

$$(\boldsymbol{v} \cdot \nabla)\boldsymbol{v} = \begin{pmatrix} v_x \cdot \frac{\partial v_x}{\partial x} + v_y \cdot \frac{\partial v_x}{\partial y} + v_z \cdot \frac{\partial v_x}{\partial z} \\ v_x \cdot \frac{\partial v_y}{\partial x} + v_y \cdot \frac{\partial v_y}{\partial y} + v_z \cdot \frac{\partial v_y}{\partial z} \\ v_x \cdot \frac{\partial v_z}{\partial x} + v_y \cdot \frac{\partial v_z}{\partial y} + v_z \cdot \frac{\partial v_z}{\partial z} \end{pmatrix} \tag{5.3}$$

und

$$\begin{aligned}
&\frac{1}{2}\nabla\|\boldsymbol{v}\|^2 - \boldsymbol{v} \times (\nabla \times \boldsymbol{v}) \\
&= \frac{1}{2}\nabla(v_x^2 + v_y^2 + v_z^2) - \boldsymbol{v} \times \begin{pmatrix} \frac{\partial v_z}{\partial y} - \frac{\partial v_y}{\partial z} \\ \frac{\partial v_x}{\partial z} - \frac{\partial v_z}{\partial x} \\ \frac{\partial v_y}{\partial x} - \frac{\partial v_x}{\partial y} \end{pmatrix} \\
&= \frac{1}{2}\begin{pmatrix} 2v_x \frac{\partial v_x}{\partial x} + 2v_y \frac{\partial v_y}{\partial x} + 2v_z \frac{\partial v_z}{\partial x} \\ 2v_x \frac{\partial v_x}{\partial y} + 2v_y \frac{\partial v_y}{\partial y} + 2v_z \frac{\partial v_z}{\partial y} \\ 2v_x \frac{\partial v_x}{\partial z} + 2v_y \frac{\partial v_y}{\partial z} + 2v_z \frac{\partial v_z}{\partial z} \end{pmatrix} - \begin{pmatrix} v_y(\frac{\partial v_y}{\partial x} - \frac{\partial v_x}{\partial y}) - v_z(\frac{\partial v_x}{\partial z} - \frac{\partial v_z}{\partial x}) \\ v_z(\frac{\partial v_z}{\partial y} - \frac{\partial v_y}{\partial z}) - v_x(\frac{\partial v_y}{\partial x} - \frac{\partial v_x}{\partial y}) \\ v_x(\frac{\partial v_x}{\partial z} - \frac{\partial v_z}{\partial x}) - v_y(\frac{\partial v_z}{\partial y} - \frac{\partial v_y}{\partial z}) \end{pmatrix} \\
&= \begin{pmatrix} v_x \cdot \frac{\partial v_x}{\partial x} + v_y \cdot \frac{\partial v_x}{\partial y} + v_z \cdot \frac{\partial v_x}{\partial z} \\ v_x \cdot \frac{\partial v_y}{\partial x} + v_y \cdot \frac{\partial v_y}{\partial y} + v_z \cdot \frac{\partial v_y}{\partial z} \\ v_x \cdot \frac{\partial v_z}{\partial x} + v_y \cdot \frac{\partial v_z}{\partial y} + v_z \cdot \frac{\partial v_z}{\partial z} \end{pmatrix}.
\end{aligned} \tag{5.4}$$

Damit ist die Gleichheit von (5.3) und (5.4) gezeigt. q. e. d.

Die Euler-Gleichung in 3D erhält mithilfe von (5.2) die endgültige Gestalt:

$$\frac{d\boldsymbol{v}}{dt} + \frac{1}{2}\nabla\|\boldsymbol{v}\|^2 - \boldsymbol{v} \times \operatorname{rot} \boldsymbol{v} + \frac{\operatorname{grad} p}{\rho} - \boldsymbol{g} = 0. \tag{5.5}$$

Die fünf Terme dieser Gleichung entsprechen nacheinander der lokalen Beschleunigung, der konvektiven Beschleunigung aufgespalten in einen rotationsfreien und einen rotationsbelasteten Teil, dem Druck und der Gravitation. Die letztgenannten vier Kräfte verändern die lokale Beschleunigung eines Fluidteilchens. Die Euler-Gleichung gilt für kompressible Fluide und Gase. Zudem erfasst sie sowohl instationäre Strömungen wie auch Rotationsströmungen. Untersucht man ebene oder räumliche Strömungen und fragt nach der Geschwindigkeitsverteilung an einem bestimmten Ort $P(x, y, z)$, dann stellt sich die Frage, ob man mittels der Euler-Gleichung ein entsprechendes Ergebnis wie im eindimensionalen Fall erzielen kann. Genauer wäre man dann an einem Vektorfeld interessiert, das in jedem Punkt $P(x, y, z)$ den Geschwindigkeitsvektor $\boldsymbol{v} = (v_x, v_y, v_z)$ anzeigt. Dazu betrachten wir im Weitern die rotationsfreie Euler-Gleichung.

Einschränkung: Die Strömung ist rotationsfrei.

Herleitung von (5.6)

Als Erstes ersetzen wir $\boldsymbol{g} = (0, 0, -g)$ durch grad(gz). Da weiter $\|\boldsymbol{v}\|^2 = v_x^2 + v_y^2 + v_z^2$ eine skalare Funktion darstellt, können wir den Nablaoperator auch als Gradienten schreiben: $\nabla\|\boldsymbol{v}\|^2 = \text{grad}\,\|\boldsymbol{v}\|^2$. Aus (5.5) wird dann $\rho(\frac{d\boldsymbol{v}}{dt} + \frac{1}{2}\,\text{grad}\,\|\boldsymbol{v}\|^2) + \text{grad}\,p + \text{grad}(\rho g z) = 0$. Man erkennt, dass der Gradient überall bis auf den ersten Term erscheint. Was wäre, wenn wir den Geschwindigkeitsvektor $\boldsymbol{v}$ selber als Gradient einer skalaren Funktion, also als $\boldsymbol{v} = (v_x, v_y, v_z) = \text{grad}\,\phi(x, y, z) = (\frac{\partial\phi}{\partial x}, \frac{\partial\phi}{\partial y}, \frac{\partial\phi}{\partial z})$ ansetzten? Dies würde voraussetzen, dass ϕ stetig ist, damit die örtlichen Ableitungen existieren. Die Strömung müsste sich somit auf Stromlinien bewegen, die keine unstetigen Richtungsänderungen zuließe. Die skalare Funktion, die das erfüllt, heißt Potential und die zugehörige Strömung Potentialströmung. Setzen wir die Existenz eines solchen Potentials voraus, dann erhält die Euler-Gleichung die Gestalt: $\frac{d}{dt}(\text{grad}\,\phi) + \frac{1}{2}\,\text{grad}\,\|\boldsymbol{v}\|^2 + \text{grad}\,\frac{p}{\rho} + \text{grad}(gz) = 0$, woraus $\text{grad}(\frac{d\phi}{dt} + \frac{1}{2}\|\boldsymbol{v}\|^2 + \frac{p}{\rho} + gz) = 0$ und schließlich $\frac{d\phi}{dt} + \frac{1}{2}\|\boldsymbol{v}\|^2 + \frac{p}{\rho} + gz = C(t)$ entsteht. Das ist die (skalare) Euler-Gleichung für Potentialströmungen. Uns soll nur die stationäre Geschwindigkeitsverteilung interessieren, weshalb dann $C(t) = \text{konst.}$ ist und es folgt, wie schon bekannt, die stationäre Bernoulli-Gleichung: $\frac{1}{2}\|\boldsymbol{v}\|^2 + \frac{p}{\rho} + gz = \text{konst.}$ Nehmen wir nun an, wir bewegen uns auf einer Potentiallinie, also es sei $\phi = \text{konst.}$ Folglich muss dann $d\phi = 0$ gelten und man erhält $d\phi = \frac{\partial\phi}{\partial x}dx + \frac{\partial\phi}{\partial y}dy = v_x dx + v_y = 0$ und demnach $(\frac{dy}{dx})_{\phi=\text{konst.}} = -\frac{v_x}{v_y}$. Die Steigung der Tangente in einem Punkt der Potentiallinie berechnet sich somit über den Quotienten der Geschwindigkeitskomponenten in diesem Punkt. Weiter betrachten wir die Kontinuitätsgleichung. Setzen wir ein inkompressibles Fluid und eine stationäre Strömung voraus, dann lautet die Bedingung dafür $\text{div}(\boldsymbol{v}) = 0$. Setzt man $\boldsymbol{v} = \text{grad}\,\phi$ ein, so ergibt das $\text{div}(\text{grad}\,\phi) = 0$, $\frac{\partial^2\phi}{\partial x^2} + \frac{\partial^2\phi}{\partial y^2} + \frac{\partial^2\phi}{\partial z^2} = 0$ oder kurz $\Delta\phi = 0$. Dies ist die Laplace-Gleichung und man erhält folgendes Ergebnis:

1. Jede Potentialströmung $\boldsymbol{v} = \text{grad}\,\phi$ ist rotationsfrei.
2. Für jede Potentialströmung muss ϕ Lösung der Laplace-Gleichung sein: $\Delta\phi = 0$.
3. ϕ erfüllt zudem die Euler-Gleichung 3D. (5.6)

Folgerung I. Aus 3. folgt, dass mit Kenntnis einer Lösung $\phi(x,y)$, auch die Druckverteilung $p(x,y)$ über die Euler-Gleichung bestimmt werden kann.

Folgerung II. Aus 2. Ergibt sich die wichtige Eigenschaft der Laplace-Gleichung: ihre Linearität. Sind ϕ_1 und ϕ_2 zwei von Lösungen von $\Delta\phi = 0$, dann ist offensichtlich auch $a\phi_1 + b\phi_2$ eine Lösung davon. Dies wird uns gestatten, Strömungsarten aus sogenannten Grundlösungen oder -strömungen zusammenzustellen.

5.1 Stromlinien und Stromfunktion

Herleitung von (5.1.1)

Auf einer ausgewählten Stromlinie gilt $\frac{dy}{dx} = \frac{v_y}{v_x}$ (Abb. 5.1 links), woraus $v_x dy - v_y dx = 0$ folgt. Dies kann man interpretieren als $\binom{v_x}{v_y} \circ \binom{-dy}{dx} = 0$, was bedeutet, dass $\boldsymbol{v}$ und $\boldsymbol{dn} = \binom{-dy}{dx}$ orthogonal sind. Gleichbedeutend dazu ist $\binom{v_x}{v_y} \times \binom{dx}{dy} = 0$, was der Parallelität von $\vec{v}$ und $\boldsymbol{ds} = \binom{dx}{dy}$ entspricht. Dreidimensional wäre ebenfalls $\boldsymbol{v} \times \boldsymbol{ds} = 0$. Da die Bedingung $\boldsymbol{v} \times \boldsymbol{ds} = 0$ für jede Stromlinie gilt, stellt sich die Frage, wie man Stromlinien voneinander unterscheiden kann. Dies geschieht über die skalare Funktion $\psi(x,y)$.

Definition. Für $\psi(x,y)$ gilt

$$v_x =: \frac{\partial\psi}{\partial y}\left(= \frac{\partial\phi}{\partial x}\right) \quad \text{und} \quad v_y =: -\frac{\partial\psi}{\partial x}\left(= \frac{\partial\phi}{\partial y}\right). \tag{5.1.1}$$

Daraus ergibt sich unmittelbar, dass ψ (wie auch ϕ) entlang einer Stromlinie konstant bleibt. Dazu schreiben wir

$$d\psi = \frac{\partial\psi}{\partial x}dx + \frac{\partial\psi}{\partial y}dy = -v_y dx + v_x dy = 0$$

(für eine bestimmte Stromlinie). Also muss ψ = konst. sein. Somit wird jede Stromlinie (wie auch jede Potentiallinie) durch einen bestimmten Wert der Stromfunktion gekennzeichnet (vgl. Höhenlinien = Potentiallinien einer Karte). Weiter ist $(\frac{dy}{dx})_{\psi=\text{konst.}} = \frac{v_y}{v_x}$. Die Tangente zeigt somit immer in Richtung der Stromlinie. Damit ist auch gezeigt, dass es sich bei der so definierten Stromfunktion für jedes ψ = konst. um die früher definierte Stromlinie handelt.

Der Wert der Stromfunktion

Herleitung von (5.1.2) und (5.1.3)

Als Nächstes soll geklärt werden, was der Wert einer Stromfunktion aussagt. Hierzu greifen wir zwei Stromlinien ψ_1 und ψ_2 heraus (Abb. 5.1 rechts) und untersuchen den Volumenstrom $\dot{V}$ zwischen den beiden Stromlinien: $\dot{V} = \int_1^2 \boldsymbol{v} \circ \boldsymbol{dA}$. Dieser gibt an, wieviel Fluidvolumen pro Sekunde zwischen den beiden Stromlinien hindurchkommt. In

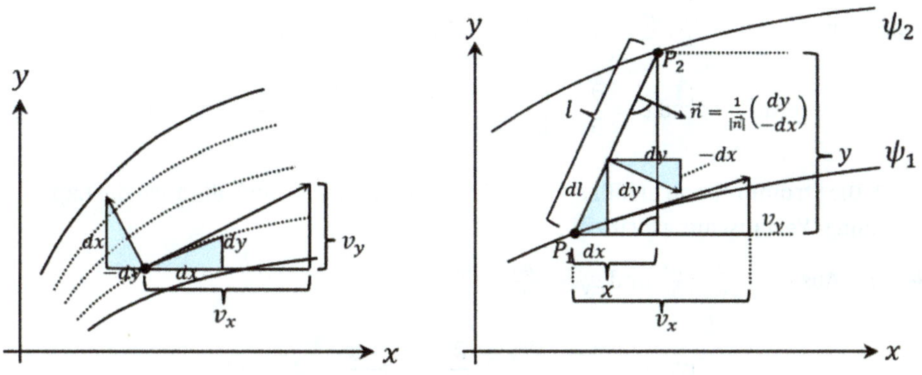

Abb. 5.1: Skizzen zu den Stromlinien und zur Stromfunktion.

Abb. 5.2 links ist der Blickwinkel (fast) senkrecht auf eine Kante der Fläche gewählt. Die Breite ist mit b angedeutet. Stellen wir uns vor, die betrachtete Fläche dA stände nicht senkrecht auf den Stromlinien. Um die Orientierung der Fläche zu beschreiben, benutzt man bekanntlich den Normalenvektor $\boldsymbol{n}$. Zum Volumenstrom trägt aber nur die Fläche $dA \cdot \cos\alpha$ bei. Also ist $d\dot{V} = v \cdot dA \cdot \cos\alpha$. Aus $\cos\alpha = \frac{\boldsymbol{v} \circ \boldsymbol{n}}{v \cdot |\boldsymbol{n}|}$ folgt $\cos\alpha \cdot v = \boldsymbol{v} \circ \boldsymbol{n}$ und somit $d\dot{V} = \boldsymbol{v} \circ \boldsymbol{n} \cdot dA = \boldsymbol{v} \circ \boldsymbol{dA}$. Für eine konstante Breite b wird daraus ein Flächenstrom:

$$
\begin{aligned}
\frac{\dot{V}}{b} &= \int_1^2 \boldsymbol{v} \circ \boldsymbol{dl} = \int_1^2 \boldsymbol{v} \circ \boldsymbol{n} \cdot dl \\
&= \int_1^2 \begin{pmatrix} v_x \\ v_y \end{pmatrix} \circ \left(\frac{1}{\sqrt{d^2x + d^2y}} \begin{pmatrix} dy \\ -dx \end{pmatrix} \right) \cdot \sqrt{d^2x + d^2y} = \int_1^2 \begin{pmatrix} v_x \\ v_y \end{pmatrix} \circ \begin{pmatrix} dy \\ -dx \end{pmatrix} \\
&= \int_1^2 (v_x dy - v_y dx) = \int_1^2 d\psi = \psi_2 - \psi_1 \quad \text{oder} \quad \dot{V} = b(\psi_2 - \psi_1) \qquad (5.1.2)
\end{aligned}
$$

mit $\dot{V}$ in $\frac{\text{m}^3}{\text{s}}$. Somit kann der Flächenstrom durch zwei Stromlinien aus der Differenz der beiden (konstanten) Stromlinienwerte ermittelt werden. Aus diesem Ergebnis können wir folgern, dass der Flächenstrom gleich groß bleibt, wenn die Stromlinien näher zueinander liegen, sofern die Geschwindigkeit zwischen den beiden Stromlinien anwächst. Damit lässt sich von der Dichte der Stromlinien auf die Zu- oder Abnahme der Strömungsgeschwindigkeit schließen.

Orthogonalität und Vertauschungsprinzip

1. Potential- und Stromlinien bilden orthogonale Kurvenscharen (Abb. 5.2 rechts).

Beweis. Ist $\operatorname{grad}\phi = (\frac{\partial\phi}{\partial x}, \frac{\partial\phi}{\partial y})$ und $\operatorname{grad}\psi = (\frac{\partial\psi}{\partial x}, \frac{\partial\psi}{\partial y})$, dann folgt

$$\operatorname{grad}\phi \circ \operatorname{grad}\psi = \frac{\partial\phi}{\partial x}\cdot\frac{\partial\psi}{\partial x} + \frac{\partial\phi}{\partial y}\cdot\frac{\partial\psi}{\partial y} = v_x\cdot(-v_y) + v_y\cdot v_x = 0. \qquad \text{q. e. d.}$$

2. Die Stromfunktion erfüllt sowohl die Kontinuitätsgleichung als auch die Laplace-Gleichung (Vertauschungsprinzip).

Beweis. Aus $v_x = \frac{\partial\psi}{\partial y} = \frac{\partial\phi}{\partial x}$ und $v_y = -\frac{\partial\psi}{\partial x} = \frac{\partial\phi}{\partial y}$ folgt

$$\operatorname{div}(\boldsymbol{v}) = \frac{\partial v_x}{\partial x} + \frac{\partial v_y}{\partial y} = \frac{\partial^2\psi}{\partial x\partial y} - \frac{\partial^2\psi}{\partial x\partial y} = 0 \quad \text{und}$$

$$\Delta\psi = \frac{\partial^2\psi}{\partial x^2} + \frac{\partial^2\psi}{\partial y^2} = -\frac{\partial^2\phi}{\partial x\partial y} + \frac{\partial^2\phi}{\partial x\partial y} = 0. \qquad \text{q. e. d.}$$

Ist $\boldsymbol{v} = \operatorname{grad}\phi$ eine Potentialströmung und $\phi(x,y)$ Lösung von $\Delta\phi = 0$, dann wird mit $v_x = \frac{\partial\psi}{\partial y} = \frac{\partial\phi}{\partial x}$ und $v_y = -\frac{\partial\psi}{\partial x} = \frac{\partial\phi}{\partial y}$ eine Stromfunktion $\psi(x,y)$ mit folgenden Eigenschaften definiert:

i) $\psi(x,y)$ ist ebenfalls Lösung der Laplace-Gleichung $\Delta\psi = 0$.

ii) $\phi(x,y)$ und $\psi(x,y)$ bilden orthogonale Kurvenscharen.

iii) Der Volumenstrom zwischen zwei Stromlinien ψ_1 und ψ_2 ist

$$\dot{V} = b(\psi_2 - \psi_1). \tag{5.1.3}$$

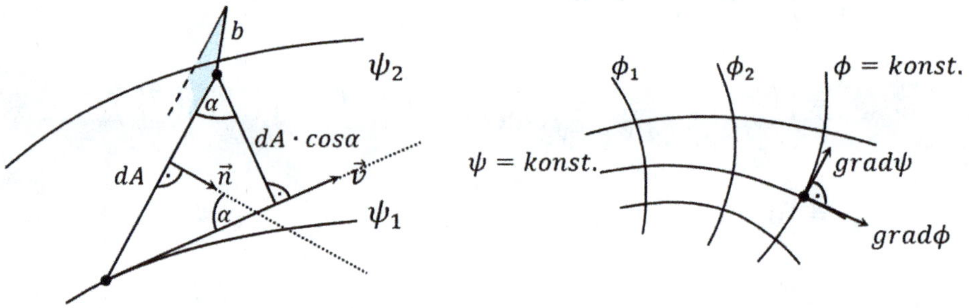

Abb. 5.2: Skizzen zum Stromfunktionswert und zur Orthogonalität.

Polarkoordinaten

Herleitung von (5.1.4)–(5.1.12)

Drehsymmetrische Potentialströmungen sind einfacher durch Polarkoordinaten darstellbar.

Dazu bestimmen wir mit $x = r\cdot\cos\varphi$, $y = r\cdot\sin\varphi$, $r = \sqrt{x^2+y^2}$ und $\theta = \arctan(\frac{y}{x})$ den Laplace-Operator. Es gilt:

$$\frac{\partial\phi}{\partial x}=\frac{\partial\phi}{\partial r}\cdot\frac{\partial r}{\partial x}+\frac{\partial\phi}{\partial\theta}\cdot\frac{\partial\theta}{\partial x}=\frac{\partial\phi}{\partial r}\cdot\cos\theta+\frac{\partial\phi}{\partial\theta}\cdot\left(-\frac{\sin\theta}{r}\right), \tag{5.1.4}$$

$$\frac{\partial\phi}{\partial y}=\frac{\partial\phi}{\partial r}\cdot\frac{\partial r}{\partial y}+\frac{\partial\phi}{\partial\theta}\cdot\frac{\partial\theta}{\partial y}=\frac{\partial\phi}{\partial r}\cdot\sin\theta+\frac{\partial\phi}{\partial\theta}\cdot\frac{\cos\theta}{r}, \tag{5.1.5}$$

$$\begin{aligned}\frac{\partial^2\phi}{\partial x^2}&=\left[\frac{\partial}{\partial r}\cdot\cos\theta+\frac{\partial}{\partial\theta}\cdot\left(-\frac{\sin\theta}{r}\right)\right]\left[\frac{\partial\phi}{\partial r}\cdot\cos\theta+\frac{\partial\phi}{\partial\theta}\cdot\left(-\frac{\sin\theta}{r}\right)\right]\\&=\cos^2\theta\cdot\frac{\partial^2\phi}{\partial r^2}-\sin\theta\cos\theta\cdot\left(\frac{\partial^2\phi}{\partial r\partial\theta}\cdot\frac{1}{r}-\frac{\partial\phi}{\partial\theta}\cdot\frac{1}{r^2}\right)\\&\quad-\frac{\sin\theta}{r}\left[\frac{\partial^2\phi}{\partial r\partial\theta}\cdot\cos\theta+\frac{\partial\phi}{\partial r}\cdot(-\sin\theta)\right]\\&\quad+\frac{\sin\theta}{r^2}\cdot\left(\frac{\partial^2\phi}{\partial\theta^2}\cdot\sin\theta+\frac{\partial\phi}{\partial\theta}\cdot\cos\theta\right)\end{aligned} \tag{5.1.6}$$

und

$$\begin{aligned}\frac{\partial^2\phi}{\partial y^2}&=\left(\frac{\partial}{\partial r}\cdot\sin\theta+\frac{\partial}{\partial\theta}\cdot\frac{\cos\theta}{r}\right)\left(\frac{\partial\phi}{\partial r}\cdot\sin\theta+\frac{\partial\phi}{\partial\theta}\cdot\frac{\cos\theta}{r}\right)\\&=\sin^2\theta\cdot\frac{\partial^2\phi}{\partial r^2}+\sin\theta\cos\theta\cdot\left(\frac{\partial^2\phi}{\partial r\partial\theta}\cdot\frac{1}{r}-\frac{\partial\phi}{\partial\theta}\cdot\frac{1}{r^2}\right)\\&\quad+\frac{\cos\theta}{r}\left(\frac{\partial^2\phi}{\partial r\partial\theta}\cdot\sin\theta+\frac{\partial\phi}{\partial r}\cdot\cos\theta\right)\\&\quad+\frac{\cos\theta}{r^2}\cdot\left(\frac{\partial^2\phi}{\partial\theta^2}\cdot\cos\theta-\frac{\partial\phi}{\partial\theta}\cdot\sin\theta\right)\\&=\cos^2\theta\cdot\frac{\partial^2\phi}{\partial r^2}-\frac{\partial^2\phi}{\partial r\partial\theta}\cdot\frac{1}{r}\sin\theta\cos\theta+\frac{\partial\phi}{\partial\theta}\cdot\frac{1}{r^2}\sin\theta\cos\theta\\&\quad-\frac{\partial^2\phi}{\partial r\partial\theta}\cdot\frac{\sin\theta\cos\theta}{r}+\frac{\partial\phi}{\partial r}\cdot\frac{\sin^2\theta}{r}\\&\quad+\frac{\partial^2\phi}{\partial\theta^2}\cdot\frac{\sin^2\theta}{r^2}+\frac{\partial\phi}{\partial\theta}\cdot\frac{\sin\theta\cos\theta}{r^2}\\&\quad+\sin^2\theta\cdot\frac{\partial^2\phi}{\partial r^2}+\frac{\partial^2\phi}{\partial r\partial\theta}\cdot\frac{\sin\theta\cos\theta}{r}-\frac{\partial\phi}{\partial\theta}\cdot\frac{\sin\theta\cos\theta}{r^2}\\&\quad+\frac{\partial^2\phi}{\partial r\partial\theta}\cdot\frac{\sin\theta\cos\theta}{r}+\frac{\partial\phi}{\partial r}\cdot\frac{\cos^2\theta}{r}\\&\quad+\frac{\partial^2\phi}{\partial\theta^2}\cdot\frac{\cos^2\theta}{r^2}-\frac{\partial\phi}{\partial\theta}\cdot\frac{\sin\theta\cos\theta}{r^2}.\end{aligned} \tag{5.1.7}$$

Zusammen mit (5.1.4)–(5.1.7) folgt

$$\Delta\phi=\frac{\partial^2\phi}{\partial r^2}+\frac{1}{r}\cdot\frac{\partial\phi}{\partial r}+\frac{1}{r^2}\cdot\frac{\partial^2\phi}{\partial\theta^2}. \tag{5.1.8}$$

Dies lässt sich auch als

$$\Delta\phi = \frac{1}{r} \cdot \frac{\partial}{\partial r}\left(r \cdot \frac{\partial \phi}{\partial r}\right) + \frac{1}{r^2} \cdot \frac{\partial^2 \phi}{\partial^2}$$

oder

$$\frac{\partial}{\partial r}\left(r \cdot \frac{\partial \phi}{\partial r}\right) + \frac{\partial}{\partial \theta}\left(\frac{1}{r} \cdot \frac{\partial \phi}{\partial \theta}\right) = 0 \tag{5.1.9}$$

schreiben.

Aus (5.1.4) und (5.1.5) erhält man mithilfe von (4.1):

$$\frac{\partial \phi}{\partial r} = \frac{\partial \phi}{\partial x} \cdot \cos\theta + \frac{\partial \phi}{\partial y} \cdot \sin\theta = v_x \cdot \cos\theta + v_y \cdot \sin\theta = v_r \quad \text{und}$$
$$\frac{\partial \phi}{\partial \theta} = \frac{\partial \phi}{\partial x} \cdot (-r\sin\theta) + \frac{\partial \phi}{\partial y} \cdot (r\cos\theta) = v_x \cdot (-r\sin\theta) + v_y \cdot (r\cos\theta) = r \cdot v_\theta.$$

Damit ergeben sich die Geschwindigkeitskomponenten zu

$$v_r = \frac{\partial \phi}{\partial r} \quad \text{und} \quad v_\theta = \frac{1}{r} \cdot \frac{\partial \phi}{\partial \theta} \tag{5.1.10}$$

und die Kontinuitätsgleichung (5.1.10) lautet:

$$\frac{\partial}{\partial r}(rv_r) + \frac{\partial}{\partial \theta}(v_\theta) = 0. \tag{5.1.11}$$

Die Laplace-Gleichung $\Delta\phi = 0$ ist erfüllt, wenn

$$\frac{\partial}{\partial r}\left(r \cdot \frac{\partial \phi}{\partial r}\right) + \frac{\partial}{\partial \theta}\left(\frac{1}{r} \cdot \frac{\partial \phi}{\partial \theta}\right) = 0$$

gilt.

Damit wählen wir die Stromfunktion ψ zu:

$$r \cdot \frac{\partial \phi}{\partial r} = \frac{\partial \psi}{\partial \theta} \quad \text{und} \quad -\frac{1}{r} \cdot \frac{\partial \phi}{\partial \theta} = \frac{\partial \psi}{\partial r}, \tag{5.1.12}$$

womit die Laplace-Gleichung $\Delta\psi = 0$ erfüllt ist.

Beispiel. Gegeben ist Funktion $\psi(x, y) = x^2 - y^2$.

a) Zeigen Sie, dass ψ eine mögliche Stromfunktion darstellt.

b) Betrachten sie zwei ausgezeichnete Stromlinien dieser Stromfunktion mit beispielsweise $\psi_1 = 1$, $\psi_2 = 4$ und bestimmen Sie die zugehörige Gleichung der Kurve.

c) Wählen Sie $P_1^*(1/0)$ auf ψ_1, $P_2^*(2/0)$ auf ψ_2, bestimmen Sie $|\vec{v}_1^*|$ bzw. $|\vec{v}_2^*|$ und daraus den Volumenfluss $\dot{V}$.

d) Wie lautet das zugehörige Potential, falls es existiert?

e) Stellen Sie die Orthogonalität von ϕ und ψ beispielsweise für $\phi = \pm 2,\ \pm 6,\ \pm 12,\ \pm 20$ und $\psi = \pm 1,\ \pm 4,\ \pm 9,\ \pm 16$ dar.

Lösung.

a) Dazu muss ψ die Kontinuitätsgleichung erfüllen. Aus $v_x = \frac{\partial \psi}{\partial y} = -2y$, $v_y = -\frac{\partial \psi}{\partial x} = -2x$ folgt $\frac{\partial v_x}{\partial x} + \frac{\partial v_y}{\partial y} = 0 + 0 = 0$.

b) Man erhält $1 = x^2 - y^2$ und $4 = x^2 - y^2$. Jede Stromlinie stellt eine Hyperbel dar (Abb. 5.3 links).

c) Es gilt $v_x = 0$, $v_y = -2$, $|\mathbf{v}_1^*| = 2\,\frac{\mathrm{m}}{\mathrm{s}}$ und $v_x = 0$, $v_y = -4$, $|\mathbf{v}_2^*| = 4\,\frac{\mathrm{m}}{\mathrm{s}}$ respektive (falls $2H \mathrel{\hat{=}} 1\,\mathrm{m}$). Der Volumenfluss zwischen P_1^* und P_2^* berechnet sich mit $b = 1\,\mathrm{m}$ zu: $\dot{V} = b(\psi_2 - \psi_1) = 1 \cdot (4 - 1) = 3\,\frac{\mathrm{m}^3}{\mathrm{s}}$.

d) Aus $v_x = -2y = \frac{\partial \phi}{\partial x}$ folgt $\int d\phi = -2y \int dx$ und $\phi = -2xy + C_1(y)$.
Anderseits hat man $v_y = -2x = \frac{\partial \phi}{\partial y}$, $\int d\phi = -2x \int dy$ und $\phi = -2xy + C_2(x)$.
Der Vergleich liefert $C_1(y) = C_2(x)$, also eine Konstante. Die Konstante kann null gesetzt werden, denn man erhält dieselben Potentiallinien und das identische Geschwindigkeitsfeld. Folglich existiert ein Potential und es lautet $\phi(x, y) = -2xy$. Ergibt die Integration nicht dieselbe skalare Funktion, dann existiert kein Potential.

e) Für eine Darstellung siehe Abb. 5.3 rechts.

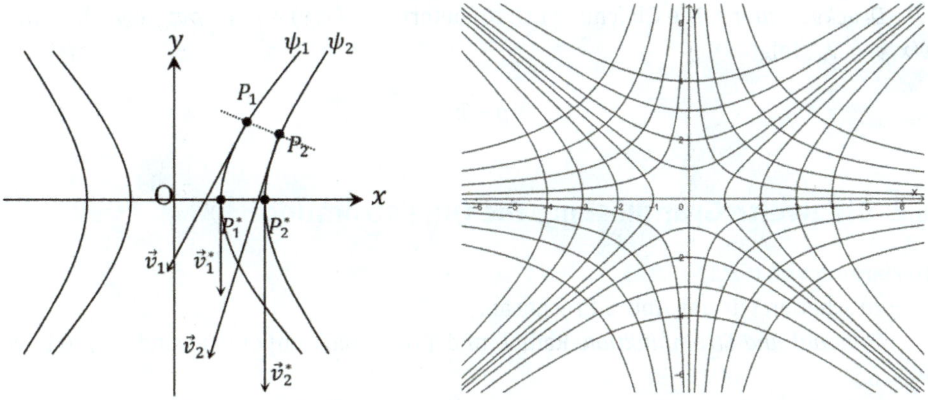

Abb. 5.3: Skizze und Graphen zum Beispiel.

6 Lösungen von Potentialströmungen

In einem ersten Schritt sollen einige Grundlösungen hergeleitet und anschließend durch Überlagerung (Linearkombination) neue Strömungen erzeugt werden.

6.1 Die erste Grundlösung: Die Translationsströmung

Herleitung von (6.1.1)–(6.1.3)

Wir betrachten dazu Abb. 6.1 links.

Potential und Stromfunktion. Da die x-Achse in v_∞-Richtung gelegt wurde, folgt mit (5.1.1) $\frac{\partial\phi}{\partial x} = v_\infty$, woraus man $\phi = v_\infty x + C_1(y)$ und $\frac{\partial\phi}{\partial y} = v_y = 0$ erhält. Dies zieht $\phi =$ konst. $+ C_2(x)$ nach sich und falls man die Konstanten null setzt, erhält man schließlich

$$\phi(x) = v_\infty x \quad \text{oder} \quad \phi(r,\theta) = v_\infty r\cos\theta. \tag{6.1.1}$$

Weiter hat man

$$\frac{\partial\psi}{\partial y} = v_\infty, \quad -\frac{\partial\psi}{\partial x} = 0 \quad \text{und} \quad \psi(y) = v_\infty y \quad \text{oder} \quad \psi(r,\theta) = v_\infty r\sin\theta. \tag{6.1.2}$$

Somit ergeben $\phi =$ konst. senkrechte Geraden und $\psi =$ konst. horizontale Geraden.

Druckverteilung. Die Gleichung (3.3.10) liefert $\frac{1}{2}\rho v^2(x,y) + p = \frac{1}{2}\rho v_\infty^2 + p_\infty$ und mit $v(x,y) = v_\infty$ folgt

$$p = p_\infty. \tag{6.1.3}$$

6.2 Die zweite Grundlösung: Die Quellströmung

Herleitung von (6.2.1)–(6.2.3)

Hierzu schauen wir uns Abb. 6.1 rechts an.

Potential und Stromfunktion. Radial- und Tangentialkomponente sind $v_r \neq 0$ bzw. $v_\theta = 0$.

In Analogie zu (4.1.10) setzen wir $v_r = \frac{Q}{2\pi r}$ mit der Quellstärke (=Ergiebigkeit) Q in $\frac{\text{m}^2}{\text{s}}$. Die Geschwindigkeit fällt mit wachsendem Abstand vom Zentrum in radialer Richtung. Mit (5.1.10) folgt $\frac{\partial\phi}{\partial r} = \frac{Q}{2\pi r}, \frac{1}{r}\cdot\frac{\partial\phi}{\partial\theta} = 0$, daraus $\phi = \frac{Q}{2\pi}\ln r + C_1(\theta)$, $\phi =$ konst. $+ C_2(r)$ und insgesamt

$$\phi(r) = \frac{Q}{2\pi}\ln r \quad \text{oder} \quad \phi(x,y) = \frac{Q}{2\pi}\ln\sqrt{x^2+y^2}. \tag{6.2.1}$$

Anderseits liefert (5.1.12)

$$\frac{1}{r}\cdot\frac{\partial\psi}{\partial\theta} = v_r = \frac{Q}{2\pi r}, \quad -\frac{\partial\psi}{\partial r} = v_\theta = 0,$$

https://doi.org/10.1515/9783111345864-006

weiter $\psi = \frac{Q}{2\pi}\theta + C_1(r)$ bzw. $\psi = \text{konst.} + C_2(\theta)$ und folglich

$$\psi(\theta) = \frac{Q}{2\pi}\theta \quad \text{oder} \quad \psi(x,y) = \frac{Q}{2\pi}\arctan\left(\frac{y}{x}\right). \tag{6.2.2}$$

Damit ergeben $\phi = \text{konst.}$ Kreise um das Zentrum und $\psi = \text{konst.}$ Strahlen vom Zentrum aus.

Druckverteilung. Als Referenzdruck nehmen wir den Druck in irgendeinem Abstand r_0 zum Zentrum, nennen ihn p_0 und die zugehörige Geschwindigkeit v_0. Aus (3.3.10) erhält man $\frac{1}{2}\rho v^2(r) + p(r) = \frac{1}{2}\rho v_0^2 + p_0$. Mit $v_\theta = 0$ verbleibt $v^2 = v_x^2 + v_y^2 = v_r^2 + v_\theta^2 = v_r^2$ und es folgt

$$\begin{aligned} p(r) &= p_0 + \frac{1}{2}\rho v_0^2 - \frac{1}{2}\rho v^2(r) = p_0 + \frac{1}{2}\rho v_0^2\left(1 - \frac{v^2}{v_0^2}\right) = p_0 + \frac{1}{2}\rho v_0^2\left(1 - \frac{r_0^2}{r^2}\right) \\ &= p_0 + \frac{\rho Q^2}{8\pi^2 r_0^2}\left(1 - \frac{r_0^2}{r^2}\right) \end{aligned}$$

und schließlich

$$p(r) = p_0 + \frac{\rho Q^2}{8\pi^2}\left(\frac{1}{r_0^2} - \frac{1}{r^2}\right). \tag{6.2.3}$$

Beispiel. Ermitteln Sie die Druckverteilung der Quellströmung, falls der Referenzdruck p_∞ in unendlich weiter Entfernung zum Zentrum gewählt wird.

Lösung. Da v_∞ im Unendlichen verschwindet, ergibt sich $\frac{1}{2}\rho v^2(r) + p(r) = p_\infty$ und daraus $p(r) = p_\infty - \frac{1}{2}\rho v^2(r) = p_\infty - \frac{\rho Q^2}{8\pi^2 r^2}$. Dasselbe erhält man, indem man in (6.2.3) $r_0 = \infty$ einsetzt.

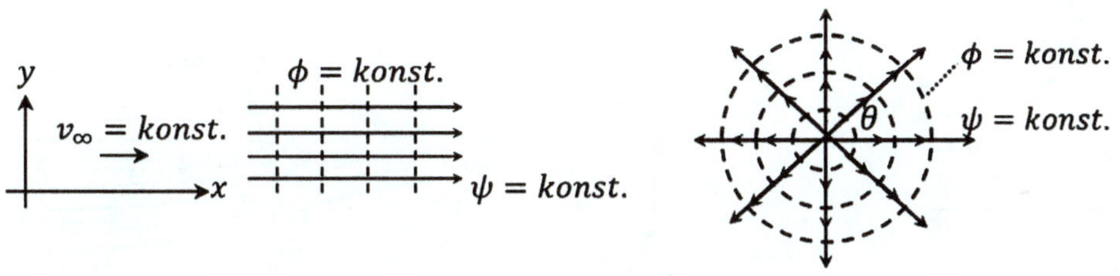

Abb. 6.1: Skizzen zur Translations- und Quellströmung.

6.3 Überlagerung von Translations- und Quellströmung

Den Ursprung setzen wir zweckmäßig ins Quellzentrum.

Herleitung von (6.3.1)–(6.3.5)
Für die resultierende Strömung betrachten wir (Abb. 6.2).

Potential und Stromfunktion. Beide ergeben sich durch Addition unter Verwendung von (6.1.1), (6.1.2), (6.2.1) und (6.2.2) zu

$$\phi(r,\theta) = v_\infty r\cos\theta + \frac{Q}{2\pi}\ln r \tag{6.3.1}$$

und

$$\psi(r,\theta) = v_\infty r\sin\theta + \frac{Q}{2\pi}\theta. \tag{6.3.2}$$

Weiter ist mit (5.1.12):

$$v_r = \frac{1}{r}\cdot\frac{\partial\psi}{\partial\theta} = v_\infty\cos\theta + \frac{Q}{2\pi r} \quad \text{und} \quad v_\theta = -\frac{\partial\psi}{\partial r} = -v_\infty\sin\theta. \tag{6.3.3}$$

Im Staupunkt S wird die Quellgeschwindigkeit gerade von der Translationsgeschwindigkeit aufgehoben. In diesem Punkt ist $v_r = 0$, $v_\theta = 0$, woraus mit (6.3.3) die Winkel $\theta_{\text{Stau}} = 0, \pi$ ($\theta = 0$ ergibt den unteren Zweig mit negativem Radius) folgen. Den zugehörigen Radius erhält man aus

$$0 = v_\infty\cos(\pi) + \frac{Q}{2\pi r} \quad \text{zu} \quad r_{\text{Stau}} = \frac{Q}{2\pi v_\infty}. \tag{6.3.4}$$

Die entsprechende Stromlinie lautet

$$\psi_{\text{Stau}} = v_\infty\frac{Q}{2\pi v_\infty}\sin(\pi) + \frac{Q}{2\pi}\pi = \frac{Q}{2}. \tag{6.3.5}$$

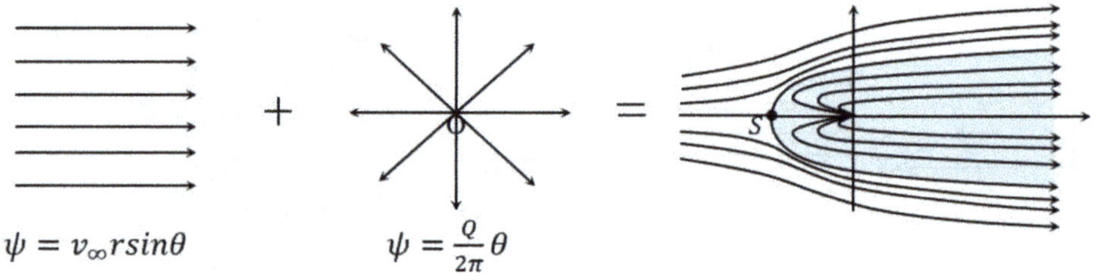

Abb. 6.2: Skizze zur Umströmung des Rankine-Profils.

Für eine Darstellung in Polarform setzen wir in (6.3.2) $\psi = \psi_{\text{konst.}}$ und erhalten

$$r = \frac{1}{\pi v_\infty\sin\theta}\left(\psi_{\text{konst.}}\cdot\pi - \frac{Q}{2}\theta\right). \tag{6.3.6}$$

Wir wählen sowohl den Wert $\frac{Q}{2}$ als auch $\frac{1}{\pi v_\infty}$ zu 1. Dann ist $r(\theta) = \frac{\psi^*_{\text{konst.}} - \theta}{\sin\theta}$ für $0 \leq \theta \leq \pi$. Für elf Werte von $\psi^*_{\text{konst.}}$ ist die zugehörige Kurve, von ψ_1 bis ψ_{11} nummeriert, in Abb. 6.3 links dargestellt.

Ergebnis. Die entstehende Strömung kann man als Umströmung einer halbrunden Linie, dem Rankine-Profil (hell markierter Teil in Abb. 6.2 rechts) interpretieren.

Herleitung von (6.3.7)–(6.3.9)

Interessant ist der Druckverlauf auf dem Körperrand.

Druckverteilung entlang des Körpers. Gleichung (3.3.10) liefert $\frac{1}{2}\rho v^2(r) + p(r) = \frac{1}{2}\rho v_\infty^2 + p_\infty$, $p(r) = p_\infty + \frac{1}{2}\rho(v_\infty^2 - v^2)$ und mit $v^2 = v_r^2 + v_\theta^2$ wird daraus

$$p(r,\theta) = p_\infty + \frac{1}{2}\rho[v_\infty^2 - (v_r^2 + v_\theta^2)].$$

Damit lässt sich in jedem Punkt $P(r,\theta)$ der wirkende Druck ermitteln. Anschaulich ist das nicht. Wir können stattdessen einen normierten Druck c_p einführen. Dann erhalten wir

$$c_p(r,\theta) := \frac{p - p_\infty}{\frac{1}{2}\rho v_\infty^2} = 1 - \left(\frac{v}{v_\infty}\right)^2 \quad \text{mit} \quad 0 \leq c_p \leq 1. \tag{6.3.7}$$

Man bezeichnet c_p als den Druckbeiwert. Dies wird klar, wenn man $p = p_\infty + c_p \cdot \frac{1}{2}\rho v_\infty^2$ schreibt. Der normierte Druck gestattet es uns, die Druckänderung direkt über die Geschwindigkeitsänderung zu erfassen. Wählt man eine beliebige Stromlinie aus, d. h. ψ = konst., löst die Gleichung nach $r = r(\theta)$ auf und ersetzt diesen Ausdruck im Term von v, dann erhalten wir für $c_p = c_p(\theta)$ eine von θ allein abhängige Funktion, die wir darstellen können. Die wohl interessanteste Stromlinie ist diejenige, die entlang des halbrunden Körpers verläuft. Somit schreibt sich (6.3.2) zu $\psi_{\text{Stau}} = \frac{Q}{2} = v_\infty r \sin\theta + \frac{Q}{2\pi}\theta$. Aufgelöst ist

$$r(\theta) = \frac{Q}{2\pi v_\infty} \cdot \frac{\pi - \theta}{\sin\theta} \tag{6.3.8}$$

(für die Skizze war $\frac{Q}{2\pi v_\infty} = 1$). Damit ergeben sich mithilfe von (6.3.3) die Geschwindigkeitskomponenten zu $v_r = v_\infty(\cos\theta + \frac{\sin\theta}{\pi - \theta})$ und $v_\theta = -v_\infty \sin\theta$.

Weiter ist

$$v^2 = v_r^2 + v_\theta^2 = v_\infty^2\left[1 + \frac{2\sin\theta\cos\theta}{\pi - \theta} + \frac{\sin^2\theta}{(\pi - \theta)^2}\right].$$

Dies in (6.3.7) eingefügt, ergibt

$$c_p(\theta) = -\frac{\sin\theta}{\pi - \theta}\left(2\cos\theta + \frac{\sin\theta}{\pi - \theta}\right).$$

Die zugehörigen Werte sind vom Staupunkt ($\theta = \pi$) bis zum Ende des Körpers ($\theta = 0$) zu nehmen. Um die Reihenfolge der Winkel aufsteigend zu erhalten, betrachten wir den Druck

$$c_p(\theta) = -\frac{\sin(\pi - \theta)}{\theta}\left[2\cos(\pi - \theta) + \frac{\sin(\pi - \theta)}{\theta}\right]. \tag{6.3.9}$$

Man erhält den Verlauf in Abb. 6.3 rechts.

Beispiel. Bestimmen Sie diejenigen Punkte auf der Kontur des Rankine-Profils, in denen:

a) kein Druck herrscht,
b) der Druck minimal wird.
c) Bestimmen Sie die Druckverteilung von links kommend auf der Linie $\theta = 0$ bis hin zum Staupunkt.

Lösung.

a) Der Nulldruck wird, von O aus gemessen, für $\theta_1 = 1{,}97$ und $\theta_2 = 4{,}31$ erreicht. Nach (6.3.8) ist $r(\theta) = \frac{\pi-\theta}{\sin\theta}$. Polar lauten die zugehörigen Punkte auf der Kontur somit $N_{1,p}(1{,}97, 1{,}27)$ und $N_{2,p}(4{,}31, 1{,}27)$. Kartesisch entspricht das $x = r\cos\theta = \frac{\pi-\theta}{\sin\theta}\cdot\cos\theta$ und $y = r\sin\theta = \pi - \theta$, was in unserem Fall zu den kartesischen Konturpunkten $N_{1,2,k}(-0{,}5, \pm 1{,}17)$ führt.
b) Der minimale Druck stellt sich von O aus gemessen für $\theta_1 = 1{,}10$ und $\theta_2 = 5{,}18$ ein und beträgt jeweils $-0{,}59$. Die zugehörigen Punkte sind $N_{1,p}(1{,}10, 2{,}29)$, $N_{2,p}(5{,}18, 2{,}29)$ bzw. $N_{1,2,k}(1{,}04, \pm 2{,}04)$.
c) Für $\theta = 0$ reduziert sich (6.3.3) zu $v_r = v_\infty + \frac{Q}{2\pi r}$, $v_\theta = 0$ und somit ist $v^2 = v_r^2 = (v_\infty + \frac{Q}{2\pi r})^2$. Hieraus ergibt sich

$$c_p(r) = 1 - \left(\frac{v_\infty + \frac{Q}{2\pi r}}{v_\infty}\right)^2 = -2\left(\frac{Q}{2\pi v_\infty r}\right) - \left(\frac{Q}{2\pi v_\infty r}\right)^2$$
$$= -\frac{Q}{2\pi v_\infty}\cdot\frac{1}{r}\left(2 + \frac{Q}{2\pi v_\infty}\cdot\frac{1}{r}\right).$$

Der maximale Wert wird natürlich bei $r = -\frac{Q}{2\pi v_\infty}$ erreicht und beträgt 1.

6.4 Überlagerung von Translations-, Quell- und Senkeströmung

Bringt man eine Quelle und eine Senke in einen endlichen Abstand zueinander, so kann man die Umströmung eines ovalen Körpers simulieren (Abb. 6.4 links oben). Dabei wird der Körper keine Unstetigkeitsstellen an den „Nahtstellen“ aufweisen, da die Stromfunktionen zu einer einzigen verschmelzen.

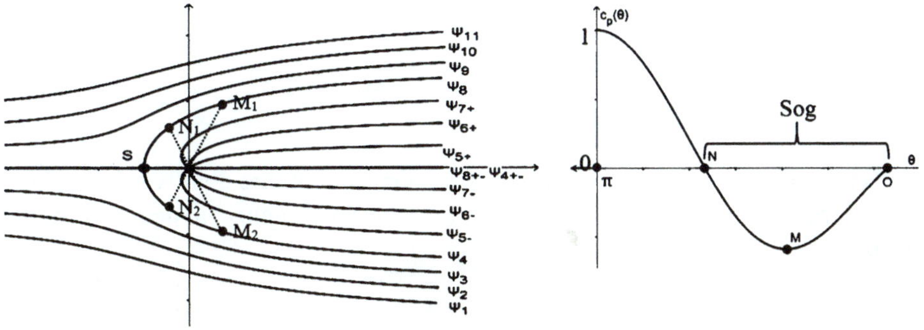

Abb. 6.3: Graphen von (6.3.6) und (6.3.9).

Herleitung von (6.4.1)–(6.4.7)

Die maximale Höhe $h_{\max}$, die der Körper erreichen kann, bestimmen wir über den Flächenstrom (eigentlich Volumenstrom mit Breite 1). Einerseits ist mit (5.1.3) und (6.3.5) $\dot{V} = 2(\psi_8 - \psi_4) = 2(\frac{Q}{2} - 0) = Q$. Anderseits gilt $\dot{V} = v_\infty \cdot h_{\max}$. Der Vergleich liefert

$$h_{\max} = \frac{Q}{v_\infty}. \tag{6.4.1}$$

Weiter setzen wir die Quelle in den Ursprung und die Senke in einen Abstand a zur Quelle (Abb. 6.4 links unten).

Potential und Stromfunktion. Die Zusammensetzung der Gleichungen (6.1.1), (6.1.2), (6.2.1) und (6.2.2) liefert

$$\begin{aligned} \phi(x,y) &= v_\infty x + \frac{Q}{2\pi}(\ln\sqrt{x^2+y^2} - \ln\sqrt{(x-a)^2+y^2}) \quad \text{und} \\ \psi(x,y) &= v_\infty y + \frac{Q}{2\pi}\left[\arctan\left(\frac{y}{x}\right) - \arctan\left(\frac{y}{x-a}\right)\right]. \end{aligned} \tag{6.4.2}$$

Folglich ist

$$\begin{aligned} v_x &= \frac{\partial\psi}{\partial y} = v_\infty + \frac{Q}{2\pi}\left[\frac{x}{x^2+y^2} + \frac{x-a}{(x-a)^2+y^2}\right] \quad \text{und} \\ v_y &= -\frac{\partial\psi}{\partial x} = \frac{Q}{2\pi}\left[\frac{y}{x^2+y^2} - \frac{y}{(x-a)^2+y^2}\right]. \end{aligned} \tag{6.4.3}$$

Die Lage der Staupunkte A und B bedingt $v_x = 0$ und $v_y = 0$. Es folgt $y_{\text{Stau}} = 0$. Eingesetzt in v_x, erhält man

$$v_x = v_\infty + \frac{Q}{2\pi}\left(\frac{1}{x} + \frac{1}{x-a}\right)$$

und daraus

$$x_{\text{Stau}} = \frac{a \pm \sqrt{a^2 + \frac{2aQ}{\pi v_\infty}}}{2}. \tag{6.4.4}$$

Setzt man $y_{\text{Stau}} = 0$ in ψ von (6.4.2) ein, so entspricht dies dem Wert $\psi_{\text{konst.}} = 0$ für die Stromlinie entlang des Körpers. Dies führt zu einer impliziten Gleichung für den Umriss:

$$0 = v_\infty y + \frac{Q}{2\pi}\left[\arctan\left(\frac{y}{x}\right) - \arctan\left(\frac{y}{x-a}\right)\right]. \tag{6.4.5}$$

Die Gleichung lässt sich weder nach x noch nach y auflösen.

Druckverteilung. Diese muss punktweise bestimmt werden. Als Zahlenbeispiel wählen wir $v_\infty = 1$, $Q = 2$ und $a = 2$. Die Staupunkte liegen dann mithilfe von (6.4.4) bei $x_{\text{Stau1}} = -0{,}279$ und $x_{\text{Stau2}} = 2{,}279$. Die Kurve für den Umriss erhält mit (6.4.5) die Gestalt $0 = y + \frac{1}{\pi}[\arctan(\frac{y}{x}) - \arctan(\frac{y}{x-2})]$. Bei konstantem x liefert die Gleichung nur die Nulllösung. Deshalb wird die Gleichung umgeformt. Dazu benutzen wir $\arctan u - \arctan v = \arctan(\frac{u-v}{1+uv})$, falls $uv > -1$. In unserem Fall ergäbe diese Bedingung

$$\frac{y}{x} \cdot \frac{y}{2-x} = \frac{y^2}{x(x-2)} > -1 \quad \text{oder} \quad y^2 > -x(x-2). \tag{6.4.6}$$

Benötigt werden nur Punkte auf der Kontur für $-0{,}279 \le x \le 1$. Der halbe Graph kann dann gespiegelt werden. Für $x \le 0$ ist (6.4.6) erfüllt (die Ungleichung bleibt darüber hinaus bis zu $x \le 0{,}2$ gültig). Für $x > 0$ würde man $\arctan u - \arctan v = \pi + \arctan(\frac{u-v}{1+uv})$, falls $uv < -1$ oder $y^2 < -x(x-2)$ ist, verwenden. Die Fallunterscheidung ist aber unwichtig, denn man erhält

$$\arctan\frac{y}{x} - \arctan\frac{y}{2-x} = \arctan\left(\frac{2y(1-x)}{y^2 + x(2-x)}\right) \quad \text{bzw.}$$
$$\arctan\frac{y}{x} - \arctan\frac{y}{2-x} = \pi + \arctan\left(\frac{2y(1-x)}{y^2 + x(2-x)}\right)$$

und daraus in beiden Fällen die Bestimmungsgleichung

$$\tan(-2y) = \frac{2y(1-x)}{y^2 + x(2-x)}. \tag{6.4.7}$$

Mithilfe von (6.4.7) können die Umrisspunkte numerisch ermittelt werden. Die Druckverteilung ergibt sich zu

$$c_p = 1 - \left(\frac{v}{v_\infty}\right)^2 = 1 - \frac{v_x^2 + v_y^2}{v_\infty^2}.$$

Die nachstehende Tabelle erfasst für acht Punkte die zugehörigen Werte.

	P_0	P_1	P_2	P_3	P_4	P_5	P_6	P_7	P_8
x	−0.279	−0.2	−0.1	0	0.2	0.4	0.6	0.8	1
y	0	0.417	0.516	0.592	0.707	0.795	0.869	0.936	1
v_x	0	0.563	0.742	0.854	0.965	1.001	1.007	1.003	1
v_y	0	0.594	0.560	0.495	0.357	0.240	0.146	0.068	0
c_p	1	0.330	0.137	0.026	−0.058	−0.060	−0.036	−0.011	0

Kontur- und Druckverlauf sind in Abb. 6.4 rechts dargestellt. Die Druckverteilung setzt sich symmetrisch ab dem Punkt P_8 fort. Sie ist abhängig von a und Q.

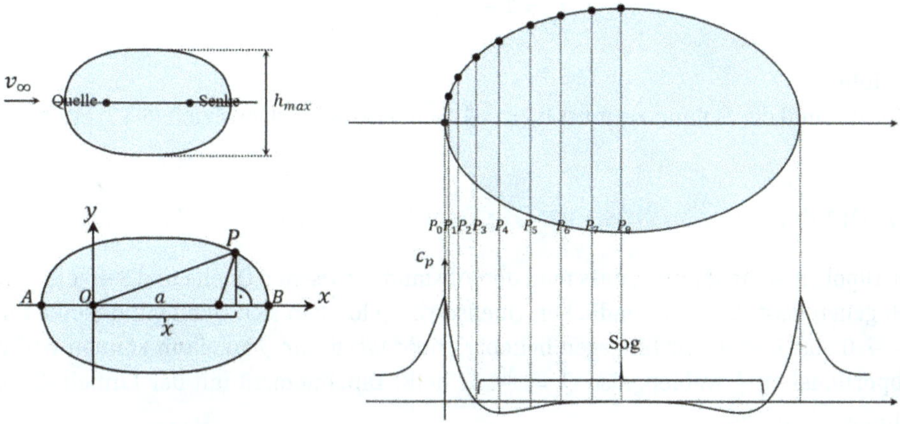

Abb. 6.4: Skizzen und Berechnungen zum ovalen Körper.

Beispiel. Ein U-Boot des eben beschriebenen ovalen Körpers soll 10 m lang und 2 m hoch wie breit sein und sich mit einer Geschwindigkeit von $v_\infty = 5\,\frac{\text{m}}{\text{s}}$ parallel zur x-Achse bewegen.

a) Ermitteln Sie den Abstand a von Quelle und Senke.
b) Welche Kurve beschreibt den Umriss des Bootes?
c) Wie groß sind die Geschwindigkeit und der Druckbeiwert an der U-Bootwand mit $x = 0$?
d) Zeigen Sie, dass jeder ovale Körper für $x = \frac{a}{2}$ keinen Knick aufweist.

Lösung.

a) Mit (6.4.1) folgt aus $2 = \frac{Q}{5}$ die Quellstärke $Q = 10\,\frac{\text{m}^2}{\text{s}}$. Zur Bestimmung von a liefert die Gleichung (6.4.4) $2x_{\text{Stau}} - a = 10$ oder $\sqrt{a^2 + \frac{2aQ}{\pi v_\infty}} = 10$ und damit $a = 9{,}38\,\text{m}$.
b) Aus (6.4.5) entsteht

$$0 = 5y + \frac{5}{\pi}\left[\arctan\left(\frac{y}{x}\right) - \arctan\left(\frac{y}{x - 9{,}38}\right)\right]$$

für den Umriss.

c) Für $x = 0$ erhält man $y = 0{,}48$ und aufgrund der Drehsymmetrie einen Kreis mit dem Radius von 0,48 m. Die Geschwindigkeitskomponenten auf diesen Kreispunkten ergeben sich mit (6.4.3) zu

$$v_x = 5 + \frac{5}{\pi}\left[\frac{0 - 9{,}38}{(0 - 9{,}38)^2 + 0{,}48^2}\right] = 4{,}83\ \frac{\mathrm{m}}{\mathrm{s}}$$

und $v_y = 3{,}31\ \frac{\mathrm{m}}{\mathrm{s}}$, was zu einer lokalen Geschwindigkeit $v = 5{,}85\ \frac{\mathrm{m}}{\mathrm{s}}$ und einem Unterdruckbeiwert von

$$c_p = 1 - \frac{v_x^2 + v_y^2}{v_\infty^2} = -0{,}37$$

führt.

d) Aufgrund der Symmetrie muss $v_y(x = \frac{a}{2}) = 0$ sein, was sich auch mit (6.4.3) ergibt.

6.5 Die dritte Grundlösung: Die Dipolströmung

Der Dipol entsteht dadurch, dass man den Abstand a zwischen Quelle und Senke gegen null gehen lässt. Bei einer endlichen Quellstärke Q löschen sich Quelle und Senke für $a \longrightarrow 0$ aus. Lassen wir hingegen beliebig große Werte für Q zu, dann können wir Q proportional zu $\frac{1}{a}$ wählen, also $Q = \frac{M}{a}$. M heißt Dipolmoment mit der Einheit eines Volumenstroms $\frac{m^3}{s}$.

Herleitung von (6.5.1)–(6.5.3)

Potential und Stromfunktion. Dazu muss in (6.4.2) die Translation weggelassen werden, Q durch $\frac{M}{a}$ ersetzt und der Grenzwert $a \longrightarrow 0$ gebildet werden:

$$\phi(x,y) = \frac{M}{2\pi} \lim_{a \longrightarrow 0}\left[\frac{\ln\sqrt{x^2+y^2} - \ln\sqrt{(x-a)^2+y^2}}{a}\right]$$
$$= \frac{M}{2\pi} \cdot \frac{\partial(\ln\sqrt{x^2+y^2})}{\partial x} = \frac{M}{2\pi} \cdot \frac{x}{x^2+y^2}. \qquad (6.5.1)$$

Analog ergibt sich aus

$$\psi(x,y) = \frac{M}{2\pi} \cdot \frac{\partial[\arctan(\frac{y}{x})]}{\partial x} = \frac{M}{2\pi} \cdot \frac{\partial[\arctan(\frac{y}{x})]}{\partial x} = -\frac{M}{2\pi} \cdot \frac{y}{x^2+y^2}. \qquad (6.5.2)$$

In Polarform erhält man

$$\phi(r,\theta) = \frac{M}{2\pi} \cdot \frac{\cos\theta}{r} \quad \text{und} \quad \psi(r,\theta) = -\frac{M}{2\pi} \cdot \frac{\sin\theta}{r}. \qquad (6.5.3)$$

Bei konstantem ψ sind die Stromlinien Kreise durch den Ursprung symmetrisch zur y-Achse. Konstantes ϕ liefert Kreise durch O symmetrisch zur x-Achse. Der gesamte Massenstrom geht vom Pol aus und verschwindet auch wieder im selben Pol (=Dipol) (Abb. 6.5 links).

Druckverteilung. Mit

$$v_x = \frac{\partial\psi}{\partial y} = -\frac{M}{2\pi}\cdot\frac{x^2-y^2}{(x^2+y^2)^2} \quad \text{und} \quad v_y = -\frac{\partial\psi}{\partial x} = -\frac{M}{2\pi}\cdot\frac{2xy}{(x^2+y^2)^2}$$

folgt

$$v^2(r) = v_x^2 + v_y^2 = \frac{M^2}{4\pi^2}\cdot\left[\frac{(x^2-y^2)^2+4x^2y^2}{(x^2+y^2)^4}\right] = \frac{M^2}{4\pi^2}\cdot\left[\frac{(x^2+y^2)^2}{(x^2+y^2)^4}\right] = \frac{M^2}{4\pi^2}\cdot\frac{1}{r^4}.$$

Wählt man als Referenzwert den Druck p_0 im Abstand r_0, so folgt abermals mit (3.3.10) $\frac{1}{2}\rho v^2(r) + p(r) = \frac{1}{2}\rho v_0^2 + p_0$. Weiter gilt $v^2(r) = v_r^2 + v_\theta^2 = \frac{M^2}{4\pi^2}\cdot\frac{1}{r^4}$ und es folgt

$$p(r) = p_0 + \frac{1}{2}\rho v_0^2\left(1-\frac{v^2}{v_0^2}\right) = p_0 + \frac{1}{2}\rho v_0^2\left(1-\frac{r_0^4}{r^4}\right) = p_0 + \frac{\rho M^2}{8\pi^2}\left(\frac{1}{r_0^4}-\frac{1}{r^4}\right).$$

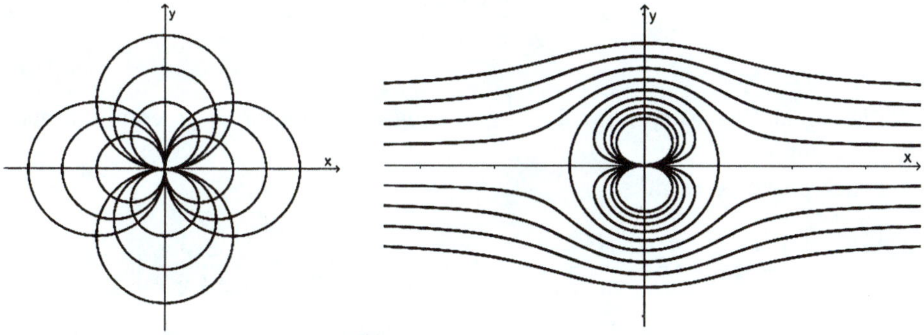

Abb. 6.5: Stromlinien und Stromfunktionen der Dipolströmung und Graphen von (6.6.1).

6.6 Überlagerung von Translations- und Dipolströmung

Man erhält in diesem Fall offensichtlich die Umströmung eines Kreiszylinders.

Herleitung von (6.6.1)–(6.6.5)

Potential und Stromfunktion. Die Zusammensetzung von (6.1.1), (6.1.2), (6.5.1), (6.5.2) und (6.5.3) führt zu

$$\phi(x,y) = v_\infty x + \frac{M}{2\pi} \cdot \frac{x}{x^2+y^2}, \quad \phi(r,\theta) = v_\infty r\cos\theta + \frac{M}{2\pi} \cdot \frac{\cos\theta}{r} \quad \text{und}$$
$$\psi(x,y) = v_\infty y - \frac{M}{2\pi} \cdot \frac{y}{x^2+y^2}, \quad \psi(r,\theta) = v_\infty r\sin\theta - \frac{M}{2\pi} \cdot \frac{\sin\theta}{r}. \tag{6.6.1}$$

Weiter ist

$$v_x = \frac{\partial\psi}{\partial y} = v_\infty - \frac{M}{2\pi} \cdot \frac{x^2-y^2}{(x^2+y^2)^2} \quad \text{und} \quad v_y = -\frac{\partial\psi}{\partial x} = -\frac{M}{2\pi} \cdot \frac{2xy}{(x^2+y^2)^2}. \tag{6.6.2}$$

Für die Staupunkte gilt $y_{\text{Stau}} = 0$, woraus man $0 = v_\infty - \frac{M}{2\pi} \cdot \frac{1}{x^2}$ und $x_{\text{Stau}} = \pm\sqrt{\frac{M}{2\pi v_\infty}} = \pm R$ erhält. Dabei bezeichnet R den Radius des umströmten Kreises. Die Stromfunktion schreibt sich demnach als

$$\psi(x,y) = v_\infty y\left(1 - \frac{R^2}{x^2+y^2}\right). \tag{6.6.3}$$

Jede Stromlinie muss $\psi_{\text{konst}} = y(1 - \frac{R^2}{x^2+y^2})$ erfüllen (v_∞ = konst.). Für eine Skizze wechseln wir ins Polarsystem. Es gilt $\psi_{\text{konst}} = r\sin\theta(1 - \frac{R^2}{r^2})$, woraus

$$r_{1,2} = \frac{\psi_{\text{konst}} \pm \sqrt{\psi_{\text{konst}}^2 + 4R^2\sin^2\theta}}{2\sin\theta} \tag{6.6.4}$$

entsteht.

Die zugehörigen Kurven für $R = 1$ und einigen Werten für ψ_{konst} entnimmt man Abb. 6.5 rechts.

Druckverteilung. Es gilt

$$v_x = v_\infty\left[1 - R^2 \cdot \frac{x^2-y^2}{(x^2+y^2)^2}\right] \quad \text{und} \quad v_y = -v_\infty\left[R^2 \cdot \frac{2xy}{(x^2+y^2)^2}\right].$$

Uns interessiert die Druckverteilung auf dem Kreis selbst. Die zugehörige Bestimmungsgleichung ist natürlich schlicht $x^2 + y^2 = R^2$. Dann folgt

$$v_x = v_\infty\left(1 - \frac{x^2-y^2}{R^2}\right) \quad \text{und} \quad v_y = -v_\infty\left(\frac{2xy}{R^2}\right).$$

Mit $x = R\cos\theta$ und $y = R\sin\theta$ wird daraus

$$v_x = v_\infty(1 - \cos^2\theta + \sin^2\theta) = v_\infty(2\sin^2\theta) \quad \text{und} \quad v_y = -v_\infty(2\sin\theta\cos\theta).$$

Weiter hat man

$$\begin{aligned} v^2 = v_x^2 + v_y^2 &= v_\infty^2(4\sin^4\theta + 4\sin^2\theta\cos^2\theta) = v_\infty^2[4\sin^4\theta + 4\sin^2\theta(1-\sin^2\theta)] \\ &= 4v_\infty^2\sin^2\theta \end{aligned}$$

und schließlich

$$c_p(\theta) = 1 - \left(\frac{v}{v_\infty}\right)^2 = 1 - 4\sin^2\theta. \tag{6.6.5}$$

Der Nulldruck stellt sich für $\theta = \frac{\pi}{6}$ ein (Abb. 6.6 links). Der minimale „Sog“ beträgt 3. Durch die zur x- und y-Achse symmetrische Druckverteilung wird auch klar, dass auf den Zylinder keine resultierende Kraft ausgeübt wird. Insbesondere wirkt keine Auftriebskraft. Einige spezielle Druckbeiwerte entnimmt man folgender Tabelle:

θ	$\frac{\pi}{2}$	$\frac{\pi}{3}$	$\frac{\pi}{4}$	$\frac{\pi}{6}$	0
$c_p(\theta)$	−3	−2	−1	0	1

Beispiel. Ein kreisförmiger Brückenpfeiler mit dem Radius $R = 2$ wird von einem Fluss mit der Geschwindigkeit $v_\infty = 1\,\frac{\mathrm{m}}{\mathrm{s}}$ angeströmt. In genügender Entfernung zum Pfeiler betrage die Wassertiefe $h_\infty = 5\,\mathrm{m}$. Da die Sohle geneigt ist, legen wir die Bezugshöhe entlang dieser Sohle (siehe Gerinneströmungen). Obwohl sich der Wasserspiegel entlang des Pfeilers mit veränderlichem Winkel θ ebenfalls ändern wird, behandeln wir das Problem als ebene Strömung.

a) Bestimmen Sie die Wasserspiegelhöhe als Funktion des Winkels θ.

b) Ermitteln Sie den höchsten und tiefsten Wasserspiegel.

Lösung.

a) Entlang einer Stromlinie darf die Bernoulli-Gleichung (3.3.10) hinzugezogen werden:

$$\rho g h_\infty + \frac{1}{2}\rho v_\infty^2 = \rho g h(\theta) + \frac{1}{2}\rho(v_r^2 + v_\theta^2).$$

Für $r = R$ erhält man mit (6.6.5):

$$h_\infty + \frac{1}{2g}v_\infty^2 = h(\theta) + \frac{4}{2g}v_\infty^2\sin^2\theta$$

und daraus

$$h(\theta) = h_\infty + \frac{v_\infty^2}{2g}(1 - 4\sin^2\theta).$$

b) Die größte Erhöhung ergibt sich im Staupunkt mit $\theta = \pi$ bzw. Rückstaupunkt für $\theta = 0$. Sie beträgt $h_{\max} = h_\infty + \frac{v_\infty^2}{2g} = 5{,}05\,\mathrm{m}$. Der tiefste Wasserstand folgt zu $h_{\min} = h(\frac{\pi}{2}) = h_\infty + \frac{v_\infty^2}{2g}(1-4) = 4{,}85\,\mathrm{m}$. Beim Rankine-Profil und beim ovalen Körper beträge die Absenkung jeweils ebenfalls nur wenige cm. Hingegen würde der

Wasserspiegel bei der Anströmung eines spitzen Keils mit wachsendem Abstand zur Ecke immer weiter anwachsen, was nicht möglich ist. In diesem Fall ist die Annahme einer durchwegs ebenen Strömung auch nicht mehr sinnvoll.

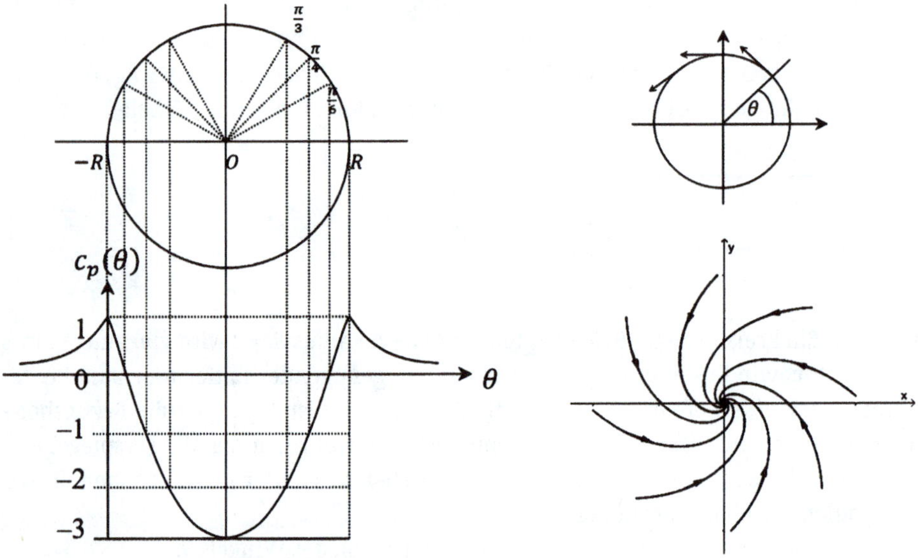

Abb. 6.6: Graphen von (6.6.4) und (6.8.2).

6.7 Die vierte Grundlösung: Der Potentialwirbel

Das Geschwindigkeitsprofil für diesen Wirbel liegt mit (4.1.10) schon vor (Abb. 6.6 rechts oben). Dieser Wirbel ist dadurch gekennzeichnet, dass der Geschwindigkeitsvektor für einen festen Radius senkrecht auf dem Radiusvektor steht und sein Betrag konstant ist: $v_r = 0, v_\theta = \frac{\Gamma}{2\pi r}$.

Herleitung von (6.7.1) und (6.7.2)

Potential und Stromfunktion. Die Integrationen von $v_\theta = \frac{1}{r} \cdot \frac{\partial\phi}{\partial\theta}$ und $-\frac{1}{r} \cdot \frac{\partial\phi}{\partial\theta} = \frac{\partial\psi}{\partial r}$ (Gleichungen ((5.1.10) und (5.1.12)) liefern

$$\phi(\theta) = \frac{\Gamma}{2\pi}\theta \quad \text{und} \quad \phi(x,y) = \frac{\Gamma}{2\pi}\arctan\left(\frac{y}{x}\right) \quad \text{bzw.}$$

$$\psi(r) = -\frac{\Gamma}{2\pi}\ln r \quad \text{und} \quad \psi(x,y) = -\frac{\Gamma}{2\pi}\ln\sqrt{x^2+y^2}. \tag{6.7.1}$$

Druckverteilung. Aus $v^2 = v_x^2 + v_y^2 = v_r^2 + v_\theta^2 = v_\theta^2$ folgt analog zur Quellströmung, falls man den Referenzdruck p_0 abermals in einer Entfernung r_0 zum Zentrum festlegt,

$$p(r) = p_0 + \frac{1}{2}\rho v_0^2 - \frac{1}{2}\rho v_\theta^2(r) = p_0 + \frac{1}{2}\rho v_0^2\left(1 - \frac{r_0^2}{r^2}\right) = p_0 + \frac{\Gamma^2}{8\pi^2}\left(\frac{1}{r_0^2} - \frac{1}{r^2}\right). \tag{6.7.2}$$

Bemerkung. Dies ist auch die Druckänderung in radialer Richtung, die man in Zusammenhang mit dem Rohrkrümmer aus Kap. 3.4, Bsp. 3 bringen kann.

Beispiel. Bestimmen Sie die Druckverteilung für den Rankine-Wirbel aus Kap. 6.3.

Lösung. Für den Druckverlauf des starren Wirbelteils wählen wir sinnvollerweise denselben Referenzdruck wie in (6.7.2). Mit $v_\theta(r) = \omega r$ folgt $p(r) = p_0 + \frac{1}{2}\rho v_0^2 - \frac{1}{2}\rho v_\theta^2(r) = p_0 + \frac{1}{2}\rho\omega^2 r_0^2(1 - \frac{r^2}{r_0^2})$ für $r \le r_0$ und für den Potentialwirbelteil gilt (6.7.2) mit $r \ge r_0$.

6.8 Überlagerung von Potentialwirbel und Quell- oder Senkeströmung

Für die Senke ist nach (6.2.1) und (6.2.2) $\phi(r) = -\frac{Q}{2\pi}\ln r$ und $\psi(\theta) = -\frac{Q}{2\pi}\theta$.

Herleitung von (6.8.1) und (6.8.2)

Potential und Stromfunktion. Die Überlagerung mit (6.7.1) liefert polar

$$\phi(r,\theta) = -\frac{Q}{2\pi}\ln r + \frac{\Gamma}{2\pi}\theta \quad \text{und} \quad \psi(r,\theta) = -\frac{\Gamma}{2\pi}\ln r - \frac{Q}{2\pi}\theta. \tag{6.8.1}$$

Weiter ist $v_r = \frac{1}{r}\cdot\frac{\partial\psi}{\partial\theta} = -\frac{Q}{2\pi r}$ und $v_\theta = -\frac{\partial\psi}{\partial r} = \frac{\Gamma}{2\pi r}$.

Staupunkte gibt es natürlich keine. Für eine Skizze setzen wir in (6.8.1) $\psi = \psi^*_{\text{konst}}$ und erhalten

$$\ln r = \frac{2\pi}{\Gamma}\left(-\psi^*_{\text{konst}} - \frac{Q}{2\pi}\theta\right) = \psi^{**}_{\text{konst}} - \frac{Q}{\Gamma}\theta$$

und schließlich

$$r(\theta) = \psi_{\text{konst}} \cdot e^{-\frac{Q}{\Gamma}\theta}. \tag{6.8.2}$$

Es ergeben sich logarithmische Spiralen oder strömungstechnisch „Strudel" (Abb. 6.6 rechts unten). Im Fall einer Quelle zeigen die Pfeile aus dem Zentrum hinaus.

Druckverteilung. Diese wird schlicht aus den beiden bestehenden Drucken zusammengesetzt: Es gilt

$$v^2 = v_r^2 + v_\theta^2 = \left(\frac{Q^2}{4\pi^2} + \frac{\Gamma^2}{4\pi^2}\right)\frac{1}{r^2}.$$

Analog zur Quellströmung und dem Potentialwirbel entsteht durch Addition

$$p(r) = p_0 + \frac{Q^2 + \Gamma^2}{4\pi^2}\left(\frac{1}{r_0^2} - \frac{1}{r^2}\right).$$

6.9 Überlagerung von Translationsströmung und zwei Potentialwirbeln

Den einen Potentialwirbel mit der Zirkulation $-\Gamma$ setzen wir in den Ursprung und den anderen mit der entgegengesetzten Zirkulation gleicher Größe Γ in einem Abstand a senkrecht zur Strömungsrichtung (Abb. 6.7 links).

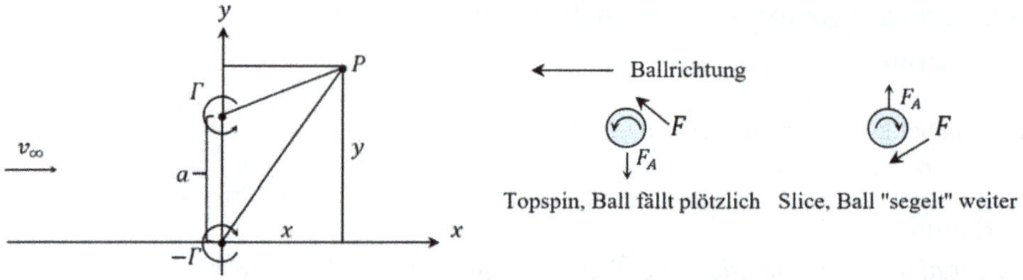

Abb. 6.7: Skizze zum Modell der Strömung durch eine Düse und zum Magnus-Effekt.

Herleitung von (6.9.1) und (6.9.2)

Potential und Stromfunktion. Mithilfe von (6.1.1), (6.4.2) und (6.7.1) erhält man:

$$\phi(x,y) = v_\infty \cdot x + \frac{\Gamma}{2\pi}\left[-\arctan\frac{y}{x} + \arctan\left(\frac{y-a}{x}\right)\right] \quad \text{und}$$
$$\psi(x,y) = v_\infty \cdot y + \frac{\Gamma}{2\pi}[\ln\sqrt{x^2+y^2} - \ln\sqrt{x^2+(y-a)^2}]. \tag{6.9.1}$$

Daraus ergibt sich

$$v_x = v_\infty + \frac{\Gamma}{2\pi}\left[\frac{y}{x^2+y^2} - \frac{y-a}{x^2+(y-a)^2}\right] \quad \text{und}$$
$$v_y = \frac{\Gamma}{2\pi}\left[\frac{x}{x^2+(y-a)^2} - \frac{x}{x^2+y^2}\right]. \tag{6.9.2}$$

Im Fall der horizontalen Stromlinie lässt sich der zugehörige Wert $\psi_{\text{konst.}}$ allgemein angeben. Er beträgt $\psi = \frac{a}{2}v_\infty$, wenn $y = \frac{a}{2}$ gesetzt wird.

Druckverteilung. Diese geben wir nur für die horizontale Stromlinie an. Dazu setzen wir $y = \frac{a}{2}$ in v_x ein, was zu $v_x = v_\infty + \frac{2a\Gamma}{\pi(4x^2+a^2)}$ führt. Aus $p_\infty + \frac{1}{2}\rho v_\infty^2 = p + \frac{1}{2}\rho v_x^2$ folgt dann

$$p = p_\infty + \frac{1}{2}\rho(v_\infty^2 - v_x^2) = p_\infty + \frac{1}{2}\rho\left\{v_\infty^2 - \left[v_\infty + \frac{2a\Gamma}{\pi(4x^2+a^2)}\right]^2\right\}.$$

Beispiel. Betrachten Sie die Überlagerung von Translationsströmung und zwei Potentialwirbeln.

a) Wählen Sie für eine Darstellung der Stromlinien $v_\infty = 1$, $a = 1$, $\Gamma = 2\pi$ und $\psi_{\text{konst.}} = 0{,}1k$ mit $k = 0, 1, 2, \ldots 10$.
b) Bestimmen Sie einen Ausdruck für v_x für die horizontale Stromlinie und stellen Sie die Geschwindigkeitskomponente dar.
c) Ermitteln Sie die Verengung d im Zentrum der Strömung.
d) Nehmen wir an, die Düse habe die Breite b und sie werde durch die oberste und unterste Stromlinie begrenzt. Bestimmen Sie den Volumenstrom.

Lösung.

a) Die Gleichung (6.9.1) führt zur impliziten Gleichung

$$0{,}1k = y + \ln\sqrt{x^2+y^2} - \ln\sqrt{x^2+(y-1)^2}. \qquad (6.9.3)$$

Die zugehörigen Graphen entnimmt man Abb. 6.8 oben. Offensichtlich wird damit die Strömung einer konvergenten Düse simuliert.

b) Die Geschwindigkeit in x-Richtung ergibt sich mit (6.9.2) zu

$$v_x = 1 + \frac{4}{4x^2+1} \qquad (6.9.4)$$

(Darstellung in Abb. 6.8 unten).

c) Die oberste, horizontale bzw. unterste Stromlinie besitzen den Wert $\psi_2 = 1$, $\psi_H = \frac{1}{2}$ und $\psi_1 = 0$ respektive. Für $x = 0$ kann aus der zugehörigen Stromlinie $1 = y + \ln y - \ln|y-1|$ der Wert $y = 0{,}599$ und daraus die Verengung im Zentrum zu $d = 0{,}198$ bestimmt werden.

d) Der Volumenstrom beträgt dann $\dot{V} = (\psi_2 - \psi_1) \cdot b = (1-0) \cdot b = b$, beispielsweise in $\frac{\text{m}^3}{\text{s}}$. Man erhält dasselbe Ergebnis auch anders: Die Kontinuitätsgleichung liefert $A_\infty v_\infty = Av$. In genügend weiter Entfernung können wir die Stromlinie als parallel mit der Geschwindigkeit $v_\infty = 1$ auffassen. Dann gilt $A_\infty = 1 \cdot b$ und für den Durchfluss $\dot{V} = A_\infty v_\infty = 1 \cdot b \cdot 1 = b$. An der engsten Stelle der Düse ist zwar $A = d \cdot b = 0{,}198 \cdot b$ bekannt, aber die Geschwindigkeit variiert mit der Höhe y, sodass das Produkt Av nicht zur Berechnung von $\dot{V}$ verwendet werden kann.

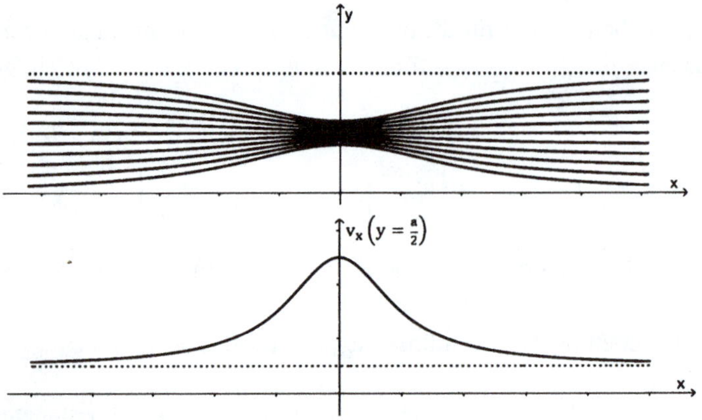

Abb. 6.8: Graphen von (6.9.3) und (6.9.4).

6.10 Überlagerung von Zylinderumströmung und Potentialwirbel

Dies kann man als einen sich drehenden, umströmten Zylinder interpretieren. Folglich herrschen, im Gegensatz zum ruhenden Zylinder, an der Unter- und an der Oberseite verschiedene Strömungsgeschwindigkeiten $v_y - y$ bzw. $v_y + y$. Nach der Bernoulli-Gleichung resultieren daraus auch verschiedene Druckwerte. Aufgrund dieses Druckunterschieds erfährt der Zylinder eine Auftriebskraft. Anders ausgedrückt: Durch die Überlagerung einer Zylinderumströmung mit einem Potentialwirbel lässt sich die Auftriebskraft simulieren, die ein rotierender und bewegter Zylinder in einem Medium erfährt. Dieser Effekt wird als Magnus-Effekt bezeichnet und kann in jeder Sportart, in der ein Ball mit Effet behandelt wird, beobachtet werden. Als Beispiel dazu betrachten wir einen Tennisball, der einerseits im Uhrzeigersinn und anderseits im Gegenuhrzeigersinn rotiert (Abb. 6.7 rechts).

Herleitung von (6.10.1)–(6.10.8)

Potential und Stromfunktion. Für den Potentialwirbel passen wir die Konstante in der zugehörigen Stromfunktion an, obwohl diese mit (6.7.1) vorliegt: Aus $v_\theta = -\frac{\partial\psi}{\partial r} = \frac{\Gamma}{2\pi r}$ bzw. $v_r = \frac{1}{r}\cdot\frac{\partial\psi}{\partial\theta} = 0$ folgt durch Integration $\psi = -\frac{\Gamma}{2\pi}\ln r + c_1(\theta)$ bzw. $\psi = \text{konst} + c_2(\theta)$ und die Konstante wählen wir zu $\frac{\Gamma}{2\pi}R$. Damit gehört zur Kreislinie selber der Wert $\psi_{\text{konst}} = 0$. Somit erhalten wir für den Potentialwirbel

$$\psi(r) = -\frac{\Gamma}{2\pi}\ln\left(\frac{r}{R}\right). \tag{6.10.1}$$

Noch etwas kann man beachten: Dreht sich der Zylinder im Gegenuhrzeigersinn, dann würde der Auftrieb abwärts wirken. Deswegen wurde in (6.10.1) das Vorzeichen geändert. Damit dreht sich der Zylinder im Uhrzeigersinn und die Zirkulation Γ ist dabei in Drehrichtung gemessen, weiterhin positiv. Zusammen mit (6.6.3) ergibt sich

$$\psi(r) = v_\infty \cdot r \sin\theta \cdot \left(1 - \frac{R^2}{r^2}\right) + \frac{\Gamma}{2\pi} \ln\left(\frac{r}{R}\right)$$

und kartesisch

$$\psi(x,y) = v_\infty y \cdot \left(1 - \frac{R^2}{x^2 + y^2}\right) + \frac{\Gamma}{2\pi} \ln\left(\frac{\sqrt{x^2 + y^2}}{R}\right). \tag{6.10.2}$$

Weiter hat man

$$v_r = v_\infty r \cos\theta \cdot \left(1 - \frac{R^2}{r^2}\right) \quad \text{und} \quad v_\theta = -v_\infty \sin\theta \cdot \left(1 + \frac{R^2}{r^2}\right) - \frac{\Gamma}{2\pi r}. \tag{6.10.3}$$

Für die Staupunkte muss $v_r = 0$ und $v_\theta = 0$ sein. Die Gleichung (6.10.3) liefert zwei Möglichkeiten: 1. $r = R$ und 2. $\theta = \pm\frac{\pi}{2}$.

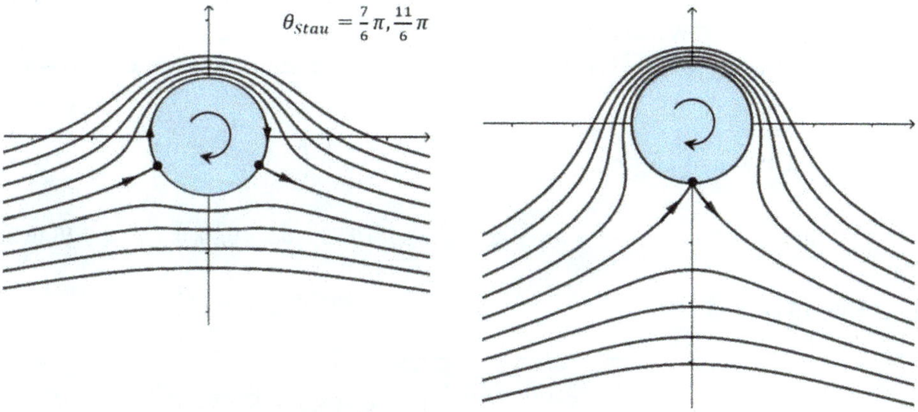

Abb. 6.9: Graphen von (6.10.5) und (6.10.6).

Fall 1. Der Staupunkt liegt auf dem Rand und dazu gehört die Stromlinie $\psi_{\text{konst}} = 0$. Aus $v_\theta = 0$ folgt $2v_\infty \sin\theta = -\frac{\Gamma}{2\pi R}$ oder $\sin\theta = -\frac{\Gamma}{4\pi R v_\infty} < 0$, da $\Gamma > 0$. Damit kommt θ im 3. oder 4. Quadranten zu liegen. Die zugehörigen Staupunkte befinden sich also an der Unterseite des Zylinders – ein weiteres Indiz für eine Auftriebskraft. Zwei Fälle sind möglich:

$$\text{1a)} \quad 0 < \frac{\Gamma}{4\pi R v_\infty} < 1 \quad \text{und} \quad \text{1b)} \quad \frac{\Gamma}{4\pi R v_\infty} = 1.$$

Zwei unterschiedliche Staupunkte liefert der Fall 1a) (Abb. 6.9 links), einen Einzigen der Fall 1b) (Abb. 6.9 rechts). Für eine Skizze setzen wir

$$\psi^*_{\text{konst}} = v_\infty \cdot r \sin\theta \cdot \left(1 - \frac{R^2}{r^2}\right) + \frac{\Gamma}{2\pi} \ln\left(\frac{r}{R}\right)$$

und lösen nach θ auf. Man erhält

$$\sin\theta = \frac{\frac{\psi^*_{\text{konst}}}{v_\infty} - \frac{\Gamma}{2\pi v_\infty}\ln(\frac{r}{R})}{r\cdot(1-\frac{R^2}{r^2})}$$

und daraus

$$\theta_1 = \arcsin\left[r\cdot\frac{\psi_{\text{konst}} - \frac{\Gamma}{2\pi v_\infty}\ln(\frac{r}{R})}{r^2-R^2}\right],$$
$$\theta_2 = \pi - \arcsin\left[r\cdot\frac{\psi_{\text{konst}} - \frac{\Gamma}{2\pi v_\infty}\ln(\frac{r}{R})}{r^2-R^2}\right]. \tag{6.10.4}$$

Der „umgekehrten" Polarform (6.10.4) lässt sich mit einer Parametrisierung beikommen: $x(r) = r\cos\theta, y(r) = r\sin\theta$ mit $0 \le \theta \le 2\pi$.

Schließlich gilt es noch zu beachten, dass $\text{sign}(\cos\theta_1)\cdot\text{sign}(\cos\theta_2) = -1$, so dass $x(r) = \pm r\cos\theta$ gesetzt werden muss.

Somit skizzieren wir (Abb. 6.9 links), unter Benutzung von $\cos(\arcsin x) = \sqrt{1-x^2}$,

$$x(r) = \pm r\sqrt{1-\left(r\cdot\frac{\psi_{\text{konst}}-\ln r}{r^2-1}\right)^2},\quad y(r) = r^2\left(\frac{\psi_{\text{konst}}-\ln r}{r^2-1}\right)$$
$$\text{mit}\quad R=1,\quad \frac{\Gamma}{4\pi R v_\infty} = 0{,}5,\quad \psi_{\text{konst}} = \pm1, \pm0{,}75, \pm0{,}5, \pm0{,}25, 0, \tag{6.10.5}$$

und (Abb. 6.9 rechts)

$$x(r) = \pm r\sqrt{1-\left(r\cdot\frac{\psi_{\text{konst}}-2\ln r}{r^2-1}\right)^2},\quad y(r) = r^2\left(\frac{\psi_{\text{konst}}-2\ln r}{r^2-1}\right)$$
$$\text{mit}\quad R=1,\quad \frac{\Gamma}{4\pi R v_\infty} = 1,\quad \psi_{\text{konst}} = \pm1, \pm0{,}75, \pm0{,}5, \pm0{,}25, 0. \tag{6.10.6}$$

Fall 2. $\theta = \pm\frac{\pi}{2}$. Es folgt $\pm v_\infty(1+\frac{R^2}{r^2}) = \frac{\Gamma}{2\pi r}$ und daraus

$$r_{1,2} = -\frac{\Gamma}{4\pi v_\infty} \pm \sqrt{\left(\frac{\Gamma}{4\pi v_\infty}\right)^2 - R^2}. \tag{6.10.7}$$

Die Bedingung für die Existenz der Lösungen ist in diesem Fall $\frac{\Gamma}{4\pi v_\infty} \ge 1$. Wieder unterscheiden wir zwei Fälle:

2a) $\frac{\Gamma}{4\pi v_\infty} = 1$. In diesem Fall folgt $r_1 = r_2 = R$ und das entspricht dem Fall 1b).

2b) $\frac{\Gamma}{4\pi v_\infty} > 1$. Hier verlassen die Staupunkte den Rand des Zylinders. Es gibt dann einen Staupunkt außerhalb und einen innerhalb des Zylinders. Den zugehörigen ψ-Wert erhält man durch Einsetzen von $r_{1,2}$ und $\theta_{1,2}$ in die Stromfunktion. Als Beispiel sei $R = 1$

und $\frac{\Gamma}{4\pi v_\infty} = 1{,}5$. Dann erhält man aus (6.10.7) $r_{1,2} = -1{,}5 \pm \sqrt{1{,}25}$. Der ψ-Wert für den unteren Staupunkt lautet

$$\psi_{\text{konst}} = (-1{,}5 - \sqrt{1{,}25}) \cdot \left[1 - \frac{1}{(-1{,}5 - \sqrt{1{,}25})^2}\right] + 3\ln|-1{,}5 - \sqrt{1{,}25}| \approx 0{,}65.$$

Wir skizzieren (Abb. 6.11 links) also

$$x(r) = r\sqrt{1 - \left(r \cdot \frac{\psi_{\text{konst}} - 3\ln r}{r^2 - 1}\right)^2}, \quad y(r) = r^2\left(\frac{\psi_{\text{konst}} - 3\ln r}{r^2 - 1}\right)$$

$$\text{mit} \quad R = 1, \quad \frac{\Gamma}{4\pi v_\infty} = 1{,}5, \quad \psi_{\text{konst}} = 0, 0{,}3, 0{,}65, 0{,}8, 1. \tag{6.10.8}$$

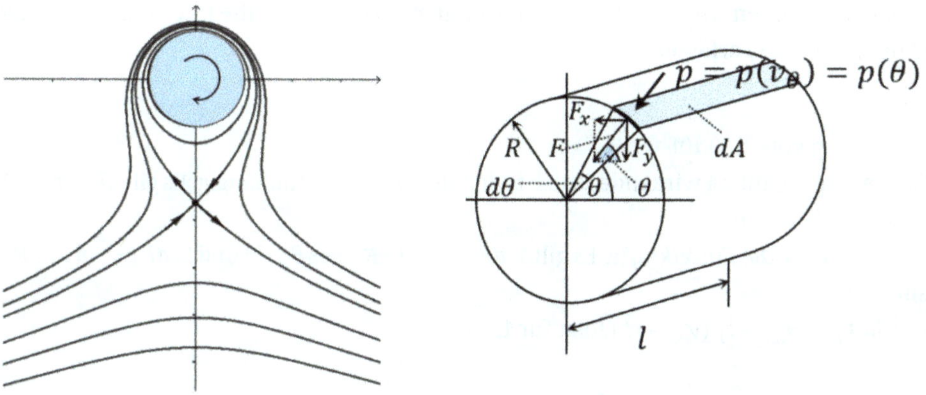

Abb. 6.10: Graphen von (6.10.8) und Kräfte auf den sich drehenden, umströmten Zylinder.

Druckverteilung. Auf dem Rand gilt mit (6.10.3)

$$\begin{aligned} v^2 = v_r^2 + v_\theta^2 = v_\theta^2 &= \left(2v_\infty \sin\theta + \frac{\Gamma}{2\pi R}\right)^2 \\ &= 4v_\infty^2 \sin^2\theta + 2v_\infty \sin\theta \frac{\Gamma}{\pi R} + \left(\frac{\Gamma}{2\pi R}\right)^2 \end{aligned}$$

und es folgt

$$c_p = 1 - \left(\frac{v}{v_\infty}\right)^2 = 1 - \left[4\sin^2\theta + 8\sin\theta \frac{\Gamma}{4\pi R v_\infty} + 4\left(\frac{\Gamma}{4\pi R v_\infty}\right)^2\right]. \tag{6.10.9}$$

Man erkennt die Korrekturterme gegenüber $\Gamma = 0$. Wir skizzieren (6.10.9) in den drei Fällen $\frac{\Gamma}{4\pi R v_\infty} = 0{,}5$, $\frac{\Gamma}{4\pi R v_\infty} = 1$ und $\frac{\Gamma}{4\pi R v_\infty} = 1{,}5$ für die Zylinderunterseite (Abb. 6.11 links, mitte und unten respektive).

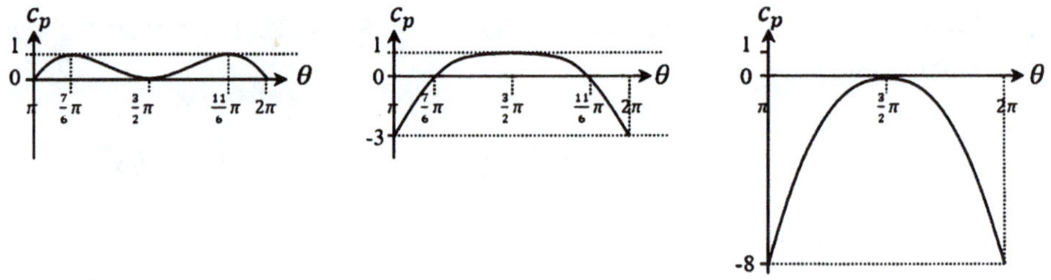

Abb. 6.11: Graphen von (6.10.9).

Wirkende Kräfte auf den umströmten Zylinder

Schließlich wollen wir noch die auf den Zylinder wirkenden Kräfte in x- und y-Richtung (Abb. 6.10 rechts) erfassen.

Herleitung von (6.10.10)–(6.10.13)

Der senkrecht auf dA wirkende Druck ist letztlich nur von θ abhängig. Es gilt $dF = p \cdot dA$ und $dA = l \cdot R \cdot d\theta$.

Bilanz für die Einzelkräfte: Es gilt 1. $dF_x = p \cdot l \cdot R \cdot \cos\theta \cdot d\theta$ und 2. $dF_y = -p \cdot l \cdot R \cdot \sin\theta \cdot d\theta$.

Mit $p = p_\infty + \frac{1}{2}\rho(v_\infty^2 - v^2)$ folgt für 1.

$$F_x = Rl \int_0^{2\pi} \left[p_\infty \cos\theta + \frac{1}{2}\rho(v_\infty^2 - v^2)\cos\theta \right] d\theta. \tag{6.10.10}$$

Das erste Teilintegral ist null, womit sich für (6.10.10)

$$F_x = \frac{1}{2}\rho R l \int_0^{2\pi} (v_\infty^2 - v^2)\cos\theta d\theta = \frac{1}{2}\rho R l v_\infty^2 \int_0^{2\pi} c_p \cos\theta d\theta = 0$$

ergibt. Die Kraft in x-Richtung ist somit null, egal ob sich der Zylinder rotiert oder nicht. Dies bezeichnet man als D'Alembert'sches Paradoxon. Sobald die Reibung wieder berücksichtigt würde, wäre $F_x \neq 0$.

Nun wenden wir uns der 2. Bilanz für dF_y zu. Die Integration liefert

$$F_y = -Rl \int_0^{2\pi} \left[p_\infty \sin\theta + \frac{1}{2}\rho(v_\infty^2 - v^2)\sin\theta \right] d\theta. \tag{6.10.11}$$

Wiederum ist das erste Teilintegral null und man erhält für (6.10.11)

$$F_y = -\frac{1}{2}\rho Rl \int_0^{2\pi} (v_\infty^2 - v^2) \sin\theta d\theta = -\frac{1}{2}\rho Rlv_\infty^2 \int_0^{2\pi} c_p \sin\theta d\theta$$

$$= -\frac{1}{2}\rho Rlv_\infty^2 \int_0^{2\pi} \left(1 - \left[4\sin^2\theta + 8\sin\theta \cdot \frac{\Gamma}{4\pi Rv_\infty} + 4 \cdot \left(\frac{\Gamma}{4\pi Rv_\infty}\right)^2\right]\right) \sin\theta d\theta. \quad (6.10.12)$$

Einzig die gerade Potenz $\sin^2\theta$ liefert einen von null verschiedenen Beitrag π. Damit schreibt sich (6.10.12) als $F_y = \frac{1}{2}\rho Rlv_\infty^2 \cdot 8\pi \cdot \frac{\Gamma}{4\pi Rv_\infty}$. Der maximale Auftrieb wird für $\frac{\Gamma}{4\pi Rv_\infty} = 1$ erreicht und beträgt $F_{y,\max} = \frac{1}{2}\rho Rlv_\infty^2 \cdot 8\pi$. Die tatsächlich angeströmte Fläche ist die Querschnittsfläche $A = 2R \cdot l$, womit man schließlich

$$F_{y,\max} = 4\pi \cdot \frac{1}{2}\rho Av_\infty^2 \quad (6.10.13)$$

erhält. Damit steht 4π als maximaler Auftriebswert c_A fest. Dieser Wert ist um ein Vielfaches zu hoch. Grund dafür ist wiederum die vernachlässigte Reibung. Interessanter ist aber, dass der Zylinder in x-Richtung, rotierend oder ruhend, keine Widerstandskraft erfährt, was der Erfahrung völlig widerspricht. Man nennt dies zwar „D'Alembert'sches Paradoxon", aber dieses lässt sich auch nicht als solches auflösen. Vielmehr erhält man allgemein:

Ergebnis. Das Modell der Potentialströmung erweist sich, zumindest in Wandnähe, als falsch, weil das Fluid als nicht viskos aufgefasst und deshalb die Reibung unbeachtet bleibt.

7 Keil- und Eckströmungen

Eine weitere Familie von Strömungen finden wir bei der Untersuchung der Laplace-Gleichung in Polarkoordinaten (5.1.9).

Herleitung von (7.1)–(7.5)

Eine offensichtliche Lösung ist $\phi(r, \theta) = v_\infty \cdot r \sin\theta$, was nichts Anderes als die Translationsströmung $\phi(x, y) = v_\infty \cdot x$ in kartesischen Koordinaten darstellt. In diese Richtung weitergedacht, ergibt sich

$$\phi(r, \theta) = v_\infty \cdot r^n \cos(n\theta). \tag{7.1}$$

Weiter gilt nach (5.1.10)

$$\begin{aligned} v_r &= \frac{1}{r} \cdot \frac{\partial \psi}{\partial \theta} = \frac{\partial \phi}{\partial r} = v_\infty \cdot n r^{n-1} \cos(n\theta) \quad \text{und} \\ v_\theta &= -\frac{\partial \psi}{\partial r} = \frac{1}{r} \cdot \frac{\partial \phi}{\partial \theta} = -v_\infty \cdot n r^{n-1} \sin(n\theta). \end{aligned} \tag{7.2}$$

Potential und Stromfunktion. Durch Integration von v_r resp. v_θ folgt $\psi = v_\infty \cdot r^n \sin(n\theta) + C_1(r)$ resp. $\psi = v_\infty \cdot r^n \sin(n\theta) + C_2(\theta)$ und daraus

$$\psi(r, \theta) = v_\infty \cdot r^n \sin(n\theta). \tag{7.3}$$

Um zu zeigen, dass es sich um Eckströmungen handelt, setzen wir in (7.3) $\psi = \psi_{\text{konst.}}$ und erhalten

$$r(\theta) = \frac{\psi^*_{\text{konst.}}}{\sqrt[n]{\sin(n\theta)}}. \tag{7.4}$$

Damit $\sin(n\theta) > 0$, muss $0 < \theta < \frac{\pi}{n}$ sein. Die Werte von r sinken dann von $r = \infty$ bis zum Minumum $r = \psi^*_{\text{konst.}}$ für $\theta = \frac{\pi}{2n}$ ab und steigen wieder bis $r = \infty$ an.

Offenbar sind das Keil- oder Eckströmungen mit einem Zwischenwinkel von $\alpha = 2(\pi - \frac{\pi}{n})$.

Druckverteilung. Es gilt $v^2 = v_r^2 + v_\theta^2 = v_\infty^2 \cdot n^2 \cdot r^{2n-2}$ und folglich

$$c_p = 1 - \left(\frac{v}{v_\infty}\right)^2 = 1 - n^2 \cdot r^{2n-2}. \tag{7.5}$$

In Abb. 7.1 sind jeweils vier Stromlinien von (7.4) mit $\psi_{\text{konst}} = 1, 2, 3, 4$ mit $v_\infty = 1$ dargestellt.

Ergebnis. Die Stromlinien von $\psi(r, \theta) = v_\infty \cdot r^n \sin(n\theta)$ beschreiben allesamt Keil- oder Eckströmungen. Einziger Staupunkt ist jeweils (außer für $n = 1$) der Eckpunkt.

https://doi.org/10.1515/9783111345864-007

n	Winkel α	Stromfunktion	Stromlinien	Druckbeiwert c_p
4	$\frac{\pi}{4}$	$\psi(r,\theta) = v_\infty \cdot r^4 sin(4\theta)$	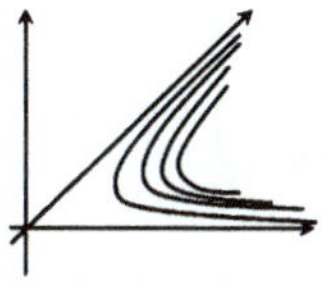	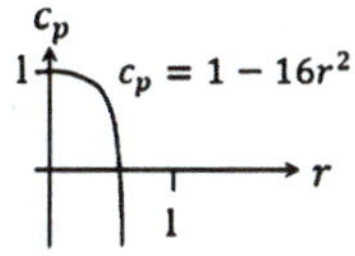
2	$\frac{\pi}{2}$	$\psi(r,\theta) = v_\infty \cdot r^2 sin(2\theta)$	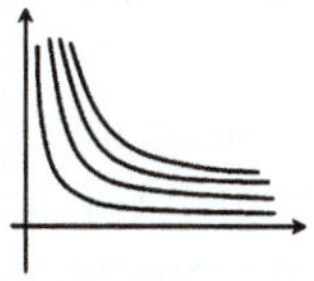	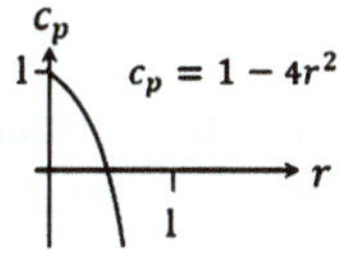
$\frac{3}{2}$	$\frac{2}{3}\pi$	$\psi(r,\theta) = v_\infty \cdot r^{\frac{3}{2}} sin\left(\frac{3}{2}\theta\right)$	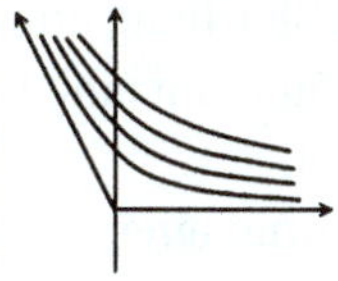	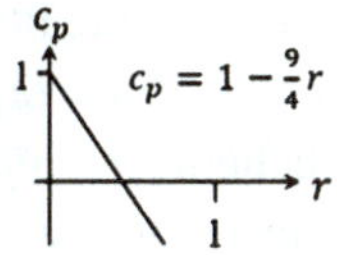
1	π	$\psi(r,\theta) = v_\infty \cdot r sin(\theta)$	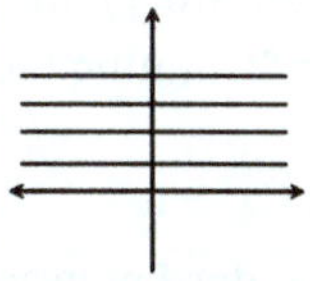	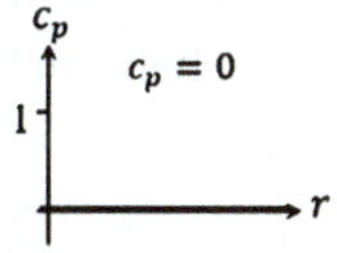
$\frac{3}{4}$	$\frac{4}{3}\pi$	$\psi(r,\theta) = v_\infty \cdot r^{\frac{3}{4}} sin\left(\frac{3}{4}\theta\right)$	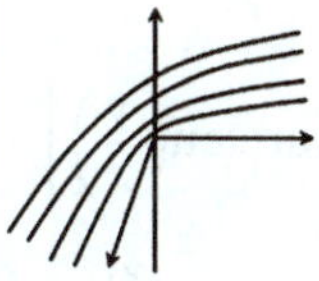	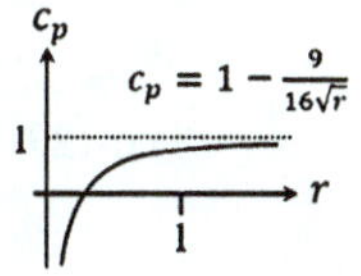
$\frac{1}{2}$	2π	$\psi(r,\theta) = v_\infty \cdot r^{\frac{1}{2}} sin\left(\frac{1}{2}\theta\right)$	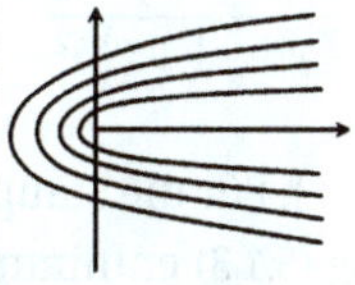	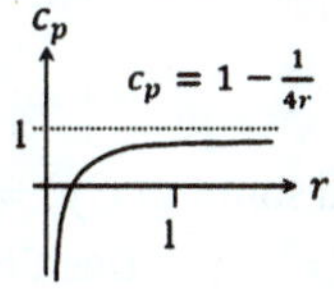

Abb. 7.1: Übersicht zu den Keilströmungen.

Beispiel 1. Es soll die Strömung eines Keils mit dem Öffnungswinkel $\alpha = \frac{\pi}{8}$ und $v_\infty = 1$ simuliert werden.

a) Wie lauten Potential und Stromfunktion?
b) In welcher Entfernung zum Eckpunkt auf der Innenwand der Ecke beträgt der Druckbeiwert $c_p = -0.5$?

Lösung.

a) Es folgt $\frac{\pi}{8} = 2(\pi - \frac{\pi}{n})$ und $n = \frac{16}{15}$. Potential und Stromfunktion lauten dann

$$\phi(r,\theta) = v_\infty \cdot r^{\frac{16}{15}} \cdot \cos\left(\frac{16}{15}\theta\right) \quad \text{bzw.} \quad \psi(r,\theta) = v_\infty \cdot r^{\frac{16}{15}} \cdot \sin\left(\frac{16}{15}\theta\right).$$

b) Mit

$$c_p = 1 - \left(\frac{16}{15}\right)^2 \cdot r^{2\cdot(\frac{16}{15})-2} = -0.5$$

erhält man die Entfernung zu $r = 7.95\,\text{m}$.

Beispiel 2. Spiegelt man die Strömung im Fall $n = 2$ an der y-Achse so ergibt sich der Verlauf einer senkrecht angeströmten Wand, auch Staupunktströmung genannt.

a) Bestimmen Sie Potential und Stromfunktion in kartesischen Koordinaten.

b) Wenden Sie die Bernoulli-Gleichung auf die senkrechte Stromlinie ψ_a an und vergleichen Sie das Ergebnis für S mit einem genügend weit vom Staupunkt S entfernten beliebigen Punkt $A(0, y)$.
Wiederholen Sie dasselbe für einen beliebigen Punkt $B(x, y)$ auf einer anderen Stromlinie ψ_b im Vergleich zu $A(0, y)$ und leiten Sie eine Formel für den Druck p in einem beliebigen Punkt der Strömung her.

Lösung.

a) Mit (7.1) folgt mit $r^2 = x^2 + y^2$ das Potential zu $\phi(r, \theta) = a \cdot r^2 \cos(2\theta)$. Weiter ist

$$\cos(2\theta) = \cos\left[2\arctan\left(\frac{y}{x}\right)\right] = \left[\frac{1}{\sqrt{1+(\frac{y}{x})^2}}\right]^2 - \left[\frac{\frac{y}{x}}{\sqrt{1+(\frac{y}{x})^2}}\right]^2$$

$$= \frac{1}{1+(\frac{y}{x})^2} - \frac{(\frac{y}{x})^2}{1+(\frac{y}{x})^2} = \frac{x^2-y^2}{x^2+y^2}$$

und somit $\phi(x, y) = a(x^2-y^2)$. Für die Staupunktströmung nimmt man aber $\phi(x, y) = \frac{1}{2}a(x^2 - y^2)$. Der Gleichung (5.1.3) entnimmt man noch $\frac{\partial\psi}{\partial y} = \frac{\partial\phi}{\partial x}, \frac{\partial\psi}{\partial y} = ax$ und somit $\psi(x, y) = axy$. Stromfunktionen (und Potentiale) entsprechen Hyperbeln (und Halbkreise) um das Zentrum (Abb. 7.2).

b) Die Geschwindigkeiten ergeben sich zu $v_x = ax$ und $v_y = ay$. Der 1. Vergleich mit (3.3.10) liefert $p_A + \frac{1}{2}\rho a^2 = p_{\text{Stau}}$. Da A weit von S entfernt liegt, können wir mit einem kleinen Fehler A auf ψ_b setzen, womit die Bernoulli-Gleichung abermals gültig ist. Man erhält $p_A + \frac{1}{2}\rho a^2 = p_B + \frac{1}{2}\rho v^2$ oder $p_{\text{Stau}} = p_B + \frac{1}{2}\rho a^2(x^2 + y^2)$. Schließlich folgt $p(x, y) = p_{\text{Stau}} - \frac{1}{2}\rho a^2(x^2 + y^2)$. Interessant sind noch die Isobaren (p = konst.). Man erhält konzentrische Kreise um S mit dem Radius

$$R = \frac{1}{a}\sqrt{\frac{2(p_{\text{Stau}} - p_{\text{konst.}})}{\rho}}$$

(Abb. 7.2 gestrichelt).

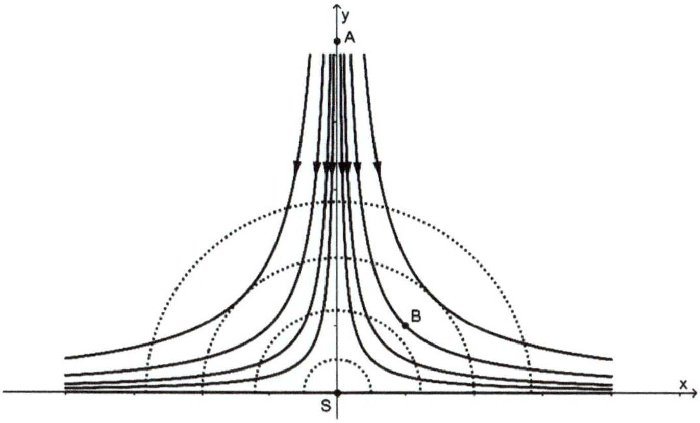

Abb. 7.2: Graphen einiger Stromfunktionen der ebenen Staupunktströmung.

Bemerkung. Keil- bzw. Eckströmungen und die Umströmung des Zylinders und des Rankine-Körpers sind nur einseitig begrenzt. Wählt man als weitere Begrenzung eine Stromlinie, dann bleibt der Strömungsverlauf natürlich bestehen. Problematisch wird es, wenn man das Gebiet innerhalb dessen die Strömung verlaufen soll, vorgibt. Dies könnte beispielsweise ein rechtwinklig abzweigendes Rohr sein. Man kann nun nicht etwa die Stromfunktion für die beiden Ablenkungen um $\frac{\pi}{2}$ und $\frac{3}{2}\pi$ zusammensetzen. Solchen Fragestellungen kann man nur mit numerischen Methoden wie der Finite-Elemente-Methode (FEM) beikommen. Programme wie beispielsweis „Maple" erlauben es bei gegebenen Randbedingungen ein Geschwindigkeitsfeld der Strömung zu erstellen. Der Umgang mit solchen Programmen ist nicht Teil dieser Reihe.

8 Räumliche Potentialströmungen

Zur Beschreibung (drehsymmetrischer) räumlicher Potentialströmungen benötigen wir den Laplace-Operator in Kugelkoordinaten (Abb. 8.1 links).

Herleitung von (8.1)–(8.14)

Es gilt $x = r\sin\theta\cos\varphi$, $r = \sqrt{x^2+y^2+z^2}$, $y = r\sin\theta\sin\varphi$, $\varphi = \arctan(\frac{y}{x})$, $z = r\cos\theta$, $\theta = \arccos(\frac{z}{\sqrt{x^2+y^2+z^2}})$ und

$$\operatorname{grad}\phi = \begin{pmatrix} v_x \\ v_y \\ v_z \end{pmatrix} = \begin{pmatrix} \frac{\partial\phi}{\partial x} \\ \frac{\partial\phi}{\partial y} \\ \frac{\partial\phi}{\partial z} \end{pmatrix}.$$

Wir berechnen nacheinander:

$$\begin{aligned}
\frac{\partial\phi}{\partial x} &= \frac{\partial\phi}{\partial r}\cdot\frac{\partial r}{\partial x} + \frac{\partial\phi}{\partial\varphi}\cdot\frac{\partial\varphi}{\partial x} + \frac{\partial\phi}{\partial\theta}\cdot\frac{\partial\theta}{\partial x} \\
&= \frac{\partial\phi}{\partial r}\cdot\sin\theta\cos\varphi + \frac{\partial\phi}{\partial\varphi}\cdot\left(-\frac{\sin\varphi}{r\sin\theta}\right) + \frac{\partial\phi}{\partial\theta}\cdot\frac{\cos\theta\cos\varphi}{r}, \qquad (8.1)\\
\frac{\partial\phi}{\partial y} &= \frac{\partial\phi}{\partial r}\cdot\frac{\partial r}{\partial y} + \frac{\partial\phi}{\partial\varphi}\cdot\frac{\partial\varphi}{\partial y} + \frac{\partial\phi}{\partial\theta}\cdot\frac{\partial\theta}{\partial y} \\
&= \frac{\partial\phi}{\partial r}\cdot\sin\theta\sin\varphi + \frac{\partial\phi}{\partial\varphi}\cdot\frac{\cos\varphi}{r\sin\theta} + \frac{\partial\phi}{\partial\theta}\cdot\frac{\cos\theta\sin\varphi}{r}, \qquad (8.2)\\
\frac{\partial\phi}{\partial z} &= \frac{\partial\phi}{\partial r}\cdot\frac{\partial r}{\partial z} + \frac{\partial\phi}{\partial\varphi}\cdot\frac{\partial\varphi}{\partial z} + \frac{\partial\phi}{\partial\theta}\cdot\frac{\partial\theta}{\partial z} = \frac{\partial\phi}{\partial r}\cdot\cos\theta + \frac{\partial\phi}{\partial\varphi}\cdot 0 + \frac{\partial\phi}{\partial\theta}\cdot\left(-\frac{\sin\theta}{r}\right), \qquad (8.3)\\
\frac{\partial^2\phi}{\partial x^2} &= \left(\sin\theta\cos\varphi\cdot\frac{\partial}{\partial r} - \frac{\sin\varphi}{r\sin\theta}\cdot\frac{\partial}{\partial\varphi} + \frac{\cos\theta\cos\varphi}{r}\cdot\frac{\partial}{\partial\theta}\right) \\
&\quad\cdot\left(\sin\theta\cos\varphi\cdot\frac{\partial\phi}{\partial r} - \frac{\sin\varphi}{r\sin\theta}\cdot\frac{\partial\phi}{\partial\varphi} + \frac{\cos\theta\cos\varphi}{r}\cdot\frac{\partial\phi}{\partial\theta}\right) \\
&= \sin\theta\cos\varphi\cdot\frac{\partial}{\partial r}\left(\sin\theta\cos\varphi\cdot\frac{\partial\phi}{\partial r} - \frac{\sin\varphi}{r\sin\theta}\cdot\frac{\partial\phi}{\partial\varphi} + \frac{\cos\theta\cos\varphi}{r}\cdot\frac{\partial\phi}{\partial\theta}\right) \\
&\quad - \frac{\sin\varphi}{r\sin\theta}\cdot\frac{\partial}{\partial\varphi}\left(\sin\theta\cos\varphi\cdot\frac{\partial\phi}{\partial r} - \frac{\sin\varphi}{r\sin\theta}\cdot\frac{\partial\phi}{\partial\varphi} + \frac{\cos\theta\cos\varphi}{r}\cdot\frac{\partial\phi}{\partial\theta}\right) \\
&\quad + \frac{\cos\theta\cos\varphi}{r}\cdot\frac{\partial}{\partial\theta}\left(\sin\theta\cos\varphi\cdot\frac{\partial\phi}{\partial r} - \frac{\sin\varphi}{r\sin\theta}\cdot\frac{\partial\phi}{\partial\varphi} + \frac{\cos\theta\cos\varphi}{r}\cdot\frac{\partial\phi}{\partial\theta}\right) \\
&= \sin^2\theta\cos^2\varphi\cdot\frac{\partial^2\phi}{\partial r^2} + \frac{\sin^2\varphi}{r^2\sin^2\theta}\cdot\frac{\partial^2\phi}{\partial\varphi^2} + \frac{\cos^2\theta\cos^2\varphi}{r^2}\cdot\frac{\partial^2\phi}{\partial\theta^2} \\
&\quad + \left(\frac{\cos^2\theta\cos^2\varphi}{r} + \frac{\sin^2\varphi}{r}\right)\cdot\frac{\partial\phi}{\partial r}
\end{aligned}$$

https://doi.org/10.1515/9783111345864-008

$$
\begin{aligned}
&+\left(\frac{\sin\varphi\cos\varphi}{r^2}+\frac{\cos^2\theta\sin\varphi\cos\varphi}{r^2\sin^2\theta}+\frac{\sin\varphi\cos\varphi}{r^2\sin^2\theta}\right)\cdot\frac{\partial\phi}{\partial\varphi}\\
&+\left(\frac{\cos\theta\sin^2\varphi}{r^2\sin\theta}-\frac{2\sin\theta\cos\theta\cos^2\varphi}{r^2}\right)\cdot\frac{\partial\phi}{\partial\theta}\\
&+\frac{2\sin\theta\cos\theta\cos^2\varphi}{r}\cdot\frac{\partial^2\phi}{\partial r\partial\theta}-\frac{2\sin\varphi\cos\varphi}{r}\cdot\frac{\partial^2\phi}{\partial r\partial\varphi}\\
&-\frac{2\cos\theta\sin\varphi\cos\varphi}{r^2\sin\theta}\cdot\frac{\partial^2\phi}{\partial\varphi\partial\theta},
\end{aligned}
\tag{8.4}
$$

$$
\begin{aligned}
\frac{\partial^2\phi}{\partial y^2}&=\left(\sin\theta\sin\varphi\cdot\frac{\partial}{\partial r}-\frac{\cos\varphi}{r\sin\theta}\cdot\frac{\partial}{\partial\varphi}+\frac{\cos\theta\sin\varphi}{r}\cdot\frac{\partial}{\partial\theta}\right)\\
&\quad\cdot\left(\sin\theta\sin\varphi\cdot\frac{\partial\phi}{\partial r}-\frac{\cos\varphi}{r\sin\theta}\cdot\frac{\partial\phi}{\partial\varphi}+\frac{\cos\theta\sin\varphi}{r}\cdot\frac{\partial\phi}{\partial\theta}\right)\\
&=\sin\theta\sin\varphi\cdot\frac{\partial}{\partial r}\left(\sin\theta\sin\varphi\cdot\frac{\partial\phi}{\partial r}-\frac{\cos\varphi}{r\sin\theta}\cdot\frac{\partial\phi}{\partial\varphi}+\frac{\cos\theta\sin\varphi}{r}\cdot\frac{\partial\phi}{\partial\theta}\right)\\
&\quad-\frac{\cos\varphi}{r\sin\theta}\cdot\frac{\partial}{\partial\varphi}\left(\sin\theta\sin\varphi\cdot\frac{\partial\phi}{\partial r}-\frac{\cos\varphi}{r\sin\theta}\cdot\frac{\partial\phi}{\partial\varphi}+\frac{\cos\theta\sin\varphi}{r}\cdot\frac{\partial\phi}{\partial\theta}\right)\\
&\quad+\frac{\cos\theta\sin\varphi}{r}\cdot\frac{\partial}{\partial\theta}\left(\sin\theta\sin\varphi\cdot\frac{\partial\phi}{\partial r}-\frac{\cos\varphi}{r\sin\theta}\cdot\frac{\partial\phi}{\partial\varphi}+\frac{\cos\theta\sin\varphi}{r}\cdot\frac{\partial\phi}{\partial\theta}\right)\\
&=\sin^2\theta\sin^2\varphi\cdot\frac{\partial^2\phi}{\partial r^2}+\frac{\cos^2\varphi}{r^2\sin^2\theta}\cdot\frac{\partial^2\phi}{\partial\varphi^2}+\frac{\cos^2\theta\sin^2\varphi}{r^2}\cdot\frac{\partial^2\phi}{\partial\theta^2}\\
&\quad+\left(\frac{\cos^2\theta\sin^2\varphi}{r}+\frac{\cos^2\varphi}{r}\right)\cdot\frac{\partial\phi}{\partial r}\\
&\quad+\left(\frac{\sin\varphi\cos\varphi}{r^2}+\frac{\cos^2\theta\sin\varphi\cos\varphi}{r^2\sin^2\theta}+\frac{\sin\varphi\cos\varphi}{r^2\sin^2\theta}\right)\cdot\frac{\partial\phi}{\partial\varphi}\\
&\quad+\left(\frac{\cos\theta\cos^2\varphi}{r^2\sin\theta}-\frac{2\sin\theta\cos\theta\sin^2\varphi}{r^2}\right)\cdot\frac{\partial\phi}{\partial\theta}\\
&\quad+\frac{2\sin\theta\cos\theta\sin^2\varphi}{r}\cdot\frac{\partial^2\phi}{\partial r\partial\theta}+\frac{2\sin\varphi\cos\varphi}{r}\cdot\frac{\partial^2\phi}{\partial r\partial\varphi}\\
&\quad+\frac{2\cos\theta\sin\varphi\cos\varphi}{r^2\sin\theta}\cdot\frac{\partial^2\phi}{\partial\varphi\partial\theta}
\end{aligned}
\tag{8.5}
$$

und

$$
\begin{aligned}
\frac{\partial^2\phi}{\partial z^2}&=\left(\cos\theta\cdot\frac{\partial}{\partial r}-\frac{\sin\theta}{r}\cdot\frac{\partial}{\partial\theta}\right)\left(\cos\theta\cdot\frac{\partial\phi}{\partial r}-\frac{\sin\theta}{r}\cdot\frac{\partial\phi}{\partial\theta}\right)\\
&=\cos\theta\cdot\frac{\partial}{\partial r}\left(\cos\theta\cdot\frac{\partial\phi}{\partial r}-\frac{\sin\theta}{r}\cdot\frac{\partial\phi}{\partial\theta}\right)\\
&\quad-\frac{\sin\theta}{r}\cdot\frac{\partial}{\partial\theta}\left(\cos\theta\cdot\frac{\partial\phi}{\partial r}-\frac{\sin\theta}{r}\cdot\frac{\partial\phi}{\partial\theta}\right)\\
&=\cos^2\theta\cdot\frac{\partial^2\phi}{\partial r^2}+\frac{\sin^2\theta}{r^2}\cdot\frac{\partial^2\phi}{\partial\theta^2}
\end{aligned}
$$

$$+\frac{\sin^2\theta}{r}\cdot\frac{\partial\phi}{\partial r}+\frac{2\sin\theta\cos\theta}{r^2}\cdot\frac{\partial\phi}{\partial\theta}$$
$$-\frac{2\sin\theta\cos\theta}{r}\cdot\frac{\partial^2\phi}{\partial r\partial\theta}. \tag{8.6}$$

Zusammen mit (8.1)–(8.6) folgt:

$$\Delta\phi=\frac{\partial^2\phi}{\partial r^2}+\frac{2}{r}\cdot\frac{\partial\phi}{\partial r}+\frac{1}{r^2\sin^2\theta}\cdot\frac{\partial^2\phi}{\partial\varphi^2}+\frac{1}{r^2}\cdot\frac{\partial^2\phi}{\partial\theta^2}+\frac{\cos\theta}{r^2\sin\theta}\cdot\frac{\partial\phi}{\partial\theta}\quad\text{oder}$$
$$\Delta\phi=\frac{1}{r^2}\cdot\frac{\partial}{\partial r}\left(r^2\cdot\frac{\partial\phi}{\partial r}\right)+\frac{1}{r^2\sin^2\theta}\cdot\frac{\partial^2\phi}{\partial\varphi^2}+\frac{1}{r^2\sin\theta}\cdot\frac{\partial}{\partial\theta}\left(\sin\theta\cdot\frac{\partial\phi}{\partial\theta}\right). \tag{8.7}$$

Für ein rotationssymmetrisches Strömungspotential legt man sinnvollerweise die Strömungsachse in Richtung der z-Achse. Dann ist $v_\varphi = 0$ und $\frac{\partial\phi}{\partial\varphi} = 0$. Somit reduziert sich der Laplace-Operator (8.7) zu

$$\Delta\phi=\frac{1}{r^2}\cdot\frac{\partial}{\partial r}\left(r^2\cdot\frac{\partial\phi}{\partial r}\right)+\frac{1}{r^2\sin\theta}\cdot\frac{\partial}{\partial\theta}\left(\sin\theta\cdot\frac{\partial\phi}{\partial\theta}\right). \tag{8.8}$$

Räumliche Potentialströmungen müssen somit die Laplace-Gleichung

$$\frac{1}{r^2}\cdot\frac{\partial}{\partial r}\left(r^2\cdot\frac{\partial\phi}{\partial r}\right)+\frac{1}{r^2\sin\theta}\cdot\frac{\partial}{\partial\theta}\left(\sin\theta\cdot\frac{\partial\phi}{\partial\theta}\right)=0 \tag{8.9}$$

erfüllen.

Die Multiplikation von (8.9) mit $r^2\sin\theta$ liefert

$$\sin\theta\cdot\frac{\partial}{\partial r}\left(r^2\cdot\frac{\partial\phi}{\partial r}\right)+\frac{\partial}{\partial\theta}\left(\sin\theta\cdot\frac{\partial\phi}{\partial\theta}\right)=0\quad\text{oder}$$
$$\frac{\partial}{\partial r}\left(r^2\sin\theta\cdot\frac{\partial\phi}{\partial r}\right)+\frac{\partial}{\partial\theta}\left(\sin\theta\cdot\frac{\partial\phi}{\partial\theta}\right)=0. \tag{8.10}$$

Die Kontinuitätsgleichung folgt dann mit

$$\frac{\partial\phi}{\partial r}=v_r\quad\text{und}\quad\frac{1}{r}\cdot\frac{\partial\phi}{\partial\theta}=v_\theta \tag{8.11}$$

zu

$$\frac{\partial}{\partial r}(r^2\sin\theta\cdot v_r)+\frac{\partial}{\partial\theta}(r\sin\theta\cdot v_\theta)=0. \tag{8.12}$$

Die Zusammenhänge (8.11) werden weiter unten bewiesen.

Die Stromfunktion ψ wählen wir so, dass

$$r^2\sin\theta\cdot\frac{\partial\phi}{\partial r}=\frac{\partial\psi}{\partial\theta}\quad\text{und}\quad -r\sin\theta\cdot\frac{\partial\phi}{\partial\theta}=\frac{\partial\psi}{\partial r} \tag{8.13}$$

gilt. Die Kontinuitätsgleichung ist dann wieder erfüllt, nicht aber die Laplace-Gleichung, d. h. das Vertauschungsprinzip gilt nicht mehr.

Um diejenige DG zu finden, die ψ als Lösung besitzt, setzen wir unter Beachtung der Rotationsymmetrie an:

$$a \cdot \frac{\partial^2 \psi}{\partial r^2} + b \cdot \frac{\partial \psi}{\partial r} + c \cdot \frac{\partial^2 \psi}{\partial \theta^2} + d \cdot \frac{\partial \psi}{\partial \theta} = 0$$

und berechnen

$$\frac{\partial \psi}{\partial r} = -\sin\theta \cdot \frac{\partial \phi}{\partial \theta}, \quad \frac{\partial^2 \psi}{\partial r^2} = \frac{\partial}{\partial r}\left(-\sin\theta \cdot \frac{\partial \phi}{\partial \theta}\right) = -\sin\theta \cdot \frac{\partial^2 \phi}{\partial r \partial \theta}, \quad \frac{\partial \psi}{\partial \theta} = r^2 \sin\theta \cdot \frac{\partial \phi}{\partial r}$$

und

$$\begin{aligned}\frac{\partial^2 \psi}{\partial \theta^2} &= \frac{\partial}{\partial \theta}\left(\frac{\partial \psi}{\partial \theta}\right) = \frac{\partial}{\partial \theta}\left(r^2 \sin\theta \cdot \frac{\partial \phi}{\partial r}\right) = r^2 \frac{\partial}{\partial \theta}\left(\sin\theta \cdot \frac{\partial \phi}{\partial r}\right) \\ &= r^2 \cos\theta \cdot \frac{\partial \phi}{\partial r} + r^2 \sin\theta \cdot \frac{\partial^2 \phi}{\partial r \partial \theta}.\end{aligned}$$

Damit die Summe null ergibt, muss $a = r^2$, $b = 0$, $c = 1$ und $d = -\cot\theta$ gelten, was schließlich zur Bestimmungsgleichung

$$r^2 \frac{\partial^2 \psi}{\partial r^2} + \frac{\partial^2 \psi}{\partial \theta^2} - \cot\theta \cdot \frac{\partial \psi}{\partial \theta} = 0 \tag{8.14}$$

führt.

Beweis von (8.11). Beim Polarsystem findet eine Koordinatentransformation von kartesischen Punkten $P_1(x, y)$ in polare $P_1(R, \varphi)$ statt. In Analogie dazu wandeln Kugelkoordinaten kartesische Punkte $P_2(x, y, z)$ mit $x^2 + y^2 = R^2$ in polare $P_2(r, \varphi, \theta)$ um. Im ebenen Fall bilden P_1 zusammen mit $P_x(x, 0)$, $P_y(0, y)$ und $O(0, 0)$ ein Rechteck in der xy-Ebene, im räumlichen Fall beschreiben $P_R(x, y, 0)$, $P_z(0, 0, z)$, $P_{Rz}(x, y, z)$ und $O(0, 0, 0)$ ein Rechteck senkrecht auf die xy-Ebene.

Folgend wird noch der analytische Beweis erbracht.

Es gilt (Abb. 8.1 rechts)

$$\begin{aligned}\boldsymbol{e}_r &= \sin\theta\cos\varphi \cdot \boldsymbol{e}_x + \sin\theta\sin\varphi \cdot \boldsymbol{e}_y + \cos\theta \cdot \boldsymbol{e}_z, \\ \boldsymbol{e}_\theta &= \cos\theta\cos\varphi \cdot \boldsymbol{e}_x + \cos\theta\sin\varphi \cdot \boldsymbol{e}_y - \sin\theta \cdot \boldsymbol{e}_z \quad \text{und} \\ \boldsymbol{e}_\varphi &= -\sin\theta\sin\varphi \cdot \boldsymbol{e}_x + \sin\theta\cos\varphi \cdot \boldsymbol{e}_y.\end{aligned} \tag{8.15}$$

Die Vektoren $\boldsymbol{a} = \sin\theta\cos\varphi \cdot \boldsymbol{e}_x + \sin\theta\sin\varphi \cdot \boldsymbol{e}_y$ und $\boldsymbol{b} = \cos\theta \cdot \boldsymbol{e}_z$ besitzen die Längen $\sin\theta$ und $\cos\theta$ respektive. Deswegen muss man beide wieder auf die Länge Eins normieren und sie mit $\cos\theta$ bzw. $-\sin\theta$ wieder multiplizieren. Dann sind $\boldsymbol{e}_r$ und $\boldsymbol{e}_\theta$ orthogonal mit der Länge eins.

Ein beliebiger Geschwindigkeitsvektor in Kugelkoordinaten besitzt dann unter Verwendung von (8.15) die Darstellung

$$
\begin{aligned}
v_{r,\varphi,\theta} &= v_r \cdot \boldsymbol{e}_r + v_\theta \cdot \boldsymbol{e}_\theta + v_\varphi \cdot \boldsymbol{e}_\varphi \\
&= v_r(\sin\theta\cos\varphi \cdot \boldsymbol{e}_x + \sin\theta\sin\varphi \cdot \boldsymbol{e}_y + \cos\theta \cdot \boldsymbol{e}_z) \\
&\quad + v_\theta(\cos\theta\cos\varphi \cdot \boldsymbol{e}_x + \cos\theta\sin\varphi \cdot \boldsymbol{e}_y - \sin\theta \cdot \boldsymbol{e}_z) \\
&\quad + v_\varphi(-v_\varphi \sin\theta\sin\varphi \cdot \boldsymbol{e}_x + \sin\theta\cos\varphi \cdot \boldsymbol{e}_y) \\
&= (v_r \sin\theta\cos\varphi + v_\theta\cos\theta\cos\varphi - v_\varphi \sin\theta\sin\varphi) \cdot \boldsymbol{e}_x \\
&\quad + (v_r \sin\theta\sin\varphi + v_\theta\cos\theta\sin\varphi + v_\varphi\sin\theta\cos\varphi) \cdot \boldsymbol{e}_y \\
&\quad + (v_r\cos\theta - v_\theta\sin\theta) \cdot \boldsymbol{e}_z.
\end{aligned} \tag{8.16}
$$

Aus (8.16) entnimmt man

$$
\begin{aligned}
v_x &= v_r \sin\theta\cos\varphi + v_\theta\cos\theta\cos\varphi - v_\varphi\sin\theta\sin\varphi, \\
v_y &= v_r \sin\theta\sin\varphi + v_\theta\cos\theta\sin\varphi + v_\varphi\sin\theta\cos\varphi \quad \text{und} \\
v_z &= v_r\cos\theta - v_\theta\sin\theta.
\end{aligned} \tag{8.17}
$$

Löst man (8.17) nach den Geschwindigkeiten in Kugelkoordinaten auf, so ergibt sich

$$
\begin{aligned}
v_r &= v_x \sin\theta\cos\varphi + v_y\sin\theta\sin\varphi + v_z\cos\theta, \\
v_\theta &= v_x\cos\theta\cos\varphi + v_y\cos\theta\sin\varphi - v_z\sin\theta \quad \text{und} \\
v_\varphi &= -v_x\sin\theta\sin\varphi + v_y\sin\theta\cos\varphi.
\end{aligned} \tag{8.18}
$$

Für den letzten Beweisschritt bilden wir die totalen Ableitungen:

$$
\begin{aligned}
\frac{\partial\phi}{\partial r} &= \frac{\partial\phi}{\partial x}\cdot\frac{\partial x}{\partial r} + \frac{\partial\phi}{\partial y}\cdot\frac{\partial y}{\partial r} + \frac{\partial\phi}{\partial z}\cdot\frac{\partial z}{\partial r} = v_x\sin\theta\cos\varphi + v_y\sin\theta\sin\varphi + v_z\cos\theta, \\
\frac{\partial\phi}{\partial\theta} &= \frac{\partial\phi}{\partial x}\cdot\frac{\partial x}{\partial\theta} + \frac{\partial\phi}{\partial y}\cdot\frac{\partial y}{\partial\theta} + \frac{\partial\phi}{\partial z}\cdot\frac{\partial z}{\partial\theta} = v_x r\cos\theta\cos\varphi + v_y r\cos\theta\sin\varphi - v_z r\sin\theta \quad \text{und} \\
\frac{\partial\phi}{\partial\varphi} &= \frac{\partial\phi}{\partial x}\cdot\frac{\partial x}{\partial\varphi} + \frac{\partial\phi}{\partial y}\cdot\frac{\partial y}{\partial\varphi} + \frac{\partial\phi}{\partial z}\cdot\frac{\partial z}{\partial\varphi} = -v_x r\sin\theta\sin\varphi + v_y r\sin\theta\cos\varphi.
\end{aligned} \tag{8.19}
$$

Der Vergleich von (8.19) mit der Gleichung (8.18) liefert endlich $v_r = \frac{\partial\phi}{\partial r}$, $v_\theta = \frac{1}{r}\cdot\frac{\partial\phi}{\partial\theta}$ und $v_\varphi = \frac{1}{r}\cdot\frac{\partial\phi}{\partial\varphi}$. Bei der Drehsymmetrie ist $v_\varphi = 0$. q. e. d.

8.1 Räumliche Translationsströmung

Herleitung von (8.1.1) und (8.1.2)

Stromfunktion und Potential. Die Strömung v_∞ erfolgt in x-Richtung. Man hat $v_r = v_\infty \cdot \cos\theta$, $v_\theta = -v_\infty \cdot \sin\theta$ und $\frac{\partial\phi}{\partial r} = v_r = v_\infty \cdot \cos\theta$, woraus $\phi(r) = v_\infty \cdot r\cos\theta + C_1(\theta)$ folgt.

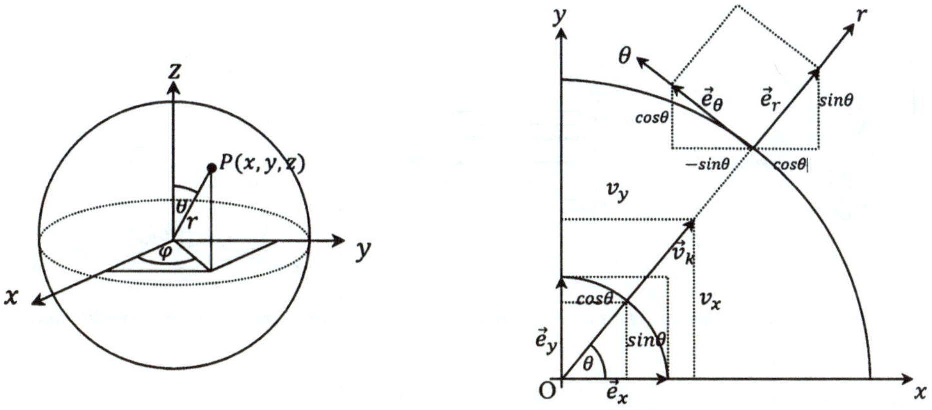

Abb. 8.1: Skizzen zum Laplace-Operator in Kugelkoordinaten.

Anderseits ist $\frac{1}{r} \cdot \frac{\partial \phi}{\partial \theta} = v_\theta = -v_\infty \cdot \sin\theta$ und somit $\phi(\theta) = v_\infty \cdot r\cos\theta + C_2(r)$. Insgesamt folgt

$$\phi(r,\theta) = v_\infty \cdot r\cos\theta. \tag{8.1.1}$$

Für ϕ = konst. erhält man $r = \frac{\phi_{\text{konst.}}}{\cos\theta}$, also senkrechte Geraden im Abstand $\phi_{\text{konst.}}$ zur z-Achse und durch Rotation eine Geradenschar (Abb. 8.2 links). Weiter ist $-\frac{1}{r\sin\theta} \cdot \frac{\partial \psi}{\partial r} = v_\theta = -v_\infty \cdot \sin\theta$ und somit $\psi(r) = \frac{1}{2}v_\infty \cdot r^2\sin^2\theta + C_1(\theta)$. Weiter gilt

$$\frac{1}{r^2\sin\theta} \cdot \frac{\partial \psi}{\partial \theta} = v_r = v_\infty \cdot \cos\theta \quad \text{und} \quad \psi(\theta) = \frac{1}{2}v_\infty \cdot r^2\sin^2\theta + C_2(r).$$

Insgesamt ergibt sich

$$\psi(r,\theta) = \frac{1}{2}v_\infty \cdot r^2\sin^2\theta. \tag{8.1.2}$$

Für ψ = konst. erhält man $r = \frac{\psi_{\text{konst.}}}{\sin\theta}$, also waagerechte Geraden im Abstand $\psi_{\text{konst.}}$ zur x-Achse und durch Rotation einen Zylindermantel (Abb. 8.2 mitte). Die Orthogonalität der Potential- und Stromlinien ist offensichtlich.

Druckverteilung. Die Gleichung (3.3.10) liefert $\frac{1}{2}\rho v^2 + p = \frac{1}{2}\rho v_0^2 + p_\infty$. Da nun $v_0 = v = v_\infty$ gilt, folgt $p = p_\infty$.

8.2 Räumliche Staupunktströmung

Eine räumliche Staupunktströmung ließe sich auch in Kugelkoordinaten beschreiben. Wir wählen aber Zylinderkoordinaten, damit der Laplace-Operator sowohl in kartesischen und polaren Koordinaten, wie auch in Kugel- und Zylinderkoordinaten hergeleitet ist (Abb. 8.2 rechts).

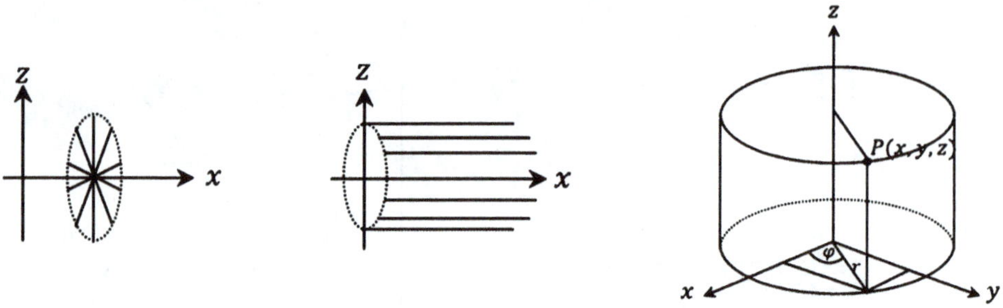

Abb. 8.2: Skizzen zur räumlichen Translationsströmung und zum Laplace-Operator in Kugelkoordinaten.

Herleitung von (8.2.1)–(8.2.7)

Es gilt $x = r\cos\varphi, y = r\sin\varphi, r = \sqrt{x^2+y^2}, \varphi = \arctan(\frac{y}{x})$ und $z = z$.

Die Bestimmung des Laplace-Operators ist denkbar einfach. Die Vorbereitung dazu wurde schon mit dem Polarsystem gemacht. Da die Änderung in z-Richtung die Änderungen sowohl in r- und in θ- Richtung nicht beeinflussen, kann man (5.1.8) einfach um $\frac{\partial^2\phi}{\partial z^2}$ erweitern zu

$$\Delta\phi = \frac{\partial^2\phi}{\partial r^2} + \frac{1}{r}\cdot\frac{\partial\phi}{\partial r} + \frac{1}{r^2}\cdot\frac{\partial^2\phi}{\partial\varphi^2} + \frac{\partial^2\phi}{\partial z^2}. \tag{8.2.1}$$

Für ein rotationssymmetrisches Strömungspotential legt man sinnvollerweise die Strömungsachse in Richtung der z-Achse. Dann ist $v_\varphi = 0$ und $\frac{\partial\phi}{\partial\varphi} = 0$.

Somit reduziert sich der Laplace-Operator (8.2.1) zu

$$\Delta\phi = \frac{\partial^2\phi}{\partial r^2} + \frac{1}{r}\cdot\frac{\partial\phi}{\partial r} + \frac{\partial^2\phi}{\partial z^2}. \tag{8.2.2}$$

Damit $\Delta\phi = 0$ erfüllt wird, multiplizieren wir (8.2.2) mit r und erhalten

$$r\cdot\frac{\partial^2\phi}{\partial r^2} + \frac{\partial\phi}{\partial r} + r\cdot\frac{\partial^2\phi}{\partial z^2} = 0 \quad\text{oder}\quad \frac{\partial}{\partial r}\left(r\cdot\frac{\partial\phi}{\partial r}\right) + \frac{\partial}{\partial z}\left(r\cdot\frac{\partial\phi}{\partial z}\right) = 0. \tag{8.2.3}$$

Die Kontinuitätsgleichung folgt dann aus (8.2.3) mit

$$\frac{\partial\phi}{\partial r} = v_r \quad\text{und}\quad \frac{\partial\phi}{\partial z} = v_z \tag{8.2.4}$$

zu

$$\frac{\partial}{\partial r}(rv_r) + \frac{\partial}{\partial z}(rv_z) = 0. \tag{8.2.5}$$

Die Stromfunktion ψ wählen wir so, dass

$$r\cdot\frac{\partial\phi}{\partial r} = \frac{\partial\psi}{\partial z} \quad\text{und}\quad -r\cdot\frac{\partial\phi}{\partial z} = \frac{\partial\psi}{\partial r} \tag{8.2.6}$$

gilt. Die Kontinuitätsgleichung ist dann wieder erfüllt, nicht aber die Laplace-Gleichung, d. h. das Vertauschungsprinzip gilt nicht mehr.

Um diejenige DG zu finden, die ψ als Lösung besitzt, setzen wir unter Beachtung der Rotationsymmetrie

$$a \cdot \frac{\partial^2 \psi}{\partial r^2} + b \cdot \frac{\partial \psi}{\partial r} + c \cdot \frac{\partial^2 \psi}{\partial z^2} + d \cdot \frac{\partial \psi}{\partial z} = 0$$

an und berechnen

$$\frac{\partial \psi}{\partial r} = -r \cdot \frac{\partial \phi}{\partial z}, \quad \frac{\partial^2 \psi}{\partial r^2} = \frac{\partial}{\partial r}\left(-r \cdot \frac{\partial \phi}{\partial z}\right) = -\frac{\partial \phi}{\partial z} - r \cdot \frac{\partial^2 \phi}{\partial r \partial \theta},$$
$$\frac{\partial \psi}{\partial z} = r \cdot \frac{\partial \phi}{\partial r} \quad \text{und} \quad \frac{\partial^2 \psi}{\partial z^2} = \frac{\partial}{\partial z}\left(r \cdot \frac{\partial \phi}{\partial r}\right) = r \cdot \frac{\partial^2 \phi}{\partial r \partial z}.$$

Damit die Summe Null ergibt, muss $a = 1$, $b = -\frac{1}{r}$, $c = 1$ gelten, was schließlich zur Bestimmungsgleichung

$$\frac{\partial^2 \psi}{\partial r^2} - \frac{1}{r} \cdot \frac{\partial \psi}{\partial r} + \frac{\partial^2 \psi}{\partial z^2} = 0 \tag{8.2.7}$$

führt.

Beispiel. Ein Haartrockner mit kreisförmiger Düse und ein Radius 2 cm besitzt eine Ausblasgeschwindigkeit von 2500 $\frac{\text{cm}}{\text{s}}$. Er wird in einem Abstand von 10 cm senkrecht zu einer ebenen Fläche gehalten.

a) Wie lauten Potential und Stromfunktion?
b) Welche Gestalt besitzen die Projektion der Stromlinien auf die drei Koordinatenebenen?
c) Wie sieht die Druckverteilung in einem Raumpunkt $P(r, z)$ aus und welche Form haben die Isobaren?
d) Bestimmen Sie aus den Angaben die Zahl a.
e) Durch welche Stromlinien wird der Luftstrom begrenzt?
f) Schätzen Sie den Volumenstrom ab.

Lösung.

a) Aufgrund der Drehsymmetrie kann man das Potential analog zum zweidimensionalen Fall als $\phi(r, z) = \frac{1}{2}(ar^2 - bz^2)$ ansetzen. Die Erfüllung der Laplace-Gleichung (8.2.1) erfordert $b + 2a = 0$, was $\phi(r, z) = \frac{1}{2}a(r^2 - 2z^2)$ ergibt. Die einzelnen Geschwindigkeitskomponenten sind gemäß (8.2.4) $v_r = ar$ und $v_z = -2az$. Die Stromfunktion erhält man beispielsweise aus Gleichung (8.2.6) zu $\psi(r, z) = ar^2 z$.
b) Die Projektion der Stromlinien auf die xy-Ebene sind konzentrische Kreise, die Projektion auf die xz- und die yz-Ebene ergeben Hyperbeln mit der Gleichung $z = \frac{C}{x^2}$ bzw. $z = \frac{D}{y^2}$ (Abb. 8.3).

c) Da für die Geschwindigkeit in einem beliebigen Punkt einer Stromlinie $v^2 = a^2(r^2 + 4z^2)$ gilt, kann man analog zum zweidimensionalen Fall den Druck in einem beliebigen Punkt der Strömung als $p = p_{\text{Stau}} - \frac{1}{2}\rho a^2(r^2 + 4z^2)$ angeben (siehe Bsp. 2, Kap. 7). In diesem Fall ergeben die isobaren Ellipsen mit dem Hauptachsenverhältnis $r : z = 1 : 0{,}5$ oder Ellipsoide mit $x : y : z = 1 : 1 : 0{,}5$.

d) Die Geschwindigkeit beträgt $v = \sqrt{a^2(0^2 + 10^2)} = 10a$ im Zentrum der Düse und $v = \sqrt{a^2(4^2 + 10^2)} \approx 10{,}2a$ am Rand. Wir sehen von diesem Unterschied ab und betrachten alle Stromlinien beim Austritt aus der Düse senkrecht nach unten gerichtet, sodass wir durchwegs $v = 10a = 2500$ setzen können und daraus $a = 250$ bestimmen.

e) Aus $\psi(r, z) = 250r^2z$ folgen die begrenzenden Stromlinien zu $\psi_1 = 0$ und $\psi_2 = 250 \cdot 2^2 \cdot 10 = 10000$. Dies entspricht der z-Achse und der Kurve $z = \frac{40}{r^2}$.

f) Der Volumenstrom kann mithilfe der Kontinuitätsgleichung bestimmt werden. Er beträgt $\dot{V} = Av = \pi \cdot 2^2 \cdot 2500 = 10000\pi = 0{,}03\,\frac{\text{m}^3}{\text{s}}$.

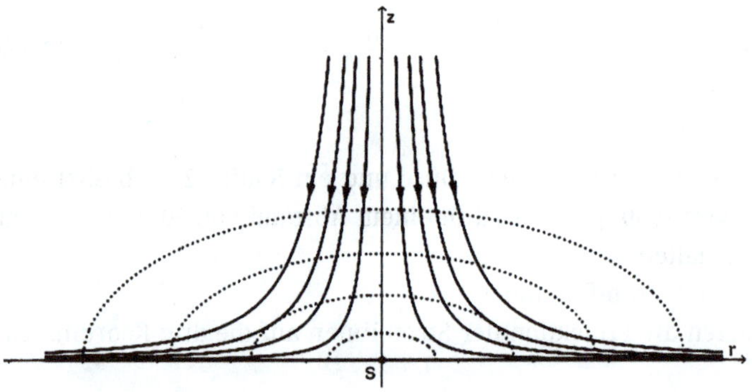

Abb. 8.3: Graphen projizierter Stromfunktionen der räumlichen Staupunktströmung.

8.3 Räumliche Quell- oder Senkeströmung

Herleitung von (8.3.1)–(8.3.3)

Stromfunktion und Potential. Die radiale Geschwindigkeitskomponente v_r muss in jedem Punkt der Kugeloberfläche $4\pi r^2$ gleich groß sein. Somit ist $v_r = \frac{Q}{4\pi r^2}$ mit $[Q] = \frac{\text{m}^3}{\text{s}}$. Zudem gilt $v_\theta = 0$. Aus $\frac{\partial\phi}{\partial r} = v_r = \frac{Q}{4\pi r^2}$ folgt $\phi(r) = -\frac{Q}{4\pi r} + C_1(\theta)$ und mit $\frac{1}{r} \cdot \frac{\partial\phi}{\partial\theta} = v_\theta = 0$ ergibt sich $\phi(\theta) = \text{konst.}$ Insgesamt folgt

$$\phi(r, \theta) = \phi(r) = -\frac{Q}{4\pi r}. \tag{8.3.1}$$

Für $\phi = \text{konst.}$ erhält man $r = \text{konst.}$, was den Kugeloberflächen entspricht.

Weiter ist $-\frac{1}{r\sin\theta}\cdot\frac{\partial\psi}{\partial r} = v_\theta = 0$, woraus $\psi(r) =$ konst. folgt. Zudem ist $\frac{1}{r^2\sin\theta}\cdot\frac{\partial\psi}{\partial\theta} = v_r = \frac{Q}{4\pi r^2}$ mit $\psi(\theta) = -\frac{Q}{4\pi}\cos\theta + C_2(r)$. Insgesamt erhält man

$$\psi(r,\theta) = \psi(\theta) = -\frac{Q}{4\pi}\cos\theta. \tag{8.3.2}$$

Aus $\psi =$ konst. folgt $\theta =$ konst., was Strahlen von O aus entspricht.

Druckverteilung. Die Gleichung (3.3.10) liefert $\frac{1}{2}\rho v^2 + p = \frac{1}{2}\rho v_0^2 + p_\infty$. Mit $v^2 = v_r^2 + v_\theta^2 = v_r^2$ und $v_0 = 0$ folgt

$$p = p_\infty - \frac{1}{2}\rho v_0^2\left(\frac{Q}{4\pi r^2}\right)^2 = p_\infty - \frac{\rho Q^2}{32\pi^2 r^4}. \tag{8.3.3}$$

8.4 Überlagerung von räumlicher Translationsströmung und Quellströmung

Der umströmte Rankine-Körper wird rotationssymmetrisch zur z-Achse gelegt (Abb. 8.4 links).

Herleitung von (8.4.1)–(8.4.6)

Stromfunktion und Potential. Mit (8.1.1), (8.1.2), (8.3.1) und (8.3.2) erhält man

$$\phi(r,\theta) = v_\infty \cdot r\cos\theta - \frac{Q}{4\pi r} \quad \text{und} \quad \psi(r,\theta) = \frac{1}{2}v_\infty \cdot r^2\sin^2\theta - \frac{Q}{4\pi}\cos\theta. \tag{8.4.1}$$

Mit (8.11) folgen

$$V_r = v_\infty \cdot \cos\theta + \frac{Q}{4\pi r^2} \quad \text{und} \quad v_\theta = -v_\infty \cdot \sin\theta. \tag{8.4.2}$$

Für den Staupunkt S muss $v_r = v_\theta = 0$ sein, was für $\theta = \pi$ erfüllt wird.

Daraus folgt $v_\infty = \frac{Q}{4\pi r^2}$ und somit $r_S = \sqrt{\frac{Q}{4\pi v_\infty}}$, $Q, v_\infty > 0$ vorausgesetzt (Vergleich mit dem ebenen Fall: $r_S = \frac{Q}{2\pi v_\infty}$). Dazu gehört $\psi_{\text{Stau}} = \frac{Q}{4\pi}$. Der räumliche Rankine-Körper entspricht nicht der rotierten ebenen Form. Für $r \to \infty$ ist $Q = v_\infty \cdot \pi \cdot h_{\max}^2$ mit $h_{\max} = 2\sqrt{\frac{Q}{\pi v_\infty}}$ (Ebener Fall: $h_{\max} = \frac{Q}{v_\infty}$). Für eine Skizze ist $\psi_{\text{konst.}} = \frac{1}{2}v_\infty \cdot r^2\sin^2\theta - \frac{Q}{4\pi}\cos\theta$, woraus

$$r = \pm\sqrt{\frac{\psi_{\text{konst.}} + \frac{Q}{4\pi}\cos\theta}{\frac{1}{2}v_\infty\sin^2\theta}} \tag{8.4.3}$$

folgt.

Druckverteilung. Zum Rand gehört die Stromfunktion $\psi_{\text{Stau}} = \frac{Q}{4\pi}$, womit sich (8.4.1) als

$$\frac{Q}{4\pi} = \frac{1}{2}v_\infty \cdot r^2 \sin^2\theta - \frac{Q}{4\pi}\cos\theta \tag{8.4.4}$$

schreibt. Für die Radien, die von O auf die Körperoberfläche führen, gilt

$$r^2 = \frac{Q}{2\pi v_\infty} \cdot \frac{1+\cos\theta}{\sin^2\theta}, \tag{8.4.5}$$

wenn man (8.4.4) nach r^2 auflöst. Weiter ist mit (6.3.7)

$$\begin{aligned} c_p(\theta) &= 1 - \left(\frac{v}{v_\infty}\right)^2 = 1 - \frac{v_r^2 + v_\theta^2}{v_\infty^2} = 1 - \frac{(v_\infty \cdot \cos\theta + \frac{Q}{4\pi r^2})^2 + (v_\infty \cdot \sin\theta)^2}{v_\infty^2} \\ &= -\frac{\cos\theta}{v_\infty} \cdot \frac{Q}{2\pi r^2} - \frac{Q^2}{16\pi^2 v_\infty^2 r^4} = -\frac{Q}{8\pi v_\infty r^2}\left(4\cos\theta + \frac{Q}{2\pi v_\infty r^2}\right) \end{aligned}$$

und somit $c_p(\theta) = -\frac{\sin^2\theta(1+3\cos\theta)}{4(1+\cos\theta)}$ oder für aufsteigende Winkel

$$c_p(\theta) = -\frac{\sin^2(\pi-\theta)[1+3\cos(\pi-\theta)]}{4[1+\cos(\pi-\theta)]}. \tag{8.4.6}$$

Beispiel.

a) Bestimmen Sie (8.4.3) für $Q = 4\pi$ und $v_\infty = 2$.

b) Stellen Sie (8.4.6) von π bis 0 dar.

Lösung.

a) Man erhält

$$r = \pm\sqrt{\frac{\psi_{\text{konst.}} + \cos\theta}{\sin^2\theta}} = \pm\frac{\sqrt{\psi_{\text{konst.}} + \cos\theta}}{\sin\theta}$$

für $0 \le \theta \le \pi$.

b) Die Druckverteilung entnimmt man Abb. 8.4 rechts. Zum Vergleich ist die Druckverteilung im zweidimensionalen Fall gestrichelt hinzugefügt worden.

8.5 Räumliche Dipolströmung

Herleitung von (8.5.1)–(8.5.5)

Potential und Stromfunktion. Analog zur 2D-Variante setzen wir $Q = \frac{M}{a}$, wobei a der Abstand von der Quelle und der Senke ist und man die Dipolachse mit der x-Achse zusammenfallen lässt. Dann bilden wir mit (8.3.1) den Grenzwert

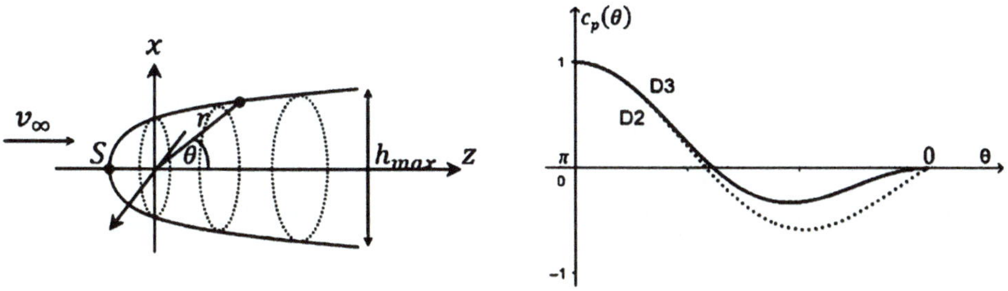

Abb. 8.4: Skizze des umströmten Rankine-Körpers und des Graphen von (8.4.6).

$$\begin{aligned}\phi(x,y,z) &= -\frac{M}{4\pi}\cdot\lim_{a\to 0}\frac{1}{a}\left[\frac{1}{\sqrt{x^2+y^2+z^2}}-\frac{1}{\sqrt{(a-x)^2+y^2+z^2}}\right]\\ &= -\frac{M}{4\pi}\cdot\frac{\partial}{\partial x}\left(\frac{1}{\sqrt{x^2+y^2+z^2}}\right) = -\frac{M}{4\pi}\cdot\left(\frac{-x}{r^3}\right).\end{aligned}$$

Insgesamt hat man

$$\phi(r,\theta) = \frac{M}{4\pi}\cdot\frac{\cos\theta}{r^2} \tag{8.5.1}$$

Weiter gilt mit (8.11)

$$v_r = \frac{\partial\phi}{\partial r} = -\frac{M}{2\pi}\cdot\frac{\cos\theta}{r^3} \quad \text{und} \quad v_\theta = \frac{1}{r}\cdot\frac{\partial\phi}{\partial\theta} = -\frac{M}{4\pi}\cdot\frac{\sin\theta}{r^3}. \tag{8.5.2}$$

Für die Stromfunktion ergibt sich beispielsweise mit $\frac{1}{r}\cdot\frac{\partial\phi}{\partial\theta} = -\frac{1}{r\sin\theta}\cdot\frac{\partial\psi}{\partial r} = v_\theta$ (Gleichungen (8.13) und (8.5.2)) der Ausdruck

$$\psi(r,\theta) = -\frac{M}{4\pi}\cdot\frac{\sin^2\theta}{r}. \tag{8.5.3}$$

Für $\phi_{\text{konst.}}$ und $\psi_{\text{konst.}}$ erhält man aus (8.5.1) und (8.5.3)

$$r = \phi^*_{\text{konst.}}\cdot\sqrt{\cos\theta} \quad \text{und} \quad r = \psi^*_{\text{konst.}}\cdot\sin^2\theta. \tag{8.5.4}$$

Druckverteilung. Da $v_\theta = 0$, folgt

$$\begin{aligned}v^2 = v_r^2 + v_\theta^2 &= \left(\frac{M}{2\pi}\right)^2\cdot\frac{\cos^2\theta}{r^6} + \left(\frac{M}{4\pi}\right)^2\cdot\frac{\sin^2\theta}{r^6} = \frac{M^2}{4\pi^2}\cdot\frac{\cos^2\theta}{r^6} + \frac{M^2}{16\pi^2}\cdot\frac{\sin^2\theta}{r^6}\\ &= \frac{M^2}{16\pi^2 r^6}\cdot(4\cos^2\theta + \sin^2\theta) = \frac{M^2}{16\pi^2 r^6}\cdot(4 - 3\sin^2\theta).\end{aligned}$$

Weiter hat man $p = p_0 - \frac{1}{2}\rho v^2$ und damit

$$p = p_0 - \frac{\rho M^2}{32\pi^2 r^6} \cdot (4 - 3\sin^2\theta). \tag{8.5.5}$$

Beispiel. Stellen Sie die Potentiallinien und Stromlinien von (8.5.4) mit $\phi^*_{\text{konst.}} = \pm 1, \pm 2, \pm 3$ und $\psi^*_{\text{konst.}} = 1, 2, 3$ dar.

Lösung. Die Verläufe sind in Abb. 8.5 links dargestellt.

8.6 Umströmung einer Kugel

Herleitung von (8.6.1)–(8.6.4)

Potential und Stromfunktion. Dazu überlagern wir die Translation- und die Dipolströmung. Die Gleichungen (8.1.1), (8.1.2), (8.5.1) und (8.5.3) ergeben

$$\phi(r,\theta) = v_\infty \cdot r\cos\theta + \frac{M}{4\pi} \cdot \frac{\cos\theta}{r^2} \quad \text{und}$$
$$\psi(r,\theta) = \frac{1}{2} v_\infty \cdot r^2 \sin^2\theta - \frac{M}{4\pi} \cdot \frac{\sin^2\theta}{r} \tag{8.6.1}$$

Weiter erhält man mit (8.11)

$$v_r = v_\infty \cos\theta - \frac{M}{2\pi} \cdot \frac{\cos\theta}{r^3} \quad \text{und} \quad v_\theta = -v_\infty \sin\theta - \frac{M}{4\pi} \cdot \frac{\sin\theta}{r^3}. \tag{8.6.2}$$

Speziell auf der Kugeloberfläche muss $v_r = 0$ sein, was $R^3 = \frac{M}{2\pi v_\infty}$ nach sich zieht. Somit lässt sich die Stromfunktion (8.6.1) auch schreiben als

$$\psi(r,\theta) = \frac{1}{2} v_\infty \cdot r^2 \sin^2\theta - \frac{R^3}{2} \cdot \frac{\sin^2\theta}{r} = \frac{1}{2} v_\infty \cdot \frac{\sin^2\theta}{r}(r^3 - R^3). \tag{8.6.3}$$

Für eine Skizze sei $\psi = \psi_{\text{konst.}}$, womit man $\theta = \arcsin(\pm\sqrt{\frac{\psi_{\text{konst.}} \cdot r}{r^3 - R^3}})$ erhält.
Beispielsweise mit $R = 1$ wird daraus $\theta = \arcsin(\pm\sqrt{\frac{\psi_{\text{konst.}} \cdot r}{r^3 - 1}})$.
Schließlich parametrisieren wir noch und erhalten

$$x(r) = \frac{\psi_{\text{konst.}} \cdot r^2}{r^3 - 1} \quad \text{und} \quad y(r) = \pm r\sqrt{\frac{\psi_{\text{konst.}} \cdot r}{r^3 - 1}}.$$

Es ergeben sich ähnliche Stromlinien wie bei der Umströmung des Zylinders.

Druckverteilung. Auf der Kugeloberfläche ist $v_r = 0$. Daraus folgt $0 = v_\infty \cos\theta - \frac{M}{2\pi} \cdot \frac{\cos\theta}{R^3}$ und $R^3 = \frac{M}{2\pi v_\infty}$. Übrig bleibt $v_\theta = -v_\infty \sin\theta - \frac{M}{4\pi} \cdot \frac{\sin\theta}{R^3} = -\frac{3}{2} v_\infty \sin\theta$ und $v^2 = v_\theta^2$.

Damit folgt

$$c_p(\theta) = 1 - \left(\frac{v}{v_\infty}\right)^2 = 1 - \frac{9}{4}\sin^2\theta. \qquad (8.6.4)$$

Im Vergleich dazu gilt für den Zylinder $c_p(\theta) = 1 - 4\sin^2\theta$ (Gleichung (6.6.5)).

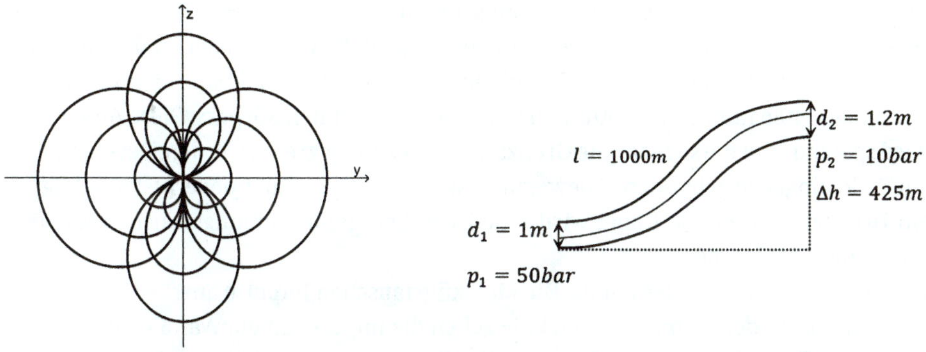

Abb. 8.5: Graphen von (8.5.4) und Skizze zum Beispiel 1, Kap. 9.1.

Beispiel. Ein Tiefseeboot besitzt die Form einer Kugel mit Radius $R = 1\,\text{m}$ und es bewegt sich mit der Geschwindigkeit $v_\infty = 0{,}25\,\frac{\text{m}}{\text{s}}$ parallel zur x-Achse. Wie groß sind die Geschwindigkeit und der Druckbeiwert an der U-Bootwand mit $\theta = \frac{\pi}{2}$?

Lösung. Da auf der Kugeloberfläche $v_r = 0$ und somit $R^3 = \frac{M}{2\pi v_\infty}$ gilt, erhält man allgemein mit der Gleichung (8.6.2)

$$v^2(\theta) = v_\theta^2 = \left(v_\infty \sin\theta + \frac{M}{4\pi}\cdot\frac{\sin\theta}{R^3}\right)^2 = \sin^2\theta\cdot\left(v_\infty + \frac{M}{4\pi}\cdot\frac{2\pi v_\infty}{M}\right)^2 = \frac{9}{4}\sin^2\theta\cdot v_\infty^2.$$

Damit ergibt sich $v(\frac{\pi}{2}) = \frac{3}{2}\cdot\frac{1}{4} = 0{,}375\,\frac{\text{m}}{\text{s}}$ und mit der Gleichung (8.6.4) der Unterdruckbeiwert $c_p(\frac{\pi}{2}) = 1 - \frac{9}{4} = -1{,}25$.

9 Reibunsgbehaftete Rohrströmungen

Den bisherigen Potentialströmungen liegt die Annahme einer idealen Flüssigkeit zugrunde. Ein solches Fluid besitzt keine Viskosität. Demnach gibt es weder eine Reibung der Teilchen untereinander (innere Reibung) noch eine Reibung an den Begrenzungsflächen der Strömung. Somit geht auch nie Energie verloren, weil kein Strömungswiderstand existieren kann. Eine direkte Folge davon ist das D'Alembert'sche Paradoxon. Insbesondere gleitet eine solche Strömung reibungsfrei um ein Hindernis, und sie besitzt an der Wand selber die größte Geschwindigkeit. In Wirklichkeit ist das Gegenteil der Fall: die Teilchen haften an der Wand. Die Potentialströmungen sind aber nicht völlig falsch, sie gelten nur in einem Außenbereich des umströmten Körpers. Diese Außenzone wird später durch die sogenannte Grenzschichtdicke abgegrenzt werden. Bei einem realen Fluid hingegen geht mit der Bewegung zwangsweise ein Energieverlust und folglich ein Druckverlust einher. Dabei wird kinetische Energie in Reibungswärme dissipiert. Die Gründe dafür sind:

1. Reibung innerhalb des Fluids. Die Moleküle tauschen Impulse aus.
2. Reibung an der Wand. Die Moleküle geben die Impulse an die Wand weiter.
3. Beschaffenheit der Wand. Je rauer die Wand ist, umso größer ist die Reibung. So lange die Strömung laminar bleibt, spielt die Rauheit keine Rolle.
4. Art der Strömung. Beim Übergang von laminarer zu turbulenter Strömung erhöht sich ebenfalls die Reibung.
5. Form des Rohrs.
   a) Dies haben wir beim Borda-Carnot-Stoß (Kap. 3.4, Bsp. 6) erkannt. Plötzliche Rohrquerschnittsänderungen gilt es zu vermeiden, es erfolgt ein Druckabfall.
   b) Eine Krümmung birgt auch statische Probleme. Es entstehen Druckkräfte, die es aufzufangen gilt. Den Verlust bezeichnet man in diesem Fall als lokal. Im Gegensatz dazu ist der kontinuierliche Verlust ortsunabhängig.

9.1 Die Bernoulli-Gleichung für reibungsbehaftete Rohrströmungen

Die Form für den folgenden lokalen Druckverlust orientiert sich am Ausdruck (3.4.14) und der Ansatz für den kontinuierlichen Verlust stammt von Weisbach.

Herleitung von (9.1.1) und (9.1.2)

Für einen lokalen bzw. ortsunabhängigen, kontinuierlichen Druckverlust schreiben wir $\Delta p_{V,\text{lok}} = \xi \cdot \rho \frac{\overline{u}^2}{2}$ mit der Verlustziffer ξ und

$$\Delta p_{V,\text{kont}} = \xi \cdot \rho \frac{v^2}{2} = \lambda \frac{l}{d} \rho \frac{\overline{u}^2}{2}. \tag{9.1.1}$$

https://doi.org/10.1515/9783111345864-009

Dabei entspricht $\overline{u}$ der mittleren Strömungsgeschwindigkeit, l der Rohrlänge, $\overline{d}$ dem (mittleren) Rohrdurchmesser und λ der Rohrreibungszahl. Die Kombination von (3.3.10) mit (9.1.1) ergibt die Bernoulli-Gleichung für reibungsbehaftete Strömungen:

$$\frac{1}{2}\rho v_1^2 + p_1 + \rho g h_1 = \frac{1}{2}\rho v_2^2 + p_2 + \rho g h_2 + \xi\rho\frac{\overline{u}^2}{2} + \lambda\frac{l}{\overline{d}}\rho\frac{\overline{u}^2}{2} \quad \text{mit} \quad \overline{u} = \frac{v_1 + v_2}{2}. \tag{9.1.2}$$

Beispiel 1. Wasser von 15 °C wird in einem kreisrunden Rohr der Länge $l = 1\,\text{km}$ einen Berg hinauf gepumpt (Abb. 8.5 rechts). Der Höhenunterschied beträgt $\Delta h = 425\,\text{m}$. Der Volumenstrom ist $\dot{V} = Q = 5\,\frac{\text{m}^3}{\text{s}}$ und die Dichte $\rho_{15^\circ} = 990{,}10\,\frac{\text{kg}}{\text{m}^3}$. Der Durchmesser und der Druck am Eingang bzw. am Ausgang des Rohrs sind $d_1 = 1\,\text{m}$, $p_1 = 50\,\text{bar}$ bzw. $d_2 = 1{,}2\,\text{m}$, $p_1 = 10\,\text{bar}$. Lokale Verluste gibt es keine. Ermitteln Sie die Rohrreibungszahl λ.

Lösung. Der Druckverlust muss der linken Seite von (9.1.2) zugeschrieben werden:

$$\frac{1}{2}\rho v_1^2 + p_1 + \rho g h_1 + \Delta p_{V,\text{kont}} = \frac{1}{2}\rho v_2^2 + p_2 + \rho g h_2.$$

Aufgelöst ist $\Delta p_{V,\text{kont}} = p_2 - p_1 + \frac{1}{2}\rho(v_2^2 - v_1^2) + \rho g(h_2 - h_1)$.

Mit der Kontinuitätsgleichung (3.3.4) gilt $v_1 = \frac{Q}{A_1} = 6{,}37\,\frac{\text{m}}{\text{s}}$ und $v_2 = \frac{Q}{A_2} = 4{,}42\,\frac{\text{m}}{\text{s}}$. Dann erhält man

$$\Delta p_{V,\text{kont}} = 10^6 - 5\cdot 10^6 + \frac{1}{2}\cdot 990{,}10(4{,}42^2 - 6{,}37^2) + 990{,}10\cdot 9{,}81\cdot 425 = 1{,}17\,\text{bar}.$$

Weiter ist

$$\overline{u} = \frac{v_1 + v_2}{2} = \frac{6{,}37 + 4{,}42}{2} = 5{,}39\,\frac{\text{m}}{\text{s}}$$

und (9.1.1) umgeformt, ergibt

$$\lambda = \frac{2\overline{d}\Delta p_{\text{kont}}}{l\rho\overline{u}^2} = \frac{2\cdot 1{,}1\cdot 1{,}17\cdot 10^5}{1000\cdot 990{,}1\cdot 5{,}39^2} = 0{,}009.$$

Bemerkung. Den Wert von λ erhalten wir auch auf andere Weise. Wir bestimmen zuerst die Reynolds-Zahl $\text{Re} = \frac{\rho\cdot\overline{d}\cdot\overline{u}}{\eta} = 5161868$ mit $\overline{d} = 1{,}1\,\text{m}$ und $\eta_{15^\circ} = 1138{,}0\cdot 10^{-6}\,\frac{\text{kg}}{\text{ms}}$. Für hydraulisch raue Rohre der Rauheit k lautet die Iterationsformel von Colebrook-White (Herleitung Band 6)

$$\frac{1}{\sqrt{\lambda}} = 1{,}74 - 2\cdot\log_{10}\left(\frac{2k}{d} + \frac{18{,}7}{\text{Re}\sqrt{\lambda}}\right). \tag{9.1.3}$$

Nimmt man $k = 5\,\text{mm}$, dann folgt $\lambda = 0{,}016$. Ist das Rohr hydraulisch glatt, also $k = 0$, dann liefert die Lösung der Gleichung (9.1.3) $\lambda = 0{,}009$ in Übereinstimmung mit oben.

Beispiel 2. Wir kehren zum 2. Beispiel von Kap. 3.4 zurück. Wir hatten die Reibungskraft der Rohrwand auf die Strömung vernachlässigt. Diese Kraft soll jetzt einbezogen werden (Abb. 3.8, 4. Skizze). Die gegebenen Größen waren $p_0 = \Delta p = 10^5\,\mathrm{Pa}, A_0 = 0{,}12\,\mathrm{m}^2$, $A_1 = 0{,}03\,\mathrm{m}^2$, $h^* = 5\,\mathrm{m}$ und $\rho = 10^3\,\frac{\mathrm{kg}}{\mathrm{m}^3}$. Wir erhielten ohne Reibung $v_1 = 10{,}43\,\frac{\mathrm{m}}{\mathrm{s}}$ und $K = 15119\,\mathrm{N}$.

a) Formulieren Sie die erweiterte Bernoulli-Gleichung gemäß (9.1.2).

b) Setzen sie den Durchmesser als Mittelwert zwischen Einlauf- und Auslaufdurchmesser an und fügen Sie dies in das Ergebnis von a) ein.

c) Da die Rohrreibungszahl eine Funktion der Reynolds-Zahl ist, und diese von der Dichte und der dynamischen Viskosität abhängt, muss zu den gegebenen Größen die kinematische Viskosität beigefügt werden. Für kühles Wasser beträgt sie $\nu = 1{,}30 \cdot 10^{-6}\,\frac{\mathrm{m}^2}{\mathrm{s}}$. Zudem bezeichnet $\overline{u}$ die mittlere Geschwindigkeit aus Eingangs- und Ausgangsgeschwindigkeit v_0 bzw. v_1. Führen Sie eine Iteration mit einer geschätzten Geschwindigkeit von $v_1 = 10\,\frac{\mathrm{m}}{\mathrm{s}}$ durch.

d) In der Impulsbilanz muss die hemmende Reibungskraft einfließen. Wie lautet die neue Impulsbilanz?

e) Ermitteln Sie zuerst die Reibungskraft F_R und mit dem Ergebnis von d) die Mantelkraft K.

Lösung.

a) Die erweiterte Bernoulli-Gleichung mit Druckverlust lautet

$$\frac{1}{2}\rho(v_0^2 - v_1^2) + (p_0 + \Delta p) - p_0 + \rho g(0 - h^*) - \lambda\frac{h^*}{d}\rho\frac{\overline{u}^2}{2} = 0.$$

b) Man erhält

$$\frac{1}{2}\rho\left(\frac{A_1^2}{A_0^2}v_1^2 - v_1^2\right) - \lambda\frac{h^*}{\frac{d_0+d_1}{2}}\rho\frac{\overline{u}^2}{2} + \Delta p - \rho g h^* = 0$$

und schließlich

$$\frac{1}{2}\rho v_1^2\left(\frac{A_1^2}{A_0^2} - 1\right) - \lambda\frac{h^*\sqrt{\pi}}{\sqrt{A_0} + \sqrt{A_1}}\rho\frac{\overline{u}^2}{2} + \Delta p - \rho g h^* = 0. \qquad (9.1.4)$$

c) Aufgrund des Flächenverhältnisses von $A_1 : A_0 = 1 : 4$ muss zusammen mit der Kontinuitätsgleichung $v_0 = \frac{v_1}{4} = 2{,}5\,\frac{\mathrm{m}}{\mathrm{s}}$ und damit $\overline{u} = \frac{v_0+v_1}{2} = 6{,}25\,\frac{\mathrm{m}}{\mathrm{s}}$ sein. Damit folgt die Reynolds-Zahl zu

$$\begin{aligned}\mathrm{Re}_d &= \frac{\rho\cdot\overline{d}\cdot\overline{u}}{\eta} = \frac{\overline{u}\cdot\frac{d_0+d_1}{2}}{\nu} = \frac{\overline{u}\cdot(\sqrt{A_0}+\sqrt{A_1})}{\nu\cdot\sqrt{\pi}}\\ &= \frac{6{,}25\cdot(\sqrt{0{,}03}+\sqrt{0{,}12})}{1{,}30\cdot10^{-6}\cdot\sqrt{\pi}} = 1{,}409\cdot10^6.\end{aligned}$$

Dies setzen wir in die Formel von Colebrook-White ein. Zusätzlich sei das Rohr glatt. Dies liefert $\lambda = 0{,}0110$. Damit und mit dem Wert $\overline{u} = 6{,}25\,\frac{\text{m}}{\text{s}}$ gehen wir in die Gleichung (9.1.4) und erhalten $v_1 = 10{,}35\,\frac{\text{m}}{\text{s}}$. Wir wiederholen die Iteration und finden nacheinander $v_0 = 2{,}59\,\frac{\text{m}}{\text{s}}$, $\overline{u} = 6{,}47\,\frac{\text{m}}{\text{s}}$, $\text{Re}_d = 1{,}4059 \cdot 10^6$, $\lambda = 0{,}0109$ und schließlich $v_1 = 10{,}35\,\frac{\text{m}}{\text{s}}$, eine Bestätigung des vorigen Ergebnisses. Damit ist der Wert für v_1 leicht unter dem Wert ohne Beachtung der Reibung und kann bei einer kurzen Rohrlänge von $h^* = 5\,\text{m}$ somit vernachlässigt werden.

d) Man erhält die *Impulsbilanz:*

$$\rho Q(v_1 - v_0) = (p_0 + \Delta p)A_0 - p_0 A_1 - K - F_R - G.$$

e) Zur Berechnung von F_R muss der Druckunterschied $\Delta p_V = \lambda \frac{h^*}{d} \rho \frac{\overline{u}^2}{2}$ zuerst mit der Wirkungsfläche $A = \frac{A_0 + A_1}{2}$ multipliziert werden:

$$F_R = \Delta p_V \cdot A = \lambda \frac{h^*}{\frac{d_1 + d_2}{2}} \rho \frac{\overline{u}^2}{2} \cdot \frac{A_0 + A_1}{2}$$
$$= 0{,}0109 \cdot \frac{5\sqrt{\pi}}{\sqrt{0{,}03} + \sqrt{0{,}12}} \cdot 1000 \cdot \frac{6{,}47^2}{2} \cdot \frac{0{,}03 + 0{,}12}{2} = 292{,}77\,\text{N}.$$

Aufgelöst nach der Mantelkraft erhält man $K = 24000 - 3000 - 3433{,}50 - 2410{,}26 - 292{,}77 = 14863\,\text{N}$.

Der Wert ohne Berücksichtigung der Reibung lag etwas höher, weil der Reibungsteil (fälschlicherweise) der Mantelkraft zugeschrieben wird.

Beispiel 3. Die in Kap. 3.3, Bsp. 5 besprochene Heberleitung soll nun um den durch die Reibung verursachten Druckverlust erweitert werden (Abb. 3.7 links).

a) Formulieren Sie die Bernoulli-Gleichung für die beiden Punkte A und C.
b) Gehen Sie von einer konstanten Beschleunigung im Rohr aus und stellen Sie eine DG für die Geschwindigkeit v_C auf.
c) Lösen Sie die DG aus c) unter Verwendung der Ergebnisse aus Bsp. 8, Kap. 3.3.
d) Wie lautet das Ergebnis von c) im stationären Fall?
e) Formulieren Sie die Bernoulli-Gleichung für die Punkte C und D und bestimmen Sie daraus den Druck $p_D(0)$ zur Zeit $t = 0$.
f) Wie groß wird p_D im stationären Fall?
g) Geben Sie eine Bedingung dafür an, dass die Strömung nicht abreißt.

Lösung.

a) Wir erhalten

$$\int_{B_2}^{C} \frac{\partial v}{\partial t} ds + \frac{1}{2} v_C^2 - \frac{1}{2} v_A^2 + \frac{p_C - p_A}{\rho} + g(h_C - h_A) + \frac{\Delta p_V}{\rho} = 0.$$

b) Es ergibt sich

$$l \cdot \frac{dv_C}{dt} + \frac{1}{2}v_C^2 - gH + \lambda \frac{l}{d} \cdot \frac{v_C^2}{2} = 0$$

und daraus

$$a(t) = \frac{gH}{l} - \frac{1}{2l}v_C^2\left(1 + \frac{\lambda \cdot l}{d}\right).$$

Zur Startzeit $t = 0$ ist $a(0) = \frac{gH}{l}$. Die DG lautet

$$\dot{v}_C + \frac{1}{2l}\left(1 + \frac{\lambda \cdot l}{d}\right)v_C^2 - \frac{gH}{l} = 0 \quad \text{oder} \quad \dot{v}_C + \frac{1}{2l} \cdot \frac{1}{\frac{d}{d+\lambda l}}v_C^2 - \frac{gH}{l} = 0.$$

c) Als Lösung erhält man

$$\begin{aligned} v_C(t) &= \sqrt{2gH \cdot \frac{d}{d + \lambda l}} \cdot \tanh\left(\frac{\sqrt{gH}}{\sqrt{2}} \cdot \frac{d + \lambda l}{ld} \cdot t\right) \\ &= \sqrt{\frac{2gHd}{d + \lambda l}} \cdot \tanh\left(\frac{\sqrt{gH}(d + \lambda l)}{\sqrt{2}ld} \cdot t\right). \end{aligned}$$

d) Im stationären Fall wird aus c)

$$v_C(t \to \infty) = \sqrt{\frac{2gHd}{d + \lambda l}} \quad \text{und}$$

$$a(t \to \infty) = \frac{gH}{l} - \frac{1}{2l} \cdot \frac{2gHd}{d + \lambda l}\left(1 + \frac{\lambda \cdot l}{d}\right) = \frac{gH}{l} - \frac{1}{2l} \cdot \frac{2gHd}{d} = 0,$$

weil

$$\lim_{t \to \infty} \tanh\left(\frac{\sqrt{gH}(d + \lambda l)}{\sqrt{2}ld} \cdot t\right) = 1.$$

e) Man erhält

$$\rho \cdot a(t) \cdot H_R + p_0 - p_D(t) - \rho g H_R - \lambda \frac{\rho l}{d} \cdot \frac{v_C^2}{2} = 0. \tag{9.1.5}$$

Für den Druck zum Zeitpunkt $t = 0$ ist

$$p_D(0) = p_0 - \rho g H_R + \rho \frac{gH}{l} H_R = p_0 - \rho g H_R\left(1 - \frac{H}{l}\right). \tag{9.1.6}$$

Dies ist derselbe Ausdruck wie bei der reibungsfreien Strömung, da die Reibung ja noch nicht wirksam ist.

f) Im stationären Fall erhält man mit (9.1.5)

$$p_D(t \to \infty) = p_0 - \rho g H_R - \lambda \frac{\rho l}{d} \cdot \frac{v_C^2}{2} = p_0 - \rho g H_R - \lambda \frac{\rho l}{2d} \cdot \frac{2gHd}{d + \lambda l}, \quad \text{und}$$

$$p_D(t \to \infty) = p_0 - \rho g H_R - \frac{\lambda \rho l g H}{d + \lambda l}, \tag{9.1.7}$$

weil $a(t \to \infty) = 0$.

g) Die Bedingung dafür, dass die Strömung nicht abreißt, lautet $p_D(t \to \infty) > 0$. Zur Startzeit bedeutet dies mit (9.1.6)

$$\frac{p_0}{\rho g(1 - \frac{H}{l})} > H_R.$$

Im stationären Fall ist hingegen mit (9.1.7)

$$\frac{p_0 - \frac{\lambda \rho l g H}{d + \lambda l}}{\rho g} > H_R.$$

Da

$$\frac{p_0}{\rho g(1 - \frac{H}{l})} > \frac{p_0}{\rho g} > \frac{p_0 - \frac{\lambda \rho l g H}{d + \lambda l}}{\rho g},$$

ist die zweite Bedingung stärker.

9.2 Laminare Strömungen

Wir betrachten die stationäre Strömung eines inkompressiblen Newton'schen Fluids mit einer Reynolds-Zahl $\mathrm{Re} < 2300$ in einem waagerechten Rohr.

Herleitung von (9.2.1)–(9.2.8)

Aus der Inkompressibilität folgern wir, dass sowohl die Geschwindigkeit als auch der Massenstrom zeitlich unverändert bleiben. Die zeitliche Impulsänderung ist damit null. Da die Gewichtskraft aufgrund der horizontalen Strömung keine Rolle spielt, entspricht die Nullsumme der Impulserhaltung (in waagrechter Richtung) der Summe aller angreifenden Kräfte (in waagrechter Richtung).

Bilanz und lineare Approximation: Kräftebilanz an einer Hohlzylinderschicht

Wir denken uns die horizontale Wassersäule in Hohlzylinderschichten (Laminare) der Dicke dr und Länge dx zerlegt (Abb. 9.1 links). Die Verschiebung der ineinandergeschachtelten Schichten erzeugt eine Reibungskraft $dF_R = dA \cdot \tau(r) = 2\pi r \cdot dx \cdot \tau(r)$ mit der zugehörigen Schubspannung τ. Setzen wir ein Newton'sches Fluid voraus, dann erhält man $\tau(r) = \eta \cdot \frac{du}{dr}$ mit η als dynamische Viskosität (siehe 2. Band). Damit hat man $dF_R = 2\pi r \cdot dx \cdot \eta \cdot \frac{du}{dr}$. Die Strömung wird durch die Druckkraftdifferenz $dF_p = [p(x + dx) - p(x)] \cdot \pi r^2 = -\frac{dp}{dx}dx \cdot \pi r^2$ aufrechterhalten. Der Druckunterschied dp ist dabei negativ, da $p(x + dx) < p(x)$. Folglich ist $dF_R + dF_p = 0$, woraus man

$$2\pi r \cdot dx \cdot \eta \cdot \frac{du}{dr} = \frac{dp}{dx}dx \cdot \pi r^2 \quad \text{und} \quad du(r) = \left(\frac{dp}{dx}\right) \cdot \frac{r}{2\eta} \cdot dr \tag{9.2.1}$$

erhält. Daraus ergibt sich die Spannungsverteilung

$$\tau(r) = \left(\frac{dp}{dx}\right) \cdot \frac{r}{2}. \tag{9.2.2}$$

Die Spannung wächst somit linear mit dem Abstand zum Zentrum (Abb. 9.1 rechts). Aufgrund der Rotationssymmetrie führt die Darstellung der Spannung zu einem Hohlkegel. Da $dp < 0$, ist $\tau(r)$ rückwärts gerichtet. Die Integration von (9.2.1) liefert $u(r) = (\frac{dp}{dx}) \cdot \frac{r^2}{4\eta} + C$. Für $r = R$ haftet das Fluid an der Wand, was $u(R) = 0$ und $C = -(\frac{dp}{dx}) \cdot \frac{R^2}{4\eta}$ nach sich zieht. Insgesamt lautet das Geschwindigkeitsprofil

$$u(r) = -\left(\frac{dp}{dx}\right) \cdot \frac{R^2}{4\eta}\left[1 - \left(\frac{r}{R}\right)^2\right]. \tag{9.2.3}$$

Es entspricht dem Rand eines Paraboloids. Die größte Geschwindigkeit wird bei $r = 0$ erreicht (Scheitelpunkt) und beträgt $u_{\max} = -(\frac{dp}{dx}) \cdot \frac{R^2}{4\eta}$. Damit kann man auch schreiben:

$$u(r) = u_{\max}\left[1 - \left(\frac{r}{R}\right)^2\right]. \tag{9.2.4}$$

Als Nächstes bestimmen wir den Volumenstrom $\dot{V} = \frac{dV}{dt}$, die Volumenmenge des Fluids, die pro Sekunde durch das Rohr strömt. Ist $2\pi r \cdot dr$ die Fläche des Ringspalts, dann bezeichnet $d\dot{V} = u(r) \cdot 2\pi r \cdot dr$ den Volumenstrom durch diesen Ringspalt und gesamthaft erhält man $\dot{V} = \int_0^R u(r) \cdot 2\pi r \cdot dr$ (allgemein gilt $\dot{V} = \int_A u(r) \cdot dA$). Setzt man den Verlauf (9.2.3) ein, dann ergibt sich

$$\dot{V} = -\left(\frac{dp}{dx}\right) \cdot \frac{R^2}{4\eta}\int_0^R\left[1 - \left(\frac{r}{R}\right)^2\right]2\pi r \cdot dr = -\left(\frac{dp}{dx}\right) \cdot \frac{\pi R^2}{2\eta}\int_0^R\left(r - \frac{r^3}{R^2}\right)dr$$
$$= -\left(\frac{dp}{dx}\right) \cdot \frac{\pi R^2}{2\eta}\left[\frac{r^2}{2} - \frac{r^4}{4R^2}\right]_0^R$$

und schließlich das Gesetz von Hagen-Poiseuillen:

$$\dot{V} = -\left(\frac{dp}{dx}\right) \cdot \frac{\pi R^4}{8\eta}. \tag{9.2.5}$$

Für die mittlere Geschwindigkeit des Fluids folgt

$$\overline{u} = \frac{\dot{V}}{\pi R^2} = -\left(\frac{dp}{dx}\right) \cdot \frac{R^2}{8\eta} \tag{9.2.6}$$

und es gilt $u_{\max} = 2 \cdot \overline{u}$. Die mittlere Geschwindigkeit aus dem Geschwindigkeitsprofil zu bestimmen ist falsch, weil jenes nur das Profil eines Längsschnitts des Paraboloids darstellt. Für den Druckverlust Δp_V entlang der Rohrstrecke l gilt mit (9.2.6) $\overline{u} = -(\frac{\Delta p_V}{l}) \cdot \frac{R^2}{8\eta}$ oder $\Delta p_V = \frac{8\eta \cdot l \cdot \overline{u}}{R^2}$. Aus $\pi R^2 \overline{u} = \dot{V} = \frac{\pi \cdot \Delta p_V \cdot R^4}{8\eta \cdot l}$ folgt $8\pi\eta \cdot l \cdot \overline{u} = \Delta p_V \cdot \pi R^2 = F_R$. Die Reibungskraft auf ein Fluid entlang einer Rohrwand der Länge l beträgt damit

$$F_R = 8\pi \cdot \eta \cdot l \cdot \overline{u}. \tag{9.2.7}$$

Schließlich lässt sich noch die Rohrreibungszahl bestimmen. Mit der Reynolds-Zahl $\mathrm{Re} = \frac{\rho \cdot d \cdot \overline{u}}{\eta}$ folgt aus

$$\Delta p_V = \frac{8 \cdot \eta \cdot l \cdot \overline{u}}{R^2} = \frac{32 \cdot \eta \cdot l \cdot \overline{u}}{d^2} = \frac{64 \cdot \eta}{\rho \cdot \overline{u} \cdot d} \cdot \frac{l\rho}{d} \cdot \frac{\overline{u}^2}{2} = \frac{64}{\mathrm{Re}} \cdot \frac{l\rho}{d} \cdot \frac{\overline{u}^2}{2}$$

durch Vergleich mit (9.1.1) die Rohrreibungszahl

$$\lambda = \frac{64}{\mathrm{Re}}. \tag{9.2.8}$$

Die laminare Strömung besitzt somit eine Rohrreibungszahl, die nur von der Reynolds-Zahl abhängt. Auf diese Weise kann das Hagen-Poiseuille-Gesetz für laminare Strömungen in die Weisbach-Formel für beliebige Strömungen implementiert werden.

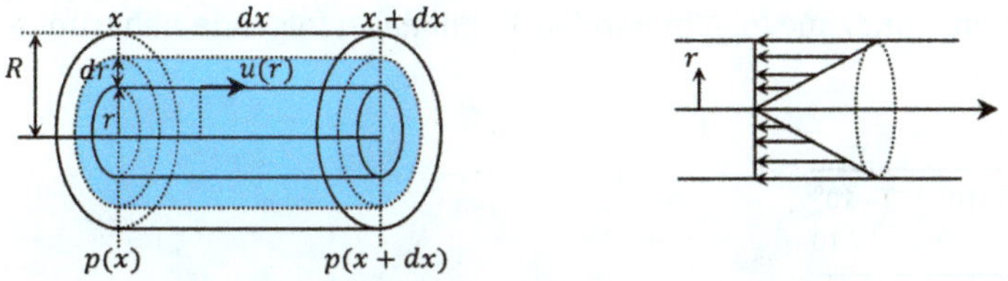

Abb. 9.1: Skizzen zur laminaren Strömung.

Beispiel. Durch eine Rohrleitung der Länge 1 km und einem Durchmesser von $d = 5\,\mathrm{cm}$ fließen pro Sekunde 3 L Heizöl. Die Stoffwerte sind $\nu_{20°} = 50 \cdot 10^{-6}\,\frac{\mathrm{m}^2}{\mathrm{s}}$ und $\rho_{20°} = 900\,\frac{\mathrm{kg}}{\mathrm{m}^3}$. Welchen Druckunterschied erfordert dies?

Lösung. Es gilt

$$\overline{u} = \frac{\dot{V}}{\pi R^2} = \frac{3 \cdot 10^{-3}}{\pi \cdot 0{,}025^2} = 1{,}53\,\frac{\mathrm{m}}{\mathrm{s}} \quad \text{und} \quad \mathrm{Re} = \frac{\overline{u} \cdot d}{\nu} = \frac{1{,}53 \cdot 0{,}05}{50 \cdot 10^{-6}} = 1527 < 2300,$$

also ist die Strömung noch laminar. Die Gleichung (9.2.8) ergibt $\lambda = \frac{64}{1527} = 0{,}042$. Der resultierende Druckverlust muss durch einen Druckunterschied ausgeglichen werden. Mit (9.1.1) erhält man

$$\Delta p_{\mathrm{kont}} = \xi \cdot \rho \frac{v^2}{2} = \lambda \frac{l}{d} \rho \frac{\overline{u}^2}{2} = 0{,}042 \cdot \frac{1000}{0{,}05} \cdot 900 \cdot \frac{1{,}53^2}{2} = 8{,}8\,\mathrm{bar}.$$

Dasselbe Ergebnis folgt durch Auflösen von (9.2.5) nach dp mit $dx = l$, also ohne den Wert von λ.

9.3 Turbulente Rohrströmungen

Turbulente Strömungen sind dadurch gekennzeichnet, dass ihre Reynolds-Zahl größer als 2300 ist. Das Geschwindigkeitsprofil einer turbulenten Strömung in einem kreisrunden Rohr mit dem Radius R kann theoretisch nicht hergeleitet werden. Messungen zeigen, dass man die Geschwindigkeit $u(r)$ innerhalb des gesamten Rohrs durch

$$u(r) = u_{\max} \left(1 - \frac{r}{R}\right)^{\frac{1}{n}} \tag{9.3.1}$$

approximieren kann.

Dabei ist $n = n(\mathrm{Re}, \frac{k}{d})$ eine Funktion der Reynolds-Zahl, dem Durchmesser d und der Rauheit k des Rohrs (die Herleitung des logarithmischen Geschwindigkeitsfeldes innerhalb der turbulenten Wandzone folgt in Band 6). Es gilt dabei folgende Näherungstabelle:

Re	$1 \cdot 10^5$	$6 \cdot 10^5$	$1{,}2 \cdot 10^6$	$2 \cdot 10^6$
n	7	8	9	10

Herleitung von (9.3.2)

Wie schon bei der laminaren Strömung bestimmen wir den gesamten Volumenfluss $\dot{V}$. Dazu betrachten wir wieder eine Hohlzylinderschicht mit Radius r und Dicke dr. Es gilt

$$\dot{V} = \int_0^R u(r) \cdot 2\pi r \cdot dr = 2\pi \cdot u_{\max} \int_0^R r \left(1 - \frac{r}{R}\right)^{\frac{1}{n}} \cdot dr.$$

Mit $\frac{r}{R} := x$ folgt $dr = R \cdot dx$ und somit $\dot{V} = 2\pi R^2 \cdot u_{\max} \int_0^1 x(1-x)^{\frac{1}{n}} \cdot dx$. Eine Partielle Integration liefert:

$$\int_0^1 x(1-x)^{\frac{1}{n}} \cdot dx = x\frac{n}{n+1} \cdot (1-x)^{\frac{n+1}{n}}\Big|_0^1 - \frac{n}{n+1}\int_0^1 (1-x)^{\frac{n+1}{n}} \cdot dx = -\frac{n}{n+1}\int_0^1 (1-x)^{\frac{n+1}{n}} \cdot dx$$

$$= -\frac{n}{n+1} \cdot \frac{n}{2n+1}\left[(1-x)^{\frac{2n+1}{n}}\right]_0^1 = \frac{n^2}{(n+1)(2n+1)}.$$

Insgesamt erhalten wir

$$\dot{V} = 2\pi R^2 \cdot u_{\max} \cdot \frac{n^2}{(n+1)(2n+1)} \quad \text{und} \quad \overline{u} = u_{\max} \cdot \frac{2n^2}{(n+1)(2n+1)}. \tag{9.3.2}$$

Beispiel 1. Durch eine horizontale Stahlrohrleitung von 2 km Länge und 50 cm Durchmesser fließen pro Minute 80 m^3 Wasser mit einer Temperatur von 15°*C*. Die Rauheit der Rohrinnenwand beträgt $k = 0{,}1\,\mathrm{mm}$. Die Stoffwerte sind $\rho_{15^\circ} = 999{,}10\,\frac{\mathrm{kg}}{\mathrm{m}^3}$ und $\eta_{15^\circ} = 1138{,}0 \cdot 10^{-6}\,\frac{\mathrm{kg \cdot m^2}}{\mathrm{s}}$. Schätzen Sie die maximale Geschwindigkeit des Wassers ab.

Lösung. Es gilt

$$\overline{u} = \frac{\dot{V}}{\pi R^2} = \frac{80}{60 \cdot \pi \cdot 0{,}25^2} = 1{,}70\,\frac{\mathrm{m}}{\mathrm{s}}.$$

Weiter ist

$$\mathrm{Re} = \frac{\rho \cdot d \cdot \overline{u}}{\eta} = \frac{999{,}10 \cdot 0{,}5 \cdot 1{,}70}{1138{,}0 \cdot 10^{-6}} = 745222$$

und die Strömung turbulent. Mit (9.1.3) erhält man $\lambda = 0{,}0150$. Den Druckverlust findet man mit (9.1.1) zu

$$\Delta p = \lambda \cdot \frac{l\rho}{d} \cdot \frac{\overline{u}^2}{2} = 0{,}015 \cdot \frac{2000 \cdot 999{,}10}{0{,}5} \cdot \frac{1{,}70^2}{2} = 0{,}86\,\mathrm{bar}.$$

Da die Reynolds-Zahl $7{,}45 \cdot 10^5$ in der obigen Tabelle einem Exponenten zwischen $n = 8$ und $n = 9$ entspricht, kann man durch lineare Interpolation der Werte ($\mathrm{Re} = 6 \cdot 10^5/n = 8$) und ($\mathrm{Re} = 1{,}2 \cdot 10^6/n = 9$) etwa $n = \frac{1}{6} \cdot 10^{-5} \cdot \mathrm{Re} + 7$ angeben. Für den Exponenten erhalten wir dann $n = \frac{1}{6} \cdot 10^{-5} \cdot 7{,}45 \cdot 10^5 + 7 \approx 8{,}24$. Schließlich folgt

$$1{,}70 = u_{\max}\frac{2 \cdot 8{,}24^2}{(8{,}24+1)(2 \cdot 8{,}24+1)}$$

und endlich $u_{\max} \approx 2{,}02\,\frac{\mathrm{m}}{\mathrm{s}}$. Zurzeit begnügen wir uns mit der Angabe dieses Geschwindigkeitsprofils der turbulenten Strömung. Es stellt auch nur eine Näherung dar. Die Erfassung einer turbulenten Strömung in all ihren Aspekten erfolgt in Band 6.

Beispiel 2. Eine horizontale Wasserleitung mit dem Durchmesser 0,1 m passiert nacheinander die Punkte A, B, C und D (Abb. 9.2). Es gilt $\overline{AB} = 1\,\text{km}$, $\overline{BC} = 1{,}5\,\text{km}$ und $\overline{CD} = 1\,\text{km}$. Zwischen den Punkten B und C verläuft sie vollständig innerhalb eines Erdwalls, der Rest der Leitung ist frei zugänglich. Eine Druckmessung ergibt $p_A = 6\,\text{bar}$, $p_B = 4\,\text{bar}$, $p_C = 1{,}5\,\text{bar}$ und $p_D = 1\,\text{bar}$. Da die Druckwerte nicht gleichmäßig abnehmen, vermutet man ein Leck zwischen den Punkten B und C. Die Stoffwerte sind $\rho = 10^3\,\frac{\text{kg}}{\text{m}^3}$ und $\nu = 10^{-6}\,\frac{\text{m}^2}{\text{s}}$. Der Einfachheit halber gehen wir von einem hydraulisch glatten Rohr aus.

a) Wie groß sind die mittleren Strömungsgeschwindigkeiten $\overline{u}_{AB}$ und $\overline{u}_{CD}$ in den entsprechenden Abschnitten?
b) Bestimmen Sie den Volumenstrom für den Wasserverlust an der Leckstelle.
c) An welcher Stelle befindet sich das Leck?

Lösung.

a) Die Gleichung (9.1.1) wird zu $\lambda = \frac{2d\Delta p_V}{l\rho\overline{u}^2}$ umgeformt und in (9.1.3) eingesetzt. Mit $\text{Re} = \frac{\overline{u}\cdot d}{\nu}$ erhält man

$$\sqrt{\frac{l\rho}{2d\Delta p_V}}\,\overline{u} = 1{,}74 - 2\cdot\log_{10}\left(\frac{18{,}7\nu}{d}\sqrt{\frac{l\rho}{2d\Delta p_V}}\right)$$

und daraus mit $\Delta p_{V,AB} = 2\,\text{bar}$ bzw. $\Delta p_{V,BC} = 1\,\text{bar}$ die mittleren Geschwindigkeiten $\overline{u}_{AB} = 1{,}56\,\frac{\text{m}}{\text{s}}$ bzw. $\overline{u}_{CD} = 1{,}06\,\frac{\text{m}}{\text{s}}$.

b) Aus $Q_{AB} = A\cdot\overline{u}_{AB} = \pi\cdot 0{,}02^2\cdot 1{,}56 = 12{,}27\,\frac{\text{L}}{\text{s}}$ und $Q_{CD} = 8{,}33\,\frac{\text{L}}{\text{s}}$ folgt $Q_{\text{Verlust}} = 3{,}94\,\frac{\text{L}}{\text{s}}$.

c) Die beiden Punkte $A(0\,\text{m}, 6\,\text{bar})$ und $B(1, 4)$ ergeben die Druckfunktion $p_{AB}(x) = -2x + 6$ und für die Punkte $C(2{,}5, 1{,}5)$ und $D(3{,}5, 1)$ erhält man $p_{CD}(x) = -0{,}5x + 2{,}75$. Damit findet man den Ort des Lecks aus der Lösung von $-2x + 6 = -0{,}5x + 2{,}75$ bei $x = 2167\,\text{m}$.

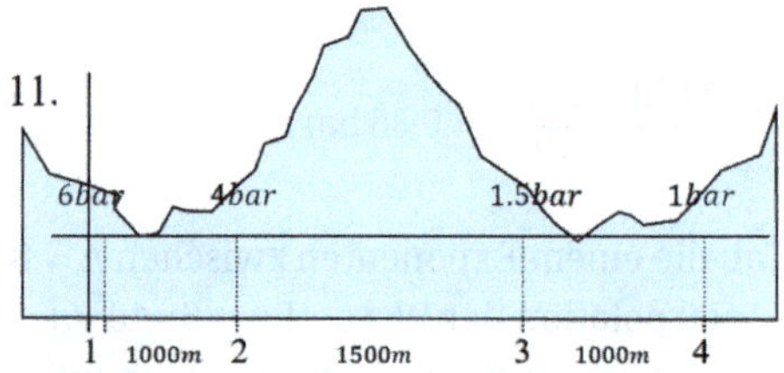

Abb. 9.2: Skizze zum Beispiel 2.

10 Lineare Wellentheorie nach Airy

Die räumliche und zeitliche Bewegung von Wasserwellen kann man mithilfe der linearen oder nichtlinearen Wellentheorie untersuchen. Im Weitern soll nur die erste, die Theorie nach Airy, besprochen werden. Wasserwellen sind eigentlich Oberflächenwellen: Sie entstehen an der Grenzfläche zwischen dem Wasser und der Luft. Jede Oberflächenwelle ist eine Kombination aus transversaler und longitudinaler Welle. Die beschleunigenden oder hemmenden Kräfte sind dabei die Oberflächenspannung und die Gewichtskraft. Bei kleinen Wellenlängen ist die Oberflächenspannung maßgebend, bei großen Wellenlängen überwiegt die Gewichtskraft.

Herleitung von (10.1)–(10.4)

Die Form der Wasseroberfläche sei durch eine noch unbekannte Funktion $s(x,t)$ gegeben (Abb. 10.1). Es bezeichnen H: Wassertiefe, λ: Wellenlänge, ω: Kreisfrequenz, T: Periodendauer, c: Phasengeschwindigkeit, $s(x,t)$: Auslenkung der Wasseroberfläche aus der Nulllage $z = 0$ und u, w: Geschwindigkeitskomponenten der Wasserteilchen.

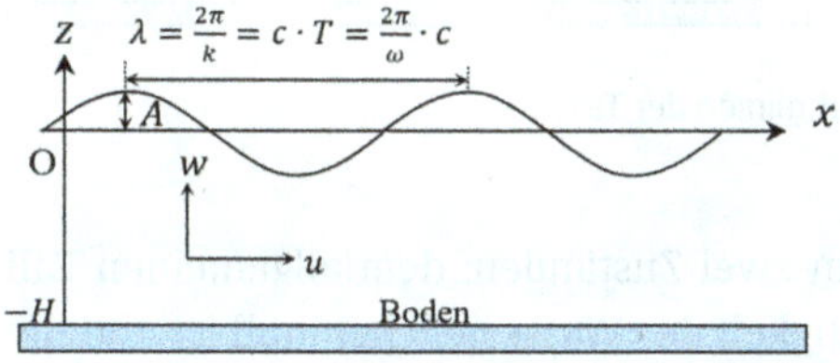

Abb. 10.1: Skizze zur Wasseroberflächenform.

Für die weitere mathematische Beschreibung setzen wir drei Dinge voraus.

Einschränkungen:

- Das Fluid ist inkompressibel.
- Die Welle ist in y-Richtung weit ausgedehnt.
- Die Strömung verläuft reibungsfrei.

Die erste Bedingung ist für Wasser sinnvoll. Die zweite Bedingung garantiert, dass die Quereinflüsse auf die Wellenhöhe vernachlässigbar sind. Mithilfe der dritte Bedingung können wir von einer rotationsfreien Strömung ausgehen und das Geschwindigkeitsfeld als Potential schreiben: $\boldsymbol{v} = \operatorname{grad}\phi$. Die Lösung wird dann bestimmt durch die Euler-Gleichung für eine Potentialströmung (5.5) und durch die Laplace-Gleichung (5.6), die wir beide neu nummerieren:

$$\rho\frac{\partial\phi}{\partial t} + \frac{1}{2}\rho\left[\left(\frac{\partial\phi}{\partial x}\right)^2 + \left(\frac{\partial\phi}{\partial z}\right)^2\right] + p + \rho g z = 0, \tag{10.1}$$

$$\frac{\partial^2\phi}{\partial x^2} + \frac{\partial^2\phi}{\partial z^2} = 0. \tag{10.2}$$

https://doi.org/10.1515/9783111345864-010

Nehmen wir an, die Auslenkung A sei etwa von derselben Größenordnung wie die Wellenlänge λ und die Tiefe H. In diesem Fall würden die Wasserteilchen während einer Periode große Bahnen beschreiben (Abb. 10.2 links, die genaue Form bestimmen wir später). Demnach wären $\frac{\partial\phi}{\partial x} = u = \frac{\partial x}{\partial t}$ und $\frac{\partial\phi}{\partial z} = w = \frac{\partial z}{\partial t}$ und erst recht die Quadrate $(\frac{\partial\phi}{\partial x})^2$ und $(\frac{\partial\phi}{\partial z})^2$ zu groß, um sie gegenüber $\frac{\partial\phi}{\partial t}$ zu vernachlässigen. Ist hingegen A klein gegenüber λ und H, so sind die Bahnlinien klein (Abb. 10.2 rechts). Damit sind sowohl $\frac{\partial\phi}{\partial t}$ als auch $\frac{\partial\phi}{\partial x}$ und $\frac{\partial\phi}{\partial z}$ klein, sodass die Quadrate $(\frac{\partial\phi}{\partial x})^2$ und $(\frac{\partial\phi}{\partial z})^2$ nun weniger ins Gewicht fallen. Sie können gegenüber $\frac{\partial\phi}{\partial t}$ vernachlässigt werden. Damit lautet unsere Voraussetzung für alles Weitere:

$$A \ll \lambda \quad \text{und} \quad A \ll H. \tag{10.3}$$

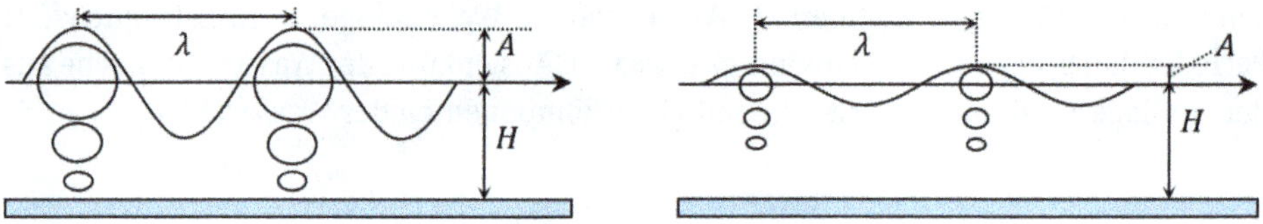

Abb. 10.2: Skizzen zur Auslenkung der Welle und den Bahnlinien der Teilchen.

Nun vergleichen wir die Wasseroberfläche in zwei Zuständen: dem allgemeinen Fall und dem ruhenden Fall, wenn die Geschwindigkeit der Wasserteilchen null ist und die Gewichtskraft keine Wirkung erzeugt. Man erhält

$$\rho\frac{\partial\phi}{\partial t} + \frac{1}{2}\rho\left[\left(\frac{\partial\phi}{\partial x}\right)^2 + \left(\frac{\partial\phi}{\partial z}\right)^2\right] + p + \rho g s = p \quad \text{oder}$$

$$\frac{\partial\phi}{\partial t} + \frac{1}{2}\left[\left(\frac{\partial\phi}{\partial x}\right)^2 + \left(\frac{\partial\phi}{\partial z}\right)^2\right] + gs = 0.$$

Treffen wir die Voraussetzungen von (10.3), dann verbleibt nur der lineare Term (was der Theorie ihren Namen verleiht) und es ergibt sich

$$\left.\frac{\partial\phi}{\partial t}\right|_{z=s} + gs = 0. \tag{10.4}$$

Potential und Stromfunktion

Herleitung von (10.5)–(10.12)

Für das Potential setzen wir getrennt nach Variablen

$$\phi(x, z, t) = \sin(kx - \omega t) \cdot f(z) \tag{10.5}$$

an. Der trigonometrische Faktor bezeichnet das Fortschreiten der Welle in x-Richtung, die Veränderung der Wellenhöhe wird durch $f(z)$ beschrieben. Den Ausdruck für ϕ setzen wir in die Laplace-Gleichung (10.2) ein und erhalten $-k^2 \sin(kx - \omega t) \cdot f(z) + \sin(kx - \omega t) \cdot \frac{\partial^2 f}{\partial z^2} = 0$ oder $-k^2 \cdot f(z) + f''(z) = 0$.

Mit dem Ansatz $f(z) = C \cdot e^{mz}$ ergibt sich $Cm^2 \cdot e^{mz} - k^2 \cdot e^{mz} = 0$ und danach $m^2 = k^2$.

Daraus folgt $m_{1,2} = \pm k$ und somit

$$f(z) = C_1 \cdot e^{kz} + C_2 \cdot e^{-kz}. \tag{10.6}$$

Nun formulieren wir eine Randbedingung für die Geschwindigkeit. In der Tiefe $z = -H$ muss die Geschwindigkeit der Wasserteilchen in z-Richtung zum Erliegen kommen (das Wasser soll den Boden nicht durchdringen):

$$w|_{z=-H} = \left.\frac{\partial \phi}{\partial z}\right|_{z=-H} = 0. \tag{10.7}$$

Angewandt auf das Potential (10.5) erhält man mit (10.7)

$$\sin(kx - \omega t) \cdot \left[kC_1 \cdot e^{kz} - kC_2 \cdot e^{-kz}\right]\Big|_{z=-H} = 0.$$

Da die Bedingung für alle Zeiten gilt, folgt $C_1 \cdot e^{-kH} - C_2 \cdot^{kH} = 0$ oder $C_2 = C_1 e^{-2kH}$. Eingesetzt in (10.6) ist

$$\begin{aligned} f(z) &= C_1 \cdot e^{kz} + C_1 e^{-2kH} \cdot e^{-kz} \\ &= C_1 e^{-kH} \cdot \left[e^{kH} e^{kz} + e^{-kH} e^{-kz}\right] = C\left[e^{k(H+z)} + e^{-k(H+z)}\right] \\ &= D \cdot \cosh\left[k(H+z)\right]. \end{aligned}$$

Damit erhält das Potential die Gestalt

$$\phi(x, z, t) = D \cdot \sin(kx - \omega t) \cdot \cosh\left[k(H+z)\right]. \tag{10.8}$$

Zur Bestimmung der Konstanten D setzen wir (10.8) in (10.4) ein, was zu einer impliziten Gleichung für $s(x, t)$ führt:

$$-D\omega \cdot \cos(kx - \omega t) \cdot \cosh\left[k(H+s)\right] + gs = 0. \tag{10.9}$$

Die Gleichung (10.9) kann nur durch die getroffene Voraussetzung (10.3) explizit gelöst werden. Mit $A \ll H$ ist auch $s \ll H$ und man kann $H + s \approx H$ setzen, womit sich (10.9) vereinfacht zu

$$s(x, t) = D \cdot \frac{\omega}{g} \cdot \cosh(kH) \cdot \cos(kx - \omega t). \tag{10.10}$$

Offenbar beschreibt $s(x,t)$ eine Welle mit der Amplitude $A = D \cdot \frac{\omega}{g} \cdot \cosh(kH)$. Damit lautet die Konstante

$$D = \frac{Ag}{\omega \cdot \cosh(kH)}. \tag{10.11}$$

Insgesamt kann man für das Potential schreiben:

$$\phi(x,z,t) = \frac{Ag}{\omega \cdot \cosh(kH)} \cdot \sin(kx - \omega t) \cdot \cosh[k(H+z)]. \tag{10.12}$$

Bestimmen der Oberflächenfunktion $s(x,t)$

Herleitung von (10.13)

Benutzen wir Gleichung die (10.4) und lösen nach s auf, so erhalten wir $s = -\frac{1}{g} \cdot \frac{\partial\phi}{\partial t}$. Nun setzen wir das Potential (10.8) ein, was

$$s = -\frac{1}{g} \cdot \frac{Ag}{\omega \cdot \cosh(kH)} \{-\omega \cos(kx - \omega t) \cdot \cosh[k(H+s)]\}$$

nach sich zieht. Mit der Vereinfachung $H + s \approx H$ folgt

$$s(x,t) = A \cdot \cos(kx - \omega t). \tag{10.13}$$

Für kleine Wellenhöhen kann damit die Wellenoberfläche durch eine Kosinusfunktion angenähert werden.

Skizze der Potential- und Stromlinien

Herleitung von (10.14)–(10.16)

Dazu bestimmen wir mit (10.11):

$$\frac{\partial\phi}{\partial x} = \frac{Ag}{\omega \cdot \cosh(kH)} \cdot k \cdot \cos(kx - \omega t) \cdot \cosh[k(H+z)]. \tag{10.14}$$

Mithilfe der Definition (5.1.1) gilt $\frac{\partial\psi}{\partial z} = \frac{\partial\phi}{\partial x}$, $\frac{\partial\psi}{\partial x} = -\frac{\partial\phi}{\partial z}$ und man erhält aus (10.14):

$$\psi(x,z,t) = \frac{Ag}{\omega \cdot \cosh(kH)} \cdot \cos(kx - \omega t) \cdot \sinh[k(H+z)]. \tag{10.15}$$

Für eine Skizze wählen wir die Werte $A = 0{,}2$, $H = 1$, $k = 2\pi$, $t = 0$, $\phi(x,z,0) = \phi^*_{\text{konst.}}$ und $\psi(x,z,0) = \psi^*_{\text{konst.}}$, womit sich (10.12) und (10.15) als

$$\phi^*_{\text{konst.}} = \frac{0{,}2g}{\omega \cdot \cosh(2\pi)} \cdot \sin(2\pi x) \cdot \cosh[2\pi(1+z)] \quad \text{und}$$

$$\psi^*_{\text{konst.}} = \frac{0{,}2g}{\omega \cdot \cosh(2\pi)} \cdot \cos(2\pi x) \cdot \sinh[2\pi(1+z)]$$

schreiben.

Weiter entstehen daraus

$$\frac{\omega \cdot \cosh(2\pi) \cdot \phi^*_{\text{konst.}}}{0{,}2g \cdot \sin(2\pi x)} = \cosh[2\pi(1+z)] \quad \text{und}$$
$$\frac{\omega \cdot \cosh(2\pi) \cdot \psi^*_{\text{konst.}}}{0{,}2g \cdot \cos(2\pi x)} = \sinh[2\pi(1+z)].$$

Mit

$$\phi_{\text{konst.}} = \frac{\omega \cdot \cosh(2\pi) \cdot \phi^*_{\text{konst.}}}{0{,}2g} \quad \text{und} \quad \psi_{\text{konst.}} = \frac{\omega \cdot \cosh(2\pi) \cdot \psi^*_{\text{konst.}}}{0{,}2g}$$

erhält man

$$z(x) = \frac{1}{2\pi} \cdot \operatorname{arcosh}\left[\frac{\phi_{\text{konst.}}}{\sin(2\pi x)}\right] - 1 \quad \text{und} \quad z(x) = \frac{1}{2\pi} \cdot \operatorname{arsinh}\left[\frac{\psi_{\text{konst.}}}{\cos(2\pi x)}\right] - 1. \tag{10.16}$$

Beispiel 1. Wählen Sie für eine Skizze:

$$\phi_{\text{konst.}} = \{\pm 0{,}2, \pm 0{,}5, \pm 1, \pm 5, \pm 25, \pm 75, \pm 200\},$$
$$\psi_{\text{konst.}} = \{\pm 0{,}5, \pm 2, \pm 5, \pm 20, \pm 75, \pm 200, \pm 500\}$$

und stellen Sie die Graphen von (10.16) inklusive der Wasseroberflächenkurve $s(x,t) = 0{,}2 \cdot \cos(2\pi x)$ dar.

Lösung. Die Graphen entnimmt man Abb. 10.3.

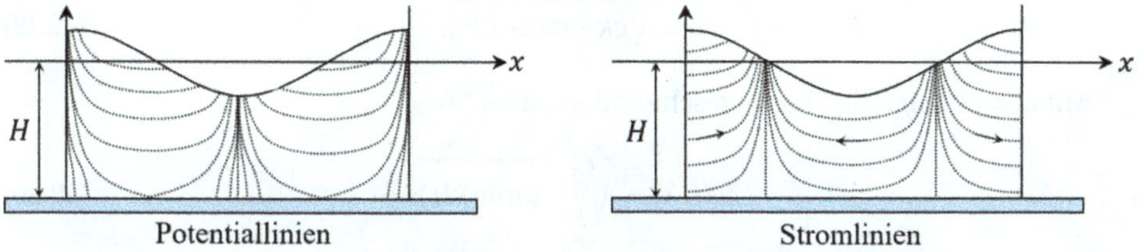

Abb. 10.3: Graphen von (10.16).

Unter den Wellenbergen verlaufen die Strömungsgeschwindigkeiten in Richtung der Phasengeschwindigkeit und unter den Tälern stets in Gegenrichtung der Phasengeschwindigkeit. Am Verlauf der Stromlinien kann man bekanntlich die Momentangeschwindigkeiten der Wasserteilchen auf ihren Bahnlinien ablesen.

Frequenz der Wellen

Herleitung von (10.17)–(10.23)

Für die Berechnung der Frequenz betrachten wir das vollständige Differential $dz = ds = \frac{\partial s}{\partial x} \cdot dx + \frac{\partial s}{\partial t} \cdot dt$ oder $\frac{dz}{dt} = \frac{\partial s}{\partial x} \cdot \frac{dx}{dt} + \frac{\partial s}{\partial t}$. Mit den Bedingungen (10.3) ist $A \ll \lambda$, somit auch $s \ll \lambda$ und folglich $\frac{\partial s}{\partial x} \ll 1$. Man erhält als Näherung $\frac{dz}{dt} \approx \frac{\partial s}{\partial t}$ und unter Verwendung von $w = \frac{dz}{dt} = \frac{\partial \phi}{\partial z}$ die Gleichung $\frac{\partial \phi}{\partial z} \approx \frac{\partial s}{\partial t}$ und insbesondere

$$\left.\frac{\partial \phi}{\partial z}\right|_{z=s} = \frac{\partial s}{\partial t}. \tag{10.17}$$

Die Gleichung (10.17) besagt, dass es genügt, die Oberflächenfunktion nur nach der Zeit aber nicht nach dem Ort abzuleiten, um die Vertikalgeschwindigkeitskomponente zu bestimmen. Leiten wir die Gleichung (10.4) nach der Zeit ab und setzen das Ergebnis in (10.17) ein, dann führt dies auf den Zusammenhang

$$\frac{\partial^2 \phi}{\partial t^2} + g \cdot \left.\frac{\partial \phi}{\partial z}\right|_{z=s} = 0. \tag{10.18}$$

Angewandt auf das Potential (10.12), erhält man mit (10.18):

$$\frac{Ag}{\omega \cdot \cosh(kH)} \left[-\omega^2 \sin(kx - \omega t) \cdot \cosh[k(H+s)] + gk \cdot \sin(kx - \omega t) \cdot \sinh[k(H+s)] \right] = 0$$

oder

$$-\omega^2 \cdot \cosh[k(H+s)] + gk \cdot \sinh[k(H+s)] = 0.$$

Da die Gleichung auch für dasjenige s im Ruhestand gilt, kann man $s = 0$ setzen und erhält

$$\omega = \sqrt{gk \cdot \tanh(kH)}. \tag{10.19}$$

Mit $\omega = ck$ folgt die Phasengeschwindigkeit zu

$$c(H, \lambda) = \sqrt{\frac{g}{k} \cdot \tanh(kH)}. \tag{10.20}$$

Die Gleichung (10.19) oder (10.20) nennt man die Dispersionseigenschaft der (Airy)-Wasserwellen. Sie besagt, dass die Phasengeschwindigkeit eine Funktion der Wellenlänge ist. Eine bekannte Erscheinung dazu ist der Regenbogen. Aus (10.19) folgt zudem, dass bei gegebener Wassertiefe eine Welle mit der Periode ω nur eine Wellenlänge λ annehmen kann.

a) Tiefwasser. Ist die Wellenlänge klein gegenüber der Wassertiefe, dann hat man

$$\tanh(kH) = \tanh\left(\frac{2\pi}{\lambda} H\right) \approx 1 \quad \text{für } \lambda \leq 2H \tag{10.21}$$

und mit (10.20)

$$c(\lambda) \approx \sqrt{\frac{g}{k}} = \sqrt{\frac{g\lambda}{2\pi}}. \tag{10.22}$$

Die Phasengeschwindigkeit c ist somit nur von der Wellenlänge abhängig, was bedeutet, dass lange Wellen schneller wandern als kurze.

b) Flachwasser. In diesem Fall ist $\frac{H}{\lambda} \ll 1$, $kH = \frac{2\pi}{\lambda} \cdot H \ll 1$ und folglich $\tanh(kH) \approx kH$. Die Phasengeschwindigkeit ergibt sich mit (10.20) zu

$$c(H) \approx \sqrt{\frac{g}{k}kH} = \sqrt{gH}. \tag{10.23}$$

Diese Näherung ist zulässig für

$$\lambda \geq 20H. \tag{10.24}$$

Im Flachwasser dominiert somit die Tiefe gegenüber der Wellenlänge und es gibt praktisch keine Dispersion. Die Gleichung (10.22) kann auch über den Energiesatz hergeleitet werden. Bei Tiefwasser beschreiben die Teilchen an der Wasseroberfläche Kreisbahnen mit dem Radius r_0. Dann ist $v_{\text{Bahn}} = \omega \cdot r_0 = \frac{2\pi}{T} \cdot r_0 = \frac{2\pi r_0 c}{\lambda}$ mit $c = \frac{\lambda}{T}$. Die Geschwindigkeit in einem Wellenberg beträgt $v_{\text{Berg}} = c - v_{\text{Bahn}} = c - \omega r_0$, im Wellental hingegen $v_{\text{Tal}} = c + v_{\text{Bahn}} = c + \omega r_0$. Die totale kinetische Energie ist dann

$$\Delta E_{\text{Kin}} = \frac{1}{2}\Delta m \cdot v_{\text{Tal}}^2 - \frac{1}{2}\Delta m \cdot v_{\text{Berg}}^2 = \frac{1}{2}\Delta m[(c+\omega r_0)^2 - (c-\omega r_0)^2] = \frac{1}{2}\Delta m(2c\omega r_0 + 2c\omega r_0)$$

und somit

$$\Delta E_{\text{Kin}} = 2\Delta m c\omega r_0. \tag{10.25}$$

Dies muss der potentiellen Energie $\Delta E_{\text{pot}} = \Delta mg \cdot 2r_0$ entsprechen. Zusammen erhält man $2\Delta m \cdot c \cdot \omega r_0 = 2\Delta mg \cdot r_0$ und daraus wie (10.22) $c(\lambda) = \frac{g}{\omega} = \frac{g}{ck} = \frac{g\lambda}{c \cdot 2\pi} = \sqrt{\frac{g\lambda}{2\pi}}$.

Dieses Ergebnis wie auch die Gleichung (10.23) gelten für Schwerewellen, also für diejenige Art von Wellen, bei denen die Gewichtskraft die rücktreibende Kraft darstellt. Sind die Wellenlängen klein, etwa < 1 cm, dann spricht man von Kapillarwellen.

Oberflächenspannung

Herleitung von (10.26)–(10.32)

Bei Kapillarwellen übernimmt die Oberflächenspannung die Rolle der rücktreibenden Kraft. Der Begriff ist etwas missverständlich, weil es sich nicht um eine Spannung im üblichen Sinn mit der Einheit $\frac{\text{N}}{\text{m}^2}$ handelt, sondern vielmehr um eine Konstante mit der

Einheit $\frac{\mathrm{N}}{\mathrm{m}}$, analog zur Federkonstanten. Soll eine Feder um die Strecke ds ausgelenkt werden, dann ist dafür eine Kraft dF notwendig. Die Federkonstante ist demnach $D = \frac{dF}{ds}$. Will man eine Wasserhaut der Fläche A um die Fläche dA vergrößern, dann muss die Arbeit dW aufgebracht werden. Die Oberflächenspannung σ lautet dann

$$\sigma = \frac{dW}{dA} = \frac{F \cdot dr}{dA} = \frac{p_K \cdot A \cdot dr}{dA}. \tag{10.26}$$

Man nennt p_K den Kapillardruck. Gehen wir von einer kleinen (kugelförmigen) Blase aus, dann ist der hydrostatische Druck auf der Unter- und Oberseite gleich groß, also p_K = konst. Aus (10.26) folgt

$$\sigma = \frac{p_K \cdot \pi r^2 \cdot dr}{8\pi r \cdot dr} = \frac{p_K \cdot r}{2} \quad \text{und} \quad p_K = \frac{2 \cdot \sigma}{r}, \tag{10.27}$$

mit σ in $\frac{\mathrm{N}}{\mathrm{m}}$ Unter Verwendung der Voraussetzung (10.3) kann die Kapillarwelle durch eine Kosinusfunktion zu einen beliebigen Zeitpunkt dargestellt werden, womit sich die Gleichung (10.13) als $s(x) = B \cdot \cos(kx)$ schreibt. An der Oberfläche führen die Teilchen unabhängig von der Wassertiefe Kreisbahnen mit dem Radius B aus. Also können wir $s(x) = r_0 \cdot \cos(kx)$ ansetzen. Der Krümmungsradius r berechnet sich gemäß

$$r = \left|\frac{1}{s''(0)}\right| = \left|\frac{1}{r_0 \cdot k^2 \cdot \cos(0)}\right| = \frac{1}{r_0 \cdot k^2}.$$

Dann gilt für den Kapillardruck (10.27) $p_K = \frac{2 \cdot \sigma}{r} = 2\sigma r_0 \cdot k^2$. Der Unterschied in der potentiellen Energie zwischen Berg und Tal ist

$$\Delta E_{\text{pot}} = E_{\text{pot, Berg}} - E_{\text{pot,Tal}} = p_K \cdot \Delta V = p_K \cdot \frac{\Delta V}{\rho} = 2\sigma r_0 \cdot k^2 \cdot \frac{\Delta V}{\rho}. \tag{10.28}$$

Energiebilanz: $\Delta E_{\text{kin}} = \Delta E_{\text{pot}}$

Die kinetische Energie entnimmt man (10.25) und man erhält mit (10.28) $2\sigma r_0 \cdot k^2 \cdot \frac{\Delta V}{\rho} = 2\Delta m \cdot c \cdot \omega r_0$ oder $\frac{\sigma k^2}{\rho} = c\omega$.

Endlich ergibt sich die Phasengeschwindigkeit zu

$$c = \frac{\sigma k^2}{\rho\omega} = \sqrt{\frac{\sigma k}{\rho}}. \tag{10.29}$$

Unser allgemeines Ergebnis, das sowohl die Oberflächenspannung als auch die Gewichtskraft berücksichtigt, lautet damit, unter Hinzunahme von (10.22),

$$c = \sqrt{\left(\frac{g}{k} + \frac{\sigma k}{\rho}\right)\tanh(kH)} \quad \text{und} \quad \omega = \sqrt{k\left(g + \frac{\sigma k^2}{\rho}\right)\tanh(kH)}. \tag{10.30}$$

Die entsprechenden Näherungen für Tiefwasser ($\tanh(kH) \approx 1$) bzw. Flachwasser ($\tanh(kH) \approx kH$) sind damit

$$c_{\text{tief}} = \sqrt{\frac{g}{k} + \frac{\sigma k}{\rho}} \quad \text{und} \quad \omega_{\text{tief}} = \sqrt{k\left(g + \frac{\sigma k^2}{\rho}\right)} \tag{10.31}$$

bzw.

$$c_{\text{flach}} = \sqrt{gH + \frac{\sigma k^2 H}{\rho}} \quad \text{und} \quad \omega_{\text{flach}} = \sqrt{k\left(g + \frac{\sigma k^2}{\rho}\right) kH}. \tag{10.32}$$

Beispiel 2. An einem Küstenstreifen der Tiefe $h = 80\,\text{m}$ beobachtet man Wellen der Länge $\lambda = 50\,\text{m}$.

a) Handelt es sich um Tief- oder Flachwasserwellen?
b) Wie groß ist demnach die Phasengeschwindigkeit der Wellen?

Lösung.

a) Der Vergleich mit (10.21) liefert $50\,\text{m} = \lambda \leq 2H = 160\,\text{m}$, also handelt es sich um Tiefwasserwellen.
b) Mithilfe von (10.22) folgt

$$c \approx \sqrt{\frac{g\lambda}{2\pi}} = \sqrt{\frac{9{,}81 \cdot 50}{2\pi}} = 8{,}84\,\frac{\text{m}}{\text{s}}.$$

Beispiel 3. Geben Sie einen allgemeinen Ausdruck für die Grenzwellenlänge $\overline{\lambda}$ an, die Kapillarwellen von Schwerewellen trennt und bestimmen Sie diesen Wert für $\rho = 10^3\,\frac{\text{kg}}{\text{m}^3}$, $\sigma = 7{,}25 \cdot 10^{-2}\,\frac{\text{N}}{\text{m}}$.

Lösung. Die Ergebnisse (10.22) und (10.29) gehen aus (10.31) und (10.32) daraus hervor, dass entweder $\frac{g}{k} \ll \frac{\sigma k}{\rho}$ oder $\frac{g}{k} \gg \frac{\sigma k}{\rho}$ gesetzt wurde. Im Grenzfall ist also $\frac{g}{k} = \frac{\sigma k}{\rho}$, woraus $\frac{1}{k^2} = \frac{\sigma}{\rho g}$ und mit $\lambda = \frac{2\pi}{k}$ der Ausdruck $\overline{\lambda} = 2\pi\sqrt{\frac{\sigma}{\rho g}}$ entsteht. Die gegebenen Werte führen zu

$$\overline{\lambda} = 2\pi\sqrt{\frac{7{,}25 \cdot 10^{-2}}{10^3 \cdot 9{,}81}} = 1{,}71\,\text{cm}.$$

Beispiel 4. Ein Tsunami entsteht durch ein Seebeben oder ein Vulkanausbruch am Meeresboden. Dadurch wird die gesamte über dem Meerboden befindliche Wassersäule in Bewegung versetzt. Damit entspricht ein Tsunami keiner der besprochenen Wellenarten. Man könnte meinen, dass ein solcher Tsunami wie eine Tiefwasserwelle behandelt wird, aber das Gegenteil ist der Fall. Der Vergleich mit Messungen bestätigt, dass man zur vereinfachten Beschreibung das Modell einer Flachwasserwelle heranziehen darf. Zudem gilt näherungsweise $\lambda \approx 2\pi H$.

a) Mit welcher Geschwindigkeit breitet sich ein Tsunami bei einer Meerestiefe von $H = 5\,\text{km}$ aus?
b) Wie groß ist die Wellenlänge nahe an der Küste bei einer Wassertiefe von 10 m?

Lösung.

a) Der Gleichung (10.23) entnimmt man $c \approx \sqrt{gH} = \sqrt{9{,}81 \cdot 5000} = 221{,}47\,\frac{\text{m}}{\text{s}}$.

b) Man erhält $\lambda \approx 2\pi \cdot 10 = 62{,}83$ m.

Bahnlinien

Herleitung von (10.33)–(10.35)

Weil die Strömung instationär ist, unterscheiden sich die weiter oben bestimmten Stromlinien von den Bahnlinien. Nehmen wir an, ein Teilchen befinde sich zur Startzeit am Ort (x_0, y_0). Wir setzen die Änderung der Ausgangslage als $(x(t), z(t)) = (x_0 + \tilde{x}(t), z_0 + \tilde{z}(t))$ an. Die Ortsverschiebungen $\tilde{x}(t)$ und $\tilde{z}(t)$ seien jeweils so klein, dass wir $\frac{d\tilde{x}(t)}{dt}$ mit $\frac{\partial \phi}{\partial x}\big|_{(x_0,z_0)}$ und $\frac{d\tilde{z}(t)}{dt}$ mit $\frac{\partial \phi}{\partial z}\big|_{(x_0,z_0)}$ identifizieren können. Wir berechnen mit (10.12)

$$\frac{\partial \phi}{\partial x}\bigg|_{(x_0,z_0)} = \frac{Agk}{\omega \cdot \cosh(kH)} \cdot \cos(kx_0 - \omega t) \cdot \cosh[k(H + z_0)] \quad \text{und}$$
$$\frac{\partial \phi}{\partial z}\bigg|_{(x_0,z_0)} = \frac{Agk}{\omega \cdot \cosh(kH)} \cdot \sin(kx_0 - \omega t) \cdot \sinh[k(H + z_0)]. \tag{10.33}$$

Für den Weg des Teilchens in der Zeit von 0 bis t folgt

$$\tilde{x}(t) = \int_0^t \frac{\partial \phi}{\partial x}\,dt = \alpha \cdot [-\sin(kx_0 - \omega t) + \sin(kx_0)] \quad \text{und}$$
$$\tilde{z}(t) = \int_0^t \frac{\partial \phi}{\partial z}\,dt = \beta \cdot [\cos(kx_0 - \omega t) - \cos(kx_0)], \tag{10.34}$$

wobei

$$\alpha := \frac{Agk}{\omega^2 \cdot \cosh(kH)} \cdot \cosh[k(H + z_0)] \quad \text{und} \quad \beta := \frac{Agk}{\omega^2 \cdot \cosh(kH)} \cdot \sinh[k(H + z_0)]$$

gesetzt wurde. Umgeformt ergibt sich aus (10.33) und (10.34) $\frac{1}{\alpha}[\tilde{x}(t) - \alpha \cdot \sin(kx_0)] = -\sin(kx_0 - \omega t)$ und $\frac{1}{\beta}[\tilde{z}(t) + \beta \cdot \cos(kx_0)] = \cos(kx_0 - \omega t)$ und daraus schließlich

$$\frac{[\tilde{x}(t) - \alpha \cdot \sin(kx_0)]^2}{\alpha^2} + \frac{[\tilde{z}(t) + \beta \cdot \cos(kx_0)]^2}{\beta^2} = 1. \tag{10.35}$$

Dies ist die Gleichung einer Ellipse mit den Hauptachsen α und β. Da sich die Teilchen somit auf geschlossenen Bahnen bewegen, wird nach dieser Theorie zwar Energie aber keine Masse transportiert. Ein Massentransport kann nur über eine nichtlineare Wellentheorie beschrieben werden.

1. Wir betrachten im Speziellen zuerst die Wasseroberfläche. In diesem Fall gilt $z_0 \to 0$.

a) Bei Tiefwasser ist $\tanh(kH) \approx 1$, $\omega^2 = gk$ und folglich $\alpha \to \frac{Agk}{\omega^2} = A$ und $\beta \to \frac{Agk}{\omega^2} = A$. Die Teilchenbahnen (10.35) entsprechen somit Kreisen.
b) Bei Flachwasser erhält man aus $\tanh(kH) \approx kH$, $\omega^2 = gk^2H$ im Grenzfall $\alpha \to \frac{Agk}{\omega^2} = \frac{A}{kH}$ und $\beta \to \frac{Agk^2H}{\omega^2} = A$. Die Bahnen (10.35) beschreiben dann Ellipsen.

2. Am Boden ist $z_0 \to -H$.
   a) Bei Tiefwasser ergibt sich

$$\alpha \to \frac{Agk}{\omega^2 \cdot \cosh(kH)} = \frac{A}{\cosh(kH)} \quad \text{und} \quad \beta \to 0.$$

   b) Bei Flachwasser folgt

$$\alpha \to \frac{Agk}{\omega^2 \cdot \cosh(kH)} = \frac{A}{kH \cdot \cosh(kH)} \quad \text{und} \quad \beta \to 0.$$

Die Bahnen (10.35) beschreiben in jedem Fall Ellipsen.

Insgesamt kann man festhalten, dass bei Tiefwasser die Teilchenbahnen sich von Kreisbahnen an der Oberfläche allmählich zu Ellipsen verformen. Im Flachwasser sind die Trajektorien schon ellipsenförmig und flachen mit zunehmender Tiefe weiter ab (Abb. 10.4).

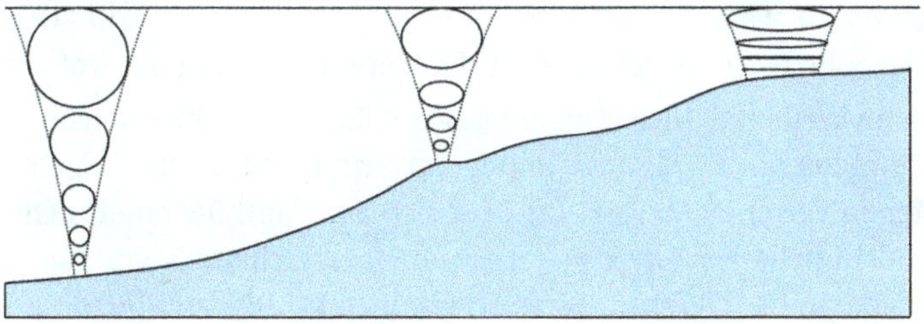

Abb. 10.4: Teilchenbahnen im Tiefwasser, im Übergangsbereich und im Flachwasser.

Teilchengeschwindigkeit

Herleitung von (10.36)–(10.38)

Dazu betrachten wir die Momentangeschwindigkeit am Ort (x, z) und berechnen mit (10.11), (10.14) und (10.16):

$$u = \frac{\partial \phi}{\partial x} = \frac{\partial \psi}{\partial z} = Dk \cdot \cos(kx - \omega t) \cdot \cosh[k(H + z)] \quad \text{und}$$
$$w = \frac{\partial \phi}{\partial z} = -\frac{\partial \psi}{\partial x} = Dk \cdot \sin(kx - \omega t) \cdot \sinh[k(H + z)]. \tag{10.36}$$

Der Einfachheit halber kann man für den Zeitpunkt $t = 0$ setzen und erhält aus (10.36)

$$u = Dk \cdot \cos(kx) \cdot \cosh[k(H+z)] \quad \text{und} \quad w = Dk \cdot \sin(kx) \cdot \sinh[k(H+z)]. \tag{10.37}$$

Die Geschwindigkeit nimmt mit zunehmender Tiefe ab, weil beide hyperbolische Funktionen monoton sind. Graphisch kann man dies auch aus dem Verlauf der Stromlinien erkennen. Die größten horizontalen Geschwindigkeiten innerhalb einer Wellenperiode treten unter den Wellenbergen und -tälern für $x = 0$ und $x = \frac{\lambda}{2}$ auf. Sie betragen mit (10.37) respektive

$$u_0(z) = Dk \cdot \cosh[k(H+z)] \quad \text{und} \quad u_{\frac{\lambda}{2}}(z) = -Dk \cdot \cosh[k(H+z)]. \tag{10.38}$$

Unter dem Wellental sind die Geschwindigkeitskomponenten der Strömung entgegen gerichtet. Unter dem Wellenberg verlaufen Sie hingegen in Strömungsrichtung. Interessant ist, dass die größten Geschwindigkeitsänderungen an der Oberfläche von statten gehen. Das Profil ist konkav. Im Vergleich dazu ist das Geschwindigkeitsprofil einer Gerinneströmung parabolisch und konvex, d. h. gegen die Oberfläche hin ändert sich die Geschwindigkeit kaum (vgl. Kap. 11.12).

Am Boden erhält man aus (10.38) $u_0(-H) = Dk$ und $u_{\frac{\lambda}{2}}(-H) = -Dk$. Auf der Wasseroberfläche ergibt sich $u_0(A) = Dk \cdot \cosh[k(H+A)]$ und $u_{\frac{\lambda}{2}}(-A) = Dk \cdot \cosh[k(A-H)]$.

Die horizontalen Geschwindigkeiten an der Oberfläche sind gegenüber allen anderen Bahngeschwindigkeiten im Wasser am größten. Aus der Monotonie der Funktion folgt insbesondere $|u_0(A)| > |u_{\frac{\lambda}{2}}(-A)|$. Durch einen Wellenberg tritt somit eine größere Wassermenge als durch ein Wellental. Insbesondere ist auch die Kontinuitätsgleichung für jede Höhe z in den Punkten mit $x = 0, \frac{\lambda}{4}, \frac{\lambda}{2}$ und $\frac{3\lambda}{4}$ verletzt. Dieser Mangel ist eine Konsequenz der getroffenen Vereinfachungen und lässt sich auch mithilfe einer nichtlinearen Wellentheorie nicht beheben. Für $x = \frac{\lambda}{4}$ und $x = \frac{3\lambda}{4}$ erreichen die vertikalen Geschwindigkeitskomponenten (10.37) ihre größten Werte: $w_{\frac{\lambda}{4}}(z) = Dk \cdot \sinh[k(H+z)]$ und $w_{\frac{3\lambda}{4}}(z) = -Dk \cdot \sinh[k(H+z)]$. Diese besitzen an der Oberfläche in Ruhewasserspiegelhöhe $z = 0$ der Welle ihr globales Maximum: $w_{\frac{\lambda}{4}}(0) = Dk \cdot \sinh(kH)$ und $w_{\frac{3\lambda}{4}}(0) = -Dk \cdot \sinh(kH)$.

Am Boden sind die vertikalen Komponenten durchwegs null, was der Randbedingung (10.7) entspricht.

Beispiel 5. In einer Wassertiefe von 5 m wird jede zweite Sekunde die maximale Amplitude von 0,5 m der Oberfläche einer Wasserwelle gemessen.

a) Bestimmen Sie die Wellenlänge.
b) Wie groß ist die maximale Geschwindigkeit an der Oberfläche und am Boden?

Lösung.

a) Die Gleichung (10.19) schreiben wir als $\frac{4\pi^2}{T^2} = \frac{2\pi \cdot g}{\lambda} \cdot \tanh(\frac{2\pi}{\lambda}H)$, woraus die implizite Gleichung $\lambda = \frac{2g}{\pi} \cdot \tanh(\frac{10\pi}{\lambda})$ mit der Lösung $\lambda = 6{,}24$ m entsteht.

b) Mit (10.36) gilt

$$\begin{aligned} v(x,z,t) &= \sqrt{u^2 + w^2} \\ &= Dk\sqrt{\cos^2(kx - \omega t) \cdot \cosh^2[k(H+z)] + \sin^2(kx - \omega t) \cdot \sinh^2[k(H+z)]} \end{aligned}$$

und

$$v(x,z,t) = Dk\sqrt{\cosh^2[k(H+z)] - \sin^2(kx - \omega t)}. \tag{10.39}$$

Speziell an der Oberfläche ist $z = 0$ und damit $v = Dk\sqrt{\cosh^2(kH) - \sin^2(kx - \omega t)}$. Dieser Ausdruck wird maximal, wenn $\sin^2(kx - \omega t) = 0$ ist. Dann hat man

$$\begin{aligned} v_{\max,\mathrm{Ob}} &= Dk \cdot \cosh(kH) = \frac{Agk}{\omega \cdot \cosh(kH)}\cosh(kH) = \frac{Agk}{\omega} = \frac{AgT}{\lambda} \\ &= \frac{0{,}5 \cdot 9{,}81 \cdot 2}{6{,}24} = 1{,}57\,\frac{\mathrm{m}}{\mathrm{s}}\left(= \frac{\pi}{2}\right). \end{aligned}$$

Speziell am Boden ist $w = 0$, wir setzen $z = -H$ und erhalten aus (10.39) $v = Dk\sqrt{1 - \sin^2(kx - \omega t)} = Dk \cdot |\cos(kx - \omega t)|$. Die maximale Geschwindigkeit stellt sich mit $\cos(kx - \omega t) = 1$ ein, was $v_{\max,\mathrm{Bo}} = Dk = \frac{Agk}{\omega \cdot \cosh(kH)}$ nach sich zieht. Die Werte liefern

$$v_{\max,\mathrm{Bo}} = Dk = \frac{AgT}{\lambda \cdot \cosh(\frac{2\pi}{\lambda}H)} = \frac{0{,}5 \cdot 9{,}81 \cdot 2}{6{,}24 \cdot \cosh(\frac{2\pi}{6{,}24} \cdot 5)} = 0{,}02\,\frac{\mathrm{m}}{\mathrm{s}}.$$

Druckverteilung

Herleitung von (10.40)–(10.43)

Dazu schreiben wir die Euler-Gleichung (10.1) für einen Zustand 1 in der Tiefe z und einen Zustand 2 auf der Nullinie $z = 0$ auf. Wieder vernachlässigen wir die Geschwindigkeitsänderungen. Es folgt $\rho \cdot \frac{\partial\phi}{\partial t} + p(z) + \rho g z = 0 + \rho g \cdot 0 = 0$, daraus $p(z) = -\rho \cdot \frac{\partial\phi}{\partial t} + p(z) - \rho g z$ und mit (10.12)

$$p(z) = \frac{\rho A g}{\cosh(kH)} \cdot \cos(kx - \omega t) \cdot \cosh[k(H+z)] - \rho g z. \tag{10.40}$$

Am Boden gilt

$$p(-H) = \frac{\rho A g}{\cosh(kH)} \cdot \cos(kx - \omega t) + \rho g H = \rho g\left[H + \frac{s(x,t)}{\cosh(kH)}\right]. \tag{10.41}$$

Dabei kann gemäß (10.13) $s(x,t) = A \cdot \cos(kx - \omega t)$ verwendet werden. Aus (10.41) folgt, dass die Druckänderungen am Boden phasengleich zu den Bewegungen der Wasseroberfläche erfolgen (Abb. 10.5). Die Gleichung besagt lediglich, dass der Druck periodisch um den statischen Druck ρgz in der Tiefe z um höchstens $\frac{\rho Ag}{\cosh(kH)}$ schwankt. Dies gilt für jede Tiefe, somit auch für $z = -H$. Man kann daraus aber keine Aussage über den absoluten Druck in der Tiefe z gewinnen.

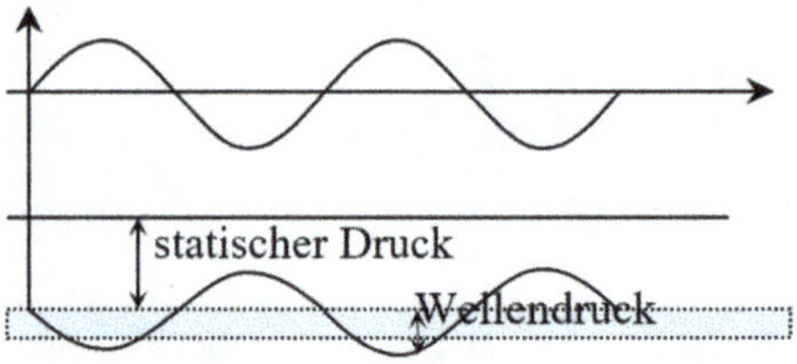

Abb. 10.5: Skizze zu den Druckänderungen am Boden.

Zur Lösung des Problems gibt es beispielsweise zwei Möglichkeiten. Man kann den Druck als linearen, quasistatischen in der Form

$$p(x,z,t) = \rho g[s(x,t) - z] \tag{10.42}$$

ansetzen. Für den i) höchsten, ii) auf Wasserspiegelhöhe befindlichen und iii) tiefsten Punkt der Welle lautet der Druck dann:

i) $p(z) = \rho g(A - z)$,
ii) $p(z) = \rho gz$ und
iii) $p(z) = \rho g(-A - z)$ respektive.

Eine andere, etwas genauere Vorgehensweise, beinhaltet alle vorhandenen Randbedingungen, nämlich:

I. $p|_{z=0} = \rho g \cdot s(x,t)$,
II. $p|_{z=s(x,t)} = 0$ und
III. Am Boden entspricht der Druck mit (10.41) $p|_{z=-H} = \rho g[H + \frac{s(x,t)}{\cosh(kH)}]$.

Die zu I.–III. gehörigen Höhenänderungen sind i) $H + \frac{A}{\cosh(kH)}$, ii) H und iii) $H - \frac{A}{\cosh(kH)}$. Mithilfe der drei Randbedingungen I.–III. können wir eine quadratische Funktion $p(z) = az^2 + bz + c$ ansetzen. Es ergibt sich das Gleichungssystem:

1. $c = \rho gs$,
2. $as^2 + bs + \rho gs = 0$ und
3. $aH^2 - bH + \rho gs = [H + \frac{s}{\cosh(kH)}]\rho g$.

Die zweite Gleichung wird durch s dividiert, nach b aufgelöst und in die dritte Gleichung eingesetzt. Dann folgt $aH^2 + (as + \rho g)H + \rho gs = [H + \frac{s}{\cosh(kH)}]\rho g$. Aufgelöst ist $a = as\rho g$

mit $a := \frac{1}{H(H+1)} \cdot [\frac{1}{\cosh(kH)} - 1]$. Für b hat man $b = -as - \rho g = -as^2\rho g - \rho g$. Damit lautet unsere Druckfunktion

$$p(z) = as\rho gz^2 - as^2\rho gz - \rho gz + \rho gs = \rho g(s - z) \cdot (1 - asz) \quad \text{oder}$$

$$p(z) = \rho g[s(x,t) - z] \cdot \left\{1 - \frac{s(x,t)}{H(H+1)} \cdot \left[\frac{1}{\cosh(kH)} - 1\right] z\right\}. \tag{10.43}$$

Für große Wellenlängen mit $k = \frac{2\pi}{\lambda} \approx 0$ geht das Ergebnis (10.43) über in $p(z) = \rho g[s(x,t) - z]$.

An den Stellen mit $s = 0$ stimmt der quadratische mit dem linearen Druckverlauf überein (Abb. 10.6). Die gestrichelten Linien weisen auf den linearen bzw. linear fortgesetzten Druckverlauf hin. Die Höhen sind die zum entsprechenden Druckverlauf gehörenden Druckhöhen.

Beispiel 6. Am Boden eines 5 m tiefen Gewässers wird aufgrund einer fortschreitenden Wasserwelle im Intervall von jeweils 2 Sekunden der größte Bodendruck von insgesamt 49,1 kPa gemessen. Die Wellenlänge beträgt 6 m und die Dichte des Wassers ist $10^3 \frac{\text{kg}}{\text{m}^3}$.

a) Bestimmen Sie die Amplitude A der Welle.
b) Wie lautet die Funktion für die Wellenform?

Lösung.

a) Unter Verwendung von (10.13) und Bedingung III. erhält man

$$49{,}1\,\text{kPa} = 1000 \cdot 9{,}81 \cdot \left[5 + \frac{A \cdot 1}{\cosh(\frac{2\pi}{6} \cdot 5)}\right]$$

und daraus $A = 47{,}89$ cm.

b) Mit $\omega = \frac{2\pi}{T} = \frac{2\pi}{2} = \pi$ und $k = \frac{2\pi}{6} = \frac{\pi}{3}$ wird die Funktion für die Wasseroberfläche bestimmt zu $s(x,t) = 0{,}479 \cdot \cos(\frac{\pi}{3}x - \pi t)$.

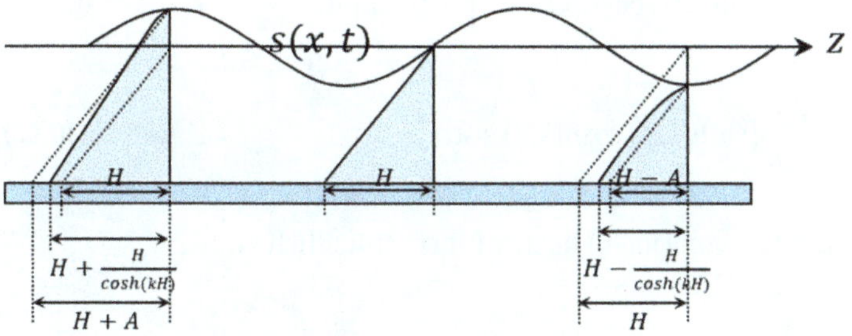

Abb. 10.6: Skizze zum Druckverlauf.

Wellenenergie

Herleitung von (10.44)–(10.51)

Die gesamte Wellenenergie besteht aus einem kinetischen und einem potentiellen Anteil. Im Volumen $dV = dx \cdot dz \cdot b$ sind die Energieanteile dE_{kin} und dE_{pot} gespeichert. Zur Berechnung der Energie im gesamten Volumen integrieren wir sowohl über die Tiefe, als auch über die Wellenlänge und erhalten nach Division durch λ die mittlere Energiedichte E^* für eine Wellenlänge mit der Einheit $\frac{\text{N}}{\text{m}}$ oder $\frac{\text{J}}{\text{m}^2}$. Für die kinetische Energiedichte bedeutet das

$$E^*_{\text{kin}} = \frac{E_{\text{kin}}}{b} = \frac{1}{\lambda}\int_0^\lambda\int_{-H}^0 \frac{1}{2}\rho v^2 dzdx = \frac{\rho}{2\lambda}\int_0^\lambda\int_{-H}^0 v^2 dzdx. \qquad (10.44)$$

Nach Gleichung (10.36) gilt

$$\begin{aligned} v^2 &= u^2 + w^2 = D^2k^2[\cos^2(kx-\omega t)\cdot\cosh^2[k(H+z)] + \sin^2(kx-\omega t)\cdot\sinh^2[k(H+z)]] \\ &= D^2k^2[\cos^2(kx-\omega t)\cdot\cosh^2[k(H+z)] + \sin^2(kx-\omega t)\cdot\{\cosh^2[k(H+z)]-1\}] \end{aligned}$$

und somit

$$v^2 = D^2k^2\{\cosh^2[k(H+z)] - \sin^2(kx-\omega t)\}. \qquad (10.45)$$

Zuerst führen wir für den 1. Term von (10.45) die Integration nach z aus.

Dazu muss das Integral $\int_{-H}^0 \cosh^2[k(H+z)]dz$ gelöst werden. Die partielle Integration liefert:

$$\begin{aligned} \int_{-H}^0 \cosh^2[k(H+z)]dz &= \frac{1}{k}\sinh[k(H+z)]\cosh[k(H+z)]\Big|_{-H}^0 - \int_{-H}^0 \sinh^2[k(H+z)]dz, \\ 2\int_{-H}^0 \cosh^2[k(H+z)]dz &= \frac{1}{k}\sinh(kH)\cosh(kH) + \int_{-H}^0 1dz \quad \text{und} \\ \int_{-H}^0 \cosh^2[k(H+z)]dz &= \frac{1}{2k}[\sinh(kH)\cosh(kH) + kH]. \qquad (10.46) \end{aligned}$$

Die zusätzliche Integration von (10.46) nach x führt schließlich zu

$$\int_0^\lambda\int_{-H}^0 \cosh^2[k(H+z)]dzdx = \frac{\lambda}{2k}[\sinh(kH)\cosh(kH) + kH]. \qquad (10.47)$$

Weiter muss gemäß (10.45) das Integral $\int_0^\lambda \sin^2(kx-\omega t)dx$ bestimmt werden. Man erhält

$$\int_0^\lambda \sin^2(kx-\omega t)dx = -\frac{1}{k}[\cos(kx-\omega t)\sin(kx-\omega t)]_0^\lambda + \int_0^\lambda \cos^2(kx-\omega t)dx,$$

$$2\int_0^\lambda \sin^2(kx-\omega t)dx = -\frac{1}{2k}\sin[2(kx-\omega t)]_0^\lambda + \int_0^\lambda 1dx \quad \text{und}$$

$$\int_0^\lambda \sin^2(kx-\omega t)dx = -\frac{1}{2k}\sin[(4\pi-2\omega t)-\sin(-2\omega t)] + \frac{\lambda}{2} = \frac{\lambda}{2}.$$

Die Integration über z ergibt schließlich

$$\int_0^\lambda \int_{-H}^0 \sin^2(kx-\omega t)dzdx = \frac{\lambda H}{2}. \tag{10.48}$$

Fügt man (10.47) und (10.48) in (10.44) ein, so entsteht

$$E^*_{\text{kin}} = \frac{\rho}{2\lambda}D^2k^2\left\{\frac{\lambda}{2k}[\sinh(kH)\cosh(kH)+kH] - \frac{\lambda H}{2}\right\}.$$

Den Ausdruck kann man weiter vereinfachen zu:

$$\begin{aligned}E^*_{\text{kin}} &= \frac{\rho}{2\lambda}D^2k^2\frac{\lambda}{2k}\sinh(kH)\cosh(kH) = \frac{\rho}{2}k^2\frac{1}{2k}\cdot\frac{A^2g^2}{\omega^2\cosh^2(kH)}\sinh(kH)\cosh(kH)\\ &= \frac{1}{4}\cdot\frac{\rho k A^2 g^2}{\omega^2}\tanh(kH) = \frac{1}{4}\rho g A^2.\end{aligned} \tag{10.49}$$

Für den potentiellen Anteil berechnen wir mit (10.13)

$$E^*_{\text{pot}} = \frac{1}{\lambda}\int_0^\lambda \frac{1}{2}s^2dx = \frac{\rho g}{2\lambda}A^2\int_0^\lambda \cos^2(kx-\omega t)dx = \frac{\rho g}{2\lambda}A^2\cdot\frac{\lambda}{2} = \frac{1}{4}\rho g A^2 = E^*_{\text{kin}}. \tag{10.50}$$

Die totale mittlere Energiedichte beträgt somit gemäß (10.49) und (10.50) $E^* = E^*_{\text{kin}} + E^*_{\text{pot}} = \frac{1}{2}\rho g A^2$ und für die gesamte mittlere Energie erhält man

$$E = \frac{1}{2}\rho g b A^2. \tag{10.51}$$

Energietransport

Herleitung von (10.52)–(10.61)

Hierzu führen wir eine Leistungsbilanz durch. Aufgrund der Wellenbewegung wird eine Druckkraft aufgebaut. Diese verrichtet Arbeit der Größe dW an einem senkrecht stehenden Flächenelement dA der Höhe dz und Breite b auf einer Lauflänge dx während der Periodendauer T. Es gilt $dW = p \cdot dA \cdot dx = p \cdot b \cdot dz \cdot dx$.

Bezogen auf die Breite b ist $dW^* = \frac{dW}{b}$ und $dP^* = \frac{dW^*}{dt} = \frac{dW}{b \cdot dt}$ wird als Leistungsdichte bezeichnet. Anderseits gilt $dP^* = p \cdot dz \cdot \frac{dx}{dt} = p \cdot u \cdot dz$. Zusammen folgt die *Leistungsdichtebilanz:* $\frac{dW^*}{dt} = p \cdot u \cdot dz$.

Daraus erhält man die Energietransportdichte $dW^* = p \cdot u \cdot dzdt$ oder, wenn man durch die Periodendauer dividiert, die mittlere Leistungsdichte zu

$$P^* = \frac{1}{T} \int_0^T \int_{-H}^0 pu \cdot dzdt. \tag{10.52}$$

Benützen wir die Gleichung (10.37) und (10.40), so folgt

$$\begin{aligned} P^* &= \frac{1}{T} \int_0^T \int_{-H}^0 \left\{ \frac{\rho g A}{\cosh(kH)} \cos(kx - \omega t) \cosh[k(H+z)] - \rho g z \right\} \\ &\quad \cdot \{Dk \cos(kx - \omega t) \cosh[k(H+z)]\} dzdt \quad \text{und} \\ P^* &= \frac{\rho g D k}{T} \left\{ \int_0^T \int_{-H}^0 \frac{A}{\cosh(kH)} \cos^2(kx - \omega t) \cosh^2[k(H+z)] dzdt \right\} \\ &\quad - \frac{\rho g D k}{T} \left\{ \int_0^T \int_{-H}^0 z \cdot \cos(kx - \omega t) \cosh[k(H+z)] dzdt \right\}. \end{aligned} \tag{10.53}$$

Das zweite Integral von (10.53) ohne den Vorfaktor ziehen wir vor:

$$\int_0^T z \cdot \cos(kx - \omega t) \cosh[k(H+z)] dt = z \cdot \cosh[k(H+z)] \int_0^T \cos(kx - \omega t) dt.$$

Dieses Integral ist Null, denn

$$\begin{aligned} \int_0^T \cos(kx - \omega t) dt &= -\frac{1}{\omega} [\sin(kx - \omega t)]_0^T \\ &= -\frac{1}{\omega} [\sin(kx - 2\pi) - \sin(kx)] = -\frac{1}{\omega} [\sin(kx) - \sin(kx)] = 0. \end{aligned}$$

Nun integrieren wir im 1. Integral von (10.53) bezüglich der Zeit wiederum ohne Faktor:

$$\int_0^T \cos^2(kx - \omega t) \cosh^2[k(H+z)] dt = \cosh^2[k(H+z)] \int_0^T \cos^2(kx - \omega t) dt.$$

Dieses Integral können wir wie bei der Berechnung der Energiedichte mit partieller Integration lösen. Es gilt

$$\int_0^T \cos^2(kx - \omega t)dt = -\frac{1}{\omega}[\cos(kx - \omega t)\sin(kx - \omega t)]_0^T + \int_0^T \sin^2(kx - \omega t)dt,$$

$$2\int_0^T \cos^2(kx - \omega t)dt = -\frac{1}{4\omega}\sin[2(kx - \omega t)]_0^T + \int_0^T 1dx \quad \text{und}$$

$$\int_0^T \cos^2(kx - \omega t)dt = 0 + \frac{T}{2} = \frac{T}{2}. \tag{10.54}$$

Für die gesamte Integration des 1. Integrals von (10.53) fehlt noch

$$\int_{-H}^{0} \cosh^2[k(H + z)]dz = \frac{1}{2k}[\sinh(kH)\cosh(kH) + kH]. \tag{10.55}$$

Den Wert erhält man mithilfe von (10.47). Die Ergebnisse (10.54) und (10.55) ergeben für (10.53) insgesamt unter Benutzung von (10.11)

$$P^* = \frac{\rho g}{T} \cdot \frac{ADk}{\cosh(kH)} \cdot \frac{T}{2} \cdot \frac{1}{2k}[\sinh(kH)\cosh(kH) + kH] \quad \text{oder}$$

$$P^* = \frac{\rho g^2 A^2}{4\omega \cdot \cosh^2(kH)}[\sinh(kH)\cosh(kH) + kH]. \tag{10.56}$$

Unter Benutzung von $\sinh(2x) = 2\sinh(x)\cosh(x)$ schreibt sich (10.56) als

$$P^* = \frac{\rho g^2 A^2}{4\omega}\left[\tanh(kH) + \frac{kH}{\cosh^2(kH)}\right] = \frac{\rho g^2 A^2}{4\omega}\left[\tanh(kH) + \frac{2kH \cdot \tanh(kH)}{\sinh(2kH)}\right]$$
$$= \frac{\rho g^2 A^2 \tanh(kH)}{4\omega}\left[1 + \frac{2kH}{\sinh(2kH)}\right].$$

Mit Gleichung der (10.19) und (10.20) wird daraus

$$P^* = \frac{\rho g A^2 c}{4}\left[1 + \frac{2kH}{\sinh(2kH)}\right]. \tag{10.57}$$

Ersetzt man im Ausdruck noch die mittlere Energiedichte nach Gleichung (10.50), so ergibt sich

$$P^* = \frac{c}{2} \cdot E^* \cdot \left[1 + \frac{2kH}{\sinh(2kH)}\right]. \tag{10.58}$$

Daraus entnehmen wir die Gruppengeschwindigkeit

$$c_{Gr} = \frac{c}{2} \cdot \left[1 + \frac{2kH}{\sinh(2kH)}\right]. \tag{10.59}$$

Mit c_{Gr} ist diejenige Geschwindigkeit gemeint, mit der die Energie eines Wellenpakets bestehend aus Wellen mit (geringfügig) unterschiedlichen Wellenlängen senkrecht zur Ausbreitungsrichtung übertragen wird. Sie unterscheidet sich offenbar von der Phasengeschwindigkeit c. Der Grund dafür liegt in der Tatsache, dass die Wellenlänge im Allgemeinen kleinen Schwankungen gegenüber einer mittleren Wellenlänge λ_m im Sinne einer Gaussverteilung unterliegt. Wir leiten die Gruppengeschwindigkeit anschließend noch anders her. Zuvor übertragen wir die Ergebnisse auf die beiden Spezialfälle:

Für Tiefwasser ist $kH \gg 1$ und somit $\frac{2kH}{\sinh(2kH)} \approx 0$. Es folgt

$$P^* = \frac{c}{2} \cdot E^* \quad \text{und} \quad c_{Gr} = \frac{c}{2}. \tag{10.60}$$

Bei Flachwasser hat man $k \ll 1$, $\frac{2kH}{\sinh(2kH)} \approx 1$, $P^* = c \cdot E^*$ und folglich

$$c_{Gr} = c. \tag{10.61}$$

Im Flachwasser wird die Energie mit Phasengeschwindigkeit, im tiefen Wasser nur mit halber Phasengeschwindigkeit transportiert. Im flachen Wasser ist die Welle damit praktisch monochromatisch, d. h. $\lambda_m = \lambda$.

Beispiel 7. Ein Wellenkraftwerk, das zur Nutzung der Wellenenergie errichtet wird, besteht aus einem hohlen, $b = 150$ m langen, senkrecht zur Ausbreitungsgeschwindigkeit verlegten Rohr. Die in das Rohr ein- und ausfließenden Wassermassen der Dichte $\rho = 10^3 \frac{\text{kg}}{\text{m}^3}$ verdrängen die im Rohr befindliche Luft. Der entstandene Luftstrom wiederum wird genutzt, um eine Turbine anzutreiben. Die Wassertiefe beträgt $H = 100$ m, die Wellenlänge $\lambda = 50$ m und die Amplitude $A = 2$ m. Welche Leistung P liefert das Kraftwerk?

Lösung. Für die Leistung des Kraftwerks gilt $P = E \cdot c_{Gr}$. Mithilfe von (10.51) und (10.60) erhält man $P = E \cdot c_{Gr} = \frac{1}{2}\rho g b A^2 \cdot \frac{c}{2}$. Da die Bedingung (10.21), also $\lambda \leq 2H$, für Tiefwasser erfüllt ist, darf Gleichung (10.22) verwendet werden und es folgt

$$P = \frac{1}{4}\rho g b A^2 \cdot \sqrt{\frac{g\lambda}{2\pi}} = \frac{1}{4} \cdot 10^3 \cdot 9{,}81 \cdot 150 \cdot 2^2 \cdot \sqrt{\frac{9{,}81 \cdot 50}{2\pi}} = 13{,}00 \text{ MW}.$$

Beispiel 8. Eine Welle rollt auf eine flach ansteigende Böschung zu (Abb. 10.7 links). Es soll die Änderung der Wellenamplitude A untersucht werden. Reibungsverluste wie z. B. die Strömungsstörung durch den Rückfluss sollen vernachlässigt werden.

a) Um die abnehmende Wassertiefe hin zur Böschung zu beschreiben, verwenden wir einerseits die Gleichung (10.20) und danach diejenige für Flachwasser. Geben Sie einen Ausdruck für das Verhältnis $\frac{c_1}{c}$ an, wobei c_1 die Ausbreitungsgeschwindigkeit bei einer beliebigen Wassertiefe und c die Ausbreitungsgeschwindigkeit bei Flachwasser bezeichnet.
b) Unter der gemachten Voraussetzung bleibt die Transportdichte (bei konstanter Breite b) gleich groß. Formulieren Sie hierzu eine Leistungsdichtebilanz.
c) Setzen Sie das Ergebnis aus a) in dasjenige aus c) ein und lösen Sie die entstandene Gleichung nach dem Verhältnis $\frac{A_1}{A}$ auf.
d) Stellen Sie den Verlauf von (10.64) dar.

Lösung.

a) Für Flachwasser gilt mit (10.23) $c^2 = \frac{g}{k}$ und bei beliebiger Wassertiefe hingegen mit (10.20) $c_1^2 = \frac{g}{k_1} \cdot \tanh(k_1 H_1)$. Damit ist

$$\frac{c_1^2}{c^2} = \frac{k}{k_1} \cdot \tanh(k_1 H_1) = \frac{\omega}{c} \cdot \frac{c_1}{\omega} \cdot \tanh(k_1 H_1) = \frac{c_1}{c} \cdot \tanh(k_1 H_1),$$

woraus folgt:

$$\frac{c_1}{c} = \tanh(k_1 H_1). \qquad (10.62)$$

b) *Leistungsdichtebilanz:* Mit (10.57) und (10.61) erhalten wir

$$\frac{\rho g A^2 c}{4} = \frac{\rho g A_1^2 c_1}{4} \cdot \left[1 + \frac{2k_1 H_1}{\sinh(2k_1 H_1)}\right]. \qquad (10.63)$$

c) Die Gleichung (10.62) wird mit (10.63) verrechnet und man erhält:

$$\begin{aligned}\frac{A_1^2}{A^2} &= \frac{c}{c_1} \cdot \left[\frac{1}{1 + \frac{2k_1 H_1}{\sinh(2k_1 H_1)}}\right] = \frac{\cosh(k_1 H_1)}{\sinh(k_1 H_1)} \cdot \frac{2 \cdot \sinh(k_1 H_1) \cdot \cosh(k_1 H_1)}{2k_1 H_1 + \sinh(2k_1 H_1)} \\ &= \frac{2 \cdot \cosh^2(k_1 H_1)}{2k_1 H_1 + \sinh(2k_1 H_1)}.\end{aligned}$$

Damit ist

$$\frac{A_1}{A} = \frac{\cosh(k_1 H_1)}{\sqrt{k_1 H_1 + \frac{\sinh(2k_1 H_1)}{2}}} = \frac{\cosh(2\pi \cdot \frac{H_1}{\lambda_1})}{\sqrt{2\pi \cdot \frac{H_1}{\lambda_1} + \frac{\sinh(4\pi \cdot \frac{H_1}{\lambda_1})}{2}}}. \qquad (10.64)$$

Überwiegt die Tiefe gegenüber der Wellenlänge, so verändert sich die Amplitude kaum. Bei kleiner werdenden Tiefen im Vergleich zur Wellenlänge sinkt die Amplitude zunächst auf ein Minimum mit $A_1 \approx 0{,}2A$, um dann immer weiter bis zum Brechen anzusteigen. Dies verdeutlicht das Auftürmen der Welle an der Böschung. Die

Bedingung für das Brechen einer Welle gab Stokes für Tiefwasser mit $\mathrm{Max}(\frac{2A}{\lambda}) = \frac{1}{7}$ an. Das Verhältnis $\frac{2A}{\lambda}$ nennt man die Steilheit der Welle. Wird die Tiefe H des Gewässers berücksichtigt, so muss die Formel zu $\mathrm{Max}(\frac{2A}{\lambda}) = \frac{1}{7} \cdot \tanh(2\pi \cdot \frac{H}{\lambda})$ angepasst werden. Je kleiner das Verhältnis $\frac{H}{\lambda}$, umso tiefer liegt das Maximum $\frac{2A}{\lambda}$, das zum Brechen der Welle führt.

d) Den Verlauf von (10.64) entnimmt man Abb. 10.7 rechts.

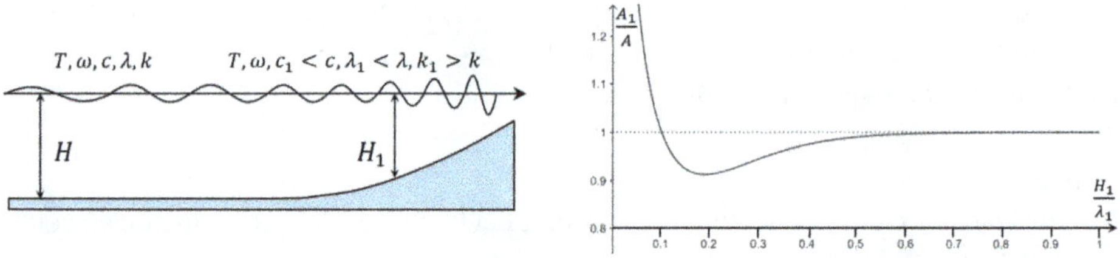

Abb. 10.7: Skizze zu Beispiel 2 und Graph von (10.64).

Gruppengeschwindigkeit

Herleitung von (10.65)–(10.68)

Bevor wir die allgemeine Herleitung durchführen, soll das Ergebnis zuerst an zwei Wellen mit leicht unterschiedlichen Wellenlängen plausibel gemacht werden. Gegeben sei eine Welle $s_m(x,t) = A \cdot \cos(k_m x - \omega_m t)$, nennen wir sie Ausgangswelle. Nun betrachten wir zwei sich in x-Richtung ausbreitende Wellen mit derselben Amplitude, deren Frequenzen ω_1 und ω_2 und Wellenzahlen k_1 und k_2 sich nur geringfügig von den Mittelwerten ω_m und k_m unterscheiden. Dann gilt insbesondere $\frac{\omega_1+\omega_2}{2} \approx \omega_m$ und $\frac{k_1+k_2}{2} \approx k_m$.

Nun setzen wir diese beiden neuen Wellen zusammen und erhalten mithilfe der Additionstheoreme:

$$\begin{aligned} s(x,t) &= A \cdot \cos(k_1 x - \omega_1 t) + A \cdot \cos(k_2 x - \omega_2 t) \\ &= 2A \cdot \cos\left(\frac{k_1 - k_2}{2} x - \frac{\omega_1 - \omega_2}{2} t\right) \cdot \cos\left(\frac{k_1 + k_2}{2} x - \frac{\omega_1 + \omega_2}{2} t\right) \\ &\approx 2 \cdot \cos\left(\frac{k_1 - k_2}{2} x - \frac{\omega_1 - \omega_2}{2} t\right) \cdot A \cdot \cos(k_m x - \omega_m t). \\ &= B \cdot A \cdot \cos(k_m x - \omega_m t) \quad \text{mit} \quad B = 2 \cdot \cos\left(\frac{k_1 - k_2}{2} x - \frac{\omega_1 - \omega_2}{2} t\right). \end{aligned}$$

Aus dieser Darstellung erkennt man, dass die Amplitude der Ausgangswelle gestört oder moduliert wird. Die neue Welle breitet sich mit der sogenannten Gruppengeschwindigkeit

$$c_{Gr} = \frac{\frac{\omega_1-\omega_2}{2}}{\frac{k_1-k_2}{2}} = \frac{\omega_1 - \omega_2}{k_1 - k_2} = \frac{\delta\omega}{\delta k}$$

aus. Für kleine Differenzen ist dann

$$c_{Gr} = \frac{d\omega}{dk}. \tag{10.65}$$

Bevor wir dieses Ergebnis für ein ganzes Wellenpaket zeigen, vergleichen wir (10.65) mit (10.59) mithilfe von (10.20). Es gilt einerseits

$$c_{Gr} = \frac{c}{2} \cdot \left[1 + \frac{2kH}{\sinh(2kH)}\right] = \frac{1}{2}\sqrt{\frac{g}{k}} \cdot \tanh(kH) \cdot \left[1 + \frac{2kH}{\sinh(2kH)}\right]. \tag{10.66}$$

Anderseits erhält man aus (10.65) unter Verwendung von (10.19)

$$c_{Gr} = \frac{d\omega}{dk} = \sqrt{g}\left[\frac{1}{2\sqrt{k}} \cdot \sqrt{\tanh(kH)} + \sqrt{k} \cdot \frac{1}{2\sqrt{\tanh(kH)}} \cdot \frac{H}{\cosh^2(kH)}\right]. \tag{10.67}$$

Gleichsetzen von (10.66) und (10.67) ergibt:

$$\begin{aligned}
\frac{1}{2}\sqrt{\frac{g}{k}} \cdot \tanh(kH) \cdot \left[1 + \frac{2kH}{\sinh(2kH)}\right] &= \sqrt{g}\left[\frac{1}{2\sqrt{k}} \cdot \sqrt{\tanh(kH)}\right. \\
&\quad \left. + \sqrt{k} \cdot \frac{1}{2\sqrt{\tanh(kH)}} \cdot \frac{H}{\cosh^2(kH)}\right], \\
\sqrt{\tanh(kH)} \cdot \left[1 + \frac{2kH}{\sinh(2kH)}\right] &= \sqrt{\tanh(kH)} + \frac{k}{\sqrt{\tanh(kH)}} \cdot \frac{H}{\cosh^2(kH)}, \\
\tanh(kH) \cdot \left[1 + \frac{2kH}{\sinh(2kH)}\right] &= \tanh(kH) + \frac{kH}{\cosh^2(kH)}, \\
\frac{kH \cdot \tanh(kH)}{\sinh(kH)\cosh(kH)} &= \frac{kH}{\cosh^2(kH)} \quad \text{und} \\
\frac{kH}{\cosh^2(kH)} &= \frac{kH}{\cosh^2(kH)},
\end{aligned}$$

also die Gleichheit beider Ausdrücke.

Nun betrachten wir eine beliebige Welle oder Störung.

Behauptung: Die Gleichung (10.65) gilt für eine beliebige Welle.

Beweis. Die Welle wird aus verschiedenen Frequenzanteilen bestehen, die sich teils auslöschen können. Das bevorstehende Integral kann am einfachsten durch eine komplexwertige Wellenfunktion gelöst werden.

$$s(x,t) = \int_{k_0-\frac{\Delta k}{2}}^{k_0+\frac{\Delta k}{2}} A(k) \cdot e^{i(kx-\omega t)} dk.$$

Die Amplitudenverteilung $A(k)$ des Wellenpakets ist unbekannt. Man kann dafür eine Gaussverteilung ansetzen, die Lösung für $s(x,t)$ ist dann selber eine Gaussfunktion. Uns interessiert ohnehin nur die Gruppengeschwindigkeit und dafür benötigen wir $A(k)$ nicht. Wir müssen lediglich fordern, dass sowohl das Frequenz- wie auch das Wellenzahlintervall klein ist und um einen Wert ω_0 bzw. k_0 schwankt: $\omega_0 - \frac{\Delta\omega}{2} \leq \omega \leq \omega_0 + \frac{\Delta\omega}{2}$ und $k_0 - \frac{\Delta k}{2} \leq k \leq k_0 + \frac{\Delta k}{2}$. (Dabei muss k_0 nicht dem Mittelwert k_m entsprechen). Dann kann man $\omega(k)$ um $\omega(k_0) = \omega_0$ entwickeln und man erhält

$$\omega(k) \approx \omega(k_0) + \left(\frac{d\omega}{dk}\right)_{k_0} \cdot (k - k_0) + O[(k - k_0)^2].$$

Aufgrund der eben gemachten Annahme, werden alle höheren Differenzen von $(k - k_0)$ vernachlässigt. Beachtet man aus demselben Grund, dass $k \approx k_0$, kann man $A(k) \approx A(k_0)$ setzen, was zu

$$s(x,t) = \int_{k_0-\frac{\Delta k}{2}}^{k_0+\frac{\Delta k}{2}} A(k_0) \cdot e^{i\{kx - [\omega_0 + (\frac{d\omega}{dk})_{k_0} \cdot (k-k_0)]t\}} dk$$

führt. Es ergibt sich nacheinander:

$$\begin{aligned}
s(x,t) &= \int_{k_0-\frac{\Delta k}{2}}^{k_0+\frac{\Delta k}{2}} A(k_0) \cdot e^{i[kx + k_0x - k_0x - \omega_0 t - (\frac{d\omega}{dk})_{k_0} \cdot (k-k_0)t]} dk \\
&= A(k_0) \cdot e^{i(k_0x - \omega_0 t)} \int_{k_0-\frac{\Delta k}{2}}^{k_0+\frac{\Delta k}{2}} e^{i[(k-k_0)x - (\frac{d\omega}{dk})_{k_0} \cdot (k-k_0)t]} dk \\
&= A(k_0) \cdot e^{i(k_0x - \omega_0 t)} \int_{k_0-\frac{\Delta k}{2}}^{k_0+\frac{\Delta k}{2}} e^{i(k-k_0)z} dk \quad \text{mit} \quad z = x - \left(\frac{d\omega}{dk}\right)_{k_0} \cdot t \\
&= A(k_0) \cdot e^{i(k_0x - \omega_0 t)} \cdot \left[\frac{e^{i(k-k_0)z}}{iz}\right]_{k_0-\frac{\Delta k}{2}}^{k_0+\frac{\Delta k}{2}} = A(k_0) \cdot e^{i(k_0x - \omega_0 t)} \left[\frac{e^{iz\frac{\Delta k}{2}} - e^{-iz\frac{\Delta k}{2}}}{i \cdot z}\right] \\
&= 2 \cdot \left[\frac{e^{iz\frac{\Delta k}{2}} - e^{-iz\frac{\Delta k}{2}}}{2i \cdot z}\right] \cdot A(k_0) e^{i(k_0x - \omega_0 t)} = 2 \cdot \left[\frac{\sin(\frac{\Delta k}{2} z)}{z}\right] \cdot A(k_0) \cdot e^{i(k_0x - \omega_0 t)}.
\end{aligned} \tag{10.68}$$

Die neue Amplitude der neuen Welle beträgt

$$2A(k_0) \cdot \left[\frac{\sin(\frac{\Delta k}{2} z)}{z}\right]$$

und deren Geschwindigkeit entnimmt man (10.68) zu

$$c_{Gr} = \frac{(\frac{d\omega}{dk})_{k_0} \cdot (k - k_0)}{(k - k_0)} = \left(\frac{d\omega}{dk}\right)_{k_0}. \qquad \text{q. e. d.}$$

Der Ausdruck in der eckigen Klammer erinnert an den Sinus Kardinalis (vgl. 2. Band, Fouriertransformation).

Beispiel 9. Bestimmen Sie die Gruppengeschwindigkeit für eine Wasserwelle, bei der sowohl die Gewichtskraft als auch die Oberflächenspannung berücksichtigt wird,
a) allgemein mit Gleichung (10.30)
b) numerisch für $\rho = 10^3 \, \frac{\text{kg}}{\text{m}^3}$, $\sigma = 7{,}25 \cdot 10^{-2} \, \frac{\text{N}}{\text{m}}$, $\lambda = 0{,}1\,\text{m}$ und $H = 10\,\text{m}$.

Lösung.
a) Nach (10.30) ist

$$\omega(k) = \sqrt{k\left(g + \frac{\sigma k^2}{\rho}\right)\tanh(kH)}.$$

Mit (10.65) folgt

$$c_{Gr} = \frac{d\omega}{dk} = \frac{(g + \frac{3\sigma k^2}{\rho})\tanh(kH) + k(g + \frac{\sigma k^2}{\rho}) \cdot \frac{H}{\cosh^2(kH)}}{2\sqrt{k(g + \frac{\sigma k^2}{\rho})\tanh(kH)}}.$$

b) Man erhält

$$c_{Gr} = \frac{d\omega}{dk} = \frac{(g + \frac{12\pi^2\sigma}{\rho\lambda^2}) \cdot \tanh(\frac{2\pi}{\lambda}H) + \frac{2\pi}{\lambda}(g + \frac{4\pi^2\sigma}{\rho\lambda}) \cdot \frac{H}{\cosh^2(\frac{2\pi}{\lambda}H)}}{2\sqrt{\frac{2\pi}{\lambda}(g + \frac{4\pi^2\sigma}{\rho\lambda}) \cdot \tanh(\frac{2\pi}{\lambda}H)}}$$

$$= \frac{(9{,}81 + \frac{12\pi^2 \cdot 7{,}25 \cdot 10^{-2}}{10^3 \cdot 0{,}1^2}) \cdot \tanh(\frac{2\pi}{0{,}1} \cdot 10) + \frac{2\pi}{0{,}1}(9{,}81 + \frac{4\pi^2 \cdot 7{,}25 \cdot 10^{-2}}{10^3 \cdot 0{,}1}) \cdot \frac{10}{\cosh^2(\frac{2\pi}{0{,}1} \cdot 10)}}{2\sqrt{\frac{2\pi}{0{,}1}(9{,}81 + \frac{4\pi^2 \cdot 7{,}25 \cdot 10^{-2}}{10^3 \cdot 0{,}1}) \cdot \tanh(\frac{2\pi}{0{,}1} \cdot 10)}}$$

$$= 0{,}21 \, \frac{\text{m}}{\text{s}}.$$

11 Gerinneströmungen 1. Teil

In diesem Kapitel beginnen wir mit einem für die Strömungsmechanik wichtigen Teilgebiet, das in Band 6 durch einen 2. Teil erweitert wird.

Unter einem Gerinne versteht man eine Strömung, die allein unter Einfluss der Schwerkraft in einem oben offenen natürlichen Bett, einem künstlich angelegten Kanal oder einer teilweise gefüllten Röhre aufrechterhalten wird. Weiter gehen wir durchwegs von kurvenfreien Gerinnen aus.

Einschränkungen:

- Reibungskräfte werden bis und mit Kap. 11.9 vernachlässigt.
- Sämtliche Gerinne verlaufen gerade.

Antriebsdrucke wie bei der Rohrströmung gibt es in einem Gerinne nicht. Beim voll gefüllten Rohr hat eine Geschwindigkeitsänderung eine Druckänderung zur Folge und umgekehrt. Beim Gerinne bedeutet ein Geschwindigkeitsunterschied zwar ebenfalls ein Druckunterschied, aber dieser ist gleichbedeutend mit einer Änderung des Wasserspiegels (bei konstanter Breite), was wiederum eine Änderung des benetzten Umfangs nach sich zieht. Im Unterschied zur bisherigen Rohrströmung bei vollständig gefülltem Rohr, hat man es bei einer Gerinneströmung mit einem veränderlichen Strömungsverlust zu tun. Somit entspricht ein bis zu einer gewissen Höhe gefülltes Rohr ebenfalls einem Gerinne und der Druckverlust bestimmt sich zwar weiterhin mit (9.1.1), $\overline{d}$ muss aber durch den hydraulischen Durchmesser d_H (als Maß für den benetzten Umfang) ersetzt werden (siehe (11.5.2)).

Herleitung von (11.1)–(11.3)

Die Bernoulli-Gleichung für eine beliebige Stromlinie in Abb. 11.1 links lautet gemäß (9.1.2): $\frac{1}{2}\rho v_1^2 + p_1 + \rho g z_1 = \frac{1}{2}\rho v_2^2 + p_2 + \rho g z_2 + \Delta p_V$. Die Höhen z_1 und z_2 nennt man auch geodätische Höhen bezüglich einer Nullage. Umgeschrieben auf die entsprechenden Energiehöhen erhält man:

$$\frac{v_1^2}{2g} + \frac{p_1}{\rho g} + z_1 = \frac{v_2^2}{2g} + \frac{p_2}{\rho g} + z_2 + \Delta h_V. \tag{11.1}$$

Wir können den wirkenden Luftdruck p_0 an beiden Stellen als konstant voraussetzen. Solange die Strömung horizontal verläuft, hat dieser auch keinen Einfluss auf das Strömungsverhalten. Für den durch die Wassersäule erzeugten Druck setzen wir folgende *Idealisierung:* Die Wassersäule ruft einen rein hydrostatischen Druck hervor.

Damit kann man $p_1 = p_0 + \rho g h_1$ und $p_2 = p_0 + \rho g h_2$ schreiben und aus (11.1) entsteht

$$\frac{v_1^2}{2g} + h_1 + z_1 = \frac{v_2^2}{2g} + h_2 + z_2 + \Delta h_V. \tag{11.2}$$

https://doi.org/10.1515/9783111345864-011

Bei einem Gerinne lassen sich somit Druck- und Wasserspiegellinie miteinander identifizieren.

Gleichung (11.2) kann man sich beispielsweise am Boden formuliert denken. Für ein Teilchen an der Wasseroberfläche sind die neuen geodätischen Höhen $z_1^* = h_1 + z_1$ und $z_2^* = h_2 + z_2$, hingegen entfallen die Wasserspiegelhöhen. Insgesamt erhält man ebenfalls (11.2), was die Verwendung von (11.2) für das gesamte Gerinne rechtfertigt.

Bis zum Wechselsprung betrachten wir dissipationsfreie Strömungen, sodass die Energielinie parallel zum Boden gezeichnet werden kann und die Pfeile des Geschwindigkeitsdrucks bis zur Energielinie führen. Der eingezeichnete Verlauf in Abb. 11.1 links für den Wasserspiegel stimmt nur, falls nach der abschüssigen Sohle das Wasser aufgestaut wird. Ansonsten müsste der Wasserspiegel fallend skizziert werden. Abb. 11.1 rechts zeigt die Verringerung bzw. Vergrößerung der Wassertiefen h_1, h_2 und h_3 bei zunehmender bzw. abnehmender Geschwindigkeit. Der Einfachheit halber betrachten wir zusätzlich ein horizontales Gerinne.

Einschränkung: Es gilt $\Delta h_V = 0$ und $z_1 = z_2$.

Damit können wir (11.2) als Energiehöhe angeben:

$$h_E = h + \frac{v^2}{2g} = \text{konst.} \tag{11.3}$$

(Aufgrund der Reibung zwischen Wasseroberfläche und Umgebungsluft, wird die maximale Geschwindigkeit etwas unterhalb der Wasseroberfläche erreicht.) Wir schreiben also v_1 und v_2, meinen aber die von der Sohle bis zur Wasseroberfläche gemittelten Geschwindigkeiten $\overline{v}_1$ und $\overline{v}_2$.

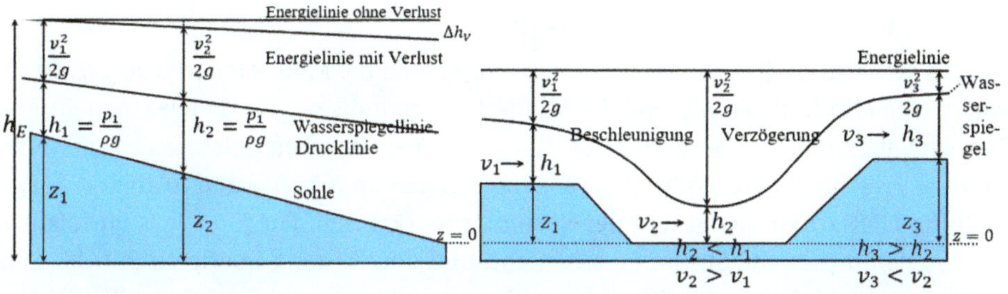

Abb. 11.1: Skizze zur Gerinneströmung und zur Veränderung der Wassertiefe.

11.1 Energielinie und Wasserspiegel bei konstantem Abfluss

Wir betrachten ein rechteckiges Flussbett der Breite b und gegebenem Abfluss Q. Gesucht sind die sogenannten Grenzwassertiefe h_{Gr} bzw. die Grenzgeschwindigkeit v_{Gr}, für die der Abfluss gerade noch gewährleistet ist.

Herleitung von (11.1.1)–(11.1.4)
Der Abfluss beträgt $Q = Av = bhv$, woraus $v = \frac{Q}{bh}$ folgt. Eingesetzt in (11.3) erhalten wir

$$h_E(h) = h + \frac{1}{2g} \cdot \frac{Q^2}{b^2h^2}. \tag{11.1.1}$$

Gleichung (11.1.1) lässt sich auf zwei Arten interpretieren. In diesem Kapitel sei $Q =$ konst. und im folgenden Kapitel wird $h_E =$ konst. bzw. $E =$ konst. betrachtet.

Es soll nun untersucht werden, für welche Tiefe im Fall von $Q =$ konst. die Energie minimal wird. Aus $\frac{dh_E}{dh} = 1 - \frac{Q^2}{gb^2h^3}$ erhält man durch null setzen:

$$h_{\mathrm{Gr}} = \sqrt[3]{\frac{Q^2}{gb^2}}. \tag{11.1.2}$$

Diese nennt man Grenztiefe. Die zugehörige Grenzgeschwindigkeit berechnet sich mittels $v_{\mathrm{Gr}} = \frac{Q}{bh_{\mathrm{Gr}}}$. Die Gleichung wird quadriert, $\frac{Q^2}{b^2} = v_{\mathrm{Gr}}^2 \cdot h_{\mathrm{Gr}}^2$ und in den Ausdruck für h_{Gr} eingesetzt. Es ergibt sich

$$h_{\mathrm{Gr}} = \sqrt[3]{\frac{v_{\mathrm{Gr}}^2 \cdot h_{\mathrm{Gr}}^2}{g}} \quad \text{und} \quad h_{\mathrm{Gr}} = \frac{v_{\mathrm{Gr}}^2}{g} \quad \text{oder} \quad v_{\mathrm{Gr}} = \sqrt{g \cdot h_{\mathrm{Gr}}}. \tag{11.1.3}$$

Die letzte Formel entspricht der im Zusammenhang mit den Airy-Wellen hergeleiteten Beziehung für Flachwasser: $c = \sqrt{gH}$. Die minimale Energie beträgt

$$h_{E,\min} = h_{\mathrm{Gr}} + \frac{v_{\mathrm{Gr}}^2}{2g} = h_{\mathrm{Gr}} + \frac{g \cdot h_{\mathrm{Gr}}}{2g} = 1{,}5h_{\mathrm{Gr}}. \tag{11.1.4}$$

Um den Abfluss Q zu gewährleisten, benötigt man die Mindestenergie $h_{E,\min}$. Dazu gehört eine Mindesthöhe h_{Gr} und die Mindestgeschwindigkeit v_{Gr}. Bei gegebenem Abfluss sind auch höhere Energiezustände möglich. Diese ergeben sich immer paarweise für zwei verschiedene Wassertiefen. Bei einer Tiefe von $h > h_{\mathrm{Gr}}$ und folglich $v < v_{\mathrm{Gr}}$ heißt die Fließart strömend und der Zustand unterkritisch. Für $h < h_{\mathrm{Gr}}$ und folglich $v > v_{\mathrm{Gr}}$ nennt man die Strömung schießend und den Zustand überkritisch (Abb. 11.2 links).

Ergebnis. Zu einer Energiehöhe $h_E(h)$ gibt es immer zwei verschiedene Abflusstiefen. Diese nennt man konjugierte Tiefen. Man erhält sie als Lösung der kubischen Gleichung

$$h_{E,\text{konst.}} = h + \frac{1}{2g} \cdot \frac{Q^2}{b^2h^2},$$

wobei die dritte Lösung negativ und physikalisch bedeutungslos ist.

Die Grenztiefe lässt sich für andere Querschnitte berechnen. Dies führen wir in Kap. 11.7 für ein Dreieck, ein Trapez und einen Kreis durch.

Beispiel 1. In einem rechteckigen Gerinne der Breite $b = 8$ m und einer Fließgeschwindigkeit von $v = 2{,}5\,\frac{\text{m}}{\text{s}}$ beträgt der Abfluss $Q = 40\,\frac{\text{m}^3}{\text{s}}$.

a) Welche Wassertiefe stellt sich ein?

b) Welche Mindestwassertiefe bzw. Mindestfließgeschwindigkeit wären bei gleichem Abfluss notwendig?

Lösung.

a) Aus $Q = bhv$ folgt $h = \frac{Q}{bv} = \frac{40}{8 \cdot 2{,}5} = 2$ m.

b) Mit (11.1.2) und (11.1.3) erhält man

$$h_{\text{Gr}} = \sqrt[3]{\frac{Q^2}{gb^2}} = \sqrt[3]{\frac{40^2}{9{,}81 \cdot 8^2}} = 1{,}37\,\text{m} \quad \text{und} \quad v_{\text{Gr}} = \sqrt{g \cdot h_{\text{Gr}}} = \sqrt{9{,}81 \cdot 1{,}37} = 3{,}66\,\frac{\text{m}}{\text{s}}.$$

Beispiel 2. Das durch einen Kanal fließende, rechteckige Gerinne besitzt die Breite $b =$ 10 m, die Höhe $h_1 = 2$ m und einen Abfluss von $Q = 30\,\frac{\text{m}^3}{\text{s}}$ (Abb. 11.2 rechts oben).

a) Bestimmen Sie die Fließgeschwindigkeit für den beschriebenen Ausgangszustand.

b) Für eine kleine Brücke sollen zwei Pfeiler gleicher Breite im Kanalboden verankert werden (Abb. 11.2 rechts unten). Welche Breite B_{max} darf man bei jeder der beiden Pfeiler höchstens wählen, damit der Abfluss Q weiterhin gewährleistet ist und sich das Oberwasser nicht aufstaut? Mit welcher Geschwindigkeit fließt das Gerinne dann?

Lösung.

a) Mit $Q = bh_1v_1$ erhält man $v_1 = \frac{Q}{bh_1} = \frac{30}{10 \cdot 2} = 1{,}5\,\frac{\text{m}}{\text{s}}$.

b) Dazu berechnen wir zuerst die vorhandene Energiehöhe mit (11.3) oder (11.1.1):

$$h_E(h_1) = h_1 + \frac{v_1^2}{2g} = 2 + \frac{1{,}5^2}{2 \cdot 9{,}81} = 2{,}11\,\text{m}.$$

Der Vergleich mit (11.1.4) liefert unter Verwendung des Energiesatzes (11.3) $h_E(h_1) = h_{E,\text{min}}$, also $2{,}11 = 1{,}5h_{\text{Gr}}$, woraus man $h_{\text{Gr}} = 1{,}41$ m erhält. Gleichung (11.1.2) liefert die zugehörige Breite: Aus

$$h_{\text{Gr}} = \sqrt[3]{\frac{Q^2}{g \cdot b_{\text{min}}^2}}$$

folgt

$$b_{\text{min}} = \frac{Q}{\sqrt{g \cdot h_{\text{Gr}}^3}} = \frac{30}{\sqrt{9{,}81 \cdot 1{,}41^3}} = 5{,}72\,\text{m}$$

und damit $B_{\text{max}} = \frac{10 - b_{\text{min}}}{2} = 2{,}14$ m. Das Gerinne besitzt dann die Geschwindigkeit $v_{\text{Gr}} = \sqrt{g \cdot h_{\text{Gr}}} = \sqrt{9{,}81 \cdot 1{,}41} = 3{,}72\,\frac{\text{m}}{\text{s}}$.

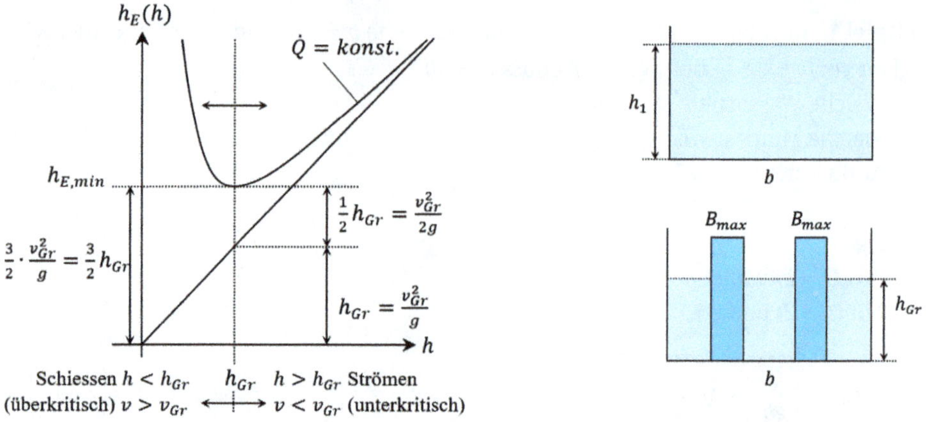

Abb. 11.2: Skizze zur Energiekurve und zum Beispiel 2.

11.2 Maximaler Abfluss bei konstanter Energie

Herleitung von (11.2.1)–(11.2.3)

Wie schon in Kap. 11.1 angedeutet, untersuchen wir nun den Fall, dass in Gleichung (11.1.1) die Höhenenergie h_E = konst. gesetzt wird. Aufgelöst nach Q erhält man aus (11.1.1)

$$Q(h) = \sqrt{2gb^2(h_E - h)h^2} = \sqrt{2g} \cdot b \cdot \sqrt{h_E \cdot h^2 - h^3}.$$

Weiter ist

$$\frac{dQ}{dh} = \sqrt{2g} \cdot b \cdot \frac{2h_E \cdot h - 3h^2}{2\sqrt{h_E \cdot h^2 - h^3}}.$$

Null setzen ergibt

$$2h_E - 3h^2 = 0 \quad \text{und} \quad h_{\text{Gr}} = \frac{2}{3} h_E. \tag{11.2.1}$$

Daraus folgt $v_{\text{Gr}}^2 = g \cdot h_{\text{Gr}} = \frac{2g}{3} h_E$ und somit

$$\frac{v_{\text{Gr}}^2}{2g} = \frac{1}{3} h_E. \tag{11.2.2}$$

Bei gegebener Energie existieren somit zwei Wassertiefen, eine mit schießendem ($h_1 < h_{\text{Gr}}$) und eine mit strömendem ($h_1 > h_{\text{Gr}}$) Abfluss (Abb. 11.3 links). Verringert man den Abfluss, so führt dies zu einer Abnahme der Wassertiefe im schießenden und einer Zunahme der Wassertiefe im strömenden Bereich. Den maximalen Abfluss erhält man im Grenzfall. Er beträgt

$$Q_{\max}(h_{\mathrm{Gr}}) = Q_{\max}\left(\frac{2}{3}h_E\right) = \sqrt{2g}\cdot b\sqrt{h_E\cdot\left(\frac{2}{3}h_E\right)^2 - \left(\frac{2}{3}h_E\right)^3} = \sqrt{2g}\cdot b\sqrt{\frac{4}{27}h_E^3}$$

und damit

$$Q_{\max}(h_{\mathrm{Gr}}) = \sqrt{\frac{8}{27}g\cdot h_E^3}\cdot b. \tag{11.2.3}$$

Beispiel. Gegeben ist ein rechteckiges Gerinne mit der Energiehöhe $h_E = 1{,}8\,\mathrm{m}$.

a) Bestimmen Sie die Aufteilung von h_E in potentielle und kinetische Energie ausgedrückt als Höhe für den Fall eines maximalen Abflusses.

b) Wie groß wird der maximale, spezifische Abfluss?

Lösung.

a) Der Ausdruck (11.3) wird für diesen Fall zerlegt in

$$h_E = h_{\mathrm{Gr}} + \frac{v_{\mathrm{Gr}}^2}{2g} = \frac{2}{3}h_E + \frac{1}{3}h_E = 1{,}2\,\mathrm{m} + 0{,}6\,\mathrm{m}.$$

b) Diesen erhält man mit $\frac{Q_{\max}(h_{\mathrm{Gr}})}{b} = h_{\mathrm{Gr}}\cdot h_{\mathrm{Gr}}$ oder aus (11.2.3) zu

$$Q_{\max}(h_{\mathrm{Gr}}) = \sqrt{\frac{8}{27}g\cdot h_E^3} = \sqrt{\frac{8}{27}\cdot 9{,}81\cdot 1{,}8^3} = 4{,}11\,\frac{\mathrm{m}^2}{\mathrm{s}}.$$

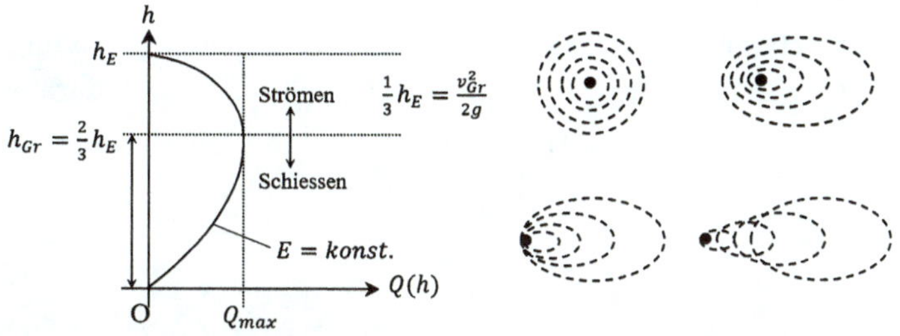

Abb. 11.3: Skizzen zum maximalen Abfluss bei konstanter Energie und zu den Fließarten.

11.3 Trennung der Fließarten

Die Strömungsart wird mithilfe der sogenannten Froude-Zahl unterschieden. Sie vergleicht die Strömungsgeschwindigkeit mit ihrer Grenzgeschwindigkeit.

Definition. Es gilt

$$\mathrm{Fr} := \frac{v}{v_{\mathrm{Gr}}} = \frac{v}{\sqrt{g\cdot h_{\mathrm{Gr}}}}. \tag{11.3.1}$$

Man erhält:

1. Fr < 1. Strömender Abfluss: Der Normalfall bei den meisten natürlichen Flussläufen.
2. Fr = 1. Grenzzustand.
3. Fr > 1. Schießender Abfluss: Wildbäche, Wasserfall.

Die Art der Strömung lässt sich auch ohne Messung der zwei Größen v und h_{Gr} bestimmen. Man erzeugt irgendeine Störung der Wasseroberfläche, am einfachsten von oben her, indem man beispielsweise einen Stein ins Wasser wirft.

i. Breitet sich die Oberflächenwelle etwa kreisförmig aus, dann hat man es mit einem stehenden Gewässer zu tun und es ist Fr = 0 (Abb. 11.3 mitte oben).
ii. Die Welle wandert (auf Kreis- oder Ellipsenbahnen, je nach Wassertiefe) vorwiegend stromabwärts, aber auch stromaufwärts. In diesem Fall ist die Strömungsgeschwindigkeit v kleiner als die Wellengeschwindigkeit v_{Gr} und es gilt Fr < 1 (Abb. 11.3 mitte unten).
iii. Im Grenzfall bewegt sich die Welle (z. B. ellipsenförmig) nur stromabwärts mit $v = v_{Gr}$, Fr = 1. Die Wellenringe berühren sich alle im Punkt der Erregung (Abb. 11.3 rechts oben).
iv. Im letzten Fall breitet sich die Welle (z. B. ellipsenförmig) nur stromabwärts aus. Es ist $v > v_{Gr}$, Fr > 1 und die Strömung ist schießend (Abb. 11.3 rechts unten).

Beispiel. Sie werfen einen Stein in einen Fluss (Abb. 11.4 links). Aus dem entstehenden Wellenbild schätzen Sie etwa $b \approx 2a$. Bestimmen Sie daraus die Froude-Zahl.

Lösung. Die Welle bewegt sich stromaufwärts mit der Geschwindigkeit $v_{Gr} - v$ und stromabwärts mit der Geschwindigkeit $v_{Gr} + v$. Dann folgt $\frac{v_{Gr}+v}{v_{Gr}-v} = \frac{b}{a} = 2$, daraus $v_{Gr} + v = 2v_{Gr} - 2v$ und $v = \frac{1}{3}v_{Gr}$. Gemäß (11.3.1) folgt Fr $= \frac{v}{v_{Gr}} = \frac{1}{3} < 1$ und die Fließart ist strömend.

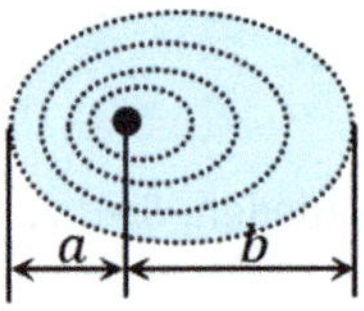

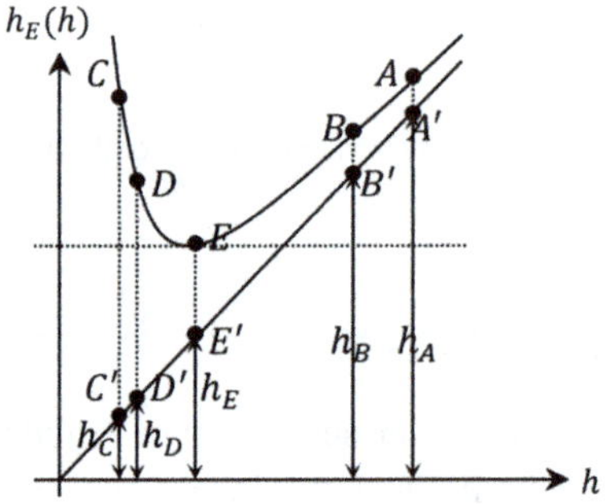

Abb. 11.4: Skizzen zum Beispiel und zur Sohlhöhenschwankung.

11.4 Veränderung der Wassertiefe und der Geschwindigkeit bei einer Sohlschwelle

Schwankungen der Sohlhöhe können die Strömungseigenschaften eines Gerinnes verändern. Dasselbe gilt für die Breite des Gerinnes, doch bis auf Weiteres sei diese konstant. Je nach Art der An- und Abströmung der Sohlerhebung lassen sich vier Fälle unterscheiden:

I. Die Anströmung ist strömend (Abb. 11.5 links oben). Die Wassertiefe sinkt von h_A auf h_B, der Betrag von $\frac{v^2}{2g}$ steigt von $\overline{A'A}$ auf $\overline{B'B}$ (Abb. 11.4 rechts). Insgesamt sinkt der Wasserspiegel und die Abströmung verläuft strömend.

II. Der Zulauf ist schießend (Abb. 11.5 rechts oben). Die Tiefe des Wassers steigt von h_C auf h_D, der Betrag von $\frac{v^2}{2g}$ sinkt von $\overline{C'C}$ auf $\overline{D'D}$ (Abb. 11.4 rechts). Insgesamt steigt der Wasserspiegel und die Abströmung verläuft schießend.

III. Die Anströmung ist strömend (Abb. 11.5 links unten). An der Bodenschwelle wird die Grenztiefe erreicht, h_A sinkt auf $h_E = h_{\mathrm{Gr}}$, $\frac{v_A^2}{2g}$ steigt auf $\frac{v_E^2}{2g}$ (Abb. 11.4 rechts). Die Strömung geht kontinuierlich ohne Reibungsverluste ins Schießen über.

IV. Der Zulauf ist schießend (Abb. 11.5 rechts unten). An der Bodenschwelle tritt die Grenztiefe ein. Dabei steigt h_C auf $h_E = h_{\mathrm{Gr}}$, $\frac{v_C^2}{2g}$ sinkt auf $\frac{v_E^2}{2g}$ (Abb. 11.4 rechts). Die Abströmung geht ins Strömen über. Dabei wird ein Teil der Energie dissipiert. Man nennt dies einen Wechselsprung, ähnlich der plötzlichen Änderung des Durchmessers eines Rohrs.

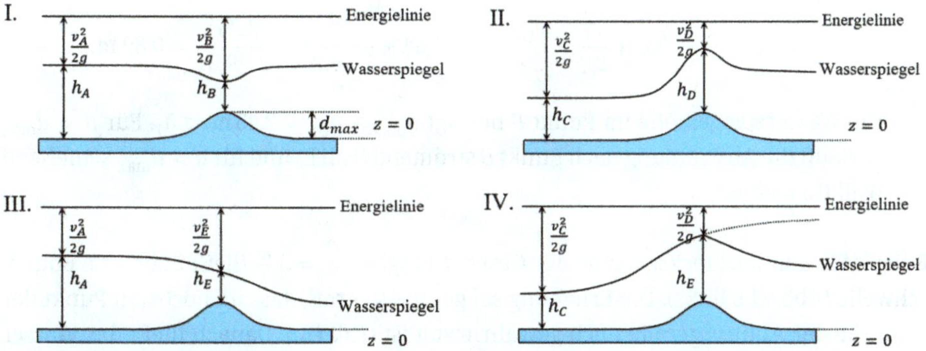

Abb. 11.5: Skizzen zu den vier Fällen der Sohlhöhenschwankung.

Beispiel 1. Bei einer Rechteckrinne der Breite $b = 10\,\mathrm{m}$ und der Tiefe $h_1 = 3\,\mathrm{m}$ wird der Abfluss $Q = 60\,\frac{\mathrm{m}^3}{\mathrm{s}}$ gemessen.

a) Welche Fließart besteht?

b) Das Wasser trifft auf eine Sohlerhebung d (Abb. 11.4 links oben). Damit der Fluss Q weiterhin konstant bleibt, darf d einen gewissen Wert $d_{\max}$ nicht überschreiten. Bestimmen Sie $d_{\max}$.

Lösung.

a) Für die Strömung gilt $v_1 = \frac{Q}{b \cdot h_1} = \frac{60}{10 \cdot 3} = 2\,\frac{\mathrm{m}}{\mathrm{s}}$ und mit (11.3.1) folgt

$$\mathrm{Fr} = \frac{v_1}{\sqrt{g \cdot h_1}} = \frac{2}{\sqrt{9{,}81 \cdot 3}} = 0{,}37 < 1.$$

Somit ist die Fließart strömend.

b) Die maximale Höhe $d_{\max}$ ergibt sich, wenn im Punkt B gerade die Grenztiefe erreicht wird, weil dann gerade noch der Abfluss Q gewährleistet ist. Dann gilt mit (11.1.2)

$$h_2 = h_{\mathrm{Gr}} = \sqrt[3]{\frac{Q^2}{g \cdot b^2}} = \sqrt[3]{\frac{60^2}{9{,}81 \cdot 10^2}} = 1{,}54\,\mathrm{m}$$

und nach (11.1.3)

$$v_2 = v_{\mathrm{Gr}} = \sqrt{g \cdot h_{\mathrm{Gr}}} = \sqrt{9{,}81 \cdot 1{,}54} = 3{,}89\,\frac{\mathrm{m}}{\mathrm{s}}.$$

Die Bernoulli-Gleichung (3.3.10) oder (11.3) liefert

$$h_1 + \frac{v_1^2}{2g} = d_{\max} + h_{\mathrm{Gr}} + \frac{v_{\mathrm{Gr}}^2}{2g}$$

(bei horizontaler Sohle) und für die maximale Höhe ist

$$d_{\max} = h_1 - h_{\mathrm{Gr}} + \frac{v_1^2}{2g} - \frac{v_{\mathrm{Gr}}^2}{2g} = 3 - 1{,}54 + \frac{2^2}{2 \cdot 9{,}81} - \frac{3{,}89^2}{2 \cdot 9{,}81} = 0{,}89\,\mathrm{m}.$$

Die Wasserspiegelhöhe im Punkt B beträgt $d_{\max} + h_{\mathrm{Gr}} = 2{,}43\,\mathrm{m} < h_1$. Für $d < d_{\max}$ verläuft die Abströmung nach Punkt B strömend (Fall I.) und für $d > d_{\max}$ schießend (Fall II.) weiter.

Beispiel 2. Ein Rechtecksgerinne der Geschwindigkeit $v_1 = 3\,\frac{\mathrm{m}}{\mathrm{s}}$ fließt über eine Bodenschwelle (Abb. 11.6 links). Die Erhebung sei gerade so groß, dass im höchsten Punkt der Schwelle der Abfluss gerade noch gewährleistet ist (Fall III.). Danach fließt das Wasser die Böschung hinab. Die Höhe des Wasserspiegels beträgt dann $h_2 = 0{,}5\,\mathrm{m}$. Die Breite des Gerinnes ist $b = 10\,\mathrm{m}$.

a) Berechnen Sie h_1, Q und v_2.

b) Bestimmen Sie die Höhe d der Schwelle.

c) Zeigen Sie, dass die Strömung weiterhin schießend bleibt.

Lösung.

a) Wenn der Abfluss Q gerade noch gewährleistet ist, dann gilt $h_1 = h_{\mathrm{Gr}}$ und $v_1 = v_{\mathrm{Gr}}$. Damit ist

$$h_{\text{Gr}} = \frac{v_{\text{Gr}}^2}{g} = \frac{3^2}{9{,}81} = 0{,}92\,\text{m}.$$

Weiter folgt

$$Q = b \cdot h_{\text{Gr}} \cdot v_{\text{Gr}} = 10 \cdot 0{,}92 \cdot 3 = 27{,}52\,\frac{\text{m}^3}{\text{s}} \quad \text{und} \quad v_2 = \frac{Q}{b \cdot h_2} = \frac{27{,}52}{10 \cdot 0{,}5} = 5{,}50\,\frac{\text{m}}{\text{s}}.$$

b) Die Bernoulli-Gleichung (10.3) lautet

$$d + h_{\text{Gr}} + \frac{v_{\text{Gr}}^2}{2g} = h_2 + \frac{v_2^2}{2g},$$

woraus man

$$d = h_2 - h_{\text{Gr}} + \frac{v_2^2 - v_{\text{Gr}}^2}{2g} = 0{,}5 - 0{,}92 + \frac{5{,}50^2 - 3^2}{2 \cdot 9{,}81} = 0{,}67\,\text{m}$$

erhält.

c) Die Froude-Zahl (11.3.1) liefert

$$\text{Fr} = \frac{v_2}{\sqrt{g \cdot h_2}} = \frac{5{,}50}{\sqrt{9{,}81 \cdot 0{,}5}} = 2{,}49 > 1.$$

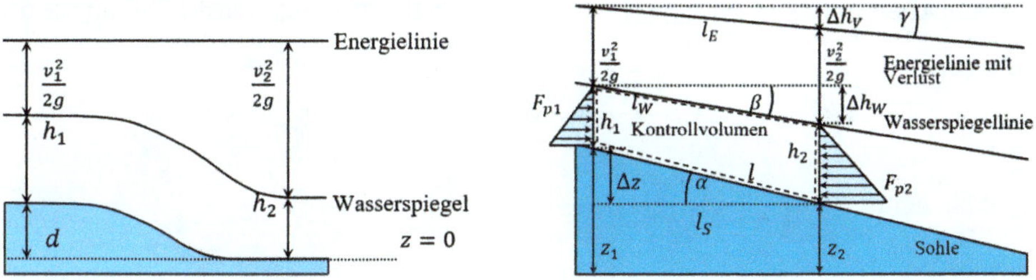

Abb. 11.6: Skizzen zum Beispiel 2 und zur Impulserhaltung.

11.5 Die Massen- und Impulsbilanz einer Gerinneströmung

Wir betrachten die Abb. 11.6 rechts. Die Massenbilanz entspricht auch bei einem Gerinne der Kontinuitätsgleichung für eine Stromröhre (3.3.2). Im Allgemeinen kann man drei verschiedene Gefälle unterscheiden. Das Sohlgefälle $\tan\alpha = \frac{\Delta z}{l_S} = J_S$, das Wasserspiegelliniengefälle $\tan\beta = \frac{\Delta h_W}{l_W} = J_W$, beide sichtbar und das theoretische Energieliniengefälle $\tan\gamma = \frac{\Delta h_V}{l_E} = J_E$.

Herleitung von (11.5.1)–(11.5.4)

Bilanz und Approximation: Impulsbilanz am Kontrollvolumen (in Abb. 11.6 rechts lang gestrichelt). Für die Impulsbilanz orientieren wir uns am Stützkraftsatz (3.4.8).

Weil unsere Gerinne gerade sind, entfällt die Mantelkraft $\boldsymbol{K}$ (Druckkraft). Weiter interessiert nur die Bilanz in Strömungsrichtung. Aufgrund der Massenbilanz gilt $Q = A_1 v_1 = A_2 v_2$. Zusätzlich soll nun schon die Reibungskraft F_R der Strömung an der Sohle und an den Seitenrändern in die Bilanz eingebaut werden. Beachtet man, dass nur der Gewichtskraftanteil $G \cdot \sin\beta$ in Strömungsrichtung wirkt, dann schreibt sich (3.4.8) als

$$\frac{dI}{dt} = \beta\rho(A_1 v_1^2 - A_2 v_2^2) + p_1 A_1 - p_2 A_2 + mg \cdot \sin\alpha - F_R.$$

Als Erstes betrachten wir die herrschenden Drucke. Wir zeigen in Kap. 11.12, dass man diese als hydrostatisch annehmen kann, und zwar unabhängig davon, ob die Strömung laminar oder turbulent verläuft. Die Druckkraft dF_p auf ein Flächenstück $dA = b \cdot dh$ der konstanten Breite b in der Tiefe h beträgt $dF_p = \rho gh \cdot bdh$. Gesamthaft ergibt sich die aus der Hydrostatik bekannte Formel $F_p = \rho gb \int_0^h hdh = \frac{1}{2}\rho gbh^2 = \frac{1}{2}\rho gAh$. Weiter gilt $mg \cdot \sin\alpha = \rho g \frac{A_1+A_2}{2} \cdot \frac{l+l_W}{2} \cdot \frac{\Delta z}{l}$. Wir approximieren $l_W \approx l$ und weil die Gefälle in der Regel klein sind $\sin\alpha \approx \tan\alpha$. Damit gilt $mg \cdot \sin\beta = \rho gl\overline{A} \cdot J_S$ mit dem gemittelten Querschnitt $\overline{A} = \frac{A_1+A_2}{2}$. Schließlich bilden wir noch $\overline{v} = \frac{v_1+v_2}{2}$, multiplizieren (9.1.1) (Ansatz von Weisbach) mit $\overline{A}$, ersetzen den Durchmesser eines Rohrs durch den hydraulischen Durchmesser $\overline{d}_H = 4 \cdot \frac{\overline{A}}{\overline{U}}$ (siehe Band 4) und erhalten so die Reibungskraft

$$F_R = \Delta p_V \cdot \overline{A} = \lambda \frac{l}{\overline{d}_H} \rho \frac{\overline{v}|\overline{v}|}{2} \overline{A} = \lambda \frac{l \cdot \overline{U}}{4\overline{A}} \rho \frac{\overline{v}|\overline{v}|}{2} \overline{A} = \frac{\lambda}{8} \rho \overline{v}|\overline{v}| \cdot l\overline{U} = \tau_B \cdot l\overline{U}.$$

Man nennt

$$\tau_B = \frac{\lambda}{8} \rho \overline{v}|\overline{v}| \tag{11.5.1}$$

die Sohlschubspannung. Sie wirkt somit auf den benetzten Umfang $\overline{U}$. Damit ist die Bilanz vollständig. Sämtliche auf den Rand des Kontrollvolumes wirkende Druckkräfte wurden berücksichtigt. Die instationäre Impulsbilanz für eine ungleichförmige Strömung lässt sich beispielsweise schreiben als:

$$\frac{dI}{dt} = \beta\rho Q(v_1 - v_2) + F_{p1} - F_{p2} + mg \cdot \frac{z_1 - z_2}{l} - \lambda \frac{l}{\overline{d}_H} \rho \frac{\overline{v}|\overline{v}|}{2} \overline{A} \quad \text{oder}$$

$$\frac{dI}{dt} = \beta\rho\left(A_1 v_1^2 - A_2 v_2^2\right) + \frac{1}{2}\rho g(A_1 h_1 - A_2 h_2) + \rho gl\overline{A} \cdot J_S - \tau_B \cdot l\overline{U}.$$

Die Impulsbeiwerte sind

$$\beta_{\text{lam}} = 1{,}2 \quad \text{und} \quad \beta_{\text{tur}} = 1. \tag{11.5.2}$$

Die Beweise zu den Impulsbeiwerten folgen mit (11.12.10).

In der Gerinneströmung spielt der Begriff des Normalabflusses eine wichtige Rolle.

Definition. Unter Normalabfluss versteht man eine stationäre Gerinneströmung, in welcher der Querschnitt im betrachteten Abschnitt gleich (kongruent) ist.

In diesem Fall sind nicht nur die Wassertiefen gleich, sondern aufgrund der Kontinuitätsgleichung auch die Geschwindigkeiten. Insbesondere stimmen alle Gefälle überein. Bei Normalabfluss ist somit

$$A_1 = A_2, \quad h_1 = h_2, \quad v_1 = v_2 \quad \text{und} \quad J_S = J_W = J_E. \tag{11.5.3}$$

Einschränkung: Mit (11.5.3) reduziert sich (11.5.2) zu $\rho g A J_S = \tau_B U$ oder $gA \cdot J_S = \frac{\lambda}{8}\overline{v}|\overline{v}| \cdot U$. Bei Normalabfluss gilt also

$$J_S = \frac{\lambda}{d_H} \cdot \frac{\overline{v}|\overline{v}|}{2g} = J_E. \tag{11.5.4}$$

11.6 Der Wechselsprung

Unter einem Wechselsprung versteht man üblicherweise die plötzliche Änderung der Fließart von schießend zu strömend. Der Übergang geht mit einem großen Energiehöhenverlust einher. Die entstehende Verwirbelung beim Fließartwechsel nennt man auch eine Deckwalze (Abb. 11.7 links). (Mit Wechselsprung bezeichnet man ebenfalls die sprunghafte Änderung der Wassertiefe wie bei einer plötzlichen Verengung oder Aufweitung des Querschnitts. Dies betrachten wir aber nicht.). Beispiele für einen Wechselsprung können sein:

1. Wasser staut sich abrupt vor einem hohen Wehr auf.
2. Wasser schießt ein Wehr hinunter und verwirbelt sich am Fuß des Wehrs.
3. Wasser schießt unter einem (von oben her) geöffneten Schütz hindurch.

Wird das Schütz eines Wehrs geöffnet oder fließt Wasser bei Hochwasser über ein Wehr, so befindet sich die Strömung im schießenden Zustand. Es ist deshalb zwingend notwendig, der Strömung die vorhandene kinetische Energie möglichst zu entziehen, um so Erosionsschäden am Wehr selber und am Flussbett des Unterwassers zu vermeiden. Meistens geschieht das in sogenannten Tosbecken. Der Energiehöhenverlust soll nun berechnet werden.

Herleitung von (11.6.1)–(11.6.4)

Als Kontrollvolumen nehmen wir einen Quader der Breite b (in Abb. 11.7 links gestrichelt markiert).

Vereinfachungen: Es soll nur das Phänomen des Wechselsprungs gezeigt werden. Deswegen bilden die beiden Vereinfachungen keine Einschränkungen.

- Die Sohle ist horizontal.
- Der Impulsbeiwert wird $\beta = 1$ gesetzt.

Idealisierung:

Typischerweise verläuft ein Wechselsprung entlang einer kurzen Distanz, weshalb die Sohlschubspannung gegenüber den hydrostatischen Kräften vernachlässigt werden kann.

Demnach vereinfacht sich (11.5.2) mit $J_S = 0$ und $\tau_B = 0$ zu $A_1 v_1^2 - A_2 v_2^2 + \frac{1}{2} g (A_1 h_1 - A_2 h_2)$ und $h_2 v_2^2 - h_1 v_1^2 = \frac{1}{2} g h_1^2 - \frac{1}{2} g h_2^2$. Mithilfe der Kontinuitätsgleichung (3.3.4) in der Form $h_1 v_1 = h_2 v_2$ führt dies auf

$$h_2^2 - h_1^2 = \frac{2}{g}(h_2 v_2^2 - h_1 v_1^2) = \frac{2}{g}\left[h_2\left(\frac{h_1}{h_2}v_1\right)^2 - h_1 v_1^2\right] = \frac{2}{g} \cdot \frac{v_1^2 h_1^2}{h_1 h_2}(h_1 - h_2)$$

und die Division durch $h_1 - h_2$ ergibt

$$h_1 + h_2 = \frac{2}{g} \cdot \frac{v_1^2 h_1^2}{h_1 h_2}. \tag{11.6.1}$$

Mit der Froude-Zahl für das Oberwasser, $\mathrm{Fr}_1^2 = \frac{v_1^2}{g h_1}$, folgt aus (11.6.1) die quadratische Gleichung für das Wassertiefenverhältnis zu

$$\frac{h_2^2}{h_1^2} + \frac{h_2}{h_1} - 2\mathrm{Fr}_1^2 = 0.$$

Die Lösung ist

$$\frac{h_2}{h_1} = \frac{-1 \pm \sqrt{1 + 8\mathrm{Fr}_1^2}}{2} = \frac{1}{2} \cdot \left(\sqrt{8\mathrm{Fr}_1^2 + 1} - 1\right). \tag{11.6.2}$$

Dabei entsprechen h_1 und h_2 den konjugierten Wassertiefen des Wechselsprungs und einem h_2 wird ein h_1 zugeordnet, nicht aber umgekehrt.

Als Nächstes schreiben wir die Bernoulli-Gleichung (11.2) unter Berücksichtigung des Höhenverlusts in der Höhenform:

$$\frac{v_1^2}{2g} + h_1 = \frac{v_2^2}{2g} + h_2 + \Delta h_V \qquad \text{oder} \quad \Delta h_V = h_1 - h_2 + \frac{v_1^2}{2g} - \frac{v_2^2}{2g}.$$

Benutzt man die Kontinuitätsgleichung, dann ergibt sich

$$\Delta h_V = h_1 - h_2 + \frac{v_1^2}{2g}\left(1 - \frac{h_1^2}{h_2^2}\right).$$

Mit $\mathrm{Fr}_1^2 = \frac{v_1^2}{gh_1}$ erhält man weiter

$$\Delta h_V = h_1 - h_2 + \frac{\mathrm{Fr}_1^2 h_1}{2}\left(1 - \frac{h_1^2}{h_2^2}\right). \tag{11.6.3}$$

Gleichung (11.1.2) nach der Froude-Zahl aufgelöst, ergibt

$$\mathrm{Fr}_1^2 = \frac{1}{8}\left[\left(\frac{2h_2}{h_1} + 1\right)^2 - 1\right].$$

Folglich wird aus (11.6.3):

$$\begin{aligned}\Delta h_V &= h_1 - h_2 + \frac{h_1}{16}\left[\left(\frac{2h_2}{h_1} + 1\right)^2 - 1\right] \cdot \left(1 - \frac{h_1^2}{h_2^2}\right)\\ &= h_1 - h_2 + \frac{h_1}{16}\left[\frac{(2h_2 + h_1)^2 - h_1^2}{h_1^2}\right] \cdot \left(\frac{h_2^2 - h_1^2}{h_2^2}\right)\\ &= h_1 - h_2 + \frac{1}{16h_1h_2^2}[(2h_2 + h_1)^2 - h_1^2](h_2^2 - h_1^2).\end{aligned}$$

Daraus erhält man:

$$\begin{aligned}&h_1 - h_2 + \frac{1}{16h_1h_2^2}[4h_2^2 + 4h_1h_2 + h_1^2 - h_1^2](h_2^2 - h_1^2)\\ &= h_1 - h_2 + \frac{1}{4h_1h_2}(h_1 + h_2)(h_2^2 - h_1^2)\\ &= (h_2 - h_1) \cdot \left[\frac{(h_1 + h_2)^2}{4h_1h_2} - 1\right] = (h_2 - h_1) \cdot \frac{(h_2 - h_1)^2}{4h_1h_2}\end{aligned}$$

und endlich

$$\Delta h_V = \frac{(h_2 - h_1)^3}{4h_1h_2}. \tag{11.6.4}$$

Beispiel. Kurz vor einem Wechselsprung besitzt eine Strömung die Tiefe $h_1 = 0{,}5$ m und die Geschwindigkeit $v_1 = 5\,\frac{\mathrm{m}}{\mathrm{s}}$.

a) Bestimmen Sie h_2 und v_2 unmittelbar nach dem Wechelsprung.

b) Drücken Sie sowohl den Druckverlust Δh_V als auch die Höhenenergie h_E des Oberwassers beim Wechselsprung durch die Froude-Zahl Fr_1^2 der Anströmung und der Höhe h_1 aus.

c) Schreiben Sie das Verhältnis $\frac{\Delta h_V}{h_E}$ als Funktion von Fr_1 alleine und stellen Sie den Verlauf dar.

Lösung.

a) Man erhält $\mathrm{Fr}_1 = \frac{5}{\sqrt{9{,}81 \cdot 0{,}5}} = 2{,}26$ und mit (11.6.2)

$$h_2 = \frac{h_1}{2} \cdot \left(\sqrt{8\mathrm{Fr}_1^2 + 1} - 1\right) = \frac{0{,}5}{2} \cdot \left(\sqrt{8 \cdot 2{,}26^2 + 1} - 1\right) = 1{,}37\,\mathrm{m}.$$

Aus $h_1 v_1 = h_2 v_2$ folgt $v_2 = 1{,}83\,\frac{\mathrm{m}}{\mathrm{s}}$.

b) Die Gleichung (11.6.4) schreibt sich mit (11.6.2) als

$$\Delta h_V = \frac{(h_2 - h_1)^3}{4 h_1 h_2} = \frac{h_1^3 (\frac{h_2}{h_1} - 1)^3}{4 h_1^2 \cdot \frac{h_2}{h_1}} = \frac{h_1 [\frac{1}{2} \cdot (\sqrt{8\mathrm{Fr}_1^2 + 1} - 1) - 1]^3}{4 \cdot \frac{1}{2} \cdot (\sqrt{8\mathrm{Fr}_1^2 + 1} - 1)}.$$

Anderseits ist mit $\mathrm{Fr}_1^2 = \frac{v_1^2}{g h_1}$ und (11.3)

$$h_E = h_1 + \frac{v_1^2}{2g} = h_1 + \frac{\mathrm{Fr}_1^2}{2} h_1 = \frac{h_1}{2}(2 + \mathrm{Fr}_1^2)$$

und somit

$$\frac{\Delta h_V}{h_E} = \frac{[\frac{1}{2} \cdot (\sqrt{8\mathrm{Fr}_1^2 + 1} - 1) - 1]^3}{(\sqrt{8\mathrm{Fr}_1^2 + 1} - 1)(2 + \mathrm{Fr}_1^2)}. \qquad (11.6.5)$$

c) Den Verlauf von (11.6.5) entnimmt man Abb. 11.7 rechts. Einen maximalen Anstieg erhält man für $\mathrm{Fr}_1 \approx 2{,}3337$.

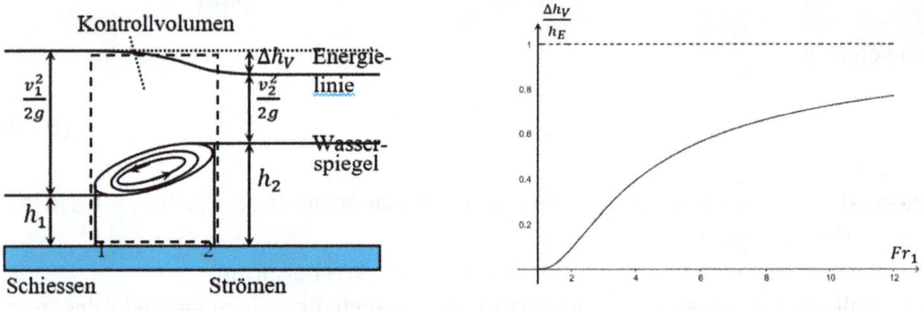

Abb. 11.7: Skizze zum Wechselsprung und Graph von (11.6.5).

11.7 Minimaler benetzter Umfang

Dieses Kapitel ist eng mit dem Kap. 11.11 und der Frage nach der Bemessung von Gerinnequerschnitten verknüpft. Während die in Kap. 9.1 verwendete Rohrreibungszahl

λ ein Maß für den Druckabfall ist und die Rauheit k die Oberflächenbeschaffenheit des Kanals erfasst, vereinigt der hydraulische Durchmesser d_H in sich die Geometrie des Kanals.

Für einen möglichst kleinen Reibungsverlust müssen offensichtlich λ und k klein sein. Zusätzlich gilt es aber auch den benetzten Umfang U zu minimieren oder d_H zu maximieren. Der hydraulische Durchmesser d_H wurde im 4. Band als $d_H = 4 \cdot \frac{A}{U}$ eingeführt. Dabei bezeichnet U den Umfang der benetzten Fläche und A die Querschnittsfläche des Strömungskanals. Die drei Größen λ, k und d_H werden bekanntlich in der empirischen Formel von Colebrook-White (Gleichung (9.1.3)),

$$\frac{1}{\sqrt{\lambda}} = 1{,}74 - 2 \cdot \log_{10}\left(\frac{2k}{d_H} + \frac{18{,}7}{\mathrm{Re}\sqrt{\lambda}}\right),$$

miteinander verknüpft und weitere Anwendungen diesbezüglich folgen in Kap. 11.11.

An dieser Stelle soll also nur die Geometrie des Kanals eine Rolle spielen. Die zentrale Frage lautet: Wie sind die Abmessungen des Kanalquerschnitts zu wählen, damit bei konstantem Querschnitt A der benetzte Umfang U minimal wird?

Für einige Kanalformen soll der minimale benetzte Umfang berechnet werden.

Beispiel 1. Bei einer Rechtecksrinne ist der Querschnitt A konstant (Abb. 11.8, 1. Skizze) – Bestimmen Sie die Seitenlängen des Rechtecks als Funktion von A, sodass der benetzte Umfang minimal wird.

Lösung. Es gilt $A = bh$ und der benetzte Umfang schreibt sich beispielsweise als $u(b) = b + 2h = b + \frac{2A}{b}$. Weiter ist $\frac{du}{db} = 1 - \frac{2A}{b^2}$. Null setzen ergibt $b = \sqrt{2A}$ und

$$h = \frac{A}{\sqrt{2A}} = \sqrt{\frac{A}{2}} = \frac{b}{2}.$$

Der Querschnitt besteht aus zwei Quadraten.

Beispiel 2. Bei einer Dreiecksrinne ist der Querschnitt A konstant (Abb. 11.8, 2. Skizze). Die Steigungen der beiden Böschungen seien $m_1 = \frac{d_1}{h}$ und $m_2 = -\frac{d_2}{h}$.

a) Zeigen Sie in einem ersten Schritt, dass der minimale benetzte Umfang für $m_2 = -m_1$ erreicht wird.
b) Beweisen Sie mit Kenntnis des Ergebnisses aus a), dass $m_1 = 1$ gilt.
c) Bestimmen Sie die Grenztiefe h_{Gr} zuerst in Abhängigkeit von m_1 und m_2, dann für $m_2 = -m_1$ und insbesondere für $m_1 = 1$.
d) Bestimmen Sie eine Formel für die Grenzgeschwindigkeit v_{Gr} als Funktion von h_{Gr}.

Lösung.

a) Es gilt

$$A = \left(\frac{d_1 + d_2}{2}\right)h = \frac{m_1 h - m_2 h}{2}h = \frac{(m_1 - m_2)}{2}h^2. \tag{11.7.1}$$

Als Nebenbedingung erhalten wir

$$m_2 = m_1 - \frac{2A}{h^2}. \tag{11.7.2}$$

Der benetzte Umfang ist

$$U = \sqrt{h^2 + d_1^2} + \sqrt{h^2 + d_2^2} = \sqrt{h^2 + h^2 m_1^2} + \sqrt{h^2 + h^2 m_2^2} \quad \text{und}$$

$$U = h\sqrt{1 + m_1^2} + h\sqrt{1 + m_2^2}. \tag{11.7.3}$$

Einsetzen der Nebenbedingung (11.7.2) in (11.7.3) liefert die Funktion

$$U(m_1) = h\sqrt{1 + m_1^2} + h\sqrt{1 + \left(m_1 - \frac{2A}{h^2}\right)^2}.$$

Weiter ist

$$\frac{dU}{dm_1} = h \cdot \frac{2m_1}{2\sqrt{1 + m_1^2}} + h \cdot \frac{2(m_1 - \frac{2A}{h^2})}{2\sqrt{1 + (m_1 - \frac{2A}{h^2})^2}}.$$

Null setzen führt auf

$$m_1\sqrt{1 + \left(m_1 - \frac{2A}{h^2}\right)^2} = -\left(m_1 - \frac{2A}{h^2}\right)\sqrt{1 + m_1^2}$$

und eine Quadratur ergibt ausmultipliziert $m_1^2 = (m_1 - \frac{2A}{h^2})^2$ und $\pm m_1 = m_1 - \frac{2A}{h^2}$. Nur das Minuszeichen kommt für eine sinnvolle Lösung infrage. Es folgt $m_1 = \frac{A}{h^2}$ und mit (11.7.2) $m_2 = -m_1$. Als erstes Zwischenergebnis erhalten wir somit ein gleichschenkliges Dreieck.

b) In einem zweiten Schritt soll die Steigung m_1 selbst bestimmt werden. Dazu wiederholen wir dieselben Rechenschritte. Gleichung (11.7.1) schreibt sich als $A = m_1 h^2$. Damit erhält man $m_1 = \frac{A}{h^2}$. Der benetzte Umfang ist mit (11.7.3)

$$U(h) = 2h\sqrt{1 + \frac{A^2}{h^4}} = 2\sqrt{h^2 + \frac{A^2}{h^2}}.$$

Die Ableitung ergibt

$$\frac{dU}{dm} = \frac{2h - \frac{2A^2}{h^3}}{\sqrt{h^2 + \frac{A^2}{h^2}}}.$$

Null setzen führt zu $h = \sqrt{A}$ und damit $m_1 = 1$. Damit entspricht das Dreieck einem halben Quadrat.

c) Aus (11.7.1) folgt $Q = A \cdot v = \frac{(m_1 - m_2)}{2} h^2 \cdot v$ und daraus

$$v = \frac{2Q}{(m_1 - m_2)h^2}. \tag{11.7.4}$$

Die Energiehöhe beträgt

$$h_E = h + \frac{v^2}{2g} = h + \frac{1}{2g} \cdot \frac{4Q^2}{(m_1 - m_2)^2 h^4} = h + \frac{2Q^2}{g(m_1 - m_2)^2 h^4}.$$

Weiter ist

$$\frac{dh_E}{dh} = 1 - \frac{2Q^2}{g(m_1 - m_2)^2} \cdot \frac{4}{h^5} = 1 - \frac{8Q^2}{g(m_1 - m_2)^2 h^5}.$$

Für die Grenztiefe erhält man damit

$$h_{\mathrm{Gr}} = \sqrt[5]{\frac{8Q^2}{g(m_1 - m_2)^2}}. \tag{11.7.5}$$

Speziell für $m_2 = -m_1$ folgt mit (11.7.5)

$$h_{\mathrm{Gr}} = \sqrt[5]{\frac{2Q^2}{gm_1^2}}$$

und insbesondere für $m_1 = 1$ die Tiefe

$$h_{\mathrm{Gr}} = \sqrt[5]{\frac{2Q^2}{g}}.$$

d) Mit (11.7.4) erhält man

$$v_{\mathrm{Gr}}^2 = \frac{Q^2}{A^2} = \frac{4Q^2}{(m_1 - m_2)^2 \cdot h_{\mathrm{Gr}}^4} = \frac{8Q^2 \cdot h_{\mathrm{Gr}}}{g(m_1 - m_2)^2 \cdot h_{\mathrm{Gr}}^5} \cdot \frac{g}{2} = \frac{1}{2} g h_{\mathrm{Gr}}$$

und somit $v_{\mathrm{Gr}} = \sqrt{\frac{1}{2} g \cdot h_{\mathrm{Gr}}}$. Speziell für $m_2 = -m_1$ ergibt sich

$$v_{\mathrm{Gr}} = \sqrt{\frac{1}{2} g \cdot h_{\mathrm{Gr}}} = \sqrt[5]{\frac{g^2 Q}{4m_1}}$$

und für $m_1 = 1$ die Geschwindigkeit $v_{\mathrm{Gr}} = \sqrt[5]{\frac{g^2 Q}{4}}$.

Beispiel 3. Bei einer Trapezrinne ist der Querschnitt A konstant (Abb. 11.8, 3. Skizze). Die Steigungen der Böschungen seien $m_1 = \frac{d_1}{h}$ und $m_2 = -\frac{d_2}{h}$ 78 mitte.

a) Zeigen Sie in einem ersten Schritt, dass der minimale benetzte Umfang für $m_2 = -m_1$ erreicht wird.
b) Beweisen Sie mit Kenntnis des Ergebnisses aus a), dass $m_1 = \frac{1}{\sqrt{3}}$ gilt.
c) Bestimmen Sie die Grenztiefe h_{Gr} in Abhängigkeit von m_1 und m_2.
d) Nehmen Sie nun $m_1 = \frac{1}{\sqrt{3}}$, $m_2 = -m_1$, $c = 10$ m und $Q = 100\,\frac{\text{m}^3}{\text{s}}$. Berechnen Sie die Größen h_{Gr} und v_{Gr}.

Lösung.

a) Es gilt

$$A = \left(\frac{2c + d_1 + d_2}{2}\right)h = \left(\frac{2c + m_1 h - m_2 h}{2}\right)h = \left[\frac{2c + (m_1 - m_2)h}{2}\right]h. \tag{11.7.6}$$

Als Nebenbedingung erhalten wir

$$m_2 = m_1 - \frac{2A}{h^2} + \frac{2c}{h}. \tag{11.7.7}$$

Der benetzte Umfang ist

$$\begin{aligned} U &= c + \sqrt{h^2 + d_1^2} + \sqrt{h^2 + d_2^2} = c + \sqrt{h^2 + h^2 m_1^2} + \sqrt{h^2 + h^2 m_2^2} \quad \text{und} \\ U &= c + h\sqrt{1 + m_1^2} + h\sqrt{1 + m_2^2}. \end{aligned} \tag{11.7.8}$$

Einsetzen der Nebenbedingung (11.7.7) in (11.7.8) führt auf die Funktion

$$U(m_1) = c + h\sqrt{1 + m_1^2} + h\sqrt{1 + \left(m_1 - \frac{2A}{h^2} + \frac{2c}{h}\right)^2}.$$

Weiter ist

$$\frac{dU}{dm_1} = h \cdot \frac{2m_1}{2\sqrt{1 + m_1^2}} + h \cdot \frac{2(m_1 - \frac{2A}{h^2} + \frac{2c}{h})}{2\sqrt{1 + (m_1 - \frac{2A}{h^2} + \frac{2c}{h})^2}}.$$

Null setzen ergibt

$$m_1\sqrt{1 + \left(m_1 - \frac{2A}{h^2} + \frac{2c}{h}\right)^2} = -\left(m_1 - \frac{2A}{h^2} + \frac{2c}{h}\right)\sqrt{1 + m_1^2},$$

eine Quadratur liefert ausmultipliziert $m_1^2 = (m_1 - \frac{2A}{h^2} + \frac{2c}{h})^2$ und $\pm m_1 = m_1 - \frac{2A}{h^2} + \frac{2c}{h}$. Das Pluszeichen zieht $A = ch$, also $\alpha = 90°$ nach sich und für das Minuszeichen erhält man $m_1 = \frac{A}{h^2} - \frac{c}{h}$. Mit (11.7.7) folgt $m_2 = -m_1$. Als erstes Zwischenergebnis erhalten wir somit ein gleichschenkliges Trapez.

b) In einem zweiten Schritt soll die Steigung selbst bestimmt werden. Dazu wiederholen wir dieselben Rechenschritte. In (11.7.6) wird $m_2 = -m_1$ gesetzt: $A = (\frac{2c+2m_1h}{2})h = (c + m_1h)h$. Damit erhält man $c = \frac{A}{h} - m_1h$. Der benetzte Umfang ist mit (11.7.8) $U(m_1) = \frac{A}{h} - m_1h + 2h\sqrt{1 + m_1^2}$. Die Ableitung ergibt

$$\frac{dU}{dm_1} = -h + 2h \cdot \frac{m_1}{\sqrt{1 + m_1^2}}.$$

Null setzen und quadrieren führt auf $1 + m_1^2 = 4m_1^2$ und schließlich $m_1 = \frac{1}{\sqrt{3}}$. Der Böschungswinkel beträgt damit beidseitig $\alpha = 60°$.

c) Aus (11.7.6) folgt

$$Q = A \cdot v = \left[\frac{2c + (m_1 - m_2)h}{2}\right]h \cdot v$$

und daraus $v = \frac{2Q}{[2c+(m_1-m_2)h]h}$. Die Energiehöhe beträgt

$$h_E = h + \frac{v^2}{2g} = h + \frac{1}{2g} \cdot \frac{4Q^2}{[2c + (m_1 - m_2)h]^2h^2} = h + \frac{2Q^2}{g[2ch + (m_1 - m_2)h^2]^2}.$$

Weiter ist

$$\begin{aligned} \frac{dh_E}{dh} &= 1 - \frac{2Q^2}{g} \cdot \frac{2 \cdot [2ch + (m_1 - m_2)h^2] \cdot [2c + 2(m_1 - m_2)h]}{[2ch + (m_1 - m_2)h^2]^4} \\ &= 1 - \frac{8Q^2}{gh^3} \cdot \frac{c + (m_1 - m_2)h}{[2c + (m_1 - m_2)h]^3}. \end{aligned}$$

Die Bestimmungsgleichung für die Grenztiefe ist damit

$$\frac{[2c + (m_1 - m_2)h_{\text{Gr}}]^3 h_{\text{Gr}}^3}{c + (m_1 - m_2)h_{\text{Gr}}} = \frac{8Q^2}{g}. \tag{11.7.9}$$

Sie kann nur numerisch gelöst werden.

d) Gleichung (11.7.9) ergibt $h_{\text{Gr}} = 2{,}08\,\text{m}$ und daraus

$$v_{\text{Gr}} = \frac{2Q}{[2c + (m_1 - m_2)h_{\text{Gr}}]h_{\text{Gr}}} = 4{,}29\,\frac{\text{m}}{\text{s}}.$$

Beispiel 4. Bei einer Kreisrinne ist der Querschnitt A konstant (Abb. 11.8. 4. Skizze).

a) Bestimmen Sie den Zentriwinkel α, sodass der benetzte Umfang minimal wird.

b) Ermitteln Sie die Grenztiefe h_{Gr}.

c) Gegeben ist ein Kreisrohr mit Radius r. Bestimmen Sie α_{Gr}, h_{Gr} und v_{Gr} für $r = 1\,\text{m}$ und $Q = 2\,\frac{\text{m}^3}{\text{s}}$.

Lösung.

a) Die Sektorfläche beträgt $A_S = \frac{1}{2}br = \frac{1}{2}2\alpha r \cdot r = \alpha r^2$ und für die Dreiecksfläche gilt $A_D = r\sin\alpha \cdot r\cos\alpha = \frac{r^2}{2}\sin(2\alpha)$. Die Querschnittsfläche des Strömungskanals bestimmt sich zu

$$A = A_S - A_D = \alpha r^2 - \frac{r^2}{2}\sin(2\alpha). \tag{11.7.10}$$

Daraus erhalten wir als Nebenbedingung

$$r = \sqrt{\frac{2A}{2\alpha - \sin(2\alpha)}}. \tag{11.7.11}$$

Aus dem benetzten Umfang $U = 2\alpha r$ wird dann mit (11.7.11) die Zielfunktion $U(\alpha) = 2\sqrt{2A} \cdot \frac{\alpha}{\sqrt{2\alpha - \sin(2\alpha)}}$. Weiter ist

$$\frac{dU}{d\alpha} = 2\sqrt{2A} \cdot \frac{\sqrt{2\alpha - \sin(2\alpha)} - \alpha \cdot \frac{2-2\cos(2\alpha)}{2\sqrt{2\alpha-\sin(2\alpha)}}}{2\alpha - \sin(2\alpha)}. \tag{11.7.12}$$

Null setzen von (11.7.12) führt zur Gleichung $2 \cdot [2\alpha - \sin(2\alpha)] = \alpha \cdot [2 - 2\cos(2\alpha)]$. Daraus erhält man nacheinander:

$$\begin{aligned} 2\alpha - 2\sin(2\alpha) &= -2\alpha\cos(2\alpha), \\ \alpha\cos(2\alpha) - \sin(2\alpha) + \alpha &= 0, \\ \alpha(1 - \sin^2\alpha) - \sin(2\alpha) + \alpha &= 0, \\ 2\alpha - 2\sin^2\alpha - 2\sin\alpha\cdot\cos\alpha &= 0, \\ \alpha\cos^2\alpha - \sin\alpha\cdot\cos\alpha &= 0 \quad \text{und} \quad \cos\alpha(\alpha - \sin\alpha) = 0. \end{aligned} \tag{11.7.13}$$

Die erste Lösung von (11.7.13) ist $\alpha = 0$ und die zweite $\alpha = \frac{\pi}{2}$. Somit besitzt das halb gefüllte Kreisrohr den minimalen benetzten Umfang.

b) Für die Grenztiefe lösen wir unter Benutzung von (11.7.10) die Gleichung

$$Q = A \cdot v = \left[\alpha r^2 - \frac{r^2}{2}\sin(2\alpha)\right] \cdot v$$

nach v auf,

$$v = \frac{2Q}{r^2[2\alpha - \sin(2\alpha)]}, \tag{11.7.14}$$

ersetzen die Höhe h durch $r(1 - \cos\alpha)$ und erhalten für die Energiehöhe

$$h_E(\alpha) = r(1 - \cos\alpha) + \frac{2Q^2}{gr^4} \cdot \frac{1}{[2\alpha - \sin(2\alpha)]^2}.$$

Weiter ist

$$\frac{dh_E}{d\alpha} = r\sin\alpha - \frac{2Q^2}{gr^4}\cdot\frac{2\cdot[2\alpha-\sin(2\alpha)]\cdot[2-2\cos(2\alpha)]}{[2\alpha-\sin(2\alpha)]^4}$$
$$= r\sin\alpha - \frac{8Q^2}{gr^4}\cdot\frac{1-\cos(2\alpha)}{[2\alpha-\sin(2\alpha)]^3} = r\sin\alpha - \frac{16Q^2}{gr^4}\cdot\frac{\sin^2\alpha}{[2\alpha-\sin(2\alpha)]^3}.$$

Null setzen ergibt die Bestimmungsgleichung für die Grenztiefe zu

$$\frac{gr^4}{16Q^2} = \frac{\sin\alpha_{\mathrm{Gr}}}{[2\alpha_{\mathrm{Gr}}-\sin(2\alpha_{\mathrm{Gr}})]^3}. \quad (11.7.15)$$

Die Gleichung (11.7.15) kann nur numerisch gelöst werden.

c) Man erhält mit (11.7.15) $\alpha_{\mathrm{Gr}} = 1{,}23$ (70,51°), daraus $h_{\mathrm{Gr}} = r(1-\cos\alpha_{\mathrm{Gr}}) = 0{,}67$ m und unter Verwendung von (11.7.14) schliesslich

$$v_{\mathrm{Gr}} = \frac{2Q}{r^2[2\alpha_{\mathrm{Gr}}-\sin(2\alpha_{\mathrm{Gr}})]} = 2{,}18\,\frac{\mathrm{m}}{\mathrm{s}}.$$

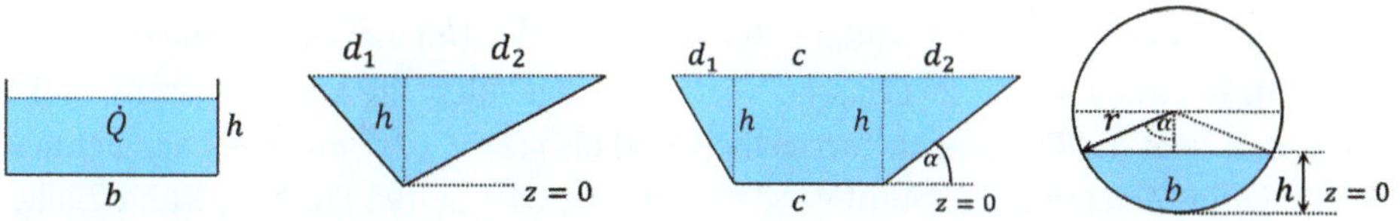

Abb. 11.8: Skizzen zur Rechtecks-, Trapez-, Dreiecks- und Kreisrinne.

11.8 Die Wehrüberströmung

Wehre und Schütze dienen zur kurzfristigen Abflussregulierung eines Gerinnes, denn langfristig werden beide Konstruktionen überlaufen. Sofern ständig Wasser das Wehr erreicht, kann die Tiefe des Oberwassers durch Öffnen des Wehrs bzw. des Schützes gesteuert werden.

Es sollen zwei Theorien zur Beschreibung einer Wehrüberströmung vorgestellt werden.

Einschränkung: Wir beschränken uns auf eine bestimmte Wehrüberströmung: den senkrechten, abgerundeten und vollkommenen Wehrüberfall (Abb. 11.9 links).

Das Wehr soll also senkrecht zur Anströmung stehen und die Wehrkrone abgerundet, also nicht scharfkantig sein. Ein vollkommener Wehrüberfall bleibt vom Unterwasser unbeeinflusst: Das Wasser staut sich auf dem Weg über das gesamte Wehr nicht. Insbesondere entsteht ein eventueller Wechselsprung frühestens am Fuße des Wehrs. Das Wehr soll mithilfe der Bernoulli-Gleichung und anschließend mithilfe der Impulsbilanz untersucht werden.

I. Poleni (1717) und Weisbach (1841)

Auf der Wehrkrone geht die Strömung ins Schießen über. Die Wasserlinie beginnt sich etwa bei einem Abstand von $3h_{Gr} - 4h_{Gr}$ abzusenken. Man nennt den Höhenunterschied $h_ü$ der Wasserlinie zur Wehrkrone vor dem Absinken die Überfallhöhe. w ist die Wehrhöhe.

Herleitung von (11.8.1)–(11.8.3)
Die Situation für den Atmosphärendruck im eingezeichneten Kreis (Abb. 11.9 rechts) muss etwas genauer unter die Lupe genommen werden. Im höchsten Punkt A herrscht Luftdruck. Durch die Strömung entsteht aufgrund des Bernoulli-Effekts Unterdruck, weswegen die Druckpfeile in Gegenrichtung zeigen. Hin zum tiefsten Punkt B steigt der Umgebungsdruck leicht an, um dann wieder etwa auf Luftdruck abzufallen. Vor Absenken des Wasserspiegels, in einem Punkt 1, herrscht etwa Luftdruck, falls v_0 vernachlässigbar klein ist. Ansonsten steigt der Atmosphärendruck mit wachsender Geschwindigkeit an, aber nicht so stark wie im Punkt 2 oder Punkt 3, da $v_{0,1} < v_{0,2} < \cdots < v_{Gr}$.

Weisbach und früher Poleni fassen die Überströmung als eine Gefäßausströmung mit unendlich vielen Löchern entlang der Höhe h_{Gr} auf. Um die Abhängigkeit der Geschwindigkeit mit der Tiefe zu erfassen, vernachlässigt Poleni die Anströmgeschwindigkeit v_0 und setzt das Profil nach Torricelli (3.3.14) als $v(z) = \sqrt{2gz}$ an. Weisbach benutzt die Bernoulli-Gleichung (11.3) und vergleicht die Drucke in den Punkten 1 und 2 oder auch 1 und 3:

$$h_ü + \frac{v_0^2}{2g} + \frac{p_{atm,1(z=0)}}{\rho g} = h_z + \frac{v(z)^2}{2g} + \frac{p_{atm,2(z)}}{\rho g}.$$

Nach den eben gemachten Überlegungen auf der Wehrkrone, kann man im besten Fall $p_{atm,1} \approx p_{atm,2} \approx p_0$ setzen und erhält

$$h_ü + \frac{v_0^2}{2g} = z + \frac{v(z)^2}{2g}. \tag{11.8.1}$$

Das Geschwindigkeitsprofil ergibt sich dann zu $v(z) = \sqrt{2g(h_ü - z) + v_0^2}$. Weiter wird das Profil über die Überfallhöhe integriert. Eigentlich müssten die Geschwindigkeitsanteile bis zur Sohle berücksichtigt werden. Diese sind aber verhältnismäßig klein (Abb. 11.9 links).

Bemerkung 1. Die Verwendung der Bernoulli-Gleichung ist eigentlich unzulässig. Sie gilt nur entlang einer Strom- oder Bahnlinie. Der Gleichung (11.8.1) liegt aber eine „Bahnlinie" zugrunde, die an der Oberfläche startet, und dann auf eine Tiefe z absinkt. Kein Wasserteilchen wird einen solchen Weg über das Wehr nehmen. Zudem bildet sich auf der Wehrkrone ein starrer Wirbel aus (höher gelegene Teilchen bewegen sich schneller als tiefer gelegene). Damit ist die Strömung nicht rotationsfrei und die Bernoulli-Gleichung gilt nicht.

Weiter bestimmen wir nun die mittlere Geschwindigkeit

$$\overline{v} = \frac{1}{h_ü}\int_0^{h_ü}\sqrt{2g(h_ü - z) + v_0^2}\,dz = \frac{\sqrt{2g}}{h_ü}\int_0^{h_ü}\sqrt{h_ü - z + \frac{v_0^2}{2g}}\,dz$$

$$= -\frac{2}{3}\cdot\frac{\sqrt{2g}}{h_ü}\left[\left(h_ü - z + \frac{v_0^2}{2g}\right)^{\frac{3}{2}}\right]_0^{h_ü} = -\frac{2}{3}\cdot\frac{\sqrt{2g}}{h_ü}\left(\left[\frac{v_0^2}{2g}\right]^{\frac{3}{2}} - \left[h_ü + \frac{v_0^2}{2g}\right]^{\frac{3}{2}}\right).$$

Da die Formel schlechte Werte liefert, wird sie mit einem Überfallbeiwert μ versehen und der Fluss beträgt dann

$$Q = \mu A\overline{v} = \mu b h_ü \overline{v} = \frac{2}{3}\sqrt{2g}\cdot\mu\cdot b\cdot\left(\left[h_ü + \frac{v_0^2}{2g}\right]^{\frac{3}{2}} - \left[\frac{v_0^2}{2g}\right]^{\frac{3}{2}}\right). \tag{11.8.2}$$

Für $\frac{v_0^2}{2g} \ll h_ü$ geht (11.8.2) in die nach Poleni benannte Formel über:

$$Q = \frac{2}{3}\sqrt{2g}\cdot\mu\cdot b\cdot h_ü^{\frac{3}{2}}. \tag{11.8.3}$$

Für abgerundete Wehre beträgt der Beiwert $\mu = 0{,}75$. Die Verwendung der Bernoulli-Gleichung ist in diesem Fall also etwa 25 % falsch. Dies liegt schon daran, dass der Torricelli-Ansatz für das Geschwindigkeitsprofil jeder Alltagserfahrung widerspricht: An der Wasseroberfläche, also für $z = 0$ herrscht die größte Geschwindigkeit.

Bemerkung 2. Poleni selber hat (11.8.3) als Ausflussformel, nicht aber als eine Formel für die Wehrüberströmung konzipiert. Zudem ist die physikalische Behandlung mithilfe der Bernoulli-Gleichung unzureichend.

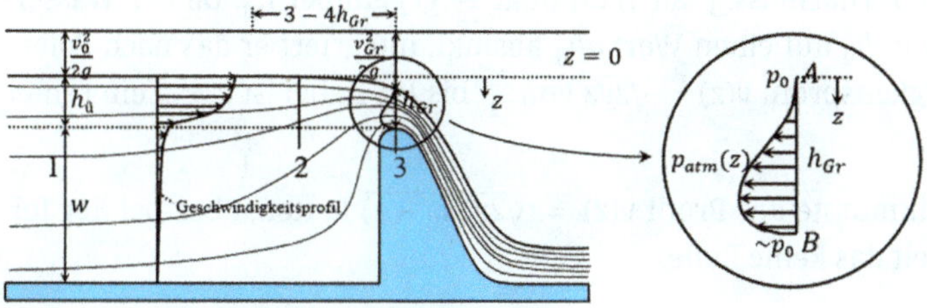

Abb. 11.9: Skizzen zur Wehrüberströmung.

Beispiel 1. Gegeben ist eine Rechtecksrinne der Breite $b = 10\,\text{m}$ und ein abgerundetes Wehr derselben Breite und Höhe $w = 2\,\text{m}$. Die Überfallhöhe beträgt $h_{ü} = 0{,}75\,\text{m}$. Wir nehmen an, dass $\frac{v_0^2}{2g} \ll h_{ü}$ gilt.

a) Bestimmen Sie den Abfluss Q, die Grenztiefe h_{Gr} auf der Wehrkrone und die Anströmgeschwindigkeit v_0.

b) Kontrollieren Sie, ob die Annahme $\frac{v_0^2}{2g} \ll h_{ü}$ gerechtfertigt ist.

Lösung.

a) Die Gleichung (11.8.3) liefert

$$Q = \frac{2}{3}\sqrt{2g} \cdot 0{,}75 \cdot b \cdot h_{ü}^{\frac{3}{2}} = 14{,}39\,\frac{\text{m}^3}{\text{s}}.$$

Weiter wird (11.8.1) für $z = h_{Gr}$ ausgewertet, was zu

$$h_{ü} + \frac{v_0^2}{2g} = h_{Gr} + \frac{v_{Gr}^2}{2g}$$

und mit (11.1.3) und der Annahme $\frac{v_0^2}{2g} \ll h_{ü}$ zu

$$h_{ü} = h_{Gr} + \frac{v_{Gr}^2}{2g} = h_{Gr} + \frac{g \cdot h_{Gr}}{2g} = \frac{3}{2}h_{Gr}$$

und damit zu $h_{Gr} = \frac{2}{3}h_{ü} = 0{,}5\,\text{m}$ führt. Schließlich erhält man $v_0 = \frac{Q}{b(h_{ü}+w)} = 0{,}58\,\frac{\text{m}}{\text{s}}$.

b) Kontrolle: $0{,}017 = \frac{v_0^2}{2g} \ll h_{ü} = 0{,}75$.

II. Du Buat (1779)

Herleitung von (11.8.4)–(11.8.8)

In einem ersten Schritt vernachlässigt auch du Buat $\frac{v_0^2}{2g}$ gegenüber $h_{ü}$. Da der Wasserspiegel bis zur Krone von $h_{ü}$ auf einen Wert $\alpha h_{ü}$ absinkt, integriert er das nach Poleni angesetzte Geschwindigkeitsprofil $v(z) = \sqrt{2gz}$ von $\frac{h_{ü}}{2}$ bis $h_{ü}$. Dabei ist $\alpha = \frac{1}{2}$ ein reiner Schätzwert.

Bemerkung. Eigentlich müsste das Profil $v(z) = \sqrt{2g(h_{ü} - z)}$ lauten, aber bei der folgenden Integration spielt das keine Rolle.

Die Integration liefert

$$\bar{v} = \frac{1}{h_{ü}}\int_{\frac{h_{ü}}{2}}^{h_{ü}} \sqrt{2gz}\,dz = \frac{1}{h_{ü}} \cdot \frac{2}{3} \cdot \sqrt{2g}\left[z^{\frac{3}{2}}\right]_{\frac{h_{ü}}{2}}^{h_{ü}} = \frac{1}{h_{ü}} \cdot \frac{2}{3} \cdot \sqrt{2g}\left[h_{ü}^{\frac{3}{2}} - \left(\frac{h_{ü}}{2}\right)^{\frac{3}{2}}\right]$$

$$= \frac{1}{h_ü} \cdot \frac{2}{3} \cdot \sqrt{2g}\left[1 - \left(\frac{1}{2}\right)^{\frac{3}{2}}\right] h_ü^{\frac{3}{2}} \quad \text{und} \quad \overline{v} = \frac{1}{h_ü} \cdot \frac{2}{3} \cdot \sqrt{2g} \cdot 0{,}646 \cdot h_ü^{\frac{3}{2}}. \tag{11.8.4}$$

Für den Fluss ergibt sich folglich mit (11.8.4)

$$Q = bh_ü\overline{v} = \frac{2}{3}\sqrt{2g} \cdot 0{,}646 \cdot b \cdot h_ü^{\frac{3}{2}}. \tag{11.8.5}$$

Umgestellt nach der Überfallhöhe wird aus (11.8.5)

$$h_ü = \left(\frac{3Q}{2b \cdot 0{,}646\sqrt{2g}}\right)^{\frac{2}{3}}. \tag{11.8.6}$$

Im zweiten Schritt berücksichtigt du Buat die Fließgeschwindigkeit v_0 und damit den kinetischen Energiehöhenanteil in der Bernoulli-Gleichung. Somit beträgt die gesamte Höhenenergie nun

$$H = \left(\frac{3Q}{2b \cdot 0{,}646\sqrt{2g}}\right)^{\frac{2}{3}}$$

und diese setzt sich zusammen aus

$$H = h_ü + \frac{v_0^2}{2g} = h_ü + \frac{Q^2}{2g(h_ü + w)^2 b^2}. \tag{11.8.7}$$

Insgesamt liefert der Vergleich von (11.8.6) mit (11.8.7)

$$\left(\frac{3Q}{2b \cdot 0{,}646\sqrt{2g}}\right)^{\frac{2}{3}} = h_ü + \frac{Q^2}{2g(h_ü + w)^2 b^2}. \tag{11.8.8}$$

Beispiel 2. Das überströmte Wehr habe eine Höhe von $w = 2\,\text{m}$ und dieselbe Breite $b = 10\,\text{m}$ wie das Rechtecksgerinne. Als Überfallhöhe misst man $h_ü = 0{,}75\,\text{m}$.

a) Wie groß wird der Fluss?

b) Berechnen Sie die Größen h_{Gr}, v_{Gr} und v_0.

c) Bestimmen Sie die Höhe h_2 und die Geschwindigkeit v_2 der Strömung am Fuß des Wehrs.

Lösung.

a) Die Gleichung (11.8.8) liefert $Q = 12{,}66\,\frac{\text{m}^3}{\text{s}}$. (Es gibt zwar eine zweite Lösung, $Q = 278{,}32\,\frac{\text{m}^3}{\text{s}}$, aber weil in diesem Fall $h_{Gr} = 4{,}29\,\text{m}$ wäre, geht das nicht).

b) Es gilt

$$h_{Gr} = \sqrt[3]{\frac{Q^2}{gb^2}} = 0{,}55\,\text{m}, \quad v_{Gr} = \sqrt{gh_{Gr}} = 2{,}32\,\frac{\text{m}}{\text{s}} \quad \text{und} \quad v_0 = \frac{Q}{b(h_ü + w)} = 0{,}46\,\frac{\text{m}}{\text{s}}.$$

c) Die Gleichung (11.3) liefert

$$w + h_{Gr} + \frac{v_{Gr}^2}{2g} = h_2 + \frac{v_2^2}{2g},$$

woraus

$$w + \frac{3}{2}h_{Gr} = h_2 + \frac{Q^2}{2gh_2^2b^2}$$

entsteht. Es folgt

$$2 + \frac{3}{2} \cdot \sqrt[3]{\frac{12{,}66^2}{9{,}81 \cdot 10^2}} = h_2 + \frac{12{,}66^2}{2 \cdot 9{,}81 \cdot h_2^2 \cdot 10^2}$$

und man erhält $h_2 = 0{,}18\,\text{m}$ und $v_2 = \frac{Q}{bh_2} = 7{,}20\,\frac{\text{m}}{\text{s}}$.

Beispiel 3. Gegeben ist ein Rechtecksgerinne der Breite $b = 10\,\text{m}$ und ein abgerundetes Wehr mit der Tiefe $w = 2\,\text{m}$ und derselben Breite. Nach einem vollkommenen Überfall erreicht die Strömung am Fuß des Wehrs eine Höhe von $h_2 = 0{,}3\,\text{m}$.

a) Stellen Sie die Bernoulli-Gleichung für die höchste Bahnlinie der Strömung in einem Punkt 1 auf der Wehrkrone und einem Punkt 2 am Fuß des Wehrs auf und bestimmen Sie daraus den Fluss Q und die Geschwindigkeit v_2 am Fuß des Wehrs.

b) Benutzen Sie die Gleichung (11.8.8) von du Buat und berechnen Sie daraus die Überfallhöhe $h_ü$ und die Anströmgeschwindigkeit v_0.

c) Bestimmen Sie zum Vergleich noch h_{Gr} und v_{Gr}.

Lösung.

a) Aus

$$w + h_{Gr} + \frac{v_{Gr}^2}{2g} = h_2 + \frac{v_2^2}{2g}$$

entsteht mit (11.1.2), (11.1.4) und $Q = h_2bv_2$ die Gleichung

$$w + \frac{3}{2} \cdot \sqrt[3]{\frac{Q^2}{gb^2}} = h_2 + \frac{Q^2}{2gh_2^2b^2}.$$

Mit den gegebenen Werten erhält man die Bestimmungsgleichung

$$2 + \frac{3}{2} \cdot \sqrt[3]{\frac{Q^2}{9{,}81 \cdot 10^2}} = 0{,}3 + \frac{Q^2}{2 \cdot 9{,}81 \cdot 0{,}3^2 10^2}$$

mit der Lösung $Q = 22{,}66\,\frac{\text{m}^3}{\text{s}}$. Damit ist $v_2 = \frac{Q}{h_2b} = \frac{22{,}66}{0{,}3 \cdot 10} = 7{,}55\,\frac{\text{m}}{\text{s}}$.

b) Aus

$$\left(\frac{3 \cdot 22{,}66}{2 \cdot 10 \cdot 0{,}646\sqrt{2 \cdot 9{,}81}}\right)^{\frac{2}{3}} = h_ü + \frac{22{,}66^2}{2 \cdot 9{,}81(h_ü + 2)^2 10^2}$$

folgt $h_ü = 1{,}09$ m und

$$v_0 = \frac{Q}{b(h_ü + w)} = \frac{22{,}66}{10(1{,}09 + 2)} = 0{,}73\,\frac{\mathrm{m}}{\mathrm{s}}.$$

c) Die Gleichungen (11.1.2) und (11.1.3) liefern

$$h_{Gr} = \sqrt[3]{\frac{22{,}66^2}{9{,}81 \cdot 10^2}} = 0{,}81\,\mathrm{m} \quad \text{und} \quad v_{Gr} = \sqrt{9{,}81 \cdot 0{,}81} = 2{,}81\,\frac{\mathrm{m}}{\mathrm{s}}.$$

III. Malcherek (2016)

Es soll die Impulserhaltung (11.5.2) auf das eingezeichnete Kontrollvolumen des Wehrs (in Abb. 11.10 links lang gestrichelt) angewandt werden.

Herleitung von (11.8.9)

Idealisierung: Die Reibungskraft wird vernachlässigt.

Einschränkungen:

- Die Strömung soll stationär sein.
- Die Strömung verläuft horizontal.

Die Mantelkraft $\boldsymbol{K}$ entfällt, weil unser Gerinne gerade verläuft. Mit den Einschränkungen ist $\frac{dI}{dt} = 0$ und die Gewichtskraft $\boldsymbol{G}$ besitzt keinen Einfluss auf die horizontale Bewegung. Der ins Kontrollvolumen einfließende Massenstrom beträgt somit $\beta_0 \rho Q \overline{v}_0$, und der Massenstrom $\beta_ü \rho Q \overline{v}_ü$ verlässt das Kontrollvolumen. Die beiden Impulsbeiwerte sind notwendig, weil wir das Strömungsprofil einer turbulenten Gerinneströmung nicht kennen. Dieses ermitteln wir erst in Band 6. Die Querstriche weisen nochmals darauf hin, dass es sich um gemittelte Werte handelt. Den Druck F_{p1} setzen wir wiederum hydrostatisch an: $F_{p1} = \frac{1}{2}\rho g b h_ü^2$. Auf der Wehrkrone gibt es keine hemmende Druckkraft F_{p2} auf die Stromröhre, weil die Strömung nicht mehr horizontal aufrechterhalten werden muss und in eine vertikale übergeht: $F_{p2} = 0$. Man kann das Kontrollvolumen bis auf den Boden ausdehnen. Als zusätzliche antreibende Druckkraft käme dann $F_{p1}^* = \frac{1}{2} b[\rho g(h_ü + w)^2 - \rho g h_ü^2]$ hinzu (der Bodendruck bis hin zum Wehr ist durchgehend $\rho g(h_ü + w)$). Diese wird aber durch die auf das Wasser wirkende Druckkraft $-F_{p1}^*$ von der Wehrwand aufgehoben. Übrig bleibt demnach $\rho Q(\beta_0 \overline{v}_0 - \beta_ü \overline{v}_ü) + \frac{1}{2}\rho g b h_ü^2 = 0$. Mit $v_0 = \frac{Q}{b(w+h_ü)}$ und $v_ü = \frac{Q}{b h_ü}$ folgt

$$\frac{\beta_0 Q^2}{b(w+h_ü)} - \frac{\beta_ü Q^2}{bh_ü} + \frac{1}{2}gbh_ü^2 = 0 \quad \text{und} \quad Q^2 \cdot \frac{\beta_ü(h_ü+w) - \beta_0 h_ü}{h_ü(w+h_ü)} = \frac{1}{2}gb^2h_ü^2.$$

Für den 1. Impulsbeiwert kann man $\beta_0 = 1$ setzen (Logarithmisches Profil, Beweis in Band 6). Da das Wasser über der Wehrkrone beschleunigt wird, kann die Änderung des Profils gegenüber dem logarithmischen Oberwasserprofil nicht erfasst werden). Eine gute Übereinstimmung mit Experimenten liefert dann der Beiwert $\beta_ü = 1{,}78$. Somit erhält man

$$Q = b \cdot \sqrt{\frac{gh_ü^3}{2(1{,}78 - \frac{h_ü}{w+h_ü})}}. \tag{11.8.9}$$

Beispiel 1. Als Vergleich nehmen wir dieselben Werte wie im Beispiel von Poleni: $b = 10\,\text{m}$, $w = 2\,\text{m}$ und $h_ü = 0{,}75\,\text{m}$. Bestimmen Sie den Abfluss Q.

Lösung. Die Gleichung (11.8.9) liefert

$$Q = b \cdot \sqrt{\frac{gh_ü^3}{2(1{,}78 - \frac{h_ü}{w+h_ü})}} = 10 \cdot \sqrt{\frac{9{,}81 \cdot 0{,}75^3}{2(1{,}78 - \frac{0{,}75}{2+0{,}75})}} = 11{,}72\,\frac{\text{m}^3}{\text{s}}.$$

Beispiel 2. Gegeben ist $b = 10\,\text{m}$, $w = 2\,\text{m}$ und $Q = 10\,\frac{\text{m}^3}{\text{s}}$. Ermitteln Sie zuerst das Polynom zur Berechnung der sich einstellenden Überfallhöhe $h_ü$ und dann deren Wert.

Lösung. Die Umformung von (11.8.9) ergibt

$$\frac{2Q^2}{b^2}\left(1{,}78 - \frac{h_ü}{w+h_ü}\right) = gh_ü^3,$$

$$\frac{2Q^2}{b^2}\left[1{,}78(w+h_ü) - h_ü\right] = gh_ü^3(w+h_ü) \quad \text{und}$$

$$gh_ü^4 + gwh_ü^3 - \frac{1{,}56Q^2}{b^2}h_ü - \frac{3{,}56Q^2w}{b^2} = 0$$

mit der Lösung $h_ü = 0{,}68\,\text{m}$.

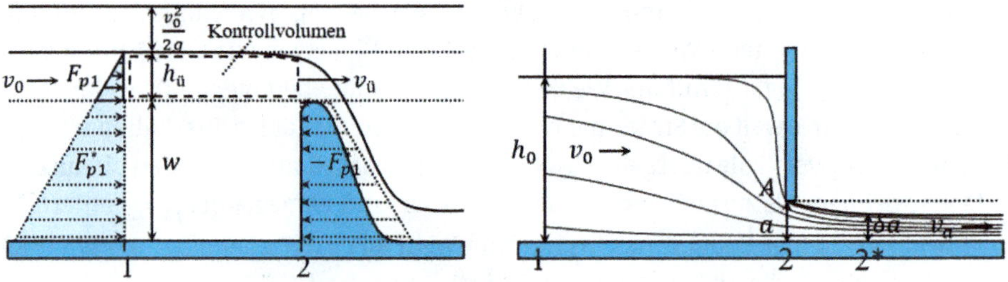

Abb. 11.10: Skizzen zur Wehrüberströmungsbilanz und zur Unterströmung eines Schützes.

11.9 Die Unterströmung eines Schützes

Ein weiteres Kontrollbauwerk für einen gezielten Wasserabfluss ist das Schütz. Wohingegen ein Wehr überlaufen soll, wird ein Schütz eingebaut, um einen Überlauf zu verhindern. Ein Schütz wird unterströmt, was beispielsweise bei Wasserverläufen mit größerem Gefälle und einem damit eingehenden Sedimenttransport, sinnvoll erscheint. Grundsätzlich wird ein Schütz auf der ganzen Welt zur Bewässerung von Feldern verwendet. Der gestaute Wasserkanal mit der Breite b wird durch Heben des Schützes (Hubschütze) teilweise entleert (Abb. 11.10 rechts).

Es ist wichtig, dass die Schleuse des Schützes allmählich und nicht abrupt geöffnet wird, ansonsten entsteht eine Sunkwelle im Oberwasser und eine Schwallwelle im Unterwasser. Den Fall einer plötzlichen Schleusenöffnung behandeln wir mit der Dammbruchkurve in Kap. 12.

Wie schon beim Wehr beginnen wir die Beschreibung des Schützes mithilfe der Bernoulli-Gleichung und setzen dieser die Impulsbilanz gegenüber.

I. Bernoulli

Herleitung von (11.9.1)

Da die Stromlinien etwas zusammengeschnürt werden, sinkt die Höhe des Wasserstrahls von a auf δa (vena contracta). Würde man die Kontraktion nicht berücksichtigen, dann wäre die Stromlinie im Punkt A unstetig und die Bernoulli-Gleichung für diese „oberste" Stromlinie ungültig. Nun verschiebt man den 2. Kontrollpunkt hin zu 2*, weil man damit die Korrektur δ einbauen kann und die oberste Stromlinie ist nun stetig. Für die beiden Kontrollpunkte 1 und 2* gilt entlang dieser Stromlinie nach (11.3)

$$h_0 + \frac{v_0^2}{2g} = \delta a + \frac{v_a^2}{2g} \quad \text{oder} \quad h_0 + \frac{Q^2}{2gh_0^2 b^2} = \delta a + \frac{Q^2}{2g\delta^2 a^2 b^2}.$$

Es folgt

$$\frac{Q^2}{2gb^2}\left(\frac{1}{\delta^2 a^2} - \frac{1}{h_0^2}\right) = h_0 - \delta a, \quad \frac{Q^2}{2gb^2} \cdot \frac{h_0^2 - \delta^2 a^2}{\delta^2 a^2 h_0^2} = h_0 - \delta a \quad \text{und} \quad \frac{Q^2}{2gb^2} \cdot \frac{h_0 + \delta a}{\delta^2 a^2 h_0^2} = 1.$$

Wählt man den klassischen Wert $\frac{1}{\sqrt{2}}$, dann erhält man

$$Q = 0{,}71 \cdot a h_0 b \cdot \sqrt{\frac{2g}{h_0 + 0{,}71a}}. \tag{11.9.1}$$

Fasst man $\sqrt{\frac{h_0}{h_0+\delta a}}$ zu einem Beiwert μ zusammen, dann kann man v_a in der Torricelli-Ausflussform $v_a = \mu\sqrt{2gh_0}$ schreiben.

Beispiel 1. Gegeben ist ein Schütz mit $b = 2\,\mathrm{m}$, $h_0 = 3\,\mathrm{m}$, $Q = 5\,\frac{\mathrm{m}^3}{\mathrm{s}}$. Berechnen Sie die Hubhöhe a und die An- und Ausströmgeschwindigkeiten v_0 und v_a.

Lösung. Die Gleichung (11.9.1) schreibt sich zu

$$5 = 0{,}71 \cdot a \cdot 3 \cdot 2\sqrt{\frac{2 \cdot 9{,}81}{3 + 0{,}71a}},$$

womit man $a = 0{,}48\,\mathrm{m}$ erhält.

Weiter ist

$$v_a = \frac{Q}{b \cdot \delta a} = \frac{5}{2 \cdot 0{,}71 \cdot 0{,}48} = 7{,}30\,\frac{\mathrm{m}}{\mathrm{s}} \quad \text{und} \quad v_0 = \frac{Q}{b \cdot h_0} = \frac{5}{2 \cdot 3} = 0{,}83\,\frac{\mathrm{m}}{\mathrm{s}}.$$

Bemerkung. Weil der Vergleich zwischen den Kontrollpunkten 1 und 2 zu $\delta = 1$ und damit zu einer schlechten Übereinstimmung mit der Formel für Q liefert, wird der Kontrollpunkt 2 nach 2* verschoben. Auch in diesem Fall ist die physikalische Behandlung mithilfe der Bernoulli-Gleichung etwas unbefriedigend.

II. Malcherek (2016)

Das Kontrollvolumen muss hier bis zum Boden erstreckt werden (Abb. 11.11 lang gestrichelt markiert).

Herleitung von (11.9.2)

Die Druckkräfte sind dabei unwesentlich komplizierter als beim Wehr. Zuerst geben wir die Massenströme an. Der einfließende beträgt unter Benutzung der Kontinuitätsgleichung

$$\beta_0^* \rho Q v_0 = \beta_0^* \rho h_0 b v_0^2 = \beta_0^* \rho h_0 b \cdot \frac{a^2 v_a^2}{h_0^2} = \beta_0^* \rho a^2 b \cdot \frac{v_a^2}{h_0}$$

und der ausströmende $-\beta_a \rho Q v_a = -\beta_a \rho \delta a b v_a^2$ (vena contracta). Die Druckkraft F_{p1} kann wie beim Wehr als hydrostatisch betrachtet werden: $F_{p1} = \frac{1}{2}\rho g b h_0^2$. Für die Druckkraft F_{p2} argumentieren wir wie folgt: Am obersten Punkt des Schützes herrscht Luftdruck. Die potentielle Energie der Wasserteilchen sinkt mit zunehmender Tiefe z auf dem Weg zur Öffnung, gleichzeitig steigt ihre kinetische Energie entlang dieses Weges. Den größten Druck auf das Schütz können wir als denjenigen „Punkt“ angeben, wenn die Wasserteilchen „im Mittel“ ihre Richtung hin zum Ausgang ändern. Die Summe aller horizontalen Geschwindigkeitskomponenten ist dann am größten. Auf der Höhe A erzeugt die Strömung einen kleinen Druck, der praktisch wieder dem Luftdruck entspricht. Das Druckprofil $p(z)$ auf das Schütz ($h_0 - a \le z \le h_0$) entspricht ziemlich genau einer Kurve der Form $\frac{p(z)}{\rho g} = z + \frac{\overline{v}(z)^2}{2g}$ (Messungen bestätigen dies). Die zugehörige Druckkraft können wir als Vielfaches des hydrostatischen Drucks einer Wassersäule der Höhe $h_0 - a$ ansetzen: $F_{p2} = \alpha\frac{1}{2}\rho gb(h_0 - a)^2$ mit $\frac{1}{2} < \alpha < 1$. Weiter wählen wir trotzdem $\alpha = 1$ und belassen δ als einzigen Beiwert, womit wir den Fehler entsprechend ausgleichen können. Es fehlt noch die Druckkraft F_{p3}. Im Punkt C beträgt die Druckkraft auf den Boden $F_{p1} = \frac{1}{2}\rho gbh_0^2$. Abermals können wir den Bodendruck in einiger Entfernung D zum Punkt B als hydrostatisch zu $\frac{1}{2}\rho gba^2$ angeben. Im Punkt B schließlich ist die Geschwindigkeit und die Druckzunahme am größten. Das Druckprofil am Boden muss im Punkt B demzufolge einen Wendepunkt aufweisen. Insgesamt erhalten wir die eingezeichnete Kurve. Sie besitzt etwa die Form $p(x) \sim \tanh^2(x)$. Diese Druckkurve verhält sich örtlich gleich wie eine instationäre Rohrströmung (vgl. Kap. 3.3, Bsp. 8). Den Bodendruck im Punkt B kann man nur über Messungen erfassen. Er ergibt sich etwa als arithmetisches Mittel der Bodendrucke an den Stellen C und D zu $\frac{1}{2}\rho g(h_0 + a)$. Die Druckkraft F_{p3} kann in hydrostatischer Form geschrieben werden als $F_{p3} = -\frac{1}{2}b[\frac{1}{2}\rho g(h_0 + a)a]$. Die Strömung zwischen den Punkten A und B verhält sich dabei für eine kurze Strecke wie eine Rohrströmung mit einem parabolischen Geschwindigkeitsfeld. Setzen wir alles zusammen, so lautet der Stützkraftsatz:

$$\beta_0^*\rho a^2 b\cdot\frac{v_a^2}{h_0} - \beta_a\rho\delta abv_a^2 + \frac{1}{2}\rho gbh_0^2 - \frac{1}{2}\rho gb(h_0 - a)^2 - \frac{1}{4}\rho gab(h_0 + a) = 0.$$

Daraus folgt

$$\begin{aligned}\rho abv_a^2\left(\frac{\beta_0^* a}{h_0} - \beta_a\delta\right) + \frac{1}{2}\rho gb\left(h_0^2 - h_0^2 + 2ah_0 - a^2 - \frac{1}{2}ah_0 - \frac{1}{2}a^2\right) &= 0,\\ \rho abv_a^2\left(\frac{\beta_0^* a}{h_0} - \beta_a\delta\right) + \frac{1}{2}\rho gb\left(\frac{3}{2}ah_0 - \frac{3}{2}a^2\right) &= 0,\\ v_a^2\left(\frac{\beta_0^* a}{h_0} - \beta_a\delta\right) + \frac{3}{4}g(h_0 - a) &= 0\end{aligned}$$

und

$$v_a^2 = \frac{3g(h_0 - a)}{4(\beta_a\delta - \frac{\beta_0^* a}{h_0})}.$$

Der Fluss ergibt sich zu

$$Q = \delta abv_a = ab\cdot\sqrt{\frac{g(h_0 - a)}{\frac{4}{3}(\beta_a\frac{1}{\delta} - \frac{\beta_0^* a}{\delta^2 h_0})}}.$$

Nehmen wir weiter den Wert $\delta = \frac{1}{\sqrt{2}}$ von (11.9.1), so ist $\frac{4}{3}\cdot\frac{1}{\delta} = 1{,}88\beta_a$. Nun setzen wir $\beta_a \approx 1$, belassen aber $\frac{4}{3}\cdot\frac{\beta_0^*}{\delta^2} = \beta_0$, erhalten so $1{,}88\beta_a \approx 2$ und insgesamt

$$Q = ab \cdot \sqrt{\frac{g(h_0 - a)}{2 - \beta_0 \frac{a}{h_0}}} \quad \text{mit} \quad \beta_0 = 0{,}04 + 0{,}328\frac{h_0}{a} + 0{,}632\frac{a}{h_0} \tag{11.9.2}$$

nach Belaud und Litrico.

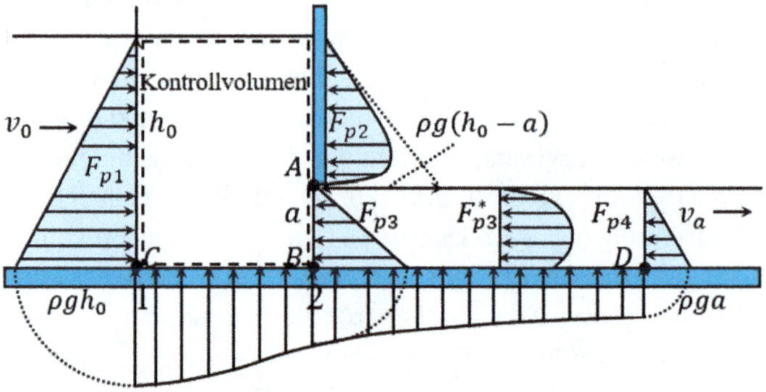

Abb. 11.11: Skizze zur Impulsbilanz der Unterströmung des Schützes.

Beispiel 2. Gegeben sind dieselben Werte wie in I.: $b = 2\,\text{m}$, $h_0 = 3\,\text{m}$, $Q = 5\,\frac{\text{m}^3}{\text{s}}$.

a) Gesucht sind wiederum die Hubhöhe a und die Ausströmgeschwindigkeit v_a.

b) Ermitteln Sie die Hubhöhen a für die verschiedenen Anströmhöhen $h_0 = 3\,\text{m}$, 2,8 m, 2,6 m, 2,4 m, 2,2 m, 2 m, 1,9 m, 1,85 m, 1,8 m, 1,7945 m, stellen Sie die Punkte dar und bestimmen Sie eine Ausgleichsfunktion.

Lösung.

a) Die Gleichung (11.9.2) liefert

$$5 = 2a \cdot \sqrt{\frac{9{,}81(3 - a)}{2 - (0{,}04 \cdot \frac{a}{3} + 0{,}328 + 0{,}632 \cdot \frac{a^2}{3^2})}}$$

und die Lösung $a = 0{,}68\,\text{m}$.

Der Wert $\delta = \frac{1}{\sqrt{2}}$ bleibt bestehen und es folgt

$$v_a = \frac{Q}{b \cdot \delta a} = \frac{5}{2 \cdot 0{,}71 \cdot 0{,}68} = 5{,}30\,\frac{\text{m}}{\text{s}}.$$

b) Die zugehörigen Werte sind in folgender Tabelle erfasst:

h_0 [m]	3	2,8	2,6	2,4	2,2	2	1,9	1,85	1,8	1,7945
a [m]	0,68	0,70	0,74	0,79	0,86	0,96	1,04	1,10	1,22	1,263

Unterhalb der minimalen Höhe von $h_0 = 1{,}7945\,\mathrm{m}$ kann der Abfluss von $Q = 5\,\frac{\mathrm{m}^3}{\mathrm{s}}$ nicht mehr gewährleistet werden. Eine sehr gute Übereinstimmung mit den Tabellenwerten (Abb. 11.12 links) liefert die Funktion

$$a(h_0) = 0{,}72 - 0{,}17 \cdot \ln(1{,}08h_0 - 1{,}9). \tag{11.9.3}$$

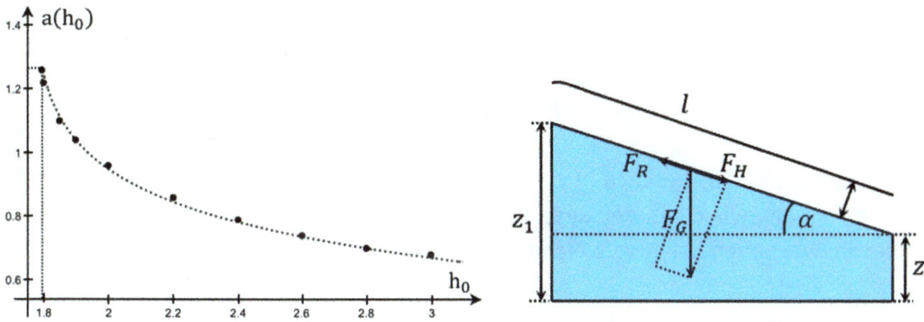

Abb. 11.12: Graph von (11.9.3) und Skizze zur de Chézy-Fließformel.

11.10 Fließformeln

Reale Gerinneströmungen erleiden immer einen Energieverlust einerseits aufgrund der Reibung mit dem benetzten Umfang (äußere viskose Reibung) und zusätzlich wegen der Reibung der Fluidmoleküle untereinander (innere viskose Reibung). Fließformeln müssen dieser Reibung zwangsweise Folge leisten, wenn sie die Realität so gut wie möglich abbilden sollen. Drei Fließformeln werden weiter unten vorgestellt.

I. Die Fließformel von de Chézy

Herleitung von (11.10.1)

De Chézy erkannte über Messungen, dass die Reibungskraft quadratisch mit der Strömungsgeschwindigkeit anwächst: $F_R \sim v^2$. Eigentlich gilt dies nur für eine voll ausgebildete turbulente Strömung. Bei einer schwächeren Turbulenz ist der Exponent kleiner. Ist die Strömung laminar, dann gilt sogar $F_R \sim v$. Weiter ergaben seine Untersuchungen eine Reibungszunahme mit dem Verhältnis aus benetztem Umfang und Strömungsquerschnitt: $F_R \sim \frac{U}{A}$. Die Kraft ist natürlich auch proportional zur Masse oder dem Volumen des betrachteten Fluids. Insgesamt ist somit $F_R \sim mv^2\frac{U}{A}$ oder $F_R = C_1 \cdot mv^2\frac{U}{A}$ mit einem Beiwert C_1. Stellen wir uns einen Festkörper auf einer schiefen Ebene vor (Abb. 11.12 rechts). Dieser wird sich bei einer bestimmten Neigung abwärts bewegen. Bei zusätzlicher Neigung der Ebene fließt die zusätzliche Hangabtriebskraft netto in die

Beschleunigung des Körpers ein. Nehmen wir nun an, ein Gerinne gerät ab einer Sohlneigung von $\alpha \neq 0$ in Bewegung. Dann wird die gesamte Hangabtriebskraft, die durch eine weitere Neigung erzeugt wird netto der Gerinneströmung zugutekommen. Gleichzeitig steigt damit aber die rücktreibende Reibung. Im stationären Fall schreibt sich dies als $F_H + F_R = 0$ und die dabei eingenommene Geschwindigkeit entspricht derjenigen eines Normalabflusses. Man erhält $mg \sin\alpha = C_1 \cdot mv^2 \frac{U}{A}$ oder $g \sin\alpha = C_1 \cdot v^2 \frac{U}{A}$. Das Sohlgefälle $\sin\alpha = \frac{z_1 - z_2}{l} = J_S$ ergibt $gJ_S = C_1 \cdot v^2 \frac{U}{A}$ oder $J_S = C \cdot v^2 \frac{U}{A}$. Mit dem Chézy-Beiwert C in $\frac{\sqrt{m}}{s}$ folgt

$$v = C\sqrt{\frac{A}{U} \cdot J_S} = C\sqrt{r_H \cdot J_S} = \frac{C}{2}\sqrt{d_H \cdot J_S}. \tag{11.10.1}$$

Der Chézy-Beiwert beschreibt zwar die Wandrauheit, erfasst aber nicht die Viskosität des Wassers, wie sie in der Reynolds-Zahl ihren Ausdruck findet. Deshalb erweist sich der Beiwert auch bei etwa gleicher Rauheit als nicht genügend konstant.

II. Die Fließformel von Weisbach/Colebrook/White (WCW)

Herleitung von (11.10.2)

Die Fließformel liegt mit der Gleichung (11.5.4) schon vor und wurde aus der Impulserhaltung mithilfe des Weisbach-Ansatzes für den Reibungsverlust gewonnen. Nach der mittleren Geschwindigkeit aufgelöst, folgt

$$v = \sqrt{\frac{2g}{\lambda}}\sqrt{d_H \cdot J_S}. \tag{11.10.2}$$

III. Die Fließformel von Gauckler/Manning/Strickler (GMS)

Herleitung von (11.10.3)

Eine weitere empirische Formel stammt von Gauckler und wurde von Manning und Strickler bezüglich der Beiwerte angepasst. In einem ersten Schritt werden die Gewässer nach dem Sohlgefälle getrennt und es entstehen zwei Formeln für die Fließgeschwindigkeit: $v^2 = \alpha^4 \cdot r_H^{\frac{4}{3}} \cdot J_S$ für $J_S > 0{,}0007$ und $v = \beta^4 \cdot r_H^{\frac{4}{3}} \cdot J_S$ für $J_S < 0{,}0007$. Da die beiden Gleichungen für $J = 0{,}0007$ nicht übereinstimmen, wird nur die obere beibehalten, zu $v = \alpha^2 \cdot r_H^{\frac{2}{3}} \cdot \sqrt{J_S}$ umgeformt und α^2 durch den Strickler-Beiwert k_{Str} mit der Einheit $\frac{\sqrt[3]{\text{m}}}{\text{s}}$ ersetzt. Zusammen folgt die „Gauckler/Manning/Strickler"-Fließformel

$$v = k_{\text{Str}} \cdot r_H^{\frac{2}{3}} \cdot \sqrt{J_S}. \tag{11.10.3}$$

Bemerkung 1. Die drei Fließformeln gelten nur für den Normalabfluss, sodass $J_S = J_E$ ist.

Beispiel 1. Gegeben ist ein rechteckiges Gerinne der Breite $b = 10$ m mit einem Sohlgefälle $J_S = 0{,}005$ und einem Strickler-Beiwert $k_{Str} = 40$. Es stellt sich eine Normalwassertiefe von $h = 1$ m ein.

a) Bestimmen Sie die Fließgeschwindigkeit v und den Normalbfluss Q.

b) Welcher Chézy-Beiwert würde zu dieser Strömung gehören?

Lösung.

a) Mit (11.10.3) folgt

$$v = k_{Str} \cdot r_H^{\frac{2}{3}} \cdot \sqrt{J_S} = k_{Str} \cdot \left(\frac{bh}{b+2h}\right)^{\frac{2}{3}} \cdot \sqrt{J_S} = 40 \cdot \left(\frac{10 \cdot 1}{10 + 2 \cdot 1}\right)^{\frac{2}{3}} \cdot \sqrt{0{,}005} = 2{,}50\ \frac{\mathrm{m}}{\mathrm{s}}$$

und

$$Q = bhv = 10 \cdot 1 \cdot 2{,}50 = 25\ \frac{\mathrm{m}^3}{\mathrm{s}}.$$

b) Die Gleichung (11.10.1) liefert

$$C = \frac{v}{\sqrt{\frac{bhJ_S}{b+2h}}} = \frac{2{,}50}{\sqrt{\frac{10 \cdot 1 \cdot 0{,}005}{10+2 \cdot 1}}} = 38{,}8\ \frac{\sqrt{\mathrm{m}}}{\mathrm{s}}.$$

Beispiel 2. Ein kreisförmiges Rohr mit einer Sohlneigung von $J_S = 0{,}005$ ist bis zur halben Höhe mit Wasser gefüllt. Der Strickler-Beiwert ist $k_{Str} = 40$ und der Normalabfluss soll $Q = 0{,}1\ \frac{\mathrm{m}^3}{\mathrm{s}}$ betragen. Bestimmen Sie den Rohrradius.

Lösung. Der hydraulische Radius ist

$$r_H = \frac{A}{U_{\text{benetzt}}} = \frac{\frac{1}{2}\pi r^2}{\pi r} = \frac{r}{2}.$$

Weiter liefert (11.10.3)

$$Q = Av = \frac{1}{2}\pi r^2 v = k_{Str} \cdot \frac{1}{2}\pi r^2 \cdot \left(\frac{r}{2}\right)^{\frac{2}{3}} \cdot \sqrt{J_S} = \frac{\pi \cdot k_{Str}}{2^{\frac{5}{3}}} \cdot r^{\frac{8}{3}} \cdot \sqrt{J_S}$$

und daraus entsteht

$$r = \left(\frac{2^{\frac{5}{3}} \cdot \dot{Q}}{\pi \cdot k_{Str} \cdot \sqrt{J_S}}\right)^{\frac{3}{8}} = \left(\frac{2^{\frac{5}{3}} \cdot 0{,}1}{\pi \cdot 40 \cdot \sqrt{0{,}005}}\right)^{\frac{3}{8}} = 0{,}29\ \mathrm{m}.$$

Beispiel 3. Eine rechteckiger Abflusskanal besitzt eine Breite von $b = 2$ m und das Sohlgefälle $J_S = 0{,}005$. Es soll sich ein Normalabfluss von $Q = 1\ \frac{\mathrm{m}^3}{\mathrm{s}}$ einstellen.

a) Bestimmen Sie die Normalwassertiefe mithilfe der Formel von GMS für $k_{\text{Str}} = 50$ (dies entspricht einem etwas gröberen Beton).
b) Kontrollieren Sie das Ergebnis mithilfe der Formel von WCW. Gehen Sie dabei von einer Rauheit von $k = 3\,\text{mm}$ (gröberer Beton) aus und vernachlässigen Sie aufgrund der hohen Reynolds-Zahl den zweiten Term in (9.1.3) gegenüber dem ersten.

Bemerkung 2. Man erkennt die grundsätzliche Schwierigkeit, einer bestimmten Gerinnebeschaffenheit einen Beiwert zuzuordnen und folglich für einen Strickler-Beiwert den entsprechenden Rauheitswert zu ermitteln.

Lösung.

a) Gleichung (11.10.3) führt zu

$$Q = bhv = k_{\text{Str}} \cdot bh \cdot \left(\frac{bh}{b+2h}\right)^{\frac{2}{3}} \cdot \sqrt{J_S}, \quad 1 = 50 \cdot 2h \cdot \left(\frac{2h}{2+2h}\right)^{\frac{2}{3}} \cdot \sqrt{0{,}005}$$

und der Lösung $h = 0{,}35\,\text{m}$.

b) Nach der Annahme kann man in (9.1.3) $\frac{2k}{d} \gg \frac{18{,}7}{\text{Re}\sqrt{\lambda}}$ setzen und demnach vereinfacht sich die Colebrook-White-Formel zu

$$\frac{1}{\sqrt{\lambda}} = 1{,}74 - 2 \cdot \log_{10}\left(\frac{2k}{d_H}\right),$$

womit λ eine Funktion von d_H alleine ist. Mit (11.10.2) folgt

$$Q = bh\sqrt{\frac{2g}{\lambda}}\sqrt{\frac{4bhJ_S}{b+2h}} \quad \text{oder} \quad 1 = 2h\sqrt{\frac{2 \cdot 9{,}81}{\lambda}}\sqrt{\frac{4 \cdot 2h \cdot 0{,}005}{2+2h}}.$$

Da sowohl h als auch λ unbekannt sind, beginnen wir mit einem groben Startwert für die Wassertiefe: $h_0 = 0{,}1\,\text{m}$. Aus $d_{H,0} = \frac{4bh_0}{b+2h_0}$ folgt $d_{H,0} = 0{,}364\,\text{m}$. Colebrook-White führt zu $\lambda_0 = 0{,}036$ und mittels

$$1 = 2h\sqrt{\frac{2 \cdot 9{,}81}{0{,}026}}\sqrt{\frac{4 \cdot 2h \cdot 0{,}005}{2+2h}}$$

erhält man $h_1 = 0{,}31\,\text{m}$. Die Iteration wird bis zu einer vorgegebenen Genauigkeit durchgeführt:

n	0	1	2	3
h	0,1	0,309	0,279	0,281
d_H	0,364	0,945	0,872	0,877
λ	0,036	0,027	0,027	0,027

Es ergibt sich eine Wassertiefe von etwa $h = 0{,}28\,\text{m}$.

11.11 Bemessungen von Gerinnequerschnitten

Schreibt man die Gleichung (11.10.3) als $Q \sim (\frac{bh}{b+2h})^{\frac{2}{3}} \cdot \sqrt{J_S}$, so erkennt man die vier Größen b, h, J_S und Q. Im Zusammenhang mit hydraulisch günstigen Querschnitten kann man drei relevante Optimierungsaufgaben unterscheiden:

1. Gegeben: Q, J_S. Gesucht: $A = bh$ minimal. Damit werden die Baukonsten minimiert.
2. Gegeben: $Q, A = bh$. Gesucht: J_S minimal. Damit wird der Energieverlust minimiert.
3. Gegeben: $J_S, A = bh$. Gesucht: Q maximal. Damit wird die Leistung maximiert.

Für uns ist nur der 3. Fall wichtig.

Beispiel 1. Gegeben ist eine Dreiecksrinne mit optimalen Abmessungen, d. h., der Böschungswinkel ist $\alpha = 45°$, (Abb. 11.8, 2. Skizze, vgl. Kap. 11.7, Beispiel 2).

a) Bestimmen Sie den hydraulischen Radius.
b) Welche Wassertiefe stellt sich mithilfe der Formel von GMS mit den Werten $Q = 0{,}2\,\frac{\mathrm{m}^3}{\mathrm{s}}, J = 0{,}005$ und $k_{\mathrm{Str}} = 40$ ein?
c) Wie lange müssen demnach die Seitenwände der Rinne gewählt werden, damit das Wasser nicht überläuft?

Lösung.

a) Bei optimalen Abmessungen gilt $m = 1$, womit $A = h^2$ und $U = 2h\sqrt{2}$ ist. Der hydraulische Durchmesser lautet dann

$$r_H = \frac{A}{U} = \frac{h^2}{2h\sqrt{2}} = \frac{h}{2\sqrt{2}} = \frac{h}{2^{\frac{3}{2}}}.$$

b) Die Gleichung (11.10.3) führt zu

$$Q = Av = h^2 \cdot k_{\mathrm{Str}} \cdot r_H^{\frac{2}{3}} \cdot \sqrt{J} = \frac{h^{\frac{8}{3}}}{2} \cdot k_{\mathrm{Str}} \cdot J^{\frac{1}{2}}$$

und daraus entsteht

$$h = \left(\frac{2\dot{Q}}{k_{\mathrm{Str}} \cdot J^{\frac{1}{2}}}\right)^{\frac{3}{8}} = 0{,}48\,\mathrm{m}.$$

c) Man erhält $l = \frac{U}{2} = h\sqrt{2} = 0{,}68\,\mathrm{m}$.

Beispiel 2. Gegeben ist eine gleichschenklige Trapezrinne (Abb. 11.8, 3. Skizze) mit optimalen Abmessungen, d. h., der Böschungswinkel beträgt $\alpha = 60°$ oder die Steigung ist $m_1 = \frac{1}{\sqrt{3}}$ (vgl. Kap. 11.7, Beispiel 3).

a) Bestimmen Sie den hydraulischen Radius.
b) Gegeben seien $Q = 0{,}2\,\frac{\mathrm{m}^3}{\mathrm{s}}, J = 0{,}005$, $c = 1\,\mathrm{m}$, $k = 3\,\mathrm{mm}$ und $k_{\mathrm{Str}} = 50$. Welche Wassertiefe stellt sich ein, wenn Sie:

b_1) die Formel nach GMS,

b_2) die Formel nach Weisbach und die Colebrook-White-Gleichung (9.1.3) in der Form

$$\frac{1}{\sqrt{\lambda}} = 1{,}74 - 2\log_{10}\left(\frac{2k}{d_H}\right)$$

benutzen?

Lösung.

a) Der hydraulische Radius lautet

$$r_H = \frac{A}{U} = \frac{(\frac{2c+2m_1h}{2})h}{c + 2h\sqrt{1+m_1^2}} = \frac{h(c + \frac{1}{\sqrt{3}}h)}{c + 2h\sqrt{1+\frac{1}{3}}} = \frac{h(\sqrt{3}c + h)}{\sqrt{3}c + 4h}.$$

b) Allgemein ist

$$Q = Av = h(c + m_1h)v = \frac{h}{\sqrt{3}}(\sqrt{3}c + h)v.$$

b_1) Die Gleichung (11.10.3) ergibt den Fluss

$$Q = k_{\text{Str}} \cdot \frac{h}{\sqrt{3}}\left[\frac{h(\sqrt{3}c + h)}{\sqrt{3}c + 4h}\right]^{\frac{2}{3}}(\sqrt{3}c + h) \cdot \sqrt{J}.$$

Die Bestimmungsgleichung lautet dann

$$0{,}2 = 50 \cdot \frac{h}{\sqrt{3}}\left[\frac{h(\sqrt{3} + h)}{\sqrt{3} + 4h}\right]^{\frac{2}{3}}(\sqrt{3} + h) \cdot \sqrt{0{,}005}$$

und man erhält $h = 0{,}17$ m.

b_2) Die Gleichung (11.10.2) liefert

$$Q = Av = \frac{h}{\sqrt{3}}(\sqrt{3}c + h)\sqrt{\frac{2g}{\lambda}}\sqrt{\frac{4h(\sqrt{3}c + h)}{\sqrt{3}c + 4h} \cdot J}$$

und daraus die Bestimmungsgleichung

$$0{,}2 = \frac{h}{\sqrt{3}}(\sqrt{3} + h)\sqrt{\frac{2 \cdot 9{,}81}{\lambda}}\sqrt{\frac{4h(\sqrt{3} + h)}{\sqrt{3} + 4h} \cdot 0{,}005}.$$

Beginnend mit dem Startwert $h_0 = 0{,}1$ m wird eine Iteration durchgeführt. Der hydraulische Durchmesser ist

$$d_{H,0} = \frac{4 \cdot 0{,}1(\sqrt{3} + 0{,}1)}{\sqrt{3} + 4 \cdot 0{,}1} = 0{,}34 \text{ m}.$$

Weiter erhält man aus (9.1.3) den Wert $\lambda_0 = 0{,}036$ und die Bestimmungsgleichung liefert $h_1 = 0{,}157$ m usw.

n	0	1	2	3
h	0,1	0,157	0,151	0,151
d_H	0,344	0,503	0,486	0,488
λ	0,036	0,032	0,032	0,032

Es ergibt sich eine Wassertiefe von etwa $h = 0{,}15$ m.

Beispiel 3. Gegeben ist eine Kreisrinne (Abb. 11.8, 4. Skizze) mit Radius $r = 0{,}5$ m.

a) Geben Sie den hydraulischen Radius in Abhängigkeit des Zentriwinkels α an.

b) Zusätzlich seien $Q = 0{,}2\,\frac{\text{m}^3}{\text{s}}$, $k = 3$ mm, $J = 0{,}005$ und $k_{\text{Str}} = 50$.
Welche Wassertiefe stellt sich ein, wenn Sie:
   b_1) die Formel nach GMS,
   b_2) die Formel nach Weisbach und die Colebrook-White-Gleichung (9.1.1) in der Form

$$\frac{1}{\sqrt{\lambda}} = 1{,}74 - 2\log_{10}\left(\frac{2k}{d_H}\right)$$

benutzen?

Lösung.

a) Mit (11.7.10) erhält man

$$r_H = \frac{A}{U} = \frac{r^2[\alpha - \frac{\sin(2\alpha)}{2}]}{2\alpha r} = \frac{r}{2}\left[1 - \frac{\sin(2\alpha)}{2\alpha}\right].$$

b) Allgemein gilt

$$Q = Av = r^2\left[\alpha - \frac{\sin(2\alpha)}{2}\right]v$$

und zudem $\alpha = \arccos(1 - \frac{h}{r})$.

b_1) Mit der Gleichung (11.10.3) erhält man

$$\begin{aligned}Q &= k_{\text{Str}} \cdot r^2\left[\alpha - \frac{\sin(2\alpha)}{2}\right] \cdot \left\{\frac{r}{2}\left[1 - \frac{\sin(2\alpha)}{2\alpha}\right]\right\}^{\frac{2}{3}} \cdot \sqrt{J} \\ &= k_{\text{Str}} \cdot r^2\left\{\arccos\left(1 - \frac{h}{r}\right) - \frac{\sin[2\arccos(1 - \frac{h}{r})]}{2}\right\} \\ &\quad \cdot \left(\frac{r}{2}\left\{1 - \frac{\sin[2\arccos(1 - \frac{h}{r})]}{2\arccos(1 - \frac{h}{r})}\right\}\right)^{\frac{2}{3}} \cdot \sqrt{J}.\end{aligned}$$

Somit muss folgende Gleichung gelöst werden:

$$0{,}2 = 50 \cdot r^2 \left\{ \arccos\left(1 - \frac{0{,}5}{r}\right) - \frac{\sin[2\arccos(1 - \frac{h}{0{,}5})]}{2} \right\}$$
$$\cdot \left(\frac{0{,}5}{2} \left\{ 1 - \frac{\sin[2\arccos(1 - \frac{h}{0{,}5})]}{2\arccos(1 - \frac{h}{0{,}5})} \right\} \right)^{\frac{2}{3}} \cdot \sqrt{0{,}005}.$$

Die Wassertiefe beträgt $h = 0{,}25$ m.

b$_2$) Als Startwert wählen wir die Tiefe $h_0 = 0{,}1$ m. Aus

$$d_{H,0} = 2r\left[1 - \frac{\sin[2\arccos(1 - \frac{h}{0{,}5})]}{2\arccos(1 - \frac{h}{0{,}5})}\right]$$

folgt $d_{H,0} = 0{,}254$. Die Formel von Colebrook-White ergibt $\lambda_0 = 0{,}040$. Die Gleichung (11.10.2) erhält die Gestalt

$$0{,}2 = 0{,}5^2 \left[\arccos\left(1 - \frac{h}{0{,}5}\right) - \frac{\sin[2\arccos(1 - \frac{h}{0{,}5})]}{2} \right]$$
$$\cdot \sqrt{\frac{2 \cdot 9{,}81}{\lambda}} \sqrt{2 \cdot 0{,}5\left[1 - \frac{\sin[2\arccos(1 - \frac{h}{0{,}5})]}{2\arccos(1 - \frac{h}{0{,}5})}\right]} \sqrt{0{,}005},$$

woraus man $h_1 = 0{,}262$ m erhält usw.

n	0	1	2	3	4	5
h	0,1	0,262	0,242	0,244	0,243	0,243
d_H	0,254	0,610	0,571	0,574	0,573	0,573
λ	0,040	0,030	0,031	0,031	0,031	0,031

Einige Iterationen führen zu einer Wassertiefe von etwa $h = 0{,}24$ m.

11.12 Das Spannungs- und Geschwindigkeitsprofil einer laminaren Gerinneströmung

Die Geschwindigkeitsprofile einer Rohrströmung kennen wir bereits. Diese wurden in Kap. 9.2 und 9.3 behandelt. Zumindest für eine laminare Gerinneströmung soll der Verlauf nun bestimmt werden. Dazu muss die Euler-Gleichung durch einen viskosen Term (Reibungs- oder Spannungsterm) erweitert werden (Die Impulserhaltung werden wir in Band 6 auch für eine instationäre und nicht gleichförmige Strömung aufstellen unter

Hinzunahme der Windströmung). Damit die Skizze nicht unübersichtlich wird, gehen wir von den gleichen Querschnitten aus.

Einschränkungen:
- Die Strömung ist stationär.
- Es herrscht Normalabfluss.

Idealisierungen:
- Das Gefälle ist klein.
- Die Breite des Gerinnes ist viel größer als die Höhe.

Herleitung von (11.12.1)–(11.12.9)

Wir betrachten die Impulserhaltung in Hauptströmungsrichtung (x-Richtung) und senkrecht dazu (Abb. 11.13 links). Der Übersicht halber sind in der Skizze nur dp und $d\tau_{xz}$ aufgenommen. Man könnte $dp = p(x+dx)-p(x) = \frac{\partial p}{\partial x}dx$ und $d\tau_{xz} = \tau_{xz}(x+dx)-\tau_{xz}(x) = \frac{\partial \tau_{xz}}{\partial x}dx$ schreiben, was zum gleichen Ergebnis führt. In x-Richtung erhalten wir ($dp < 0$) $-dp \cdot dz \cdot b - d\tau_{xz} \cdot dx \cdot b + \rho g \cdot dxdz \cdot b \cdot \sin\alpha = 0$ und daraus

$$-\frac{1}{\rho} \cdot \frac{\partial p}{\partial x} - \frac{1}{\rho} \cdot \frac{\partial \tau_{xz}}{\partial z} + g \sin\alpha = 0. \tag{11.12.1}$$

Für die z-Richtung ergibt sich

$$\frac{1}{\rho} \cdot \frac{\partial p}{\partial z} + \frac{1}{\rho} \cdot \frac{\partial \tau_{zz}}{\partial z} + g \cos\alpha = 0. \tag{11.12.2}$$

Diese Gleichungen stellen nichts anderes als die Euler-Gleichungen mit einem Spannungsterm dar. In einem erweiterten Sinne sind es die Navier-Stokes-Gleichungen mit $\frac{\partial u}{\partial x} = 0$ und $v = 0$ (siehe Band 6). Bei einer Hauptströmung in x-Richtung gehen wir von scheerfreien Spannungen in z-Richtung aus und setzen $\tau_{zz} = 0$. Die Gleichung (11.12.2) wird mit ρdz multipliziert und von einer beliebigen Höhe z bis zur Wasserspiegelhöhe $z_W(x)$ integriert. Setzen wir $p(z_W) = p_0$, so erhält man

$$\int_{p(z)}^{p_0} dp + \rho g \cos\alpha \int_{z}^{z_W} dz = 0 \quad \text{und} \quad p(x,z) = p_0 + \rho g\left[z_W(x) - z\right]\cos\alpha. \tag{11.12.3}$$

Ergebnis. Die Gleichung (11.12.3) besagt, dass die Druckverteilung einer stationären, laminaren Gerinneströmung bei Normalabfluss immer hydrostatisch ist (dies wird auch für eine turbulente Strömung gelten).

Weiter bilden wir $\frac{\partial p}{\partial x} = \rho g \frac{\partial z_W(x)}{\partial x}\cos\alpha$, setzen dies in Gleichung (11.12.1) ein und erhalten $-g\frac{\partial z_w(x)}{\partial x}\cos\alpha - \frac{1}{\rho} \cdot \frac{\partial \tau_{xz}}{\partial z} + g \sin\alpha = 0$.

Für kleine Gefälle ist $\sin\alpha \approx 0$ und $\cos\alpha \approx 1$, was zu $d\tau_{xz} = -\rho g \frac{dz_w(x)}{\partial x}dz = \rho g J_S dz$ führt. Letztes gilt, weil alle Gefälle zusammenfallen:

$$J_S = \frac{z_1 - z_2}{l} = \frac{dz_W(x)}{dx} = \frac{z_W(x) - z_W(x+dx)}{dx} = J_W.$$

Eine Integration von der Sohle bis zu einer beliebigen Höhe ergibt

$$\int_{\tau_B}^{\tau_{xz}} d\tau_{xz} = -\rho g J_S \int_0^z dz \quad \text{und} \quad \tau_{xz}(z) = \tau_B - \rho g J_S z. \tag{11.12.4}$$

Wirkt keine (Wind-)Spannung an der Oberfläche, dann führt die Auswertung zu $\tau_{xz}(h) = 0 = \tau_B - \rho g J_S h$ und damit zu

$$\tau_B = \rho g h J_S. \tag{11.12.5}$$

Dies ist die schon mit (11.5.1) eingeführte Sohlschubspannung, wobei hier h anstelle von $r_H = \frac{bh}{b+2h}$ getreten ist, weil mit der Idealisierung $r_H = \frac{bh}{b+2h} \approx \frac{bh}{b} = h$ gilt. Der Teil ghJ_S besitzt die Einheit einer Geschwindigkeit im Quadrat und wird mit u_*^2 abgekürzt. Man nennt $u_* = \sqrt{\frac{\tau_B}{\rho}}$ die Sohlschubspannungsgeschwindigkeit. Insgesamt erhalten wir aus (11.12.4)

$$\tau_{xz}(z) = \rho g h J_S - \rho g z J_S \quad \text{oder} \quad \tau_{xz}(z) = \rho u_*^2 \left(1 - \frac{z}{h}\right). \tag{11.12.6}$$

Die Spannung einer Gerinneströmung (laminar oder turbulent) fällt somit von der Sohle hin zur Wasseroberfläche linear ab (in Analogie zur Rohrströmung: linearer Abfall von der Wand zum Zentrum, vgl. (11.2.2)). Die Gleichung (11.12.6) gilt unabhängig vom Geschwindigkeitsprofil. Nehmen wir nun ein Newton'sches Fluid wie in Kap. 9.2, so hat man $\eta \frac{\partial u(z)}{\partial z} = \rho u_*^2 (1 - \frac{z}{h})$. Die Multiplikation mit dz und eine weitere Integration ergibt $\eta \int_0^u du = \rho u_*^2 \int_0^z (1 - \frac{z}{h}) dz$, $u(z) = \frac{u_*^2}{\nu} z (1 - \frac{z}{2h})$ und endlich das parabolische (relative) Geschwindigkeitsprofil

$$\frac{u(z)}{u_*} = \frac{u_* h}{\nu} \cdot \frac{z}{h}\left(1 - \frac{z}{2h}\right). \tag{11.12.7}$$

Für eine Skizze wählen wir schlicht $\frac{u_* h}{\nu} = 1$ (Abb. 11.13 rechts). Gemäß der Gleichung (11.12.5) wäre die Belastung der Sohle durch das Abgleiten einer starren Wassersäule der Höhe h zu berechnen. Demnach würde die gesamte Beschleunigungsenergie an der Sohle dissipiert. Der größte Teil geht aber durch die Reibung der Fluidteilchen untereinander verloren (bei der laminaren Strömung ist es die Schubspannung der übereinanderliegenden Schichten, die diesen Energieverlust ausmacht). Damit ist der Wert, den man für die Sohlspannung nach Gleichung (11.12.5) erhält, egal ob eine laminare oder eine turbulente Strömung vorliegt, viel zu hoch. Für $\rho = 1019 \frac{\text{kg}}{\text{m}^3}$ und $J_S = 0{,}0001$ ergibt sich beispielsweise $\tau_B = h \frac{\text{N}}{\text{m}^2}$ als erste grobe Abschätzung. Tatsächlich ist es so, dass die Sohlschubspannung, praktisch gesehen, nicht gemessen werden kann. Man muss sich auf theoretische Annahmen stützen. Als Nächstes berechnen wir die mittlere

Strömungsgeschwindigkeit. Dazu integrieren wir das Strömungsprofil über die gesamte Wassertiefe und erhalten

$$\overline{u} = \frac{u_*^2 h}{\nu} \cdot \frac{1}{h^2} \int_0^h \left(z - \frac{z^2}{2h} \right) dz = \frac{u_*^2}{\nu h} \cdot \left[\frac{z^2}{2} - \frac{z^3}{6h} \right]_0^h = \frac{u_*^2 h}{3\nu} = \frac{g h^2 J_S}{3\nu}. \tag{11.12.8}$$

Der Durchfluss für eine Breite b ist dann

$$Q = A\overline{u} = \frac{g b h^3 J_S}{3\nu}. \tag{11.12.9}$$

Beispiel. Wasser fließt laminar, stationär unter Normalabfluss durch ein rechteckiges Gerinne der Breite $b = 1\,\text{m}$ und einer Sohlneigung von $J_S = 0{,}0001$.

a) In welcher Tiefe wird die gemittelte Geschwindigkeit erreicht?

b) Bestimmen Sie die Normalwassertiefe für $Q = 1\,\frac{\text{m}^3}{\text{s}}$ und $\nu_{\text{Wasser}} = 10^{-6}\,\frac{\text{m}^2}{\text{s}}$.

c) Berechnen Sie den Impulsbeiwert.

Lösung.

a) Dazu vergleicht man (11.12.7) mit (11.12.8), was zu

$$\frac{u_*^2 h}{\nu} \cdot \frac{\overline{z}}{h}\left(1 - \frac{\overline{z}}{2h}\right) = \frac{u_*^2 h}{3\nu}$$

führt. Weiter setzen wir $x = \frac{\overline{z}}{h}$ und finden nacheinander $\frac{\overline{z}}{h}(1 - \frac{\overline{z}}{2h}) = \frac{1}{3}$, $3x(2 - x) = 2$, $3x^2 - 6x + 2 = 0$ und schließlich $x_{1,2} = \frac{3 \pm \sqrt{3}}{3}$ oder $\overline{z} = 0{,}42h$.

b) Die Gleichung (11.12.9) liefert

$$= \sqrt[3]{\frac{3\nu Q}{g b J_S}} = \sqrt[3]{\frac{3 \cdot 10^{-6} \cdot 1}{9{,}81 \cdot 1 \cdot 0{,}0001}} = 0{,}145\,\text{m}.$$

c) Wir schreiben (11.12.7) als $u(z) = c\frac{z}{h}(1 - \frac{z}{2h})$ und berechnen

$$\int_A u \cdot dA = c \int_0^h \frac{z}{h}\left(1 - \frac{z}{2h}\right) \cdot b\,dz = c\frac{bh}{3} \quad \text{bzw.}$$

$$\int_A u^2 \cdot dA = c^2 \int_0^h \left[\frac{z}{h}\left(1 - \frac{z}{2h}\right) \right]^2 \cdot b\,dz = c\frac{2bh}{15}.$$

Die Gleichung (3.4.4) ergibt dann

$$\beta = \frac{bh \cdot \frac{2bch}{15}}{(c\frac{bh}{3})^2} = \frac{6}{5} = 1{,}2. \tag{11.12.10}$$

Die Gleichung (11.12.8) vergleichen wir noch mit den Fließformeln aus dem Kap. 11.10. Für sehr breite Rechtecksgerinne setzen wir für den hydraulischen Durchmesser $d_H \approx 4h$. Die Formeln von (11.10.1), (11.10.2) und (11.10.3) lauteten

$$u = \frac{C}{2}\sqrt{d_H J_S}, \quad u = \sqrt{\frac{2g}{\lambda}}\sqrt{d_H J_S} \quad \text{und} \quad u = k_{\text{Str.}} \cdot r_H^{\frac{2}{3}} \cdot \sqrt{J_S}$$

oder für breite Rechtecksgerinne

$$u = C \cdot h^{\frac{1}{2}} \cdot J_S^{\frac{1}{2}}, \quad u = \sqrt{\frac{8g}{\lambda}} \cdot h^{\frac{1}{2}} \cdot J_S^{\frac{1}{2}} \quad \text{und} \quad u = k_{\text{Str.}} \cdot h^{\frac{2}{3}} \cdot J_S^{\frac{1}{2}}$$

respektive. Während die Geschwindigkeit in Gleichung (11.12.9) proportional zu h^3 und J ist, besteht bei den „alten“ Fließformeln eine Proportionalität zu $h^{\frac{1}{2}}$ bzw. $h^{\frac{2}{3}}$ und $J^{\frac{1}{2}}$. Der Unterschied liegt darin, dass diese Gleichungen für reale, turbulente Strömungen aufgestellt wurden und zudem die Sohlrauheit beinhalten, während die Gleichungen (11.12.8) und (11.12.9) nur für laminare Strömungen gelten. Für sehr kleine Geschwindigkeiten mit Re < 2300 kann also die Gleichung (11.12.8) verwendet werden.

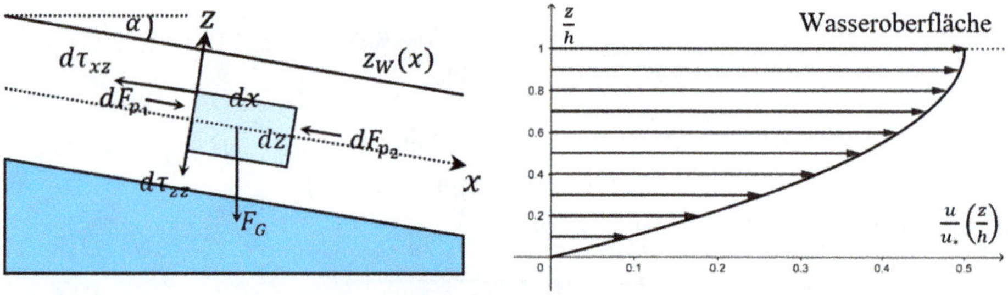

Abb. 11.13: Skizze zur Impulserhaltung und Graph von (11.12.7).

12 Instationäre Gerinneströmungen

Instationäre Strömungsabläufe treten als Folge der Gezeiten als Wellen, beispielsweise in Flussmündungen oder Buchten auf. Winde erzeugen Oberflächenwellen und beschleunigen oder hemmen den Abfluss. Das Schließen oder Öffnen von Wehren und Schützen erzeugt ebenfalls eine zeitlich abhängige Strömung.

Herleitung von (12.1)–(12.8)

Die folgenden Saint-Venant-Gleichungen bedürfen einiger Voraussetzungen, um ihre Anwendbarkeit einzugrenzen.

Einschränkungen:

E1. Vorausgesetzt wird ein Rechtecksgerinne.

E2. Die Dichte des Wassers ist konstant und die Sohle ist fest.

E3. Die Fließgeschwindigkeit bleibt über die gesamte Wassertiefe betrachtet konstant.

E4. Die Änderung der Wassertiefe und der Geschwindigkeit ist sowohl lokal als auch zeitlich klein.

E5. Die Oberflächenspannung der Welle wird vernachlässigt (vgl. (10.32), Airy-Wellen), womit vertikale Beschleunigungen entfallen und die Veränderung der Wellenhöhe klein ist. Damit können auch rein hydrostatische Druckverhältnisse angenommen werden.

E6. Das Sohlgefälle ist relativ klein ($J_s \leq 0{,}1$).

E7. Reibungsverluste bei instationärer Strömung können durch die Formeln (11.10.1)–(11.10.3) für (stationären) Normalabfluss angenähert werden.

E8. Von Zuflüssen sehen wir ab.

Zur Herleitung stellen wir die Massen- und Impulsbilanz für eine instationäre Gerinneströmung zusammen. Die Massenbilanz ist schon vorhanden. Wir verwenden diejenige einer Strömungsröhre (3.3.2) mit $s = x$ als Variable für die Ortskoordinate der Strömung: $\frac{\partial(\rho A)}{\partial t} = -\frac{\partial(\rho v A)}{\partial x}$.

Bei konstanter Dichte gemäß E2 und E8 schreibt sich die Kontinuitätsgleichung als $\frac{\partial A}{\partial t} + \frac{\partial(vA)}{\partial x} = 0$ oder $\frac{\partial A}{\partial t} + \frac{\partial Q}{\partial x} = 0$ und bei konstanter Breite b nach E1 als

$$\frac{\partial h}{\partial t} + \frac{\partial q}{\partial x} = 0. \tag{12.1}$$

Die Impulsbilanz ergibt sich aus der instationären (rotationsfreien) Euler-Gleichung (3.3.7) in einer Dimension, wobei für die geodätische Höhe die Variable z verwendet wird:

$$\frac{\partial v}{\partial t} + v\frac{\partial v}{\partial x} + \frac{1}{\rho} \cdot \frac{\partial p}{\partial x} + g\frac{\partial z}{\partial x} = 0. \tag{12.2}$$

https://doi.org/10.1515/9783111345864-012

Weiter setzen wir den Druck aufgrund von E5 hydrostatisch an und nehmen den Bezugsdruck p als Luftdruck plus hydrostatischen Druck der Wassersäule: $p = p_0 + \frac{1}{2}\rho g h$. Der Bezugsdruck liegt dann in der halben Wassertiefe. Daraus erhält man

$$\frac{1}{\rho} \cdot \frac{\partial p}{\partial x} = \frac{1}{2} g \frac{\partial h}{\partial x}. \tag{12.3}$$

Die Bezugshöhe der geodätischen Höhe wählen wir sinnvollerweise ebenfalls in halber Wassertiefe zu $z = z_{\text{Boden}} + \frac{1}{2}h$, wodurch

$$g\frac{\partial z}{\partial x} = g\frac{\partial z_B}{\partial x} + \frac{1}{2} \cdot g\frac{\partial h}{\partial x} \tag{12.4}$$

entsteht. Setzt man (12.3) und (12.4) in (12.2) ein, so schreibt sich (12.1) als

$$\frac{\partial v}{\partial t} + v\frac{\partial v}{\partial x} + g\frac{\partial z_B}{\partial x} + g\frac{\partial h}{\partial x} = 0. \tag{12.5}$$

Das Gefälle resultiert aus der Differenz der geodätischen Höhen z_1 und z_2 auf einer Länge l. Die Reihenfolge beachtend, muss diese als $\frac{z_2 - z_1}{l} = -\frac{z_1 - z_1}{l} = \frac{\partial z_B}{\partial x} = -J_S$ geschrieben werden und man erhält aus (12.5)

$$\frac{\partial v}{\partial t} + v\frac{\partial v}{\partial x} + g\frac{\partial h}{\partial x} = g \cdot J_s. \tag{12.6}$$

Schließlich gilt es, noch den Reibungsverlust der Gerinneströmung zu berücksichtigen. Die Gleichungen (11.10.2) und (11.10.3) bieten hierzu nach E7 zwei Möglichkeiten. Der ausgewählte Beitrag fließt mit $g \cdot J_E$ als der Beschleunigung entgegengesetzt auf der rechten Seite in die Impulsbilanz ein. Aufgrund von E8 sind Zuflüsse ausgeschlossen, die zu einer Impulsänderung führen könnten. Schließlich erhält man

$$\frac{\partial v}{\partial t} + v\frac{\partial v}{\partial x} + g\frac{\partial h}{\partial x} = g \cdot J_s - g \cdot J_E. \tag{12.7}$$

Die Gleichungen (12.1) und (12.7), Saint-Venant-Gleichungen, beschreiben instationäre Gerinneströmungen. Zusammen erhält man das folgende Ergebnis:

Saint-Venant-Gleichungen.

$$\frac{\partial h}{\partial t} + \frac{\partial q}{\partial x} = 0 \quad \text{(Massenerhaltung)},$$

$$\frac{\partial v}{\partial t} + \beta v\frac{\partial v}{\partial x} + g\frac{\partial h}{\partial x} = g(J_S - J_E) \quad \text{(Impulserhaltung)}. \tag{12.8}$$

In der Impulsbilanz ist der Konvektionsterm wie beim Impuls (3.4.8) für den Stromfaden noch mit einem Impulsbeiwert β versehen worden. Grundsätzlich wird aber $\beta = 1$ gesetzt.

Man bezeichnet (12.8) auch als Flachwassergleichungen (siehe E3). Die fünf Terme der Impulserhaltung nennt man, wie schon bei der Gleichung (11.5.2) aufgelistet, lokale Beschleunigung (innere Impulsänderung), konvektive Beschleunigung (Impulsaustausch mit Rand), Druck, Gravitation (hier Sohlgefälle J_s) und schließlich Reibungsgefälle oder Energieliniengefälle J_E. Die Formel von GMS ergäbe

$$J_E = \frac{1}{r_H^{\frac{4}{3}}} \cdot \frac{v^2}{k_{\text{Str}}^2}$$

und bei Colebrook-White hieße es $J_E = \frac{\lambda}{d_H} \cdot \frac{v^2}{2g}$.

Es existieren keine geschlossenen Lösungen des Systems (12.8). Numerisch müssen beide DGen gleichzeitig gelöst werden. Dies wird nicht nur dadurch erschwert, dass in beiden Gleichungen sowohl $\frac{\partial v}{\partial x}$ als auch $\frac{\partial h}{\partial x}$ auftaucht, sondern, dass man Zeit und Länge diskretisieren muss. Dabei erzeugt das benutzte numerische Verfahren rasch Stabilitätsprobleme. Zeit- und Längenschritte müssen über eine Stabilitätsbedingung aufeinander abgestimmt werden. Es gibt heutzutage viele Verfahren, die dies leisten. Nachfolgend geben wir noch die notwendigen 4 Anfangs- und Randbedingungen zur eindeutigen Lösung des Systems (12.8) an. Bei konstanter Gerinnebreite sind $v(x,t)$ bzw. $Q(x,t)$ gleichwertig. Zudem besitzt das Gerinne die Länge l. Das System (12.8) enthält vier partielle Ableitungen: $\frac{\partial h}{\partial t}$, $\frac{\partial v}{\partial t}$, $\frac{\partial h}{\partial x}$ und $\frac{\partial v}{\partial x}$. Die ersten beiden Ableitungen verlangen je eine Anfangsbedingung und die letzten beiden je eine Randbedingung.

1. Anfangsbedingungen zur Zeit $t = 0$.
   Vorgabe von $h(x,0)$ und $v(x,0)$ oder $h(x,0)$ und $Q(x,0)$.
2. Randbedingungen für $x = 0$ und $x = l$.
   a) Vorgabe von $h(0,t)$ oder $v(0,t)$ bzw. $Q(0,t)$.
   b) Vorgabe von $h(l,t)$ oder $v(l,t)$ bzw. $Q(l,t)$.

Beispiel. Zur Unterscheidung der Wellenarten verwenden wir die Bezeichnungen der untenstehenden Tabelle.

I. Dynamische Welle.

Typische ABen für die vollen Saint-Venant-Gleichungen sind $h(x,0) = h_0$ oder $h(x,0) = 0$ (trockene Wiese) und $v(x,0) = 0$. Die RB am oberen Ende könnte beispielsweise schlicht $h(0,t) = 0$ oder $v(0,t) = 0$ lauten. Interessanter ist die Vorgabe eines sogenannten Hydrographen $h(0,t) = f(t)$. Für die RB am unteren Ende wäre eigentlich die Flachwasserbedingung $v(l,t) = \sqrt{g \cdot h(l,t)}$ zu verwenden. Als Alternative kann man diese durch die etwas einfacher zu handhabende Bedingung $\frac{\partial h}{\partial x}(l,t) = 0$ ersetzen.

II. Kinematische Welle.

In Kap. 12.2 zeigen wir, dass die beiden verbleibenden partiellen Ableitungen von (12.8) $\frac{\partial h}{\partial t}$ und $\frac{\partial h}{\partial x}$ sind, womit eine AB, beispielsweise $h(x,0) = h_0$ und eine RB am oberen Ende, z. B. $h(0,t) = f(t)$, benötigt wird. Eine zusätzliche AB für die Geschwindigkeit ist nicht vonnöten. Ebenso entfällt die RB am unteren Ende, weil die kinematische Welle keinen Rückstau zulässt, was bedeutet, dass Charakteristika der Strömung (Wassertiefe und Geschwindigkeit) für $t + \Delta t$ und/oder $x + \Delta x$ keinen Einfluss auf die Charakteristika für t und/oder x ausüben (siehe Kap. 12.2).

III. Diffusive Welle.

In Kap. 12.3 wird gezeigt, dass die diffusive Welle durch die drei partiellen Ableitungen $\frac{\partial h}{\partial t}$, $\frac{\partial h}{\partial x}$ und $\frac{\partial^2 h}{\partial x^2}$ beschrieben wird. Im Unterschied zur kinematischen Welle zwingt uns $\frac{\partial^2 h}{\partial x^2}$ zu einer zusätzlichen RB am unteren Ende. Würde man dafür die allgemeine Flachwasserbedingung der dynamischen Welle auf die diffusive Welle übertragen, so erhielte man mit (12.3.2)

$$v(l,t) = \sqrt{g \cdot h(l,t)} = k_{\mathrm{Str}} \cdot h^{\frac{2}{3}} \cdot \sqrt{J_S - \frac{\partial h}{\partial x}(l,t)} \quad \text{oder} \quad \frac{g}{k_{\mathrm{Str}}} = h(l,t)^{\frac{1}{3}} \cdot \left[J_S - \frac{\partial h}{\partial x}(l,t)\right].$$

Es ist schwierig, diese RB in einem numerischen Programm zu implementieren, weshalb man sich wiederum mit der einfacheren Variante $\frac{\partial h}{\partial x}(l,t) = 0$ begnügt.

Auf der Suche nach möglichen Vereinfachungen der Saint-Venant-Gleichungen geben wir in folgender Tabelle (nach Henderson) zuerst einen Überblick über die Anteile der Terme Gravitation, Druck und die beiden Beschleunigungen am Energieliniengefälle:

Term	**Größenordnung in $\frac{\mathrm{m}}{\mathrm{km}}$**
Gravitation	26
Druck	0,5
Konvektive Beschleunigung	0,125–0,25
Lokale Beschleunigung	0,05

Die Bezeichnungen der fünf wichtigsten Modelle erfasst die untenstehende Tabelle. Dabei steht ein x für die Berücksichtigung im jeweiligen Modell und ein Minuszeichen für die Vernachlässigung.

Wellentyp	**Berücksichtigte Kräfte**				
	Lokale Beschleunigung	**Konvektive Beschleunigung**	**Druck**	**Gravitation**	**Reibung**
Dynamisch	x	x	x	x	x
Quasidynamisch	–	x	x	x	x
Diffusiv	–	–	x	x	x
Kinematisch	–	–	–	x	x
Gravitational	x	x	x	–	–

12.1 Die Dammbruchkurve

Saint-Venant gab die analytische Lösung der mit (12.1.1) und (12.1.3) folgenden DGen selber an und diese wurde von Ritter weiterbearbeitet.

Herleitung von (12.1.1)–(12.1.15)

Saint-Venant betrachtete den Fall, dass der gesamte durch die Gravitation erhöhte Impuls auf Kosten des durch die Reibung verminderten Impulses verloren geht. Eigentlich ging er sogar von einer praktisch horizontalen Sohle aus $J_S = J_E \approx 0$.

Idealisierung: Es gilt also $J_S = J_E$.

Saint-Venant führt noch eine weitere Vereinfachung hinzu:

Einschränkung: Die Geschwindigkeit variiert nur mit der Wassertiefe: $v = v(h(x))$.

Über Anfangs- und Randbedingungen machen wir uns noch keine Gedanken. Diese ergeben sich erst aus der konkreten Fragestellung weiter unten.

Wir schreiben $\frac{\partial v}{\partial x} = \frac{dv}{dh} \cdot \frac{\partial h}{\partial x}$ und $\frac{\partial v}{\partial t} = \frac{dv}{dh} \cdot \frac{\partial h}{\partial t} = 0$. Dies in die Impulserhaltung von (12.8) eingefügt, ergibt nacheinander:

$$\begin{aligned} \frac{dv}{dh} \cdot \frac{\partial h}{\partial t} + v\frac{dv}{dh} \cdot \frac{\partial h}{\partial x} + g\frac{\partial h}{\partial x} &= 0, \\ \frac{\partial h}{\partial t} + v\frac{\partial h}{\partial x} + g\frac{\partial h}{\partial x} \cdot \frac{dh}{dv} &= 0 \quad \text{und} \\ \frac{\partial h}{\partial t} + \left(v + g \cdot \frac{dh}{dv}\right)\frac{\partial h}{\partial x} &= 0. \end{aligned} \tag{12.1.1}$$

Gleichung (12.1.1) entnimmt man die Ausbreitungsgeschwindigkeit der Welle zu

$$c = v + g \cdot \frac{dh}{dv}. \tag{12.1.2}$$

Anderseits schreibt sich die Kontinuitätsgleichung von (12.8) mit b = konst. nacheinander als:

$$\begin{aligned} \frac{\partial h}{\partial t} + \frac{\partial (vh)}{\partial x} &= 0, \\ \frac{\partial h}{\partial t} + h\frac{\partial v}{\partial x} + v\frac{\partial h}{\partial x} &= 0, \\ \frac{\partial h}{\partial t} + h\frac{dv}{dh} \cdot \frac{\partial h}{\partial x} + v\frac{\partial h}{\partial x} &= 0 \quad \text{und} \\ \frac{\partial h}{\partial t} + \left(v + h \cdot \frac{dv}{dh}\right)\frac{\partial h}{\partial x} &= 0. \end{aligned} \tag{12.1.3}$$

Gleichung (12.1.3) liefert die Ausbreitungsgeschwindigkeit der Welle in der Form

$$c = v + h \cdot \frac{dv}{dh}. \tag{12.1.4}$$

Gleichsetzen von (12.1.2) und (12.1.4) ergibt $g \cdot \frac{dh}{dv} = h \cdot \frac{dv}{dh}$ und mit

$$\frac{dh}{dv} = \frac{1}{\frac{dv}{dh}},$$

die über die gesamte Wassertiefe gemittelt Geschwindigkeit

$$\frac{dv}{dh} = \pm\sqrt{\frac{g}{h}}. \tag{12.1.5}$$

An diesem Punkt stellen wir uns eine in einem rechteckigen Kanal befindliche vertikale Wassersäule der Höhe h_0 vor, die durch einen vertikalen Damm am Fließen gehindert wird. Insbesondere nehmen wir auf der Höhe des Wasserspiegels die Geschwindigkeit $v(h_0) = v_0$ an (Randbedingung). Der mit Wasser gefüllte Kanal sei in Richtung Oberwasser unendlich ausgedehnt. Dann führt die Integration von (12.1.5) zu

$$\int_v^{v_0} dv = \pm\int_h^{h_0} \sqrt{\frac{g}{h}}dh \quad \text{und} \quad v(h) = v_0 \pm 2(\sqrt{gh_0} - \sqrt{gh}). \tag{12.1.6}$$

Insbesondere mit $v_0 = 0$ wird aus (12.1.6):

$$v(h) = \pm 2(\sqrt{gh} - \sqrt{gh_0}). \tag{12.1.7}$$

Wir denken uns nun den Damm oder die Schleuse in kürzester Zeit entfernt, was einem Dammbruch gleichkommt (Abb. 12.1). Das Ergebnis (12.1.7) fügen wir in (12.1.4) ein und erhalten

$$c(h) = \pm 2(\sqrt{gh} - \sqrt{gh_0}) \pm h\left(\sqrt{\frac{g}{h}}\right) = \pm[2(\sqrt{gh} - \sqrt{gh_0}) + \sqrt{gh}] = \pm[3\sqrt{gh} - 2\sqrt{gh_0}].$$

Deshalb muss als Vorzeichen das Minuszeichen gewählt werden und es folgt

$$c(h) = \frac{dx}{dt} = 2\sqrt{gh_0} - 3\sqrt{gh}. \tag{12.1.8}$$

Die Integration von $x(t = 0) = 0$ (Anfangsbedingung) bis $x = x(t)$ liefert das Wasserspiegelprofil zu

$$x(h,t) = [2\sqrt{gh_0} - 3\sqrt{gh}]t. \tag{12.1.9}$$

Umgekehrt ergibt sich aus (12.1.9) auch

$$h(x,t) = \frac{1}{9g}\left(2\sqrt{gh_0} - \frac{x}{t}\right)^2. \tag{12.1.10}$$

Der Definitionsbereich von $h(x,t)$ ist $-\sqrt{gh_0}\cdot t \le x \le 2\sqrt{gh_0}\cdot t$. Die untere Schranke ergibt sich aus (12.1.9) für $h = h_0$. Die Funktion (12.1.10) beschreibt eine Parabel mit Scheitelpunkt $S(2\sqrt{gh_0}\cdot t, 0)$ auf der Sohle. Dieser bewegt sich mit der Zeit in positive Richtung ins Unterwasser. Die zugehörige Wellengeschwindigkeit des Scheitels kann mit (12.1.10) zu

$$c(0) = 2\sqrt{gh_0} - 3\sqrt{g\cdot 0} = 2\sqrt{gh_0} \tag{12.1.11}$$

bestimmt werden. Anderseits bewegt sich die Wasserspiegellinie mit

$$c(h_0) = 2\sqrt{gh_0} - 3\sqrt{gh_0} = -\sqrt{gh_0} \tag{12.1.12}$$

in Richtung Oberwasser. Von einem Punkt hingegen breitet sich keine Welle aus. Null setzen von (12.1.8) ergibt $0 = 2\sqrt{gh_0} - 3\sqrt{gh}$ und damit

$$h(0,t) = \frac{4}{9}h_0. \tag{12.1.13}$$

Die Wasserspiegellinie dreht sich sozusagen im Laufe der Zeit um den Punkt $P(0, \frac{4}{9}h_0)$.

Um die mittlere Teilchengeschwindigkeit an einem beliebigen Ort x zu ermitteln, fügt man (12.1.10) in (12.1.7) ein. Damit nun $v(h) > 0$ wird, muss in (12.1.7) das Minuszeichen verwendet werden. Man erhält dann

$$v(h) = -2\left[\sqrt{g\frac{1}{9g}\left(2\sqrt{gh_0} - \frac{x}{t}\right)^2} - \sqrt{gh_0}\right].$$

Da $h(x,t) > 0$, ergibt sich daraus

$$\begin{aligned} v(x,t) &= -2\left[\frac{1}{3}\left(2\sqrt{gh_0} - \frac{x}{t}\right) - \sqrt{gh_0}\right] = -2\left(\frac{2}{3}\sqrt{gh_0} - \frac{1}{3}\cdot\frac{x}{t} - \sqrt{gh_0}\right) \\ &= -2\left(-\frac{1}{3}\sqrt{gh_0} - \frac{1}{3}\cdot\frac{x}{t}\right) \end{aligned}$$

und somit

$$v(x,t) = \frac{2}{3}\left(\sqrt{gh_0} + \frac{x}{t}\right). \tag{12.1.14}$$

Insbesondere bleibt die Teilchengeschwindigkeit an der Dammstelle $x = 0$ zu jeder Zeit konstant, und zwar gilt

$$v(0,t) = \frac{2}{3}\sqrt{gh_0}. \tag{12.1.15}$$

Somit ist auch der Durchfluss an dieser Stelle konstant. Mit (12.1.13) und (12.1.15) erhält man

$$Q = b \cdot v(0,t) \cdot h(0,t) = b \cdot \frac{2}{3}\sqrt{gh_0} \cdot \frac{4}{9}h_0 = \frac{8}{27}h_0 b\sqrt{gh_0}$$

und folglich

$$Q = \frac{8}{27}h_0 b\sqrt{gh_0}. \tag{12.1.16}$$

In Abb. 12.1 wurden die Graphen mit $h_0 = 2\,\text{m}$ und $t = 0{,}05, 0{,}1, 0{,}2, 0{,}4, 0{,}8$ erstellt.

Ergebnisse. Einige im Zusammenhang mit der Flachwassertheorie getroffene Annahmen führen bei der Dammbruchkurve zu wesentlichen Abweichungen mit der Realität.

1. Mit E5 werden die Oberflächenkrümmungen und somit die vertikalen Beschleunigungen vernachlässigt. Dies hat zur Folge, dass Wasserteilchen im vorgestellten Modell mit einer unendlich großen Beschleunigung zu fallen scheinen. Wie könnte man sich sonst erklären, dass nach einer Zeit $t > t_0 = 0$ der Wasserspiegel an der Stelle $x = 0$ schon auf die Höhe $h(0) = \frac{4}{9}h_0$ gefallen ist. In Wirklichkeit verlaufen die Wasserspiegelkurven anfangs durchwegs konkav und nicht konvex wie in Abb. 12.1 dargestellt. Die konvexe Form führt auch zu einer Diskontinuität auf der Höhe h_0. Erst mit der Zeit stellt sich auf fast der gesamten Wasserspiegellinie die konvexe Form ein.
2. Eine weitere Unstimmigkeit mit der Praxis hängt mit der von Saint-Venant getroffenen Annahme $J_S = J_E = 0$ zusammen. Sie bedeutet auch, dass jegliche Reibung unbeachtet bleibt. Dies gilt insbesondere für die Sohlreibung, weshalb die Wasserspiegellinien an der Sohle tangential zu dieser verlaufen. In Wirklichkeit bildet sich aufgrund der Reibung des Wassers mit dem Untergrund eine Wellenfront aus (gestrichelte Linie in Abb. 12.1). Für die Flachwassertheorie betrachtet man mit E4 ohnehin einen sehr niedrigen Wasserstand, sodass die Ergebnisse korrekturlos mit der Realität verträglich sind. Für größere Wassertiefen muss die Theorie angepasst werden.
3. Die Gleichung (12.1.10) bedeutet insbesondere, dass bei einem unterströmten Schütz wie in Kap. 11.9 die Schleuse nicht vollständig entfernt, sondern nur bis zu einer Höhe von $h(0) > \frac{4}{9}h_0$ abrupt angehoben werden muss, um den beschriebenen Wasserspiegelverlauf zu erhalten.

Beispiel. Ein sehr langes, rechteckiges, horizontal verlaufendes Gerinne mit der Tiefe $h_0 = 2\,\text{m}$ und der Breite $b = 10\,\text{m}$ wird einseitig mit einer vertikalen Schleuse an der Stelle $x = 0$ gestaut. Danach wird die Schleuse plötzlich entfernt.

a) Wie groß wird der Durchfluss an der Stelle x?
b) Nach welcher Zeit t_0 erreicht die Wellenfront den Punkt $P(20\,\text{m}, 0)$ der Sohle?

c) Wie lautet die Wasserspiegelform nach der Zeit t_0?
d) Wieviel Wasser ist in der Zeit t_0 aus dem Reservoir geflossen?

Lösung.
a) Mit (12.1.14) erhält man

$$Q = \frac{8}{27} \cdot 2 \cdot 10\sqrt{9{,}81 \cdot 2} = 26{,}25\,\frac{\mathrm{m}^3}{\mathrm{s}}.$$

b) Die Gleichung (12.1.11) führt zu

$$t_0 = \frac{x_0}{c(0)} = \frac{20}{2\sqrt{9{,}81 \cdot 2}} = 2{,}26\,\mathrm{s}.$$

c) Aus (12.1.10) folgt allgemein

$$h(x) = \frac{1}{9g}\left(2\sqrt{gh_0} - \frac{2\sqrt{gh_0} \cdot x}{x_0}\right)^2 = \frac{4gh_0}{9g}\left(1 - \frac{x}{x_0}\right)^2 = \frac{4h_0}{9x_0^2}(x - x_0)^2$$

und mit den gegebenen Werten $h(x,t) = \frac{1}{450}(x - 20)^2$.
d) Es gilt

$$V = \frac{1}{450}\int_0^{20}(x - 20)^2 dx = \frac{1}{3 \cdot 450}\left[(x - 20)^3\right]_0^{20} = 5{,}93\,\mathrm{m}^3.$$

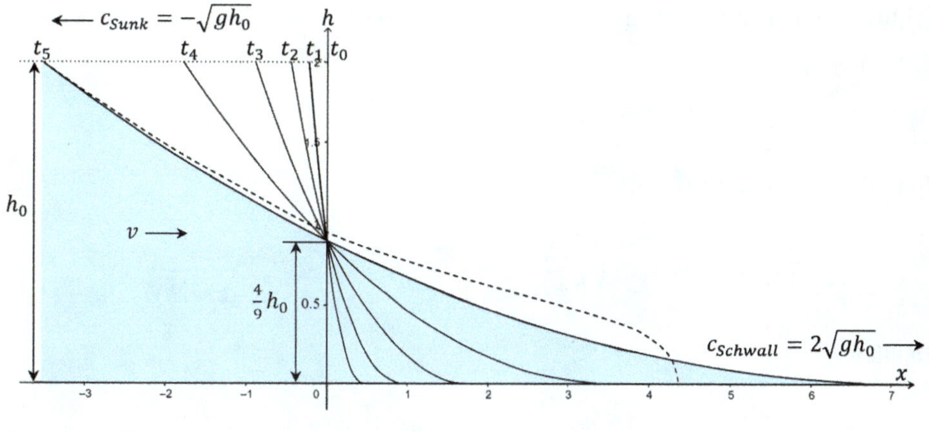

Abb. 12.1: Skizze zur Dammbruchkurve.

12.2 Die kinematische Welle

Die kinematische Welle stellt eine wichtige Lösung der Flachwassertheorie dar.

Herleitung von (12.2.1)–(12.2.5)

Idealisierungen: Es gilt $\frac{\partial v}{\partial t}, v\frac{\partial v}{\partial x}, g\frac{\partial h}{\partial} \ll gJ_S$.

Die Impulserhaltung der Gleichung (12.8) reduziert sich dann zu $J_S = J_E$. Dies entspricht einem Normalabfluss. Die Fließgeschwindigkeit ist konstant und der Abfluss Q hängt allein von $h(x)$, nicht aber explizit von t ab. Damit ist auch kein Rückstau möglich. Mit $\frac{\partial Q}{\partial x} = \frac{\partial Q}{\partial h} \cdot \frac{\partial h}{\partial x}$ wird aus der Massenerhaltung von (12.8) $\frac{\partial A}{\partial t} + \frac{\partial Q}{\partial h} \cdot \frac{\partial h}{\partial x} = 0$. Für ein rechteckiges Gerinne konstanter Breite b (siehe E1) erhält man

$$b\frac{\partial h}{\partial t} + \frac{\partial Q}{\partial h} \cdot \frac{\partial h}{\partial x} = 0 \quad \text{oder} \quad \frac{\partial h}{\partial t} + c \cdot \frac{\partial h}{\partial x} = 0 \quad \text{mit} \quad c = \frac{1}{b} \cdot \frac{\partial Q}{\partial h}. \tag{12.2.1}$$

Die Gleichung (12.2.1) stellt eine nichtlineare PDG 1. Ordnung dar. Die Nichtlinearität rührt vom Faktor $c = \frac{1}{b} \cdot \frac{\partial(vh)}{\partial h}$ her, der seinerseits eine Funktion von h ist. Eine analytische Lösung von (12.2.1) ist leider nicht möglich. Grund dafür ist, dass die Wellengeschwindigkeit $c = c(h)$ nicht konstant, sondern von der Wassertiefe h abhängt. Diese nimmt, wie auch die Teilchengeschwindigkeit v, mit der Wassertiefe zu.

Die kinematische Welle enthält, wie man (12.2.1) und (12.2.2) entnimmt, einzig die beiden partiellen Ableitungen $\frac{\partial h}{\partial t}$ und $\frac{\partial h}{\partial x}$. Somit verlangt die eindeutige Lösung die Vorgabe einer Anfangsbedingung für $h(x, 0)$ und einer Randbedingung für $h(0, t)$.

Zur Berechnung von c können wir eine der beiden Gleichungen (11.10.2) oder (11.10.3) wählen, mit $J_S = J_E$. Für diejenige von GMS gilt

$$v = k_{\text{Str}} \cdot r_H^{\frac{2}{3}} \cdot \sqrt{J_S} = k_{\text{Str}} \cdot \left(\frac{bh}{b + 2h}\right)^{\frac{2}{3}} \cdot \sqrt{J_S}.$$

Der Fluss wird dann zu

$$Q = bhv = bhk_{\text{Str}} \cdot \left(\frac{bh}{b + 2h}\right)^{\frac{2}{3}} \cdot \sqrt{J_S} = b^{\frac{5}{3}} \cdot k_{\text{Str}} \cdot \sqrt{J_S} \cdot \frac{h^{\frac{5}{3}}}{(b + 2h)^{\frac{2}{3}}}.$$

Damit folgt

$$c = \frac{1}{b} \cdot \frac{\partial \dot{Q}}{\partial h} = k_{\text{Str}} \cdot \sqrt{J_S} \cdot \frac{(bh)^{\frac{2}{3}}(6h + 5b)}{3(2h + b)^{\frac{5}{3}}}. \tag{12.2.2}$$

Als Spezialfall betrachten wir ein sehr breites Gerinne ist $r_H \approx h$. Daraus erhält man

$$v = k_{\text{Str}} \cdot h^{\frac{2}{3}} \cdot \sqrt{J_S} \quad \text{und} \quad Q = bk_{\text{Str}} \cdot h^{\frac{5}{3}} \cdot \sqrt{J_S}. \tag{12.2.3}$$

Insbesondere ergibt sich

$$c = \frac{5}{3} k_{\mathrm{Str}} \cdot h^{\frac{2}{3}} \cdot \sqrt{J_S} = \frac{5}{3} v. \tag{12.2.4}$$

Die Ausbreitungsgeschwindigkeit der Druckwelle ist demnach größer als die (über die Tiefe gemittelte) Teilchengeschwindigkeit. Setzt man nun (12.2.4) in (12.2.1) ein, so erhält man

$$\frac{\partial h}{\partial t} + \frac{5}{3} k_{\mathrm{Str}} \cdot h^{\frac{2}{3}} \cdot \sqrt{J_S} \cdot \frac{\partial h}{\partial x} = 0 \quad \text{oder}$$

$$\frac{\partial h}{\partial t} + a \cdot h^{\frac{2}{3}} \cdot \frac{\partial h}{\partial x} = 0 \quad \text{mit} \quad a = \frac{5}{3} k_{\mathrm{Str}} \cdot \sqrt{J_S}. \tag{12.2.5}$$

Zur numerischen Lösung von (12.2.5) muss man die Ort-Zeit-Ebene diskretisieren und dazu bedarf es einiger Vorbereitungen.

Die Diskretisierung der Ort-Zeit-Ebene

Herleitung von (12.2.6) und (12.2.7)

Dazu wählen wir ein Rechtecksgitter (Abb. 12.1 links). Dieses zerlegen wir in konstante Ortsabschnitte Δx und konstante Zeitabschnitte Δt. Mit $i = 0, 1, 2, \ldots$ und $j = 0, 1, 2, \ldots$ bezeichnen wir Vielfache der entsprechenden Abschnitte. Da wir in unserem Fall an der Wassertiefe h interessiert sind, besitzt ein beliebiger Punkt der Ebene die Koordinaten $h_i^j := h(i \cdot \Delta x, j \cdot \Delta t)$.

Nun gilt es, die Änderungen $\frac{\partial h}{\partial x}$ und $\frac{\partial h}{\partial t}$ zu diskretisieren. Für $\frac{\partial h}{\partial x}$ können wir sechs Möglichkeiten in Betracht ziehen (Abb. 12.1 links). Zu einem beliebigen Zeitpunkt j wären folgende drei Euler-Differenzenquotienten möglich:

Rückwärts-Differenzenquotient $\frac{\partial h}{\partial x} \approx \frac{h_i^j - h_{i-1}^j}{\Delta x}$,

Vorwärts-Differenzenquotient $\frac{\partial h}{\partial x} \approx \frac{h_{i+1}^j - h_i^j}{\Delta x}$ und

Zentral-Differenzenquotient $\frac{\partial h}{\partial x} \approx \frac{h_{i+1}^j - h_{i-1}^j}{2\Delta x}$.

Da wir in der Zeit vorwärts schreiten, könnte man dieselben drei Quotienten auch zur Zeit $j + 1$ bilden:

Rückwärts-Differenzenquotient $\frac{\partial h}{\partial x} \approx \frac{h_i^{j+1} - h_{i-1}^{j+1}}{\Delta x}$,

Vorwärts-Differenzenquotient $\frac{\partial h}{\partial x} \approx \frac{h_{i+1}^{j+1} - h_i^{j+1}}{\Delta x}$ und

Zentral-Differenzenquotient $\frac{\partial h}{\partial x} \approx \frac{h_{i+1}^{j+1} - h_{i-1}^{j+1}}{2\Delta x}$.

Im Fall von $\frac{\partial h}{\partial t}$ ist es sinnvoll, um eine Zeiteinheit vorwärts zu schreiten, sodass folgende drei Vorwärts-Differenzenquotienten infrage kommen: $\frac{\partial h}{\partial t} \approx \frac{h_i^{j+1} - h_i^j}{\Delta t}$, $\frac{\partial h}{\partial t} \approx \frac{h_{i+1}^{j+1} - h_{i+1}^j}{\Delta t}$ und $\frac{\partial h}{\partial t} \approx \frac{h_{i-1}^{j+1} - h_{i-1}^j}{\Delta t}$.

In der Gleichung (12.2.5) taucht noch die Größe h auf. Auch hierzu gäbe es mehrere Möglichkeiten. Meistens wählt man den Mittelwert zweier Werte, die sich sowohl im Ortsschritt als auch im Zeitschritt um Eins unterscheiden (Ecken der Diagonale, Abb. 12.1 rechts):

$$\boldsymbol{h} \approx \frac{\boldsymbol{h}_{i+1}^{j} + \boldsymbol{h}_{i}^{j+1}}{2}.$$

Entscheiden wir uns nun für die drei fett markierten Ausdrücke (Abb. 12.1 rechts, gestrichelte Linien), so entsteht die Differenzengleichung

$$\frac{h_{i+1}^{j+1} - h_{i+1}^{j}}{\Delta t} + a \cdot \left(\frac{h_{i+1}^{j} + h_{i}^{j+1}}{2}\right)^{\frac{2}{3}} \cdot \frac{h_{i+1}^{j+1} - h_{i}^{j+1}}{\Delta x} = 0. \qquad (12.2.6)$$

Man erkennt, dass in Gleichung (12.2.6) die unbekannte Größe h_{i+1}^{j+1} (Abb. 12.2 rechts, oberer rechter Eckpunkt) aus lediglich zwei – wie wir sehen werden – bekannten Größen h_i^{j+1} und h_{i+1}^{j} hervorgeht. Aus Abb. 12.2 links und rechts wird auch klar, dass vertikal übereinanderliegende Punkte eine Zeitfunktion $h(x_0, t)$ für einen festen Ort x_0 und horizontal verlaufende Punkte eine Ortsfunktion $h(x, t_0)$ zu einer festen Zeit t_0 ergeben.

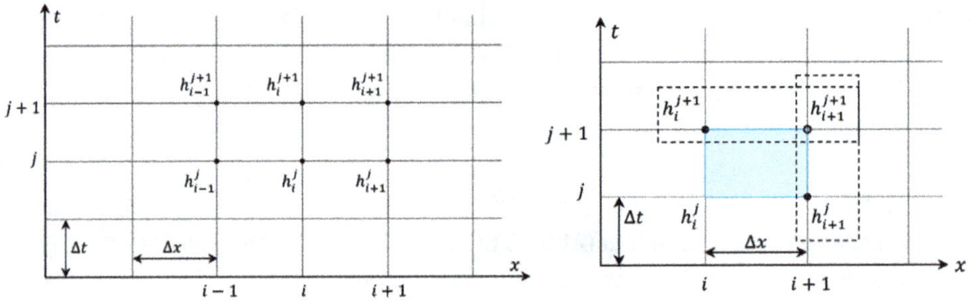

Abb. 12.2: Skizzen zur Diskretisierung der Ort-Zeit-Ebene.

Lösen wir die Gleichung (12.2.6) nach h_{i+1}^{j+1} auf, so ergibt sich eine Rekursionsformel für die kinematische Welle. Die AB und die RB sind je nach Beispiel verschieden.

Die Wassertiefe einer kinematischen Welle kann bei gegebener AB und RB mit folgender Rekursionsformel schrittweise bestimmt werden:

$$h_{i+1}^{j+1} = \frac{h_{i+1}^{j} + a \cdot \frac{\Delta t}{\Delta x} \cdot \left(\frac{h_{i+1}^{j} + h_{i}^{j+1}}{2}\right)^{\frac{2}{3}} h_i^{j+1}}{1 + a \cdot \frac{\Delta t}{\Delta x} \cdot \left(\frac{h_{i+1}^{j} + h_{i}^{j+1}}{2}\right)^{\frac{2}{3}}} \quad \text{für } i, j = 0, 1, 2, \ldots \text{ mit } a = \frac{5}{3} k_{\mathrm{Str}} \cdot \sqrt{J_S}.$$

Zudem muss $C_r = \frac{c_{max} \cdot \Delta t}{\Delta x} < 1$ erfüllt sein. (12.2.7)

Am Ende von (12.2.7) taucht die sogenannte Courant-Zahl C_r auf. Sie stellt eine notwendige Bedingung für die Konvergenz des Verfahrens und somit der asymptotischen Stabilität der Lösung dar. Umgeschrieben erhält man $\frac{\Delta x}{\Delta t} > c_{\text{max}}$, was bedeutet, dass die aus Δx und Δt gebildete Geschwindigkeit immer größer als die Wellengeschwindigkeit c_{max} sein muss.

Beispiel. Ein Kanal ist 25 m breit und 500 m lang. Bevor eine kinematische Welle durch den Beobachtungspunkt $x = 0$ tritt, beträgt die Wassertiefe im gesamten Kanal $h_0 = 0{,}5$ m. Man misst nun während 120 s die Wassertiefe am Ort $x = 0$. Die Höhe wird dabei durch eine Funktion $h(0,t)$ beschrieben: $h(0,t) = f(t) = 1 - 0{,}5 \cdot \cos(\frac{\pi}{60}t)$ für $0 \leq t \leq 120$, $h(0,t) = 0$, $t > 120$.

a) Wie lauten AB und RB?
b) Erstellen Sie eine Tabelle, welche die Wassertiefe am Ort $x = 0$ in Zeitabständen von $\Delta t = 10$ s erfasst.
c) Für eine Simulation sind folgende notwendige Größen gegeben: $k_{\text{Str}} = 40\,\frac{\sqrt[3]{\text{m}}}{\text{s}}$, $J_S = 0{,}0005$ und wir wählen $\Delta x = 20$ m. Wie groß darf der Zeitschritt Δt höchstens werden?
d) Für die weitere Berechnung setzen wir mit dem Ergebnis aus c) $\Delta t = 10$ s an. Formulieren Sie die Rekursionsformel zur Berechnung der Wassertiefe h_{i+1}^{j+1} und bestimmen Sie nacheinander h_1^1, h_1^2 und h_2^1.
e) Berechnen Sie alle fehlenden Wassertiefen bis hin zu h_5^{12} und fassen Sie alle Werte in einer Tabelle zusammen.
f) Für eine Vorhersage interessieren insbesondere die zeitlich variierenden Wasserstände entlang des Kanals. Stellen Sie nebst der eingehenden Welle am Ort $x = 0$ ebenso die fünf Zeitfunktionen $h(x_0, t)$ für $x_0 = 20$ m, 40 m, 60 m, 80 m, 100 m und $0 \leq t \leq 260$ dar.
g) Erstellen Sie ausgehend von den sechs Maximaltiefen eine Interpolationsexponentialfunktion und bestimmen Sie an welchem Ort die Welle ihre Ausgangswassertiefe von $h_0 = 0{,}5$ m wieder erreicht haben wird.

Lösung.

a) Dem Text entnimmt man:
AB: $h(x,0) = h_0 = 0{,}5$ für $0 \leq x \leq 500$ und
RB: $h(0,t) = f(t) = 1 + 0{,}5 \cdot \sin[\frac{\pi}{60}(t-30)]$ für $0 \leq t \leq 120$,

$$h(0,t) = 0, \quad t > 120.$$

b) Man erhält die folgende Tabelle:

Verstrichene Zeit [s]	0	10	20	30	40	50	60
Bezeichnung	h_0^0	h_0^1	h_0^2	h_0^3	h_0^4	h_0^5	h_0^6
Wassertiefe [m]	0,5	0,567	0,75	1	1,25	1,433	1,5

Verstrichene Zeit [s]	70	80	90	100	110	120
Bezeichnung	h_0^7	h_0^8	h_0^9	h_0^{10}	h_0^{11}	h_0^{12}
Wassertiefe [m]	1,433	1,25	1	0,75	0,567	0,5

c) Zuerst muss c_{max} ermittelt werden. Die Breite b des Gerinnes ist mit $b = 25$ m so groß gewählt, dass dies $r_h \approx h$ rechtfertigt. Bei einer maximalen Höhe von $h_{\text{max}} = 1{,}5$ m der einfließenden Welle erhält man dann mit (12.2.4)

$$c_{\text{max}} = \frac{5}{3} k_{\text{Str}} \cdot h_{\text{max}}^{\frac{2}{3}} \cdot \sqrt{J_S} = \frac{5}{3} \cdot 40 \cdot 1{,}5^{\frac{2}{3}} \cdot \sqrt{0{,}0005} = 1{,}95\,\frac{\text{m}}{\text{s}}$$

und daraus $\Delta t < \frac{\Delta x}{c_{\text{max}}} = \frac{20}{1{,}95} = 10{,}24$ s. Demnach kann man $\Delta t = 10$ s verwenden. Da die Welle sich mit einer endlichen Geschwindigkeit ausbreitet, werden weiter unten im Kanal liegende Punkte von der Wassertiefenänderung am Ort $x = 0$ nicht erfasst, sodass man eigentlich weitere Startwerte 0,5 setzen müsste. Aufgrund des großen Zeitschritts würden dadurch zwar große Sprünge entstehen, aber für den Algorithmus (12.2.7) würde dies kein Problem darstellen.

d) Die Gleichung (12.2.7) ergibt mit $\frac{\Delta t}{\Delta x} = \frac{1}{2}$ den Ausdruck

$$h_{i+1}^{j+1} = \frac{h_{i+1}^j + \frac{100}{3} \cdot \sqrt{0{,}0005} \cdot \left(\frac{h_{i+1}^j + h_i^{j+1}}{2}\right)^{\frac{2}{3}} h_i^{j+1}}{1 + \frac{100}{3} \cdot \sqrt{0{,}0005} \cdot \left(\frac{h_{i+1}^j + h_i^{j+1}}{2}\right)^{\frac{2}{3}}}. \tag{12.2.8}$$

Gegeben sind $h_1^0 = 0$ und $h_0^1 = 0{,}567$. Daraus erhält man

$$h_1^1 = \frac{h_1^0 + \frac{100}{3} \cdot \sqrt{0{,}0005} \cdot \left(\frac{h_1^0 + h_0^1}{2}\right)^{\frac{2}{3}} h_0^1}{1 + \frac{100}{3} \cdot \sqrt{0{,}0005} \cdot \left(\frac{h_1^0 + h_0^1}{2}\right)^{\frac{2}{3}}} = \frac{0{,}5 + \frac{100}{3} \cdot \sqrt{0{,}0005} \cdot \left(\frac{0{,}5+0{,}567}{2}\right)^{\frac{2}{3}} 0{,}567}{1 + \frac{100}{3} \cdot \sqrt{0{,}0005} \cdot \left(\frac{0{,}5+0{,}567}{2}\right)^{\frac{2}{3}}}$$
$$= 0{,}522.$$

Nun hat man $h_1^1 = 0{,}522$ und $h_0^2 = 0{,}75$ und dies ergibt

$$h_1^2 = \frac{h_1^1 + \frac{100}{3} \cdot \sqrt{0{,}0005} \cdot \left(\frac{h_1^1 + h_0^2}{2}\right)^{\frac{2}{3}} h_0^2}{1 + \frac{100}{3} \cdot \sqrt{0{,}0005} \cdot \left(\frac{h_1^1 + h_0^2}{2}\right)^{\frac{2}{3}}} = \frac{0{,}522 + \frac{100}{3} \cdot \sqrt{0{,}0005} \cdot \left(\frac{0{,}522+0{,}75}{2}\right)^{\frac{2}{3}} 0{,}75}{1 + \frac{100}{3} \cdot \sqrt{0{,}0005} \cdot \left(\frac{0{,}522+0{,}75}{2}\right)^{\frac{2}{3}}}$$
$$= 0{,}603.$$

Schließlich ist $h_2^0 = 0{,}5$ und $h_1^1 = 0{,}522$ und das führt zu

$$h_2^1 = \frac{h_2^0 + \frac{100}{3} \cdot \sqrt{0{,}0005} \cdot \left(\frac{h_2^0 + h_1^1}{2}\right)^{\frac{2}{3}} h_1^1}{1 + \frac{100}{3} \cdot \sqrt{0{,}0005} \cdot \left(\frac{h_2^0 + h_1^1}{2}\right)^{\frac{2}{3}}} = \frac{0{,}5 + \frac{100}{3} \cdot \sqrt{0{,}0005} \cdot \left(\frac{0{,}5+0{,}522}{2}\right)^{\frac{2}{3}} 0{,}522}{1 + \frac{100}{3} \cdot \sqrt{0{,}0005} \cdot \left(\frac{0{,}5+0{,}522}{2}\right)^{\frac{2}{3}}}$$
$$= 0{,}507.$$

e) Es ergibt sich die folgende Tabelle. Die fett markierten Zahlen stehen für die maximal erreichten Tiefen. Die Werte in den grau hinterlegten Zellen wurden berechnet. Da die Verläufe bei anwachsender Ortskoordinate immer langsamer konvergieren, muss die Tabelle für Zeiten $t > 120$ s ergänzt werden. Diese Zusatzwerte werden aus Platzgründen nicht abgedruckt.

$j = 12$ (120 s)	0,500	0,710	0,884	1,002	1,058	**1,051**
$j = 11$ (110 s)	0,567	0,830	1,000	1,089	1,101	1,046
$j = 10$ (100 s)	0,750	0,996	1,126	1,159	**1,110**	1,004
$j = 9$ (90 s)	1,000	1,175	1,229	**1,186**	1,072	0,924
$j = 8$ (80 s)	1,250	1,319	**1,275**	1,149	0,982	0,818
$j = 7$ (70 s)	1,433	**1,381**	1,237	1,046	0,857	0,708
$j = 6$ (60 s)	**1,500**	1,333	1,113	0,900	0,727	0,618
$j = 5$ (50 s)	1,433	1,181	0,934	0,743	0,622	0,557
$j = 4$ (40 s)	1,250	0,969	0,755	0,623	0,555	0,523
$j = 3$ (30 s)	1,000	0,758	0,618	0,549	0,520	0,508
$j = 2$ (20 s)	0,750	0,603	0,539	0,514	0,505	0,502
$j = 1$ (10 s)	0,567	0,522	0,507	0,503	0,501	0,500
$j = 0$ (0 s)	0,500	0,500	0,500	0,500	0,500	0,500
	$i = 0$ (0 m)	$i = 1$ (20 m)	$i = 2$ (40 m)	$i = 3$ (60 m)	$i = 4$ (80 m)	$i = 5$ (100 m)

f) Dazu werden die Spaltenwerte für $i = 0, 1, 2, 3, 4, 5$ zu den jeweiligen Zeiten aufgetragen. Die zugehörigen Punktfolgen sind in Abb. 12.3 festgehalten. Man erkennt, dass die Amplitude mit zurückgelegter Strecke einerseits sinkt, dafür die Welle aber auseinandergezogen wird.

g) Man erhält etwa $h_{max}(x) = 1{,}484 \cdot e^{-0{,}072 \cdot x}$ und aus $0{,}5 = 1{,}484 \cdot e^{-0{,}072 \cdot x}$ folgt $x = 15{,}1$, was einer Länge von $15{,}1 \cdot 20\,\text{m} = 302{,}2\,\text{m}$ entspicht.

Ergebnis. Das Modell der kinematischen Welle eignet sich für steilere Gerinne mit der Bedingung (E6), bei denen die Gravitation gegenüber den anderen wirkenden Kräften überwiegt. Das Modell besitzt keinen Rückstau.

Bemerkung. Der Grund, warum wir im Beispiel ein flaches und nicht steiles Gerinne gewählt hatten, war einzig der Courant-Bedingung geschuldet. Für ein größeres J_S wäre auch c_{max} viel größer als 1,95 geworden, was zu einem sehr kleinen Zeitschritt Δt und damit einem erheblich größeren Rechenaufwand bei der numerischen Behandlung der Aufgabe geführt hätte.

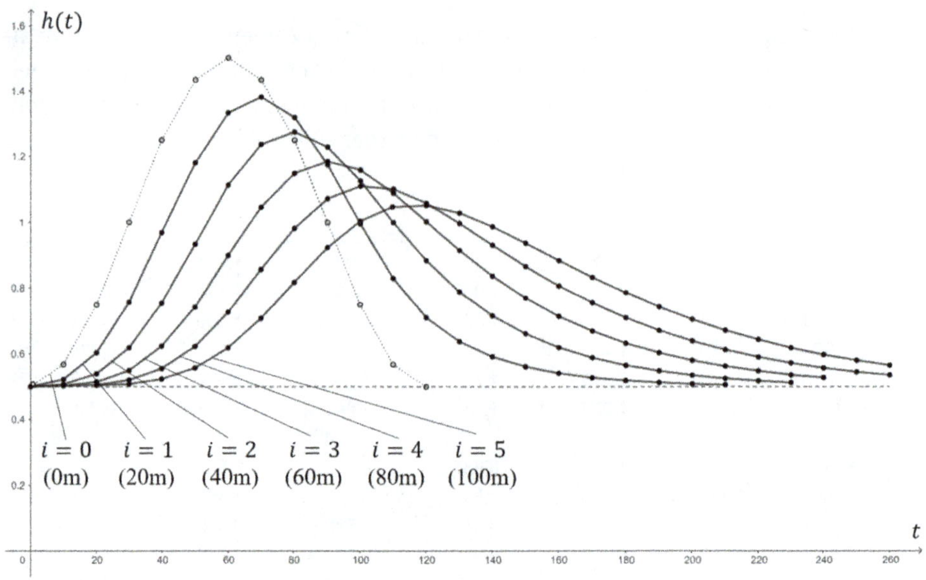

Abb. 12.3: Graphen zur kinematischen Welle.

12.3 Die diffusive Welle

Herleitung von (12.3.1)–(12.3.7)

In diesem Fall werden die beiden Beschleunigungsterme gegenüber dem Druck- und Gravitationsterm vernachlässigt: $\frac{\partial v}{\partial t}, v\frac{\partial v}{\partial x} \ll \frac{\partial h}{\partial x}, gJ_S$. Die Kontinuitätsgleichung in (12.8) wird dann bei konstanter Breite b zu

$$\frac{\partial h}{\partial t} + \frac{1}{b} \cdot \frac{\partial Q}{\partial x} = 0. \tag{12.3.1}$$

Die Impulsgleichung von (12.8) schreibt sich als $\frac{\partial h}{\partial x} = J_S - J_E$. Verwendet man für breite Gerinne wieder $v = k_{\text{Str}} \cdot h^{\frac{2}{3}} \cdot J_E^{\frac{1}{2}}$ (GMS), dann folgt

$$v = k_{\text{Str}} \cdot h^{\frac{2}{3}} \cdot \sqrt{J_S - \frac{\partial h}{\partial x}}. \tag{12.3.2}$$

Der Fluss $Q = bhv$ ist damit eine Funktion von h und $\frac{\partial h}{\partial x}$ und lautet

$$Q = bk_{\text{Str}} \cdot h^{\frac{5}{3}} \cdot \sqrt{J_S - \frac{\partial h}{\partial x}}. \tag{12.3.3}$$

Für die Berechnung von $\frac{\partial Q}{\partial x}$ gilt mit (12.3.3)

$$\frac{\partial Q}{\partial x} = \frac{\partial Q}{\partial h} \cdot \frac{\partial h}{\partial x} + \frac{\partial Q}{\partial(\partial h/\partial x)} \cdot \frac{\partial^2 h}{\partial x^2}.$$

Insgesamt schreibt sich (12.3.1) dann zu

$$\frac{\partial h}{\partial t} + \frac{1}{b} \cdot \frac{\partial Q}{\partial h} \cdot \frac{\partial h}{\partial x} + \frac{1}{b} \cdot \frac{\partial Q}{\partial(\partial h/\partial x)} \cdot \frac{\partial^2 h}{\partial x^2} = 0. \qquad (12.3.4)$$

Der Vergleich mit (12.2.1) zeigt, dass demnach in der Bewegungsgleichung ein Diffusionsterm $\frac{\partial^2 h}{\partial x^2}$ hinzukommt. Dieser berücksichtigt also die Änderung der Wassertiefenänderung mit dem Ort. Ist diese zu vernachlässigen, dann geht (12.3.4) in (12.2.1) über.

Zuerst berechnen wir

$$\frac{\partial Q}{\partial h} = \frac{5}{3} b k_{\mathrm{Str}} \cdot h^{\frac{2}{3}} \cdot \sqrt{J_S - \frac{\partial h}{\partial x}} \qquad (12.3.5)$$

und

$$\frac{\partial Q}{\partial(\partial h/\partial x)} = b k_{\mathrm{Str}} \cdot h^{\frac{5}{3}} \cdot \frac{(-1)}{2\sqrt{J_S - \frac{\partial h}{\partial x}}}.$$

Der Vergleich mit (12.3.5) liefert

$$\frac{\partial Q}{\partial(\partial h/\partial x)} = -\frac{3}{10} \cdot \frac{h}{J_S - \frac{\partial h}{\partial x}} \cdot \frac{\partial Q}{\partial h}. \qquad (12.3.6)$$

Die Ausbreitungsgeschwindigkeit ist abermals $c = \frac{1}{b} \cdot \frac{\partial Q}{\partial h} = \frac{5}{3} v$, sodass (12.3.4) zuerst folgende Gestalt annimmt:

$$\frac{\partial h}{\partial t} + \frac{5}{3} v \cdot \frac{\partial h}{\partial x} - \frac{3}{10} \cdot \frac{h}{J_S - \frac{\partial h}{\partial x}} \cdot \frac{5}{3} v \cdot \frac{\partial^2 h}{\partial x^2} = 0.$$

Verwendet man noch (12.3.2), so erhält man schließlich

$$\frac{\partial h}{\partial t} + \frac{5}{3} k_{\mathrm{Str}} \cdot h^{\frac{2}{3}} \cdot \sqrt{J_S - \frac{\partial h}{\partial x}} \cdot \frac{\partial h}{\partial x} - \frac{k_{\mathrm{Str}}}{2} \cdot \frac{h^{\frac{5}{3}}}{\sqrt{J_S - \frac{\partial h}{\partial x}}} \cdot \frac{\partial^2 h}{\partial x^2} = 0. \qquad (12.3.7)$$

Diese homogene PDG 2. Ordnung ist von parabolischem Typ, weil sie Ableitungen der Form $\frac{\partial h}{\partial t}$, $\frac{\partial h}{\partial x}$ und $\frac{\partial^2 h}{\partial x^2}$ vereint. Sie ist aber, wie auch schon die kinematische Welle, nichtlinear aufgrund der Faktoren

$$h^{\frac{2}{3}} \sqrt{J_S - \frac{\partial h}{\partial x}} \quad \text{und} \quad \frac{h^{\frac{5}{3}}}{\sqrt{J_S - \frac{\partial h}{\partial x}}}$$

(Die Wärmeleitungsgleichung aus Band 4 war auch parabolisch, aber linear und deswegen, wenn auch mithilfe unendlicher Reihen, analytisch lösbar.) Die Gleichung (12.3.7) verlangt zur eindeutigen Lösung eine AB und zwei RBen.

Da zusätzlich zum Gravitationsterm der Druckterm das Wasser vorwärtstreibt, eignet sich das Modell beispielsweise bei langsam ansteigenden Wellen in Gerinnen mit zwangsweise kleinen Geschwindigkeiten. Ein Rückstau ist in diesem Fall möglich. Die vorhandene Dämpfung wird die diffusive Welle, wie auch schon die kinematische Welle, mit der Zeit auflösen.

13 Strömungen von Gasen

Gase unterscheiden sich gegenüber Flüssigkeiten dadurch, dass Erstere komprimierbar sind. Deswegen muss die Kontinuitätsgleichung für eine stationäre Strömung angepasst werden (siehe Kapitel 3.3). Die Kontinuitätsgleichung einer stationären Gasströmung mit der Geschwindigkeit u lautet demnach

$$\rho A u = \text{konst.} \tag{13.1}$$

Die Isentropengleichungen

Herleitung von (13.2)–(13.9)

Weiter betrachten wir ein ideales Gas, d. h. es gilt die Gasgleichung (vgl. Band 4)

$$p = \rho \cdot R_s \cdot T \quad \text{oder} \quad pV = m \cdot R_s \cdot T, \tag{13.2}$$

wobei R_s für die spezifische Gaskonstante steht.

Die Zustandsänderungen des Gases geschehen adiabatisch, also ohne Wärmeaustausch mit der Umgebung und reibungsfrei. Letzteres bedeutet, dass keine Energie in Wärme umgewandelt wird. Beide Bedingungen zusammen ergeben einen adiabatisch-reversiblen Vorgang, den man auch isentrop nennt. Die Entropie S ist dann konstant, es gilt $dS = 0$, denn es ist $dS = \frac{dQ}{T}$ und $dQ = 0$. Aus der Adiabasie folgt die Poisson-Gleichung (siehe 4. Band):

$$p \cdot V^{\kappa} = \text{konst.} \tag{13.3}$$

Die Zahl κ bezeichnet den Adiabaten- oder Isentropenexponenten. Weiter sind c_p und c_V die spezifischen Wärmekapazitäten bei konstantem Druck bzw. bei konstantem Volumen. Im 4. Band wurde zudem der Zusammenhang $c_p - c_V = R$ hergeleitet, woraus man

$$c_p = \frac{\kappa R_s}{\kappa - 1} \tag{13.4}$$

erhält. Die Poisson-Gleichung (13.3) lässt sich demnach auch schreiben als:

$$\frac{p_1}{p_2} = \left(\frac{V_2}{V_1}\right)^{\kappa}. \tag{13.5}$$

Mithilfe der Gleichung (13.2) kann man die Poisson-Gleichung auf verschiedene Arten formulieren. Aus $p_1 V_1 = m \cdot R_s \cdot T_1$ und $p_2 V_2 = m \cdot R_s \cdot T_2$ erhält man $\frac{p_1}{p_2} = \frac{V_2 T_1}{V_1 T_2}$ und unter Verwendung von (13.5)

$$\left(\frac{V_2}{V_1}\right)^{\kappa} = \frac{V_2 T_1}{V_1 T_2} \quad \text{und} \quad T \cdot V^{\kappa-1} = \text{konst.} \quad \text{oder} \quad \frac{T_1}{T_2} = \left(\frac{V_2}{V_1}\right)^{\kappa-1}. \tag{13.6}$$

https://doi.org/10.1515/9783111345864-013

Anders umgeformt wird aus $\frac{T_1}{T_2} = \frac{V_1 p_1}{V_2 p_2}$ mithilfe von Gleichung (13.5)

$$\frac{T_1}{T_2} = \left(\frac{p}{p_2}\right)^{-\frac{1}{\kappa}} \frac{p_1}{p_2}$$

und damit

$$\frac{T_1}{T_2} = \left(\frac{p_1}{p_2}\right)^{\frac{\kappa-1}{\kappa}} \quad \text{oder} \quad T \cdot p^{\frac{\kappa-1}{\kappa}} = \text{konst.} \tag{13.7}$$

Aus der Gleichung $p \cdot V^\kappa = \text{konst.}$ kann man auch $p \cdot (\frac{m}{\rho})^\kappa = p \cdot (\frac{1}{\rho})^\kappa m^\kappa = \text{konst.}$ ableiten und dies schreiben als

$$p \cdot \rho^{-\kappa} = \text{konst.} \quad \text{oder} \quad \frac{p_1}{p_2} = \left(\frac{\rho_1}{\rho_2}\right)^\kappa. \tag{13.8}$$

Schließlich formen wir noch Gleichung (13.6) um zu $T \cdot (\frac{m}{\rho})^{\kappa-1} = \text{konst.}$ und erhalten

$$T \cdot \rho^{1-\kappa} = \text{konst.} \quad \text{oder} \quad \frac{T_1}{T_2} = \left(\frac{\rho_1}{\rho_2}\right)^{\kappa-1}. \tag{13.9}$$

Die Gleichungen (13.5)–(13.9) heißen Adiabaten- oder Isentropengleichungen.

13.1 Gasströmungen in Rohren

Herleitung von (13.1.1)–(13.1.8)

Ausgangspunkt ist die reibungsbehaftete Euler-Gleichung (3.3.7), die für eine stationäre Strömung bei einer Geschwindigkeit u die Gestalt

$$\rho u \cdot du + dp + \rho g \cdot dh + dp_V = 0 \tag{13.1.1}$$

mit einem Druckverlust dp_V annimmt. Da die Dichte bei Gasen klein ist, kann man den Gravitationsterm vernachlässigen. Zudem ist es zulässig, die Änderung der kinetischen Energie gegenüber der Druckarbeit zu vernachlässigen (Im 6. Band werden wir darauf zurückkommen und die Änderung der kinetischen Energie in der Gesamtbilanz miteinbeziehen).

Idealisierungen:

1. $\rho g \cdot dh \approx 0$.
2. $\rho u \cdot du \ll dp$.

In diesem Fall verbleibt von (13.1.1) lediglich

$$dp = -dp_V \tag{13.1.2}$$

oder mit (9.1.1), dem Ansatz von Weisbach,

$$dp = -\lambda \frac{dl}{d} \rho \frac{\overline{u}^2}{2}. \tag{13.1.3}$$

Nun betrachten wir zwei Zustände einer Rohrströmung mit den Größen p_1, ρ_1, u_1 bzw. p, ρ, u. Die beiden Zustände werden mit der Gasgleichung (13.2) verglichen und man erhält

$$\frac{p_1}{\rho_1 T_1} = \frac{p}{\rho T} \quad \text{oder} \quad \frac{\rho_1}{\rho} = \frac{p_1 T}{p T_1}. \tag{13.1.4}$$

Die Kontinuitätsgleichung liefert bei konstantem Rohrquerschnitt $\rho\overline{u} =$ konst., was zu $\overline{u} = \overline{u}_1 \cdot \frac{\rho_1}{\rho}$ und mit (13.1.4)

$$\overline{u} = \overline{u}_1 \cdot \frac{\rho_1}{\rho} = \overline{u}_1 \cdot \frac{p_1 T}{p T_1} \tag{13.1.5}$$

ergibt. Mithilfe von (13.1.2)–(13.1.5) schreibt sich der Druckverlust dann als

$$dp_V = -dp = -\frac{\lambda}{2d} \cdot \rho_1 \cdot \frac{p T_1}{p_1 T} \cdot \overline{u}_1^2 \cdot \frac{p_1^2 T^2}{p^2 T_1^2} \cdot dl$$

und schließlich

$$dp_V = -\frac{\lambda \rho_1}{2d} \overline{u}_1^2 \cdot \frac{p_1 T}{p T_1} dl. \tag{13.1.6}$$

1. *Isotherme Strömung*. In diesem Fall ist $T =$ konst. Dies erreicht man mittels einer langsamen Strömung und fehlender Isolation. Der Überschuss an Wärme wird an die Umgebung abgegeben (Bsp. Ferngasleitung). Mit den veränderlichen Größen ρ, $\overline{u}$ und p ändern sich eigentlich auch η, Re und λ. Der Einfachheit halber setzen wir λ als konstant voraus. Die Gleichung (13.1.6) geht dann über in $p \cdot dp_V = -\frac{\lambda\rho_1}{2d}\overline{u}_1^2 \cdot p_1 dl$ und die Integration $\int_{p_1}^{p_2} p dp_V = -\frac{\lambda\rho_1}{2d}\overline{u}_1^2 \cdot p_1 \int_0^l dl$ führt auf $\frac{1}{2}(p_2^2 - p_1^2) = -\frac{\lambda\rho_1}{2d}\overline{u}_1^2 \cdot p_1 l$ und schließlich zu

$$\left(\frac{p_2}{p_1}\right)^2 - 1 = -\frac{\lambda l \rho_1}{d \cdot p_1} \overline{u}_1^2. \tag{13.1.7}$$

2. *Adiabatische Strömung*. Es ist $T \neq$ konst. Das Rohr ist in diesem Fall isoliert (Bsp. Fernwärmeleitung). Es findet kein Austausch mit der Umgebung statt.

Mithilfe von (13.7) schreibt sich die Gleichung (13.1.6) als

$$dp_V = -\frac{\lambda \rho_1}{2d} \overline{u}_1^2 \cdot \frac{p_1}{p} \cdot \left(\frac{p}{p_1}\right)^{\frac{\kappa-1}{\kappa}} dl \quad \text{oder} \quad p^{\frac{1}{\kappa}} dp_V = -\frac{\lambda \rho_1}{2d} \overline{u}_1^2 \cdot p_1^{\frac{1}{\kappa}} dl.$$

Aus der Integration

$$\int_{p_1}^{p_2} p^{\frac{1}{\kappa}} dp_V = -\frac{\lambda \rho_1}{2d} \overline{u}_1^2 \cdot p_1^{\frac{1}{\kappa}} \int_0^l dl$$

erwächst

$$\left[\frac{1}{1+\frac{1}{\kappa}} \cdot p^{\frac{1}{1+\frac{1}{\kappa}}}\right]_{p_1}^{p_2} = -\frac{\lambda \rho_1}{2d} \overline{u}_1^2 \cdot p_1^{\frac{1}{\kappa}} l, \quad \frac{\kappa}{\kappa+1}(p^{\frac{\kappa+1}{\kappa}} - p_1^{\frac{\kappa+1}{\kappa}}) = -\frac{\lambda \rho_1}{2d} \overline{u}_1^2 \cdot p_1^{\frac{1}{\kappa}} l$$

und schließlich

$$\left(\frac{p_2}{p_1}\right)^{\frac{\kappa+1}{\kappa}} - 1 = -\frac{\kappa+1}{\kappa} \cdot \frac{\lambda l \rho_1}{d \cdot p_1} \overline{u}_1^2. \tag{13.1.8}$$

Beispiel 1. Durch eine 1 km lange horizontale Dampfleitung mit 16 cm Durchmesser strömen stündlich 30,6 t bei einem Eingangsdruck von 50 bar. Die Wandrauheit betrage $k = 0{,}1$ mm. Weiter sei $\rho_1 = 16{,}4\,\frac{\text{kg}}{\text{m}^3}$, $\eta = 26 \cdot 10^{-6}\,\frac{\text{kg}}{\text{ms}}$ und $\kappa = 1{,}28$. Es soll der Druckunterschied bestimmt werden. Dabei wird die Reynolds-Zahl nur mit den Anfangsgrößen bestimmt und wir verzichten auf eine Iteration. Führen Sie dies durch für:
a) eine isotherme Strömung,
b) eine adiabatische Strömung.

Lösung.
a) Der Massenstrom beträgt $\dot{m} = \frac{30600}{3600} = 8{,}5\,\frac{\text{m}^3}{\text{s}}$. Dies führt auf die Gleichung $\dot{m} = \rho_1 A \overline{u}_1 = \rho_1 \pi R^2 \overline{u}_1$ und

$$\overline{u}_1 = \frac{\dot{m}}{\rho_1 \pi R^2} = \frac{8{,}5}{16{,}4 \cdot \pi \cdot 0{,}08^2} = 25{,}78\,\frac{\text{m}}{\text{s}}.$$

Weiter ist

$$\text{Re} = \frac{\rho_1 d \overline{u}_1}{\eta} = \frac{16{,}4 \cdot 0{,}16 \cdot 25{,}78}{26 \cdot 10^{-6}} = 2601571.$$

Unter Verwendung von

$$\frac{1}{\sqrt{\lambda}} = 1{,}74 - 2 \cdot \log_{10}\left(\frac{2k}{d} + \frac{18{,}7}{\text{Re}\sqrt{\lambda}}\right),$$

der Formel von Colebrook-White, erhält man den Wert $\lambda = 0{,}0177$. Aus (13.1.7) folgt

$$\left(\frac{p_2}{5 \cdot 10^6}\right)^2 - 1 = -\frac{0{,}0177 \cdot 1000 \cdot 16{,}4}{0{,}16 \cdot 5 \cdot 10^6} \cdot 25{,}78^2 = -0{,}242$$

und somit $p_2 = 43{,}54\,\text{bar}$. Entlang des Rohres beträgt der Druckverlust $\Delta p_V = 6{,}46\,\text{bar}$.

b) Mithilfe von (13.1.8) erhält man

$$\left(\frac{p_2}{5\cdot 10^6}\right)^{\frac{2{,}28}{1{,}28}} - 1 = -\frac{2{,}28}{1{,}28}\cdot\frac{0{,}0177\cdot 1000\cdot 16{,}4}{2\cdot 0{,}16\cdot 5\cdot 10^6}\cdot 25{,}78^2,$$

daraus $p_2 = 43{,}54\,\text{bar}$ und somit $\Delta p_V = 6{,}35\,\text{bar}$.

Beispiel 2. Durch eine 1 km lange horizontale Leitung mit unbekanntem Durchmesser strömen pro Sekunde $5\,\text{m}^3$ Wasserdampf bei einem Eingangsdruck von 50 bar. Weiter sei $\rho_1 = 16{,}4\,\frac{\text{kg}}{\text{m}^3}$, $\eta = 26\cdot 10^{-6}\,\frac{\text{kg}}{\text{ms}}$ und $k = 0{,}1\,\text{mm}$. Die Strömung verlaufe isotherm.

a) Wie groß muss der Radius der Leitung gewählt werden, wenn der Druckverlust höchstens 2 bar betragen soll?

b) Bestimmen Sie die Größen ρ, $\overline{u}_1$ und $\overline{u}$.

Lösung.

a) Es gilt $\overline{u}_1 = \frac{Q}{\rho_1\pi R^2}$ und

$$\operatorname{Re}(R) = \frac{\rho_1\cdot 2R\cdot\overline{u}_1}{\eta} = \frac{\rho_1\cdot 2R}{\eta}\cdot\frac{Q}{\rho_1\pi R^2} = \frac{2Q}{\pi\eta R} = \frac{2\cdot 5}{\pi\cdot 26\cdot 10^{-6}} = \frac{12243}{R}.$$

Die Gleichung (13.1.7) liefert

$$\left(\frac{p}{p_1}\right)^2 - 1 = -\frac{\lambda l \rho_1}{2R\cdot p_1}\cdot\left(\frac{Q}{\rho_1\pi R^2}\right)^2,$$

daraus

$$\left(\frac{48}{50}\right)^2 - 1 = -\frac{\lambda\cdot 1000}{2R\cdot 5\cdot 10^6\cdot 16{,}4}\cdot\left(\frac{1}{\pi R^2}\right)^2$$

und somit $\lambda(R) = 5076R^5$.

Die Ausdrücke $\lambda(R)$ und $\operatorname{Re}(R)$ fügt man in die Colebrook-White-Formel ein und erhält

$$\frac{1}{\sqrt{5076R^5}} = 1{,}74 - 2\cdot\log_{10}\left(\frac{2\cdot 0{,}0001}{2R} + \frac{18{,}7R}{12243\sqrt{5076R^5}}\right)$$

mit der Lösung $R = 5{,}2\,\text{cm}$ mindestens.

b) Es folgt $\overline{u}_1 = \frac{5}{16{,}4\pi 0{,}052^2} = 35{,}26\,\frac{\text{m}}{\text{s}}$ und mit (13.1.5) $\overline{u} = \overline{u}_1\cdot\frac{p_1}{p} = 35{,}26\cdot\frac{50}{48} = 36{,}73\,\frac{\text{m}}{\text{s}}$ und $\overline{\rho} = 16{,}4\cdot\frac{50}{48} = 17{,}12\,\frac{\text{kg}}{\text{m}^3}$.

Die Energiegleichung für Gase

Herleitung von (13.1.9)–(13.1.13)

Für eine stationäre Strömung lautet die Bernoulli-Gleichung nach (3.3.11) $\frac{1}{2}\rho u^2+\rho gh+p=$ konst. Vernachlässigt man wiederum den Gravitationsterm aufgrund der kleinen Dichte (Idealisierung 2), so verbleibt

$$\frac{1}{2}u^2+\frac{p}{\rho}=\text{konst.} \tag{13.1.9}$$

Bei Gasen müssen wir die Kompressibilität unbedingt beachten. Verändert sich also die Dichte bei Druckschwankungen, so erhält die Gleichung (13.1.9) die Form

$$e=\frac{1}{2}u^2+\int\frac{dp}{\rho(p)}=\text{konst.} \tag{13.1.10}$$

Mit e bezeichnen wir die massenspezifische Gesamtenergie (üblicher ist der Buchstabe U, aber das kleine u ist für die Bezeichnung der Geschwindigkeit schon vergeben). Zur weiteren Herleitung könnte man die Poisson-Gleichung verwenden. Wir beschreiten einen anderen Weg und betrachten die Änderung der Enthalpie $dH=TdS+Vdp$ (4. Band). Aus $dS=0$ folgt $dH=Vdp$ oder

$$dh=\frac{dp}{\rho(p)}. \tag{13.1.11}$$

Anderseits ist die Enthalpie auch die Wärmeänderung bei konstantem Druck. Dies sieht man auch so ein: Aus der Definition der Enthalpie $H=E+p\cdot V$ ergibt sich $dH=dE+Vdp+pdV$. Benutzt man nun den Ausdruck der inneren Energie als Wärmeänderung minus die am Volumen verrichtete Arbeit, $dE=dQ-pdV$, so führt die Verrechnung zu $dH=dQ+Vdp$ und bei konstantem Druck zu $dH=dQ_p$. Somit ist $dH=c_p\cdot m\cdot dT$ und massenspezifisch

$$dh=c_p\cdot dT. \tag{13.1.12}$$

Setzt man (13.1.12) in (12.1.11) ein, so erhält man $c_p\cdot dT=\frac{dp}{\rho(p)}$. Die unbestimmte Integration führt zu $c_p\cdot\int dT=\int\frac{dp}{\rho(p)}$ und demnach $c_p\cdot T=\int\frac{dp}{\rho(p)}$, was in (13.1.10) eingefügt, den Energiesatz für eine stationäre, isentrope Strömung eines idealen Gases ergibt:

$$e=\frac{1}{2}u^2+c_pT=\text{konst.} \tag{13.1.13}$$

13.2 Gasgeschwindigkeiten

Die Schallgeschwindigkeit eines Gases

Herleitung von (13.2.1)–(13.2.4)
Wir schreiben die Kontinuitätsgleichung für Gase ρAu = konst. differentiell und erhalten nacheinander

$$d(\rho Au) = 0,$$
$$d\rho \cdot Au + \rho u \cdot dA + \rho A \cdot du = 0 \quad \text{und}$$
$$\frac{du}{u} + \frac{d\rho}{\rho} + \frac{dA}{A} = 0. \tag{13.2.1}$$

Bei konstantem Querschnitt verbleibt $\frac{du}{u} + \frac{d\rho}{\rho} = 0$ oder $du = -u \cdot \frac{d\rho}{\rho} = 0$. Aus der Euler-Gleichung (3.3.7) $\frac{\partial u}{\partial t} \cdot ds + u \cdot du + \frac{dp}{\rho} + g \cdot dh = 0$ vernachlässigen wir die Gravitation wie anhin (Idealisierung 2) und den instationären Teil, sodass sich (3.3.7) zu

$$u \cdot du + \frac{dp}{\rho} = 0 \tag{13.2.2}$$

reduziert. Aufgelöst nach du ergibt sich $du = -u \cdot \frac{d\rho}{\rho}$ und dies in (13.2.1) eingesetzt führt zu $u \cdot (-u \cdot \frac{d\rho}{\rho}) + \frac{dp}{\rho} = 0$ oder $\frac{dp}{d\rho} = u^2$. Wir verwenden den üblichen Buchstaben c für die Schallgeschwindigkeit und erhalten somit

$$c = \sqrt{\frac{dp}{d\rho}}. \tag{13.2.3}$$

Weiter differenzieren wir die Gleichung (13.8) nach ρ und erhalten aus $p \cdot \rho^{-\kappa}$ = konst. die DG $\frac{dp}{d\rho} \cdot \rho^{-\kappa} + p \cdot (-\kappa)\rho^{-\kappa-1} = 0$ und demnach $\frac{dp}{d\rho} = \kappa \cdot \frac{p}{\rho}$. Zusammen mit (13.2.3) schreibt sich die Schallgeschwindigkeit als $c = \sqrt{\kappa \cdot \frac{p}{\rho}}$ und mit Gleichung (13.2) zu

$$c = \sqrt{\kappa \cdot R_s \cdot T}. \tag{13.2.4}$$

Die Machzahl

Wir betrachten ein in einem Gefäß eingeschlossenes Gas, das nach Öffnen des Ventils austritt.

Herleitung von (13.2.5)–(13.2.8)
Anfangs seien die Zustandsgrößen p_0, ρ_0, T_0 und $u_0 = 0$. Unmittelbar nach dem Ausströmen verändern sich die Zustandsgrößen zu p, ρ, T und u. Die Energieerhaltung (13.1.13)

schreibt sich in diesem Fall als $\frac{1}{2}u^2 + c_pT = c_pT_0$, woraus $u = \sqrt{2c_p(T_0 - T)}$ entsteht. Die maximale Geschwindigkeit wird für $T = 0$ erreicht, sie beträgt

$$u_{\max} = \sqrt{2c_pT_0}. \tag{13.2.5}$$

Die relative Geschwindigkeit ist dann

$$\frac{u}{u_{\max}} = \sqrt{1 - \frac{T}{T_0}} \tag{13.2.6}$$

oder mit (13.7):

$$\frac{u}{u_{\max}} = \sqrt{1 - \left(\frac{p}{p_0}\right)^{\frac{\kappa-1}{\kappa}}}. \tag{13.2.7}$$

Für eine Darstellung fügen wir noch

$$\frac{T}{T_0} = \left(\frac{p}{p_0}\right)^{\frac{\kappa-1}{\kappa}} \quad \text{und} \quad \frac{\rho}{\rho_0} = \left(\frac{p}{p_0}\right)^{\frac{1}{\kappa}}$$

(Gleichungen (13.7) und (13.8)) hinzu. Wir wählen $\kappa = 1{,}4$ (Luft) und skizzieren diese beiden Verhältnisse zusammen mit (13.2.6) (Abb. 13.1).

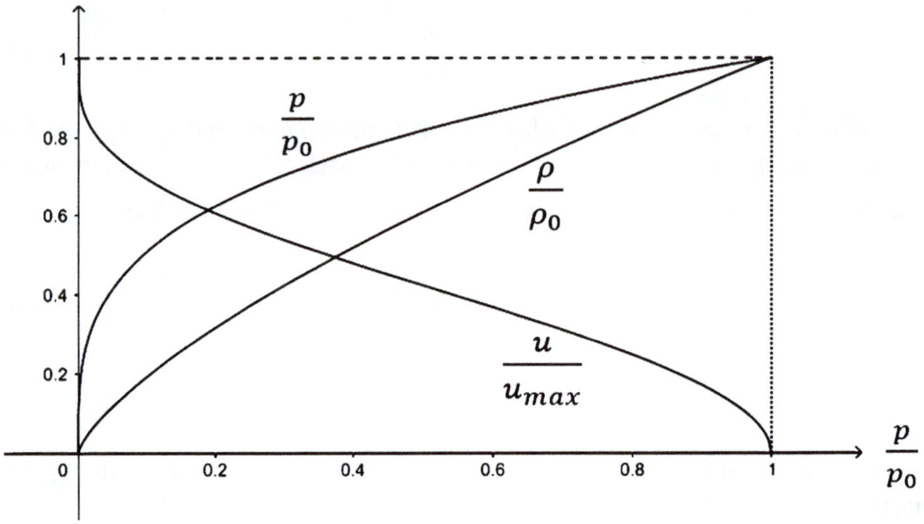

Abb. 13.1: Graphen von (13.7), (13.8) und (13.2.6).

Weiter wollen wir nun den Energiesatz (13.1.13) mithilfe von (13.8) neu formulieren. Aus

$$\rho(p) = \rho_0 \left(\frac{p}{p_0} \right)^{\frac{1}{\kappa}}$$

folgt

$$\int_{p_0}^{p} \frac{dp}{\rho(p)} = \frac{p_0^{\frac{1}{\kappa}}}{\rho_0} \int_{p_0}^{p} p^{-\frac{1}{\kappa}} dp = \frac{p_0^{\frac{1}{\kappa}}}{\rho_0} \left[\frac{\kappa}{\kappa - 1} p^{\frac{\kappa-1}{\kappa}} \right]_{p_0}^{p}$$

$$= \frac{p_0^{\frac{1}{\kappa}}}{\rho_0} \cdot \frac{\kappa}{\kappa - 1} (p^{\frac{\kappa-1}{\kappa}} - p_0^{\frac{\kappa-1}{\kappa}}) = \frac{\kappa}{\kappa - 1} \cdot \frac{p_0}{\rho_0} \left[\left(\frac{p}{p_0} \right)^{\frac{\kappa-1}{\kappa}} - 1 \right].$$

Damit schreibt sich (13.1.3) als

$$e = \frac{1}{2} u^2 + \frac{\kappa}{\kappa - 1} \cdot \frac{p_0}{\rho_0} \left[\left(\frac{p}{p_0} \right)^{\frac{\kappa-1}{\kappa}} - 1 \right] = \text{konst.} \tag{13.2.8}$$

Als Nächstes soll die Machzahl als Funktion der Quotienten $\frac{p}{p_0}$, $\frac{T}{T_0}$ und $\frac{\rho}{\rho_0}$ angegeben werden. Die Machzahl ist definiert als $\mathrm{Ma} = \frac{u}{c}$. Der Schallgeschwindigkeit entspricht $\mathrm{Ma} = 1$. Abb. 13.2 soll die Schallausbreitung für verschiedene Machzahlen veranschaulichen (c = konst.).

Herleitung von (13.2.9) und (13.2.10)

Die Wellenfronten der ausgelösten Schallquelle bilden einen Keil bzw. Kegel. Der halbe Öffnungswinkel heißt Machscher Winkel. Es gilt

$$\sin\left(\frac{\alpha}{2} \right) = \frac{c \cdot t}{u \cdot t} = \frac{c}{u} = \frac{1}{\mathrm{Ma}}.$$

Dabei können Strömungen mit $\mathrm{Ma} \leq 0{,}3$ als inkompressibel betrachtet werden.

Wir schreiben mithilfe der Gleichungen (13.2.4)–(13.2.7) und (13.7)–(13.9) die Machzahl als

$$\mathrm{Ma} = \frac{u}{u_{\max}} \cdot \frac{u_{\max}}{c} = \sqrt{1 - \frac{T}{T_0}} \cdot \frac{\sqrt{2 c_p T_0}}{\sqrt{\kappa R_s T}} = \sqrt{1 - \frac{T}{T_0}} \cdot \frac{\sqrt{2 \cdot \frac{\kappa R_s}{\kappa - 1} \cdot T_0}}{\sqrt{\kappa R_s T}}$$

$$= \sqrt{1 - \frac{T}{T_0}} \cdot \sqrt{\frac{2}{\kappa - 1} \cdot \frac{T}{T_0}} = \sqrt{\frac{2}{\kappa - 1}} \cdot \sqrt{\frac{T_0}{T} - 1}$$

$$= \sqrt{\frac{2}{\kappa - 1}} \cdot \sqrt{\left(\frac{p_0}{p} \right)^{\frac{\kappa-1}{\kappa}} - 1} = \sqrt{\frac{2}{\kappa - 1}} \cdot \sqrt{\left(\frac{\rho_0}{\rho} \right)^{\kappa-1} - 1}.$$

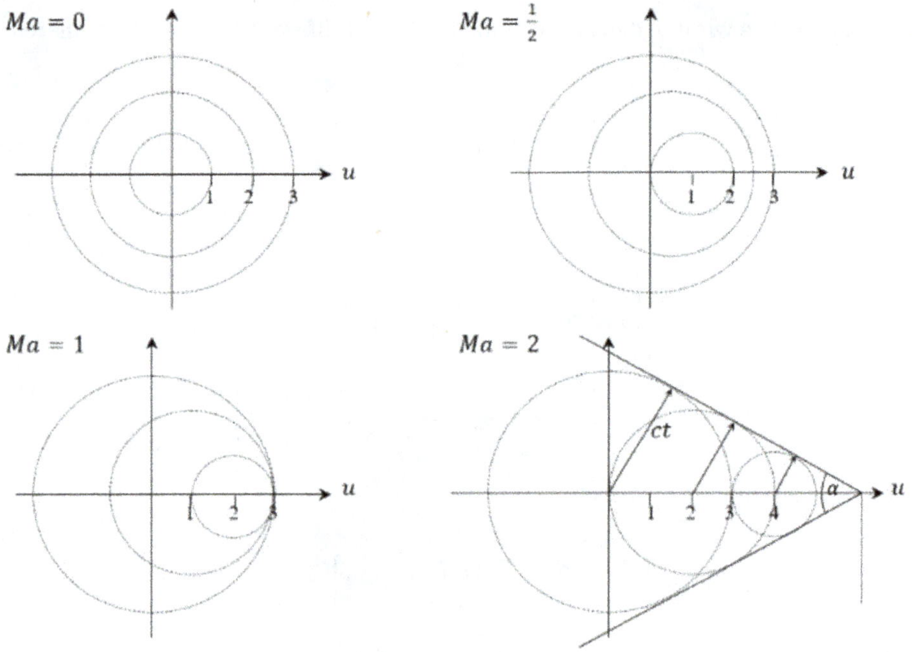

Abb. 13.2: Skizzen zu den Machzahlen.

Somit erhalten wir drei Darstellungen für die Machzahl:

$$\left.\begin{aligned} \mathrm{Ma}(T) &= \sqrt{\tfrac{2}{\kappa-1}[(\tfrac{T}{T_0})^{-1}-1]} \\ \mathrm{Ma}(p) &= \sqrt{\tfrac{2}{\kappa-1}[(\tfrac{p}{p_0})^{\frac{1-\kappa}{\kappa}}-1]} \\ \mathrm{Ma}(\rho) &= \sqrt{\tfrac{2}{\kappa-1}[(\tfrac{\rho}{\rho_0})^{1-\kappa}-1]} \end{aligned}\right\} \quad \text{respektive} \quad \left\{\begin{aligned} \tfrac{T}{T_0} &= (1+\tfrac{\kappa-1}{2}\cdot\mathrm{Ma}^2)^{-1} \\ \tfrac{p}{p_0} &= (1+\tfrac{\kappa-1}{2}\cdot\mathrm{Ma}^2)^{\frac{\kappa}{1-\kappa}} \\ \tfrac{\rho}{\rho_0} &= (1+\tfrac{\kappa-1}{2}\cdot\mathrm{Ma}^2)^{\frac{1}{1-\kappa}} \end{aligned}\right. \tag{13.2.9}$$

Für $\kappa = 1{,}4$ ergeben sich

$$\mathrm{Ma}(T) = \sqrt{5}\cdot\sqrt{\left(\frac{T}{T_0}\right)^{-1}-1}, \quad \mathrm{Ma}(p) = \sqrt{5}\cdot\sqrt{\left(\frac{p}{p_0}\right)^{\frac{2}{7}}-1} \quad \text{und}$$

$$\mathrm{Ma}(\rho) = \sqrt{5}\cdot\sqrt{\left(\frac{\rho}{\rho_0}\right)^{-0{,}4}-1},$$

respektive

$$\frac{T}{T_0} = (1+0{,}2\cdot\mathrm{Ma}^2)^{-1}, \quad \frac{p}{p_0} = (1+0{,}2\cdot\mathrm{Ma}^2)^{-\frac{7}{2}} \quad \text{und}$$

$$\frac{\rho}{\rho_0} = (1+0{,}2\cdot\mathrm{Ma}^2)^{-\frac{5}{2}}. \tag{13.2.10}$$

Letztere drei Funktionen werden in Abhängigkeit der Machzahl in Abb. 13.3 dargestellt.

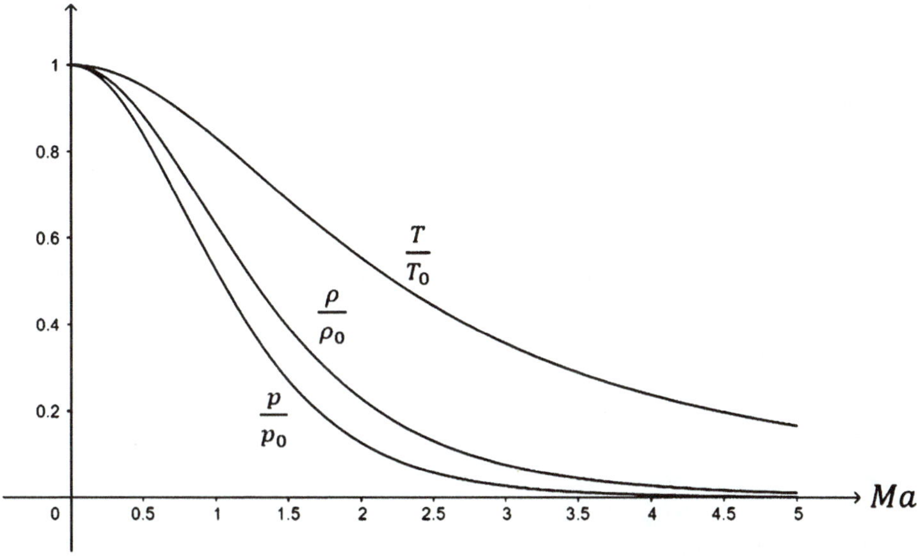

Abb. 13.3: Graphen von (13.2.10).

Kritische Zustandsgrößen

Besitzt die Strömung die relative Geschwindigkeit Ma = 1, so bezeichnet man die zugehörigen Zustandsgrößen, mit einem Stern versehen, als kritisch.

Herleitung von (13.2.11)-(13.2.13)

Beispielsweise entsteht aus der 1. Gleichung von (13.2.9) die Gleichung

$$1 = \sqrt{\frac{2}{\kappa - 1}} \cdot \sqrt{\left(\frac{T^*}{T_0}\right)^{-1} - 1}$$

und daraus

$$\frac{T^*}{T_0} = \left(\frac{\kappa - 1}{2} + 1\right)^{-1} = \left(\frac{\kappa + 1}{2}\right)^{-1} = \frac{2}{\kappa + 1}. \tag{13.2.11}$$

Unter Verwendung von (13.7) schreibt sich (13.2.11) als

$$\left(\frac{p^*}{p_0}\right)^{\frac{\kappa-1}{\kappa}} = \frac{2}{\kappa + 1} \quad \text{oder} \quad \frac{p^*}{p_0} = \left(\frac{2}{\kappa + 1}\right)^{\frac{\kappa}{\kappa-1}}. \tag{13.2.12}$$

Weiter umgerechnet auf das Dichteverhältnis wird aus Gleichung (13.2.12) mithilfe von (13.8)

$$\frac{\rho^*}{\rho_0} = \left(\frac{2}{\kappa+1}\right)^{\frac{1}{\kappa-1}}. \tag{13.2.13}$$

Schließlich folgt mit (13.2.7) noch

$$\frac{u^*}{u_{\max}} = \sqrt{1-\frac{T^*}{T_0}} = \sqrt{1-\frac{2}{\kappa+1}} = \sqrt{\frac{\kappa-1}{\kappa+1}}.$$

Für Luft mit $\kappa = 1{,}4$ ergeben sich die in der nachfolgenden Tabelle erfassten Werte:

$\frac{p^*}{p_0}$	$\frac{T^*}{T_0}$	$\frac{\rho^*}{\rho_0}$	$\frac{u^*}{u_{\max}}$
0,528	0,833	0,634	0,408

Die Massenstromdichte

Herleitung von (13.2.14)

Aus dem Massenstrom $\dot{m} = \rho A u$ entsteht die Massenstromdichte zu $\frac{\dot{m}}{A} = \dot{\gamma} = \rho u$ und die relative Massenstromdichte bezogen auf die maximale unter Verwendung von (13.8) und (13.9) zu $\frac{\dot{\gamma}}{\dot{\gamma}_{\max}} = \frac{\rho u}{\rho_0 u_{\max}}$ und einzeln zu

$$\frac{\dot{\gamma}}{\dot{\gamma}_{\max}} = \left(\frac{p}{p_0}\right)^{\frac{1}{\kappa}} \sqrt{1-\left(\frac{p}{p_0}\right)^{\frac{\kappa-1}{\kappa}}} = \frac{\rho}{\rho_0}\sqrt{1-\left(\frac{\rho}{\rho_0}\right)^{\kappa-1}} = \left(\frac{T}{T_0}\right)^{\frac{1}{\kappa-1}} \sqrt{1-\frac{T}{T_0}}. \tag{13.2.14}$$

Wieder sei $\kappa = 1{,}4$ und man erhält die Graphen in Abb. 13.4. Die drei Graphen besitzen ihr Maximum für Ma = 1. Der maximale Wert beträgt dann

$$\left(\frac{\dot{\gamma}}{\dot{\gamma}_{\max}}\right)_{\max} = \frac{\rho^*}{\rho_0}\cdot\frac{u^*}{u_{\max}} = \left(\frac{2}{\kappa+1}\right)^{\frac{1}{\kappa-1}} \sqrt{\frac{\kappa-1}{\kappa+1}}.$$

Für Luft ($\kappa = 1{,}4$) ist $(\frac{\dot{\gamma}}{\dot{\gamma}_{\max}})_{\max} = 0{,}259$.

13.3 Die Laval-Düse

In diesem Kapitel wollen wir die Frage klären, ob es möglich ist, einzig über die Form einer Stromröhre ein Gas auf eine Geschwindigkeit von Ma > 1 zu beschleunigen.

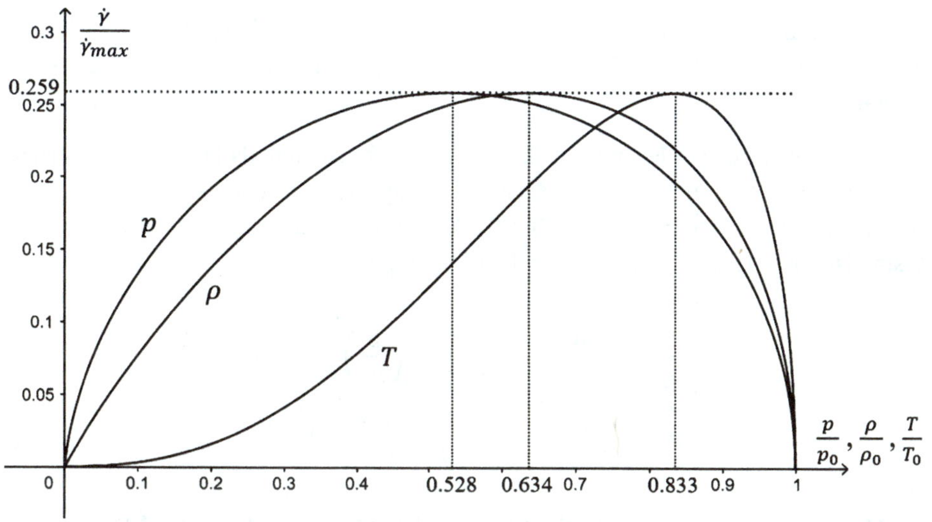

Abb. 13.4: Graphen von (13.2.14).

Die Hugoniot-Gleichung

Herleitung von (13.3.1)–(13.3.5)

Die reduzierte Euler-Gleichung (13.2.2) schreiben wir als $u \cdot du + \frac{dp}{d\rho} \cdot \frac{d\rho}{\rho} = 0$. Mit (13.2.3) wird daraus nacheinander:

$$u \cdot du + c^2 \cdot \frac{d\rho}{\rho} = 0, \quad u \cdot du + \frac{c^2}{\mathrm{Ma}^2} \cdot \frac{d\rho}{\rho} = 0 \quad \text{und} \quad \frac{d\rho}{\rho} = -\mathrm{Ma}^2 \cdot \frac{du}{u}.$$

Dies setzen wir in Gleichung (13.2.1) ein und erhalten

$$\frac{du}{u} + \frac{dA}{A} - \mathrm{Ma}^2 \cdot \frac{du}{u} = 0 \quad \text{oder} \quad \frac{dA}{A} = (\mathrm{Ma}^2 - 1) \cdot \frac{du}{u}. \tag{13.3.1}$$

Dies ist die Hugoniot-Gleichung. Wir untersuchen bei verschiedenen Machzahlen, was beispielsweise eine Zunahme der Geschwindigkeit $du > 0$ bewirkt.

$\mathrm{Ma} < 1$: Damit ist $\mathrm{Ma}^2 - 1 < 0$. Für $du > 0$ erfordert dies $dA < 0$. Der Querschnitt muss sich verringern. Ferner sinken für wachsende Machzahlen sowohl Druck, Dichte und Temperatur. Dies erkennt man auch aus Abb. 13.5. Folglich sinkt auch der Massenstrom (vgl. Abb. 13.6).

$\mathrm{Ma} = 1$: Für diesen Wert ist der Querschnitt A am kleinsten und der Massenstrom wird am größten.

$\mathrm{Ma} > 1$: Nun ist $\mathrm{Ma}^2 - 1 > 0$. Mit $du > 0$ muss der Querschnitt anwachsen: $dA > 0$. Dabei verringern sich sowohl Druck, Dichte, Temperatur und der Massenstrom (vgl. Abb. 13.3 und Abb. 13.4).

Ergebnis. Zur Beschleunigung und Drucksenkung einer Strömung im Unterschallbereich muss die Querschnittsfläche des Rohrs verringert, im Überschallbereich erweitert werden.

Ziel ist es nun, eine Formel für das Verhältnis $\frac{A^*}{A}$ sowohl als Funktion des Druckverhältnisses $\frac{p}{p_0}$ als auch von der Machzahl anzugeben. Dazu stellen wir noch einige neue Zusammenhänge her. Mit (13.7), (13.2.4) und den Beziehungen für die kritischen Zustandsgrößen (13.2.11) ergeben sich die Gleichungen

$$\frac{c}{c_0} = \frac{\sqrt{\kappa R_s T}}{\sqrt{\kappa R_s T_0}} = \left(\frac{T}{T_0}\right)^{\frac{1}{2}} = \left(\frac{p}{p_0}\right)^{\frac{\kappa-1}{2\kappa}} \quad \text{und}$$

$$\frac{c_0}{c^*} = \frac{\sqrt{\kappa R_s T_0}}{\sqrt{\kappa R_s T^*}} = \left(\frac{T_0}{T^*}\right)^{\frac{1}{2}} = \left(\frac{\kappa+1}{2}\right)^{\frac{1}{2}}. \qquad (13.3.2)$$

Mithilfe der Kontinuitätsgleichung gilt auch $\rho u A = \rho^* u^* A^* = \rho^* c^* A^*$ ($\text{Ma} = \frac{u}{c}$ ergibt $1 = \frac{u^*}{c^*}$).

Es folgt

$$\frac{A^*}{A} = \frac{\rho u}{\rho^* c^*} = \frac{\rho u}{\rho^* c^*} \cdot \frac{\rho_0}{\rho_0} \cdot \frac{c_0}{c_0} = \frac{c_0}{c^*} \cdot \frac{\rho_0}{\rho^*} \cdot \frac{\rho}{\rho_0} \cdot \frac{c}{c_0} \cdot \text{Ma}.$$

Wir verrechnen die Gleichung auf zwei verschiedene Arten weiter unter Benutzung von (13.8), (13.2.9), (13.2.13) und (13.3.2). Man erhält

$$\begin{aligned}\frac{A^*}{A} &= \frac{c_0}{c^*} \cdot \frac{\rho_0}{\rho^*}\left(\frac{p}{p_0}\right)^{\frac{1}{\kappa}}\left(\frac{p}{p_0}\right)^{\frac{\kappa-1}{2\kappa}}\sqrt{\frac{2}{\kappa-1}\left[\left(\frac{p}{p_0}\right)^{\frac{1-\kappa}{\kappa}}-1\right]}\\ &= \frac{c_0}{c^*} \cdot \frac{\rho_0}{\rho^*}\sqrt{\frac{2}{\kappa-1}}\left(\frac{p}{p_0}\right)^{\frac{1}{\kappa}}\sqrt{\left(\frac{p}{p_0}\right)^{\frac{\kappa-1}{\kappa}}\left[\left(\frac{p}{p_0}\right)^{\frac{1-\kappa}{\kappa}}-1\right]}\\ &= \frac{c_0}{c^*} \cdot \frac{\rho_0}{\rho^*}\sqrt{\frac{2}{\kappa-1}}\left(\frac{p}{p_0}\right)^{\frac{1}{\kappa}}\sqrt{1-\left(\frac{p}{p_0}\right)^{\frac{\kappa-1}{\kappa}}}\end{aligned}$$

und

$$\frac{A^*}{A}\left(\frac{p}{p_0}\right) = \left(\frac{\kappa+1}{2}\right)^{\frac{\kappa+1}{2(\kappa-1)}}\sqrt{\frac{2}{\kappa-1}}\left(\frac{p}{p_0}\right)^{\frac{1}{\kappa}}\sqrt{1-\left(\frac{p}{p_0}\right)^{\frac{\kappa-1}{\kappa}}}. \qquad (13.3.3)$$

Anderseits ist auch

$$\frac{A^*}{A} = \frac{c_0}{c^*}\frac{\rho_0}{\rho^*}\left(1+\frac{\kappa-1}{2}\text{Ma}^2\right)^{\frac{1}{1-\kappa}}\left(1+\frac{\kappa-1}{2}\text{Ma}^2\right)^{-\frac{1}{2}}\text{Ma}$$

$$= \frac{c_0}{c^*}\frac{\rho_0}{\rho^*}\left(1+\frac{\kappa-1}{2}\mathrm{Ma}^2\right)^{\frac{\kappa+1}{2(1-\kappa)}}\mathrm{Ma}$$

$$= \left(\frac{2}{\kappa+1}\right)^{\frac{\kappa+1}{2(1-\kappa)}}\left(1+\frac{\kappa-1}{2}\mathrm{Ma}^2\right)^{\frac{\kappa+1}{2(1-\kappa)}}\mathrm{Ma} \quad \text{und}$$

$$\frac{A^*}{A}(\mathrm{Ma}) = \mathrm{Ma}\left[\frac{2+(\kappa-1)\mathrm{Ma}^2}{\kappa+1}\right]^{\frac{\kappa+1}{2(1-\kappa)}}. \tag{13.3.4}$$

Die Verläufe von $\frac{A^*}{A}$ und die bereits dargestellte Massenstromdichte $\frac{\dot{y}}{\dot{y}_{\max}}$ entsprechen sich bis auf einen Faktor. Nun stellen wir $\frac{p}{p_0}(\frac{u}{u_{\max}})$ und $\frac{A^*}{A}(\mathrm{Ma})$ im selben Koordinatensystem dar. Dazu wird (13.2.7) umgeformt zu

$$\frac{p}{p_0}\left(\frac{u}{u_{\max}}\right) = \left[1-\left(\frac{u}{u_{\max}}\right)^2\right]^{\frac{\kappa}{\kappa-1}}. \tag{13.3.5}$$

Das Problem ist, dass die Achsen verschieden skaliert sind. Deswegen soll $\frac{A^*}{A}$ ebenfalls als Funktion von $\frac{u}{u_{\max}}$ angegeben werden. Aus

$$\mathrm{Ma} = \frac{u}{c} = \frac{u}{u_{\max}}\cdot\frac{u_{\max}}{c} = \frac{u}{u_{\max}}\cdot\sqrt{\frac{2}{\kappa-1}\cdot\frac{T}{T_0}}$$

entsteht unter Benutzung von (13.2.9)

$$\mathrm{Ma} = \frac{u}{u_{\max}}\cdot\sqrt{\frac{2}{\kappa-1}\cdot\left(1+\frac{\kappa-1}{2}\cdot\mathrm{Ma}^2\right)}$$

und daraus

$$\left(\frac{u}{u_{\max}}\right)^2 = \frac{\mathrm{Ma}^2}{\frac{2}{\kappa-1}+\mathrm{Ma}^2}. \tag{13.3.6}$$

Setzen wir nun kurzfristig $z := \frac{u}{u_{\max}}$, so erhalten wir

$$\mathrm{Ma}^2 = z^2\cdot\left[\frac{2}{\kappa-1}\cdot\left(1+\frac{\kappa-1}{2}\cdot\mathrm{Ma}^2\right)\right],$$

$$\mathrm{Ma}^2 = z^2\cdot\left(\frac{2}{\kappa-1}+\mathrm{Ma}^2\right),$$

$$\mathrm{Ma}^2(1-z^2) = \frac{2}{\kappa-1}\cdot z^2 \quad \text{und} \quad \mathrm{Ma} = \sqrt{\frac{2}{\kappa-1}}\cdot\frac{x}{\sqrt{1-x^2}}. \tag{13.3.7}$$

Demnach schreibt sich (13.3.4) mithilfe von (13.3.7) zu

$$\frac{A^*}{A}\left(\frac{u}{u_{\max}}\right) = \sqrt{\frac{2}{\kappa-1}}\cdot\frac{x}{\sqrt{1-x^2}}\left(\frac{2}{\kappa+1}+\frac{\kappa-1}{\kappa+1}\cdot\frac{2}{\kappa-1}\cdot\frac{x^2}{1-x^2}\right)^{\frac{\kappa+1}{2(1-\kappa)}}$$

$$= \sqrt{\frac{2}{\kappa-1}} \cdot \left(\frac{2}{\kappa+1}\right)^{\frac{\kappa+1}{2(1-\kappa)}} \cdot \frac{x}{\sqrt{1-x^2}} \left(\frac{1}{1-x^2}\right)^{\frac{\kappa+1}{2(1-\kappa)}}$$

$$= \sqrt{\frac{2}{\kappa-1}} \cdot \left(\frac{2}{\kappa+1}\right)^{\frac{\kappa+1}{2(1-\kappa)}} \cdot \frac{x}{(1-x^2)^{\frac{1}{2}+\frac{\kappa+1}{2(1-\kappa)}}}$$

und schließlich

$$\frac{A^*}{A}\left(\frac{u}{u_{\max}}\right) = \sqrt{\frac{2}{\kappa-1}} \cdot \left(\frac{2}{\kappa+1}\right)^{\frac{\kappa+1}{2(1-\kappa)}} \cdot \frac{u}{u_{\max}} \cdot \left[1 - \left(\frac{u}{u_{\max}}\right)^2\right]^{\frac{1}{\kappa-1}}. \qquad (13.3.8)$$

In der oberen Skizze von Abb. 13.5 wird zudem $A^* = 1$ gesetzt und gezeichnet wird

$$A^\circ\left(\frac{u}{u_{\max}}\right) = 1 + \log_2\left[A\left(\frac{u}{u_{\max}}\right)\right], \qquad (13.3.9)$$

weil die Werte für $\frac{u}{u_{\max}}$ gegen 0 und 1 sehr groß werden. Verglichen mit dem relativen Querschnittsverhältnis $\frac{A^*}{A}(\frac{u}{u_{\max}})$, das wir in die untere Skizze von Abb. 13.5 übernehmen, stellt $A^\circ(\frac{u}{u_{\max}})$ den absoluten Querschnitt dar, falls $A^* = 1$ gewählt wird. Wieder ist $\kappa = 1{,}4$.

Die speziellen eingezeichneten Werte beziehen sich auf das folgende Beispiel 1.

Beispiel 1. An einem Druckbehälter, in dem sich Luft unter einem Druck p_0 und der Temperatur $T_0 = 25\,°\mathrm{C}$ befindet, ist eine Lavaldüse angeschlossen, deren kleinster Querschnitt $A^* = 1\,\mathrm{cm}^2$ beträgt. Der Aussendruck ist $p_u = 1\,\mathrm{bar}$. Am Austrittsort soll die Geschwindigkeit Ma = 2 erreicht werden. Die Stoffwerte seien $\kappa = 1{,}4$ und $R_s = 287{,}2\,\frac{\mathrm{J}}{\mathrm{kgK}}$.

a) Berechnen Sie die maximale Geschwindigkeit $u_{\max}$ und die Endgeschwindigkeit des Gases u_E am Ende der Düse.
b) Wie groß muss der Querschnitt A_E am Düsenende sein?
c) Ermitteln Sie die Temperatur T_E am Ende der Düse.
d) Wie groß ist der Behälterdruck p_0?
e) Bestimmen Sie die kritischen Größen (im kleinsten Querschnitt A^*).
f) Wie hoch ist der Massenstrom?

Lösung.

a) Als Erstes berechnen wir das Verhältnis der Endgeschwindigkeit und der maximal möglichen mit (13.3.6). Es gilt

$$\left(\frac{u_E}{u_{\max}}\right)^2 = \frac{\mathrm{Ma}^2}{\frac{2}{\kappa-1} + \mathrm{Ma}^2} = \frac{4}{5+4} = \frac{4}{9}$$

und folglich $\frac{u_E}{u_{\max}} = \frac{2}{3}$. Die größtmögliche Geschwindigkeit beträgt

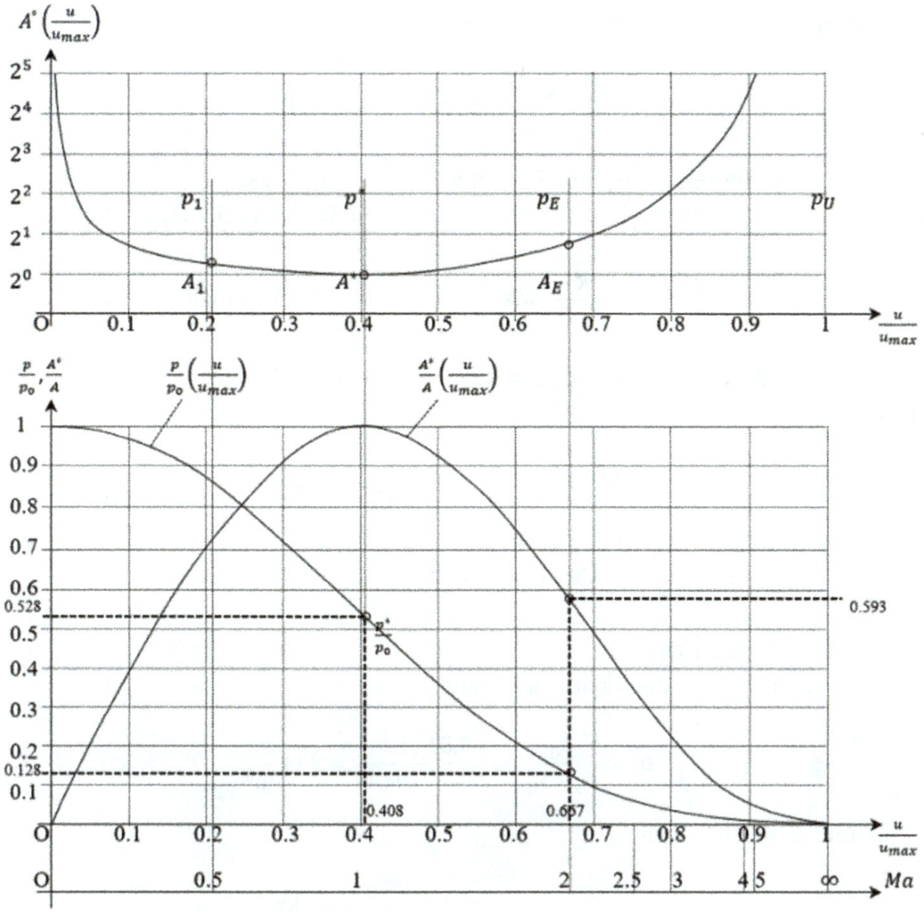

Abb. 13.5: Graphen von (13.3.5), (13.3.7) und (13.3.8).

$$u_{\max} = \sqrt{2 \cdot \frac{\kappa \cdot R_s}{\kappa - 1} \cdot T_0} = \sqrt{\frac{2 \cdot 1{,}4 \cdot 287{,}2 \cdot 298{,}15}{0{,}4}} = 774{,}21\,\frac{\mathrm{m}}{\mathrm{s}}.$$

Demnach erreicht das Gas am Ende der Düse die Geschwindigkeit $u_E = \frac{2}{3}u_{\max} = 516{,}14\,\frac{\mathrm{m}}{\mathrm{s}}$.

b) Das Verhältnis von kritischem Querschnitt und demjenigen am Austrittsort berechnet sich mit (12.1.2) zu

$$\frac{A^*}{A_E} = \mathrm{Ma}\left[\frac{2 + (\kappa - 1)\mathrm{Ma}^2}{\kappa + 1}\right]^{\frac{\kappa+1}{2(1-\kappa)}} = 2 \cdot \left(\frac{2 + 0{,}4 \cdot 4}{2{,}4}\right)^{\frac{2{,}4}{-0{,}8}} = 0{,}593.$$

Damit ist $A_E = 1{,}6875\ \mathrm{cm}^2$.

c) Weiter folgt das Temperaturverhältnis

$$\frac{T_E}{T_0} = \left(1 + \frac{\kappa - 1}{2}\mathrm{Ma}^2\right)^{-1} = (1 + 0{,}2 \cdot 4)^{-1} = \frac{5}{9}$$

und daraus die Temperatur am Ende der Düse $T_E = 165{,}64\,\mathrm{K}$.

d) Der herrschende Druck im Behälter wird mit dem Außendruck verglichen:

$$\frac{p_u}{p_0} = \left(1 + \frac{\kappa - 1}{2}\mathrm{Ma}^2\right)^{\frac{\kappa}{1-\kappa}} = (1 + 0{,}2 \cdot 4)^{\frac{1{,}4}{-0{,}4}} = 0{,}128,$$

was einem Behälterdruck von $p_0 = \frac{1\,\mathrm{bar}}{0{,}128} = 7{,}82\,\mathrm{bar}$ gleichkommt.

e) Es gilt

$$p^* = p_0 \cdot \left(\frac{2}{\kappa + 1}\right)^{\frac{\kappa}{\kappa-1}} = 4{,}13\,\mathrm{bar}, \quad T^* = T_0 \cdot \frac{2}{\kappa + 1} = 248{,}46\,\mathrm{K} \quad \text{und}$$

$$u^* = u_{\max}\sqrt{\frac{\kappa - 1}{\kappa + 1}} = 316{,}07\,\frac{\mathrm{m}}{\mathrm{s}},$$

was Ma = 1 entspricht.

f) Dazu benötigen wir die Dichte im Behälter:

$$\rho_0 = \frac{p_0}{R_s \cdot T_0} = \frac{7{,}82 \cdot 10^5}{287{,}2 \cdot 298{,}15} = 9{,}14\,\frac{\mathrm{kg}}{\mathrm{m}^3}.$$

Daraus folgt auch noch

$$\rho^* = \rho_0 \cdot \left(\frac{2}{\kappa + 1}\right)^{\frac{1}{\kappa-1}} \rho^* = 5{,}79\,\frac{\mathrm{kg}}{\mathrm{m}^3}.$$

Damit ist $\dot{m} = A^*\rho^*u^* = 10^{-4} \cdot 5{,}79 \cdot 316{,}07 = 0{,}18\,\frac{\mathrm{kg}}{\mathrm{s}}$. Der Massenstrom lässt sich beispielsweise auch mithilfe des bekannten Verhältnisses $\frac{\gamma^*}{\dot{\gamma}_{\max}} = 0{,}259$ (vgl. Abb. 1.2) berechnen:

$$\begin{aligned}\dot{m} &= A^*\gamma^* = A^*\frac{\gamma^*}{\rho_0 u_{\max}}\rho_0 u_{\max} = A^*\frac{\gamma^*}{\dot{\gamma}_{\max}}\rho_0 u_{\max} = A^* \cdot 0{,}259 \cdot \rho_0 u_{\max} \\ &= 10^{-4} \cdot 0{,}259 \cdot 9{,}14 \cdot 774{,}21 = 0{,}18\,\frac{\mathrm{kg}}{\mathrm{s}}.\end{aligned}$$

Beispiel 2. An einem Druckbehälter, in dem sich Luft mit $\kappa = 1{,}4$ unter einem Druck von $p_0 = 8\,\mathrm{bar}$ und der Temperatur von $T_0 = 25\,^\circ\mathrm{C}$ befindet, ist eine Laval-Düse angeschlossen, deren Querschnitt am Austritt $A_E = 1{,}5\,\mathrm{cm}^2$ beträgt. Bei Inbetriebnahme soll ein Massenstrom von $\dot{m} = 0{,}15\,\frac{\mathrm{kg}}{\mathrm{s}}$ fließen. Berechnen Sie nacheinander die Größen $u_{\max}$, ρ_0, A^*, Ma, T_E und p_U.

Lösung. Es gilt mit (13.4) und (13.2.5)

$$u_{\max} = \sqrt{2 \cdot \frac{\kappa R_S}{\kappa - 1} \cdot T_0} = \sqrt{2 \cdot \frac{1{,}4 \cdot 287{,}2}{1{,}4 - 1} \cdot 298{,}15} = 774{,}21\,\frac{\mathrm{m}}{\mathrm{s}}$$

und weiter mit (13.2)

$$\rho_0 = \frac{p_0}{R_S \cdot T_0} = \frac{8 \cdot 10^5}{287{,}2 \cdot 298{,}15} = 9{,}34\,\frac{\mathrm{kg}}{\mathrm{m}^3}.$$

Daraus erhält man wie in Bsp. 1f)

$$A^* = \frac{\dot{m}}{0{,}259 \cdot \rho_0 u_{\max}} = \frac{0{,}15}{0{,}259 \cdot 9{,}34 \cdot 774{,}21} = 0{,}80\,\mathrm{cm}^2.$$

Die Machzahl folgt aus (13.3.4). Die zugehörige Gleichung lautet

$$\frac{0{,}8}{1{,}5} = \mathrm{Ma}\left[\frac{2 + (1{,}4 - 1)\mathrm{Ma}^2}{1{,}4 + 1}\right]^{\frac{1{,}4+1}{2(1-1{,}4)}}$$

und sie liefert Ma = 2,12. Gleichung (13.2.9) ergibt

$$\frac{T_E}{298{,}15} = \left(1 + \frac{1{,}4 - 1}{2} \cdot 2{,}12^2\right)^{-1}$$

und somit $T_E = 156{,}82\,\mathrm{K}$. Schließlich folgt aus (13.2.9)

$$\frac{p_u}{p_0} = \left(1 + \frac{1{,}4 - 1}{2} \cdot 2{,}12^2\right)^{\frac{1{,}4}{-0{,}4}}$$

und $p_u = 0{,}84\,\mathrm{bar}$.

Die im Beispiel 1 beschriebene Laval-Düse beschleunigt die Gasströmung auf Überschallgeschwindigkeit, und zwar so, dass der Druck p_E am Ende der Düse dem Umgebungsdruck p_u entspricht: $p_E = p_u$. Dies erreicht man durch den passenden Querschnitt A_E am Austritt der Düse. Man sagt, dass das Gasdruckverhältnis $\frac{p_u}{p_0}$ dem Flächenverhältnis $\frac{A^*}{A_E}$ „angepasst" ist. Sind drei der vier Größen p_0, p_u, A^* und A_E gegeben, dann ist die vierte bestimmt, sofern der Enddruck p_E dem Umgebungsdruck p_u entsprechen soll. Damit ist auch gewährleistet, dass die erreichte Geschwindigkeit u_E aufrechterhalten wird.

Wird beispielsweise der Druck p_0 im Behälter erhöht und sowohl p_u, A^* und A_E unverändert belassen, dann ist der Gasdruck am Ende der Düse größer als der Umgebungsdruck $p_E > p_u$. Es kommt am Austritt zu einer Nachexpansion des Gases. Dies geschieht nicht mehr isentrop. Die hergeleiteten Gleichungen sind dann ungültig.

Wird p_0 zu klein gewählt, dann ist $p_E < p_u$ und eine Nachkompression am Ende der Düse ist die Folge. Es kann auch sein, dass ein Verdichtungsstoß des Gases hin bis zum engsten Querschnitt A^* eintritt, sodass am Düsenende wieder Druckausgleich, $p_E = p_u$ herrscht.

Die in der oberen der beiden Skizzen von Abb. 13.5 mit p_1 und A_1 bezeichneten Größen beschreiben den Fall, dass $\frac{p_u}{p_0}$ oberhalb des kritischen Werts $\frac{p^*}{p_0} = 0{,}528$ liegt. Es herrscht dann in der gesamten Düse Unterschall. Die Geschwindigkeit steigt bei sinkendem Querschnitt, erreicht zwar im kleinsten Querschnitt höchstens die Schallgeschwindigkeit (je näher $\frac{p_u}{p_0}$ gegen $\frac{p^*}{p_0}$ gewählt wird), aber bei zunehmendem Querschnitt sinkt die Geschwindigkeit auch wieder auf Ma < 1. Die Düse wirkt in diesem Fall als Diffusor.

Beispiel 3. Bei einer Laval-Düse mit Außendruck $p_u = 1\,\text{bar}$ und $A^* = 1\,\text{cm}^2$ wird bei einer Anfangstemperatur von $T_0 = 298{,}15\,\text{K}$ am Austrittsort die Geschwindigkeit Ma $=$ 0,5 erreicht. Die Stoffwerte für Luft seien $\kappa = 1{,}4$ und $R_s = 287{,}2\,\frac{\text{J}}{\text{kgK}}$.

a) Berechnen Sie nacheinander die Größen p_0, A_E, T_E und u_E.

b) Die Strömung soll als Venturi-Rohrströmung aufgefasst werden und mit der in Beispiel 6, Kap. 3.3 ermittelten Geschwindigkeit

$$u = \sqrt{\frac{2 \cdot \Delta p}{\rho[(\frac{A_E}{A^*})^2 - 1]}}$$

mit $\rho =$ konst. verglichen werden. Überprüfen Sie dies mit den gegebenen Dichten $1{,}230\,\frac{\text{kg}}{\text{m}^3}$ bei 283,15 K und $1{,}118\,\frac{\text{kg}}{\text{m}^3}$ bei 293,15 K.

c) Für die Praxis gilt es zu beachten, dass die Zunahme des Querschnitts von A^* auf A_E vorzugsweise einer S-Form wie in Abb. 13.6 folgt. Es gilt $\tan(\frac{\alpha}{2}) = \frac{A_E - A^*}{2l}$. Dabei sollte der Winkel $\alpha < 10°$ sein, damit sich die Strömung nicht ablöst (vgl. Grenzschichttheorie, 6. Band). Welche Vorgabe für die Länge der Düse ergibt sich aus dieser Bedingung und insbesondere für $\alpha = 5°$ mit den gegebenen Werten und den berechneten aus a)?

Lösung.

a) Die Gleichung (13.2.9) ergibt

$$\frac{1}{p_0} = \left(1 + \frac{1{,}4 - 1}{2} \cdot 0{,}5^2\right)^{\frac{1{,}4}{1-1{,}4}}$$

und somit $p_0 = 1{,}19\,\text{bar}$.
Aus (13.3.4) folgt

$$\frac{1}{A_E} = 0{,}5\left[\frac{2 + (1{,}4 - 1) \cdot 0{,}5^2}{1{,}4 + 1}\right]^{\frac{1{,}4+1}{2(1-1{,}4)}}$$

und daraus $A_E = 1{,}34\,\text{cm}^2$.

Abermals mit (13.2.9) erhält man

$$\frac{T_E}{298{,}15} = \left(1 + \frac{1{,}4-1}{2} \cdot 0{,}5^2\right)^{-1}$$

und folglich $T_E = 283{,}95\,\text{K}$. Wie schon in den Beispielen 1 und 2 ist

$$u_{\max} = \sqrt{2 \cdot \frac{\kappa R_S}{\kappa - 1} \cdot T_0} = \sqrt{2 \cdot \frac{1{,}4 \cdot 287{,}2}{1{,}4-1} \cdot 298{,}15} = 774{,}21\,\frac{\text{m}}{\text{s}}$$

und mit (13.3.6) folgt

$$\left(\frac{u}{774{,}21}\right)^2 = \frac{0{,}5^2}{\frac{2}{1{,}4-1} + \text{Ma}^2}$$

und schließlich $u_E = 168{,}95\,\frac{\text{m}}{\text{s}}$.

b) Für die zu verwendende Dichte bilden wir den Mittelwert $\rho = 1{,}174\,\frac{\text{kg}}{\text{m}^3}$, den wir in die gegebene Formel einsetzen:

$$u = \sqrt{\frac{2 \cdot (1{,}19 - 1) \cdot 10^5}{1{,}174 \cdot [(\frac{1{,}134}{1})^2 - 1]}} = 201{,}70\,\frac{\text{m}}{\text{s}}.$$

Man erkennt, dass der Vergleich mit einer Venturi-Rohre hinkt, da die Dichte eben nicht konstant bleibt.

c) Man erhält

$$l \geq \frac{d_E - d^*}{2 \cdot \tan(\frac{\alpha}{2})}.$$

Insbesondere folgt

$$l \geq \frac{\sqrt{\frac{4 \cdot 1{,}34}{\pi}} - \sqrt{\frac{4 \cdot 1}{\pi}}}{2 \cdot \tan(\frac{5}{2})} = 4{,}1\,\text{cm}.$$

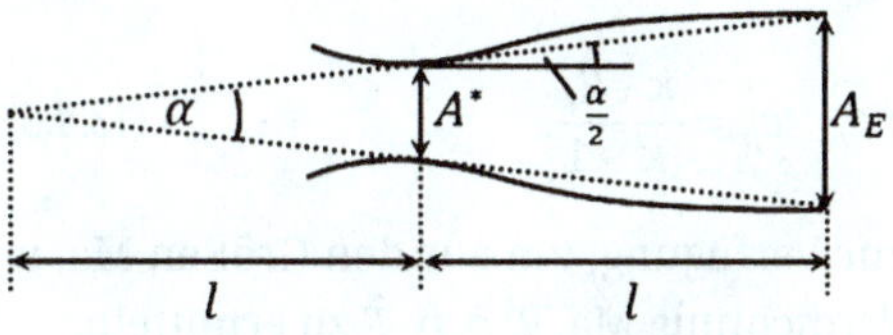

Abb. 13.6: Skizze zur Querschnittszunahme der Laval-Düse.

13.4 Der senkrechte Verdichtungsstoß

Der Stoß heißt deswegen senkrecht, weil er normal zur Angriffsfläche der Düse erfolgt. Der Verdichtungsstoß ist eine Besonderheit von Überschallströmungen kompressibler Fluide. Wie schon bei der Laval-Düse erwähnt, treten in einem kleinen Bereich, üblicherweise von der Größenordnung $dx = 10^{-5}$ m, sprunghafte Änderungen der Zustandsgrößen auf. Wärme wird von außen aber nicht zugeführt und somit bleibt die Strömung adiabatisch. Hingegen führen die auftretenden Strömungsverluste dazu, dass die Entropie ansteigt und die Strömung nicht mehr als isentrop betrachtet werden kann. Alle hergeleiteten Isentropengleichungen gelten somit nicht mehr. Da die Lauflänge dx der Verdichtung sehr klein ist, kann man die Querschnittsfläche A als konstant betrachten. Dies ist aber nicht zwingend. Die Zustandsgrößen nach der Verdichtung erhalten ein Dach (Abb. 13.7).

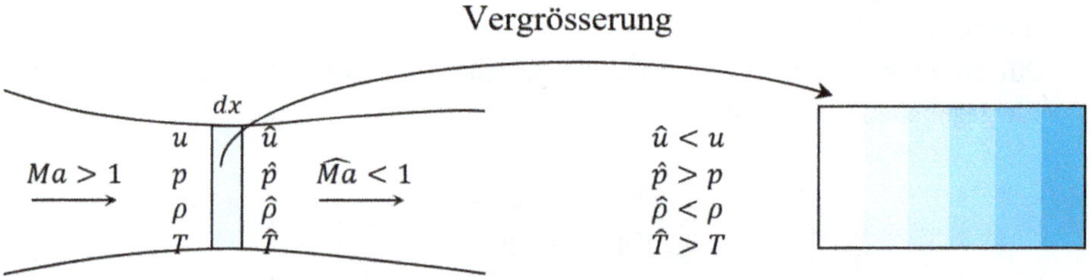

Abb. 13.7: Skizze zum Verdichtungsstoß.

Zur Beschreibung muss nun auch die Impulserhaltung beispielsweise in Form des Stützkraftsatzes hinzugezogen werden. Es gilt:

die Massenerhaltung: $$\rho \cdot u \cdot A = \hat{\rho} \cdot \hat{u} \cdot A, \tag{13.4.1}$$

die Impulserhaltung: $$p \cdot A + \rho \cdot A \cdot u^2 = \hat{p} \cdot A + \hat{\rho} \cdot A \cdot \hat{u}^2, \tag{13.4.2}$$

die Energieerhaltung: $$\frac{1}{2}u^2 + c_p T = \frac{1}{2}\hat{u}^2 + c_p \hat{T}, \tag{13.4.3}$$

das Gasgesetz: $$p = \rho \cdot R_s \cdot T, \quad \hat{p} = \hat{\rho} \cdot R_s \cdot \hat{T} \tag{13.4.4}$$

und die Formel für

die spezifische Wärme: $$c_p = \frac{\kappa \cdot R_s}{\kappa - 1}. \tag{13.4.5}$$

Insgesamt stehen uns fünf Gleichungen zur Verfügung, um aus den Größen Ma, u, ρ, p, T die entsprechenden Größen nach der Verdichtung $\hat{\text{Ma}}$, $\hat{u}$, $\hat{\rho}$, $\hat{p}$, $\hat{T}$ zu ermitteln.

Bemerkung. Im Fall isentroper Strömung könnte man für die Lösung desselben Problems die Gleichungen (13.4.1), (13.4.3)–(13.4.5) und eine entsprechende Isentropengleichung verwenden.

Herleitung von (13.4.6)–(13.4.17)

Zur Herleitung neuer Beziehungen für den Verdichtungsstoß schreibt sich (13.4.3) mithilfe von (13.4.4) und (13.4.5) nacheinander zu:

$$\frac{1}{2}u^2 + \frac{\kappa \cdot R_s}{\kappa - 1}T = \frac{1}{2}\hat{u}^2 + \frac{\kappa \cdot R_s}{\kappa - 1}\hat{T},$$
$$\frac{1}{2}u^2 + \frac{\kappa}{\kappa - 1} \cdot \frac{p}{\rho} = \frac{1}{2}\hat{u}^2 + \frac{\kappa}{\kappa - 1} \cdot \frac{\hat{p}}{\hat{\rho}}$$

und schließlich

$$\frac{\kappa - 1}{2}u^2 + \kappa \cdot \frac{p}{\rho} = \frac{\kappa - 1}{2}\hat{u}^2 + \kappa \cdot \frac{\hat{p}}{\hat{\rho}}. \tag{13.4.6}$$

Aus (13.4.1) wird $\hat{u} = u \cdot \frac{\rho}{\hat{\rho}} = u \cdot \varepsilon$ mit $\varepsilon := \frac{\rho}{\hat{\rho}}$. Eingesetzt in (13.4.2) folgt nacheinander:

$$p + \rho \cdot u^2 = \hat{p} + \hat{\rho} \cdot u^2 \cdot \varepsilon^2,$$
$$\frac{\hat{p}}{p} = 1 + \frac{\rho}{p} \cdot u^2 - \frac{\hat{\rho}}{p} \cdot u^2 \cdot \varepsilon^2,$$
$$\frac{\hat{p}}{p} = 1 + \frac{u^2}{\frac{p}{\rho}} - \frac{\hat{\rho}}{\rho \cdot \frac{p}{\rho}} \cdot u^2 \cdot \varepsilon^2 \quad \text{und}$$
$$\frac{\hat{p}}{p} = 1 + \frac{\kappa \cdot u^2}{\kappa \cdot \frac{p}{\rho}} - \frac{\hat{\rho}}{\rho} \cdot \frac{\kappa}{\kappa \cdot \frac{p}{\rho}} \cdot u^2 \cdot \varepsilon^2.$$

Der Term $\kappa \cdot \frac{p}{\rho}$ wird durch c^2 ersetzt:

$$\frac{\hat{p}}{p} = 1 + \frac{\kappa \cdot u^2}{c^2} - \frac{\kappa}{\varepsilon} \cdot \frac{1}{c^2} \cdot u^2 \varepsilon^2.$$

Mit $\mathrm{Ma} = \frac{u}{c}$ folgt

$$\frac{\hat{p}}{p} = 1 + \kappa \cdot \mathrm{Ma}^2 - \kappa \cdot \mathrm{Ma}^2 \cdot \varepsilon. \tag{13.4.7}$$

Weiter wird die Gleichung (13.4.6) durch $c^2 = \kappa \cdot \frac{p}{\rho}$ dividiert und man erhält

$$1 + \frac{\kappa - 1}{2} \cdot \frac{u^2}{c^2} = \frac{\hat{p}}{p} \cdot \frac{\rho}{\hat{\rho}} + \frac{\kappa - 1}{2} \cdot \frac{\hat{u}^2}{c^2} \quad \text{und} \quad 1 + \frac{\kappa - 1}{2} \cdot \mathrm{Ma}^2 = \frac{\hat{p}}{p} \cdot \varepsilon + \frac{\kappa - 1}{2} \cdot \mathrm{Ma}^2 \cdot \varepsilon^2.$$

Einsetzen von (13.4.7) führt zu

$$1 + \frac{\kappa - 1}{2} \cdot \mathrm{Ma}^2 = [1 + \kappa \cdot \mathrm{Ma}^2 - \kappa \cdot \mathrm{Ma}^2 \cdot \varepsilon] \cdot \varepsilon + \frac{\kappa - 1}{2} \cdot \mathrm{Ma}^2 \cdot \varepsilon^2,$$
$$1 + \frac{\kappa - 1}{2} \cdot \mathrm{Ma}^2 = [1 + \kappa \cdot \mathrm{Ma}^2] \cdot \varepsilon + \frac{\kappa + 1}{2} \cdot \mathrm{Ma}^2 \cdot \varepsilon^2$$

und der quadratischen Gleichung

$$\varepsilon^2 - \frac{1+\kappa\cdot \mathrm{Ma}^2}{\frac{\kappa+1}{2}\cdot \mathrm{Ma}^2}\cdot\varepsilon + \frac{1+\frac{\kappa-1}{2}\cdot \mathrm{Ma}^2}{\frac{\kappa+1}{2}\cdot \mathrm{Ma}^2} = 0.$$

Wir schreiben diese Gleichung nacheinander als:

$$\varepsilon^2 - \frac{2+2\kappa\cdot \mathrm{Ma}^2}{(\kappa+1)\cdot \mathrm{Ma}^2}\cdot\varepsilon + \frac{1+\frac{\kappa-1}{2}\cdot \mathrm{Ma}^2}{\frac{\kappa+1}{2}\cdot \mathrm{Ma}^2} = 0,$$

$$\varepsilon^2 + \left[\frac{-2}{(\kappa+1)\cdot \mathrm{Ma}^2} - \frac{2\kappa}{\kappa+1}\right]\varepsilon + \frac{2+(\kappa-1)\cdot \mathrm{Ma}^2}{(\kappa+1)\cdot \mathrm{Ma}^2} = 0 \quad \text{und}$$

$$\varepsilon^2 + \left[\frac{-2}{(\kappa+1)\cdot \mathrm{Ma}^2} - \frac{2\kappa}{\kappa+1}\right]\varepsilon + \left[\frac{2}{(\kappa+1)\cdot \mathrm{Ma}^2} + \frac{\kappa-1}{\kappa+1}\right] = 0.$$

Dies führt auf die Form $\varepsilon^2 + \alpha\cdot\varepsilon + \beta = 0$ mit $\beta = -\alpha - 1$ und den Lösungen

$$\varepsilon_{1,2} = \frac{-\alpha \pm \sqrt{\alpha^2 - 4\beta}}{2} = \frac{-\alpha \pm \sqrt{\alpha^2 + 4\alpha + 4}}{2} = \frac{-\alpha \pm \sqrt{(\alpha+2)^2}}{2}$$
$$= \frac{-\alpha \pm \sqrt{(\alpha+2)^2}}{2} = \frac{-\alpha \pm |\alpha+2|}{2}.$$

Die Fallunterscheidung ergibt beide Male dasselbe Ergebnis:

$$\text{i)} \quad \alpha + 2 > 0 \Rightarrow \varepsilon_{1,2} = \frac{-\alpha \pm (\alpha+2)}{2} = \begin{cases} \frac{-\alpha+\alpha+2}{2} = 1, \\ \frac{-\alpha-\alpha-2}{2} = \beta, \end{cases}$$

$$\text{ii)} \quad \alpha + 2 < 0 \Rightarrow \varepsilon_{1,2} = \frac{-\alpha \pm (-\alpha-2)}{2} = \begin{cases} \frac{-\alpha-\alpha-2}{2} = \beta, \\ \frac{-\alpha+\alpha+2}{2} = 1. \end{cases}$$

Das Verhältnis $\varepsilon = \frac{\rho}{\hat{\rho}} = 1$ bedeutet, dass keinerlei Dichteänderung vorliegt. Hingegen ist

$$\varepsilon = \frac{\rho}{\hat{\rho}} = \beta = \frac{2}{(\kappa+1)\cdot \mathrm{Ma}^2} + \frac{\kappa-1}{\kappa+1}$$

unser gesuchtes Ergebnis, das wir schreiben als

$$\frac{\hat{\rho}}{\rho} = \frac{(\kappa+1)\cdot \mathrm{Ma}^2}{2+(\kappa-1)\cdot \mathrm{Ma}^2}. \tag{13.4.8}$$

Aus (13.4.1) folgt

$$\frac{\hat{u}}{u} = \frac{2+(\kappa-1)\cdot \mathrm{Ma}^2}{(\kappa+1)\cdot \mathrm{Ma}^2}. \tag{13.4.9}$$

Insbesondere ist $\frac{\hat{u}^*}{u^*} = \frac{2+(\kappa-1)}{(\kappa+1)} = 1$, also

$$\hat{u}^* = u^*. \tag{13.4.10}$$

Setzen wir (13.4.8) in (13.4.7) ein, so entsteht

$$\begin{aligned}
\frac{\hat{p}}{p} &= 1 + \kappa \cdot \mathrm{Ma}^2 - \kappa \cdot \mathrm{Ma}^2 \cdot \left[\frac{2}{(\kappa+1)\cdot \mathrm{Ma}^2} + \frac{\kappa-1}{\kappa+1}\right] \\
&= \frac{(\kappa+1)(1+\kappa\cdot\mathrm{Ma}^2) - \kappa[2+(\kappa-1)\cdot\mathrm{Ma}^2]}{\kappa+1} \\
&= \frac{\kappa + \kappa^2\mathrm{Ma}^2 + 1 + \kappa\mathrm{Ma}^2 - 2\kappa - \kappa^2\mathrm{Ma}^2 + \kappa\mathrm{Ma}^2}{\kappa+1} \\
&= \frac{\kappa + 1 + 2\kappa\mathrm{Ma}^2 - 2\kappa}{\kappa+1}
\end{aligned}$$

und demnach

$$\frac{\hat{p}}{p} = 1 + \frac{2\kappa}{\kappa+1}(\mathrm{Ma}^2 - 1). \tag{13.4.11}$$

Mithilfe von (13.2) folgt das Temperaturverhältnis

$$\frac{\hat{T}}{T} = \frac{\hat{p}}{R_s\cdot\hat{\rho}} \cdot \frac{R_s\cdot\rho}{p} = \frac{\hat{p}}{\hat{\rho}}\cdot\frac{\rho}{p} = \left[1 + \frac{2\kappa}{\kappa+1}(\mathrm{Ma}^2-1)\right] \cdot \frac{(\kappa+1)\cdot\mathrm{Ma}^2}{2+(\kappa-1)\cdot\mathrm{Ma}^2} \quad \text{und}$$

$$\frac{\hat{T}}{T} = \frac{[2\kappa\cdot\mathrm{Ma}^2 - (\kappa-1)][2+(\kappa-1)\cdot\mathrm{Ma}^2]}{(\kappa+1)^2\cdot\mathrm{Ma}^2}. \tag{13.4.12}$$

Für die Schallgeschwindigkeiten gilt nach (13.2.4)

$$\frac{\hat{c}}{c} = \sqrt{\frac{\hat{T}}{T}} = \frac{\sqrt{[2\kappa\mathrm{Ma}^2 - (\kappa-1)][2+(\kappa-1)\mathrm{Ma}^2]}}{(\kappa+1)\cdot\mathrm{Ma}}. \tag{13.4.13}$$

Schließlich ist

$$\frac{\hat{\mathrm{Ma}}}{\mathrm{Ma}} = \frac{\hat{u}}{u}\cdot\frac{c}{\hat{c}} = \frac{2+(\kappa-1)\cdot\mathrm{Ma}^2}{(\kappa+1)\cdot\mathrm{Ma}^2} \cdot \frac{(\kappa+1)\cdot\mathrm{Ma}}{\sqrt{[2\kappa\mathrm{Ma}^2-(\kappa-1)][2+(\kappa-1)\mathrm{Ma}^2]}} \quad \text{und}$$

$$\frac{\hat{\mathrm{Ma}}}{\mathrm{Ma}} = \frac{1}{\mathrm{Ma}}\sqrt{\frac{2+(\kappa-1)\mathrm{Ma}^2}{2\kappa\mathrm{Ma}^2-(\kappa-1)}}. \tag{13.4.14}$$

Zum Schluss bestimmen wir noch den Grenzwert der Machzahl nach dem Stoß für Ma → ∞ und Luft ($\kappa = 1{,}4$). Man erhält

$$\lim_{\mathrm{Ma}\to\infty} \hat{\mathrm{Ma}} = \lim_{\mathrm{Ma}\to\infty} \sqrt{\frac{\frac{2}{\mathrm{Ma}^2} + (\kappa-1)}{2\kappa - \frac{(\kappa-1)}{\mathrm{Ma}^2}}} = \sqrt{\frac{\kappa-1}{2\kappa}} = 0{,}378.$$

Das bedeutet, dass in jedem Fall die Geschwindigkeit nach dem Stoß auf Unterschall sinkt. Die übrigen Verhältnisse folgen zu

$$\lim_{\mathrm{Ma}\to\infty} \frac{\hat{\rho}}{\rho} = \frac{\kappa+1}{\kappa-1} = 6, \quad \lim_{\mathrm{Ma}\to\infty} \frac{\hat{u}}{u} = \frac{\kappa-1}{\kappa+1} = \frac{1}{6} \quad \text{und}$$
$$\lim_{\mathrm{Ma}\to\infty} \frac{\hat{p}}{p} = \lim_{\mathrm{Ma}\to\infty} \frac{\hat{T}}{T} = \lim_{\mathrm{Ma}\to\infty} \frac{\hat{c}}{c} = \infty.$$

Für eine Skizze der sechs Verhältnisse $\frac{\hat{p}}{p}, \frac{\hat{\rho}}{\rho}, \frac{\hat{T}}{T}, \frac{\hat{c}}{c}, \frac{\hat{u}}{u}$ und $\frac{\widehat{\mathrm{Ma}}}{\mathrm{Ma}}$ sei wiederum $\kappa = 1{,}4$ (Abb. 13.8).

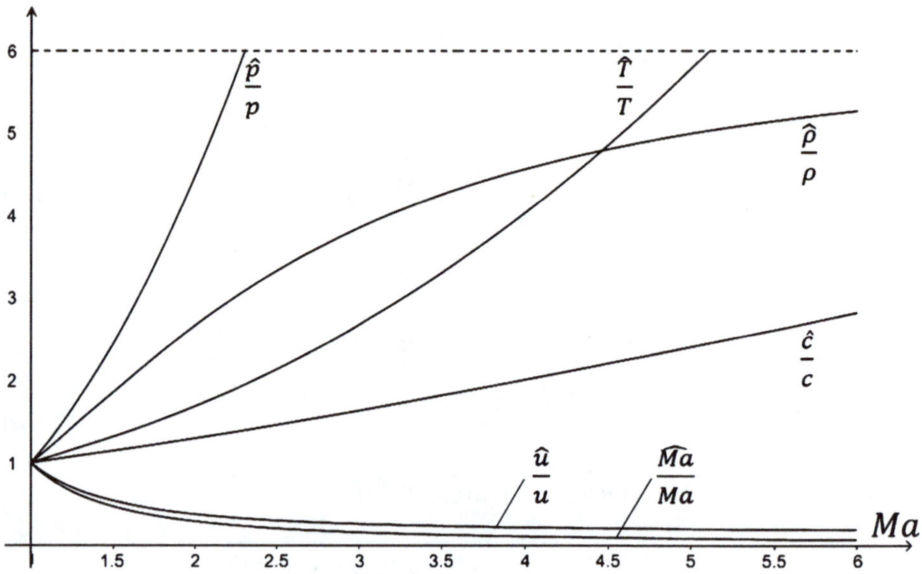

Abb. 13.8: Graphen von (13.4.8), (13.4.9), (13.4.11)–(13.4.14).

Ist die Entropie null, dann wird die gesamte am Gas verrichtete Arbeit zur Erhöhung der inneren Energie verwendet. Bei einem Verdichtungsstoß müssen wir mit Wärmeverlusten rechnen, was $dS > 0$ bedeutet. Die Kombination der beiden Hauptsätze der Thermodynamik führt zu $T \cdot dS = dE + p \cdot dV$ (vgl. 4. Band oder Herleitungen zu (13.1.11) und (13.1.12)). Die innere Energie schreibt sich bekanntermaßen als $dE = c_V \cdot m \cdot dT$ und zudem ist $pV = m \cdot R_s \cdot T$ nach (13.2). Insgesamt folgt

$$dS = \frac{dE}{T} + \frac{pdV}{T} = c_V \cdot m \cdot \frac{dT}{T} + m \cdot R_s \cdot \frac{dV}{V}. \tag{13.4.15}$$

Aus der Definition der Masse $\rho V = m$ erhalten wir $d\rho \cdot V + \rho \cdot dV = 0$ und daraus $\frac{dV}{V} = -\frac{d\rho}{\rho}$. Damit schreibt sich die Entropie (13.4.15) als

$$dS = \frac{dE}{T} + \frac{pdV}{T} = c_V \cdot m \cdot \frac{dT}{T} - m \cdot R_s \cdot \frac{d\rho}{\rho}. \tag{13.4.16}$$

Es soll die Änderung der Entropie vor und nach dem Verdichtungsstoß miteinander verglichen werden. Dazu integrieren wir die DG (13.4.16) und erhalten:

$$\int_S^{\hat{S}} dS = c_V \cdot m \cdot \int_T^{\hat{T}} \frac{dT}{T} - m \cdot R_s \cdot \int_\rho^{\hat{\rho}} \frac{d\rho}{\rho}.$$

Es folgt nacheinander:

$$\hat{S} - S = c_V \cdot m \cdot \ln\left(\frac{\hat{T}}{T}\right) - m \cdot (c_p - c_V) \cdot \ln\left(\frac{\hat{\rho}}{\rho}\right),$$

$$\frac{\hat{S} - S}{c_V \cdot m} = \ln\left(\frac{\hat{T}}{T}\right) - (\kappa - 1) \cdot \ln\left(\frac{\hat{\rho}}{\rho}\right) = \ln\left[\frac{\hat{T}}{T} \cdot \left(\frac{\rho}{\hat{\rho}}\right)^{\kappa-1}\right],$$

$$\frac{\hat{S} - S}{c_V \cdot m} = \ln\left\{\left[1 + \frac{2\kappa}{\kappa+1}(\mathrm{Ma}^2 - 1)\right] \cdot \frac{(\kappa+1) \cdot \mathrm{Ma}^2}{2 + (\kappa-1) \cdot \mathrm{Ma}^2} \cdot \left[\frac{2 + (\kappa-1) \cdot \mathrm{Ma}^2}{(\kappa+1) \cdot \mathrm{Ma}^2}\right]^{\kappa-1}\right\}$$

und schließlich

$$\frac{\hat{S} - S}{c_V \cdot m} = \ln\left\{\left[1 + \frac{2\kappa}{\kappa+1}(\mathrm{Ma}^2 - 1)\right] \cdot \left[\frac{2 + (\kappa-1) \cdot \mathrm{Ma}^2}{(\kappa+1) \cdot \mathrm{Ma}^2}\right]^{\kappa}\right\}. \tag{13.4.17}$$

Für Ma $= 1$ ist $\frac{\hat{S}-S}{c_V \cdot m} = 0$. Wir folgern, dass bei Unterschallströmung keine Stöße auftreten. Zusätzlich kann man bei niedriger Überschallströmung, etwa Ma $\leq 0{,}3$, den Energieverlust vernachlässigen und die Strömung als isentrop betrachten. In Abb. 13.9 wird noch der Quotient $\frac{\hat{p}_0}{p_0}$ (13.5.1) übernommen. Die Bedeutung dieses Verhältnisses klären wir anschließend.

13.5 Änderung der Ruhegrößen beim Verdichtungsstoß

Wir haben vorhin bestimmt, wie sich die Zustandsgrößen nach einem Stoß ändern. Die Ruhegrößen vor dem Stoß seien p_0, T_0, ρ_0 und $u_0 = 0$. Für die Ruhegrößen nach dem Stoß denken wir uns die Strömung isentrop bis zur Ruhe abgebremst, also $\hat{p}_0$, $\hat{T}_0$, $\hat{\rho}_0$ und $\hat{u}_0 = 0$ (Abb. 13.10).

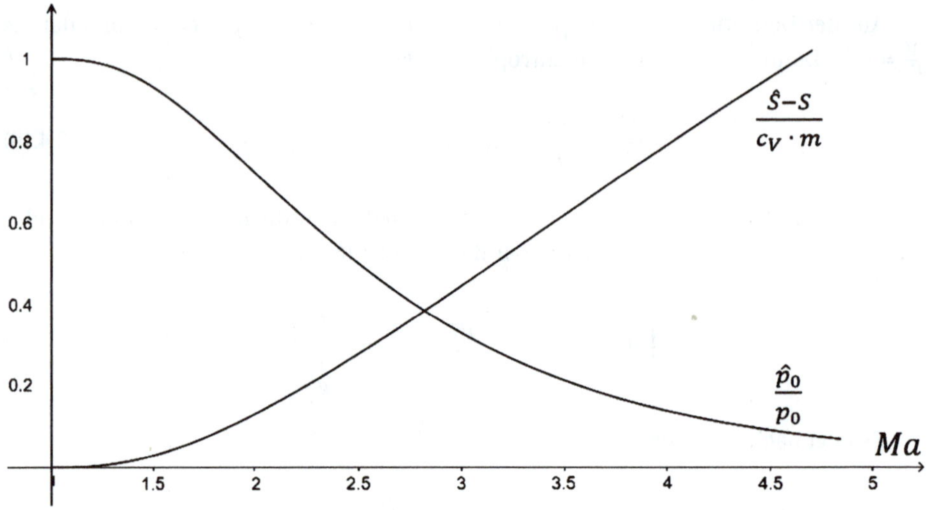

Abb. 13.9: Graphen von (13.4.17) und (13.5.1).

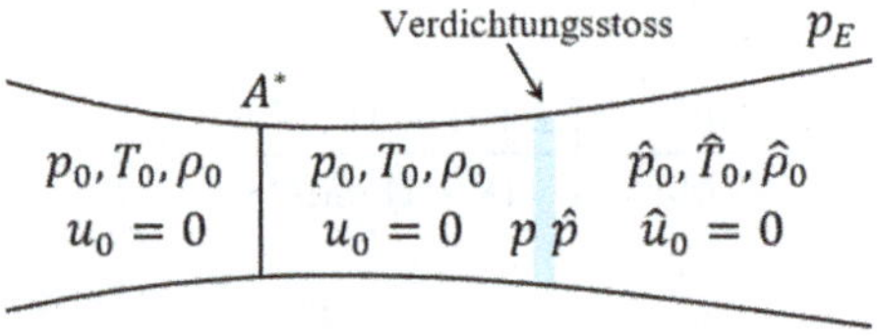

Abb. 13.10: Skizze zur Änderung der Ruhegrößen beim Verdichtungsstoß.

Herleitung von (13.5.1) und (13.5.2)

Aus dem Energiesatz $c_p T_0 + \frac{u_0^2}{2} = c_p \hat{T}_0 + \frac{\hat{u}_0^2}{2}$ folgt $c_p T_0 = c_p \hat{T}_0$ und damit $\hat{T}_0 = T_0$. Dann ist aufgrund von (13.2.4) auch $\hat{c}_0 = c_0$. Da nicht zwischen Ruhe- und statischer Entropie unterschieden wird, gilt $S_0 = S$, $\hat{S}_0 = \hat{S}$ und damit

$$\frac{\hat{S}_0 - S_0}{c_V \cdot m} = \ln\left[\frac{\hat{T}_0}{T_0} \cdot \left(\frac{\rho_0}{\hat{\rho}_0}\right)^{\kappa-1}\right].$$

Mit $\hat{T}_0 = T_0$ wird daraus

$$\frac{\hat{S}_0 - S_0}{c_V \cdot m} = \ln\left\{\left[1 + \frac{2\kappa}{\kappa+1}(\mathrm{Ma}^2 - 1)\right] \cdot \left[\frac{2 + (\kappa-1)\cdot \mathrm{Ma}^2}{(\kappa+1)\cdot \mathrm{Ma}^2}\right]^{\kappa}\right\} = \ln\left(\frac{\rho_0}{\hat{\rho}_0}\right)^{\kappa-1},$$

was

$$\frac{\hat{\rho}_0}{\rho_0} = \left[1 + \frac{2\kappa}{\kappa+1}(\mathrm{Ma}^2 - 1)\right]^{\frac{1}{1-\kappa}} \cdot \left[\frac{(\kappa+1)\cdot \mathrm{Ma}^2}{2 + (\kappa-1)\cdot \mathrm{Ma}^2}\right]^{\frac{\kappa}{\kappa-1}} \tag{13.5.1}$$

ergibt.

Mit (13.2) ist $p_0 = \rho_0 \cdot R_s \cdot T_0$ und $\hat{p}_0 = \hat{\rho}_0 \cdot R_s \cdot \hat{T}_0$ und aufgrund von $\hat{T}_0 = T_0$ erhält man die Identität

$$\frac{\hat{p}_0}{p_0} = \frac{\hat{\rho}_0}{\rho_0}. \tag{13.5.2}$$

Ruhedruck und Ruhedichte ändern sich damit. Der Verlauf dieses Verhältnisses wurde in Abb. 13.9 übernommen, um etwas Platz zu sparen.

Das Pitot-Rohr

Im Überschallflug kann über ein Pitot-Rohr die Machzahl eines Flugzeugs bestimmt werden.

Herleitung von (13.5.3)

In Abb. 13.11 links ist Ma die Anströmmachzahl, p_u und p_{u0} der Umgebungs- bzw. Ruhedruck. Mit $\hat{p}$ bezeichnen wir den Stoßdruck unmittelbar hinter der Verdichtungsstelle und mit $\hat{p}_0$ den zugehörigen Ruhedruck.

Das Messinstrument stellt ein Hindernis dar. Demnach tritt vor der Rohröffnung ein Verdichtungsstoß auf. Gemessen werden p_u und $\hat{p}_0$ (mit $\hat{u}_0 = 0$). Der Druck $\hat{p}_0$ entspricht in diesem Fall dem Staudruck (wie bei den Potentialströmungen, wo am betreffenden Ort die Geschwindigkeit ebenfalls Null ist). Unter Verwendung von (13.2.9) und (13.5.1) gilt

$$\begin{aligned}
\frac{p_u}{\hat{p}_0} = \frac{p_u}{p_0} \cdot \frac{p_0}{\hat{p}_0} &= \left[1 + \frac{\kappa-1}{2} \cdot \mathrm{Ma}^2\right]^{\frac{\kappa}{1-\kappa}} \cdot \left[1 + \frac{2\kappa}{\kappa+1}(\mathrm{Ma}^2 - 1)\right]^{\frac{1}{1-\kappa}} \cdot \left[\frac{(\kappa+1)\cdot \mathrm{Ma}^2}{2 + (\kappa-1)\cdot \mathrm{Ma}^2}\right]^{\frac{\kappa}{\kappa-1}} \\
&= \left\{\left[\frac{2}{2 + (\kappa-1)\cdot \mathrm{Ma}^2}\right]^{\kappa} \cdot \left[1 + \frac{2\kappa}{\kappa+1}(\mathrm{Ma}^2 - 1)\right] \cdot \left[\frac{2 + (\kappa-1)\cdot \mathrm{Ma}^2}{(\kappa+1)\cdot \mathrm{Ma}^2}\right]^{\kappa}\right\}^{\frac{1}{\kappa-1}} \\
&= \left\{2^{\kappa} \cdot \left[1 + \frac{2\kappa}{\kappa+1}(\mathrm{Ma}^2 - 1)\right] \cdot \frac{1}{[(\kappa+1)\cdot \mathrm{Ma}^2]^{\kappa}}\right\}^{\frac{1}{\kappa-1}}
\end{aligned}$$

und schließlich

$$\frac{p_u}{\hat{p}_0} = \left[\frac{1 + \frac{2\kappa}{\kappa+1}(\mathrm{Ma}^2 - 1)}{(\frac{\kappa+1}{2} \cdot \mathrm{Ma}^2)^{\kappa}}\right]^{\frac{1}{\kappa-1}}. \tag{13.5.3}$$

Für Ma = 1 gibt es keinen Verdichtungsstoß. In diesem Fall ist $\hat{p}_0 = p_0$ und folglich $\frac{p_u}{\hat{p}_0} = \frac{p_u}{p_0} = \frac{p^*}{p_0} = 0{,}528$ (Abb. 13.11 rechts).

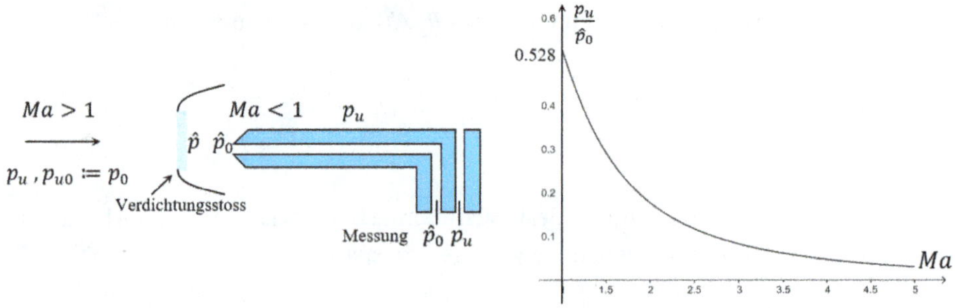

Abb. 13.11: Skizze zum Pitot-Rohr und Graph von (13.5.3).

Fiktiver kritischer Querschnitt einer Unterschallströmung

Nachdem die Strömung den Verdichtungsstoß erfahren hat, kann sie bis zum Austritt als isentrop betrachtet werden.

Herleitung von (13.5.4)

Der Ort der Verdichtung und der zugehörige Querschnitt bleiben dabei aber unbekannt. Um die bestehenden Formeln einer isentropen Strömung anzuwenden, behandelt man diese so, als würde die Strömung bis zum fiktiven Querschnitt $\hat{A}_f^*$ auf Ma = 1 beschleunigt, um erst anschließend dem Ausgang zuzusteuern (Abb. 13.12).

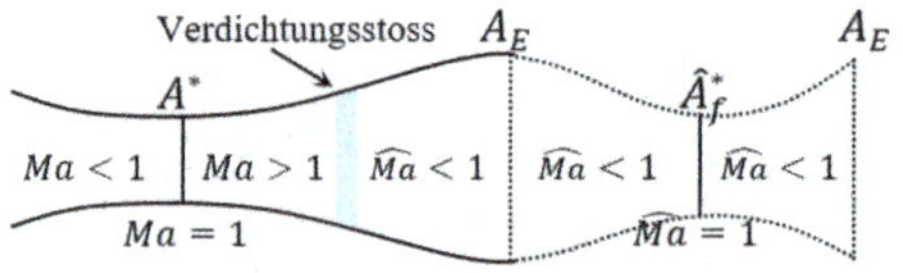

Abb. 13.12: Skizze zum fiktiven Querschnitt.

Die Kontinuitätsgleichung schreibt sich zu $\rho^* u^* A^* = \hat{\rho}^* \hat{u}^* \hat{A}_f^*$. Mit der Gleichung (13.4.10) wird daraus $\rho^* A^* = \hat{\rho}^* \hat{A}_f^*$ oder $\frac{A^*}{\hat{A}_f^*} = \frac{\hat{\rho}^*}{\rho^*}$. Da die Strömung nach der Verdichtung isentrop verläuft, gilt sowohl die Gleichung

$$\frac{\rho^*}{\rho_0} = \left(\frac{2}{\kappa + 1}\right)^{\frac{1}{\kappa - 1}} \tag{13.5.4}$$

als auch

$$\frac{\hat{\rho}^*}{\hat{\rho}_0} = \left(\frac{2}{\kappa+1}\right)^{\frac{1}{\kappa-1}}.$$

Damit erhält man

$$\frac{A^*}{\hat{A}_f^*} = \frac{\hat{p}_0(\frac{2}{\kappa+1})^{\frac{1}{\kappa-1}}}{p_0(\frac{2}{\kappa+1})^{\frac{1}{\kappa-1}}} = \frac{\hat{p}_0}{p_0}$$

und schließlich nach (13.5.2) $\frac{A^*}{\hat{A}_f^*} = \frac{\hat{p}_0}{p_0}$. Mit $p_0 > \hat{p}_0$ (vgl. Abb. 13.9) ist auch $\hat{A}_f^* > A^*$. Für die kritischen Drucke folgt $\hat{p}_f^* < p^*$, denn es gilt

$$\frac{p^*}{p_0} = 0{,}528 = \frac{\hat{p}_f^*}{\hat{p}_0} > \frac{\hat{p}_f^*}{p_0}.$$

Wir fassen zum Schluss die Änderung der kritischen Zustandsgrößen vor und nach dem Stoß in einer Tabelle zusammen.

Vergleich der Zustandsgrößen vor dem Stoß und nach dem Stoß	**Vergleich der kritischen Zustandsgrößen vor dem Stoß und den fiktiven, kritischen Zustandsgrößen nach dem Stoß**
$p < \hat{p}, p_0 > \hat{p}_0$	$\hat{p}_f^* < p^*$
$\rho < \hat{\rho}, \rho_0 > \hat{\rho}_0$	$\hat{\rho}_f^* < \rho^*$
$T < \hat{T}, T_0 = \hat{T}_0$	$\hat{T}_f^* = T^*$
$c < \hat{c}, c_0 = \hat{c}_0$	$\hat{u}^* = u^* = c^* = \hat{c}^*$
$u > \hat{u}$	$\hat{A}_f^* > A^*$
$\mathrm{Ma} > \hat{\mathrm{Ma}}$	$\hat{\mathrm{Ma}}_f^* > \mathrm{Ma}^*$

Damit sind wir in der Lage, den Strömungsverlauf in einer unangepassten Laval-Düse zu beschreiben.

Beispiel 1. Wir geben den Ort bzw. den zugehörigen Querschnitt des Verdichtungsstoßes an: $A_{\text{vs}} = 2\,\text{cm}^2$. Weiter ist $p_0 = 2\,\text{bar}$, $A^* = 1\,\text{cm}^2$ und der Austrittsquerschnitt $A_E = 3{,}5\,\text{cm}^2$. Gesucht ist der Umgebungsdruck am Austritt, also $p_E = p_u$.

Lösung. Aus $\frac{A^*}{A_{\text{vs}}} = \frac{1}{2}$ folgt die Machzahl mit (13.3.4) zu

$$\frac{1}{2} = \mathrm{Ma}\left[\frac{2 + 0{,}4 \cdot \mathrm{Ma}^2}{2{,}4}\right]^{\frac{2{,}4}{-0{,}8}}$$

und $\mathrm{Ma} = 2{,}197$.

Weiter ergibt (13.5.1) und (13.5.2)

$$\frac{A^*}{\hat{A}_f^*} = \frac{\hat{p}_0}{p_0} = \left[1 + \frac{2{,}8}{2{,}4}(2{,}197^2 - 1)\right]^{\frac{1}{-0{,}4}} \cdot \left[\frac{2{,}4 \cdot 2{,}197^2}{2 + 0{,}4 \cdot 2{,}197^2}\right]^{\frac{1{,}4}{0{,}4}} = 0{,}629$$

und daraus $\hat{A}_f^* = 1{,}589\,\text{cm}^2$, $\hat{p}_0 = 1{,}259$.

Schließlich gilt mit (13.3.3)

$$\frac{1{,}589}{3{,}5} = \left(\frac{2{,}4}{2}\right)^{\frac{2{,}8}{0{,}8}} \sqrt{\frac{2}{0{,}4}} \cdot \left(\frac{p_E}{1{,}259}\right)^{\frac{1}{\kappa}} \sqrt{1 - \left(\frac{p_E}{1{,}259}\right)^{\frac{0{,}4}{1{,}4}}} = 0{,}949,$$

woraus $p_E = 0{,}949 \cdot p_0 = 1{,}194$ bar folgt.

Beispiel 2. Im Unterschied zum 1. Beispiel soll der Druck am Austritt gegeben sein: $p_E = p_u = 1$ bar. Die Lage des Verdichtungsstoßes ist hingegen unbekannt. Weiterhin gilt $p_0 = 2$ bar, $A^* = 1\,\text{cm}^2$ und $A_E = 3{,}5\,\text{cm}^2$. Bestimmen Sie A_{vs}.

Lösung. Es entsteht in diesem Fall ein Gleichungssystem mit den beiden Unbekannten $\hat{A}_f^*$ und $\hat{p}_0$: $\frac{A^*}{\hat{A}_f^*} = \frac{\hat{p}_0}{p_0}$ und

$$\frac{\hat{A}_f^*}{A_E} = \left(\frac{\kappa+1}{2}\right)^{\frac{\kappa+1}{2(\kappa-1)}} \sqrt{\frac{2}{\kappa-1}} \cdot \left(\frac{p_E}{\hat{p}_0}\right)^{\frac{1}{\kappa}} \sqrt{1 - \left(\frac{p_E}{\hat{p}_0}\right)^{\frac{\kappa-1}{\kappa}}}.$$

Die Größe $\hat{A}_f^*$ wird ersetzt, woraus

$$A_E \cdot \left(\frac{\kappa+1}{2}\right)^{\frac{\kappa+1}{2(\kappa-1)}} \sqrt{\frac{2}{\kappa-1}} \cdot \left(\frac{p_E}{\hat{p}_0}\right)^{\frac{1}{\kappa}} \sqrt{1 - \left(\frac{p_E}{\hat{p}_0}\right)^{\frac{\kappa-1}{\kappa}}} = A^* \cdot \frac{p_0}{\hat{p}_0} \cdot \frac{p_E}{p_E}$$

entsteht. Wir setzen zur Abkürzung

$$\alpha := A_E \cdot \left(\frac{\kappa+1}{2}\right)^{\frac{\kappa+1}{2(\kappa-1)}} \sqrt{\frac{2}{\kappa-1}}$$

und $z := \frac{p_E}{\hat{p}_0}$ und erhalten

$$\alpha \cdot z^{\frac{1}{\kappa}} \sqrt{1 - z^{\frac{\kappa-1}{\kappa}}} = A^* \cdot z \cdot \frac{p_0}{p_E}.$$

Zudem sei

$$\beta = \frac{A^* \cdot p_0}{\alpha \cdot p_E} = z^{\frac{1}{\kappa}-1} \sqrt{1 - z^{\frac{\kappa-1}{\kappa}}},$$

was zu

$$z^{\frac{1-\kappa}{\kappa}}\sqrt{1-z^{-\frac{1-\kappa}{\kappa}}}=\beta$$

führt. Setzen wir noch $\gamma=\frac{1-\kappa}{\kappa}$, so ergibt dies $z^{\gamma}\sqrt{1-z^{-\gamma}}=\beta$, $\sqrt{z^{2\gamma}-z^{\gamma}}=\beta$ und schließlich $z^{2\gamma}-z^{\gamma}-\beta^2=0$.

Mithilfe einer letzten Substitution, $u=z^{\gamma}$ folgt die Lösung zu $u_{1,2}=\frac{1\pm\sqrt{1+4\beta^2}}{2}$ oder

$$\left(\frac{p_E}{\hat{p}_0}\right)^{\frac{1-\kappa}{\kappa}}=\frac{1}{2}\left[1+\sqrt{1+4\left(\frac{A^*\cdot p_0}{\alpha\cdot p_E}\right)^2}\right],\quad \frac{p_E}{\hat{p}_0}=\left\{\frac{1}{2}\left[1+\sqrt{1+4\left(\frac{A^*\cdot p_0}{\alpha\cdot p_E}\right)^2}\right]\right\}^{\frac{\kappa}{1-\kappa}}$$

und schließlich

$$\hat{p}_0=p_E\left(\frac{1}{2}\left\{1+\sqrt{1+4\left[\frac{A^*\cdot p_0}{\left(\frac{\kappa+1}{2}\right)^{\frac{\kappa+1}{2(\kappa-1)}}\sqrt{\frac{2}{\kappa-1}}\cdot A_E\cdot p_E}\right]^2}\right\}\right)^{\frac{\kappa}{1-\kappa}}=1{,}077\,\text{bar}.$$

Letztlich folgt aus

$$\frac{\hat{p}_0}{p_0}=\left[1+\frac{2\kappa}{\kappa+1}(\mathrm{Ma}^2-1)\right]^{\frac{1}{1-\kappa}}\cdot\left[\frac{(\kappa+1)\cdot\mathrm{Ma}^2}{2+(\kappa-1)\cdot\mathrm{Ma}^2}\right]^{\frac{\kappa}{\kappa-1}}=0{,}538$$

die Machzahl $\mathrm{Ma}=2{,}404$ und aus

$$\frac{A^*}{A_{\mathrm{vs}}}=\mathrm{Ma}\left[\frac{2+(\kappa-1)\mathrm{Ma}^2}{\kappa+1}\right]^{\frac{\kappa+1}{2(1-\kappa)}}=0{,}415$$

der Verdichtungsquerschnitt $A_{\mathrm{vs}}=2{,}412\,\mathrm{cm}^2$.

Weiterführende Literatur

N. A. Adams. Fluidmechanik I. Vorlesungsskript. TU München, Sommersemester 2008.

N. A. Adams. Fluidmechanik II. Einführung in die Dynamik der Fluide. Vorlesungsskript, TU München, Wintersemester 2014/15.

A.-M. Chiavetta. Lineare Wasserwellen. Hauptseminar, Johannes Gutenberg Universität Mainz, 2016.

H. Czichos und M. Hennecke. *Das Ingenieurwissen*. Springer, 32. Auflage, 2004. ISBN 3-540-20325-7.

R. Freimann. *Hydraulik für Bauingenieure*. Carl Hanser, 3. Auflage, 2014. ISBN 978-3-446-43740-1.

W. H. Hager. *Abwasserhydraulik*. Springer, 1995. ISBN 13: 978-3-642-77430-0.

P. Hakenesch. Fluidmechanik, Version 3.0. Vorlesungsskript, Technische Hochschule Nürnberg, 2012.

G. H. Jirka und Cornelia Lang. *Einführung in die Gerinnehydraulik*. Univerlag Karlsruhe, 2014. ISBN 978-3-86644-363-1.

S. Mai, C. Paesler und C. Zimmermann. Wellen und Seegang an Küsten und Küstenbauwerken. Vorlesungsergänzungen Heft 90a, Universität Hannover, 2004.

A. Malcherek. Fließgewässer – Hydromechanik und Wasserbau, Version 3.0. Vorlesungsskript, Universität München, 2000.

A. Malcherek, Vorlesungsvideos auf youtube: Ästuar 1, Gerinnehydraulik 2, 4–6, 8, 14, Hydraulik 8–10, Hydrodynamik 6, 14, Kontrollstrukturen 1, 3, 4, 6, 8, 10, 11.

A. Malcherek. *Gezeiten und Wellen*. Springer, 2.Auflage, 2018. ISBN 978-3-658-19302-7.

I. Neuweiler. Strömungsmechanik für Bauingenieure. Gesamtausgabe 10/2010, Universität Hannover, 2010.

H. Patt. *Hochwasser-Handbuch*. Springer, 2001. ISBN 978-3-642-63210-5.

C. Rapp. *Hydraulik für Ingenieure und Naturwissenschaftler*. Springer, 2017. ISBN 978-3-658-18618-0.

V. Schröder. *Übungsaufgaben zur Strömungsmechanik* 1. Springer, 2. Auflage, 2018. ISBN 978-3-662-56053-2.

K. Strauss. Strömungsmechanik für Bio- und Chemieingenieure. Vorlesungsskript, Universität Dortmund, 1987-2004.

D. Surek und S. Stempin. *Angewandte Strömungsmechanik*. Teubner, 2007. ISBN 978-3-8351-0118-0.

http://www.grentz.ch/files/potentialstroemung_magnuseffekt_grentz_2010_2_14.pdf

http://www.hollow-cubes.de/Rep_Kuestening/Kw02.pdf

https://tu-dresden.de/ing/maschinenwesen/ilr/ressourcen/dateien/tfd/studium/dateien/Aerodynamik_V.pdf?lang=de

https://doi.org/10.1515/9783111345864-014

Stichwortverzeichnis

https://doi.org/10.1515/9783111345864-015

www.ingramcontent.com/pod-product-compliance
Lightning Source LLC
Chambersburg PA
CBHW061404210326
41598CB00035B/6098